Gmelin Handbuch der Anorganischen Chemie

Achte völlig neu bearbeitete Auflage

Main Series, 8th Edition

Gmelin-Handbuch-Bände über Radium und Actinide

Ac	Actinium		
Np, Pu...	Erg.-Werk-Bände		
	Teil A 1, I	(Bd. Nr. 7a)	(Elemente)
	Teil A 1, II	(Bd. Nr. 7b)	(Elemente)
	Teil A 2	(Bd. Nr. 8)	(Elemente)
	Teil B 1	(Bd. Nr. 31)	(Metalle)
	Teil B 2	(Bd. Nr. 38)	(Legierungen)
	Teil B 3	(Bd. Nr. 39)	(Legierungen)
	Teil C	(Bd. Nr. 4)	(Verbindungen)
	Teil D 1	(Bd. Nr. 20)	(Chemie in Lösung)
	Teil D 2	(Bd. Nr. 21)	(Chemie in Lösung)
Pa	Protactinium Hauptband		
	Protactinium Erg.-Bd. 1		(Element)
	Protactinium Erg.-Bd. 2		(Metall. Legierungen. Verbindungen. Chemie in Lösung)
Ra	Radium Hauptband		
	Radium Erg.-Bd. 1		(Geschichte, Kosmochemie, Geochemie)
	Radium Erg.-Bd. 2		(Element, Verbindungen)
Th	Thorium Hauptband		
	Thorium Erg.-Bd. C 1		(vorliegender Band)
	Thorium Erg.-Bd. C 2		(Ternäre und polynäre Oxide)
U	Uran Hauptband		
	Uran Erg.-Bd. C 1		(Verbindungen mit Edelgasen und Wasserstoff sowie System Uran-Sauerstoff)
	Uran Erg.-Bd. C 2		(Oxide U_3O_8 und UO_3. Hydroxide und Oxidhydrate sowie Peroxide)
	Uran Erg.-Bd. C 3		(Ternäre und polynäre Oxide)

Gmelin Handbuch der Anorganischen Chemie

BEGRÜNDET VON Leopold Gmelin

Achte völlig neu bearbeitete Auflage

ACHTE AUFLAGE begonnen im Auftrage der Deutschen Chemischen Gesellschaft
von R. J. Meyer
E. H. E. Pietsch und A. Kotowski

fortgeführt von
Margot Becke-Goehring

HERAUSGEGEBEN VOM Gmelin-Institut für Anorganische Chemie
der Max-Planck-Gesellschaft zur Förderung der Wissenschaften

Springer-Verlag
Berlin · Heidelberg · New York 1978

Gmelin-Institut für Anorganische Chemie
der Max-Planck-Gesellschaft zur Förderung der Wissenschaften

Gmelin Handbuch der Anorganischen Chemie

Achte völlig neu bearbeitete Auflage
Main Series, 8th Edition

Th
Thorium

Ergänzungsband
Teil C1

Verbindungen mit Edelgasen, Wasserstoff, Sauerstoff

Mit 170 Figuren

von **Cornelius Keller**

REDAKTEUR DIESES BANDES (EDITOR) Karl-Christian Buschbeck, Gmelin-Institut, Frankfurt am Main

BEARBEITER DIESES BANDES (AUTHOR) Cornelius Keller, Kernforschungszentrum Karlsruhe, Schule für Kerntechnik, Karlsruhe

System-Nummer 44

Springer-Verlag
Berlin · Heidelberg · New York 1978

ENGLISCHE FASSUNG DER STICHWÖRTER NEBEN DEM TEXT:
ENGLISH HEADINGS ON THE MARGINS OF THE TEXT:

E. LELL, LINZ, ÖSTERREICH

DIE LITERATUR IST BIS ENDE 1976 AUSGEWERTET

LITERATURE CLOSING DATE: UP TO END OF 1976

Die vierte bis siebente Auflage dieses Werkes erschien im Verlag von
Carl Winter's Universitätsbuchhandlung in Heidelberg

Library of Congress Catalog Card Number: Agr 25-1383

ISBN 3-540-93367-0 Springer-Verlag, Berlin · Heidelberg · New York
ISBN 0-387-93367-0 Springer-Verlag, New York · Heidelberg · Berlin

Gesamtherstellung Universitätsdruckerei H. Stürtz AG, Würzburg

Vorwort

Von den Verbindungen des Thoriums ist Thoriumdioxid ThO_2 bei weitem die wichtigste. Seine hervorragende chemische Stabilität bis zu höchsten Temperaturen und der extrem hohe Schmelzpunkt führten zu einem weiten Anwendungsbereich, der noch ergänzt wurde durch seine Verwendung als Katalysator für verschiedene Reaktionen. Ein Zusatz von wenigen Prozenten ThO_2 zu verschiedenen Metallen (z.B. Ni, Co, W etc.) führt zu Dispersionslegierungen, deren Eigenschaften in zahlreichen Fällen die der reinen Metalle wesentlich übertreffen. Bedingt durch die inhärente Radioaktivität des Thoriums und die dadurch notwendigen Strahlenschutzmaßnahmen beim Umgang mit Thorium haben diese „klassischen" Anwendungen in den vergangenen Jahren an Bedeutung abgenommen.

Zunehmend an Bedeutung gewinnt jedoch $^{232}ThO_2$ als Brutstoff für die Erzeugung des spaltbaren ^{233}U, speziell in den gasgekühlten Thorium Hochtemperaturreaktoren. Wenngleich derzeit (Ende der siebziger Jahre) die Entwicklung dieses interessanten Kernreaktortyps, der neben der Erzeugung hoher Temperaturen bis gegen 1000 °C auch einen guten Konversionsfaktor von etwa 0.9 aufweist, speziell aus wirtschaftlichen Erwägungen und wegen des noch nicht vollständig geschlossenen Kernbrennstoffkreislaufs (Probleme der Wiederaufarbeitung) etwas stagniert, so stellt dieser Reaktortyp doch ein nicht zu unterschätzendes energetisches Potential für die Zukunft dar.

Nicht zuletzt durch diese Anwendungen gefördert liegen über ThO_2 sehr ausführliche Untersuchungen vor. Daher besitzen wir über diese Verbindung sehr gute Kenntnisse und zuverlässige Daten. Die Arbeiten über ThO_2 und das Arbeiten mit ThO_2 wurden dadurch erleichtert, daß ThO_2 eine sehr beständige Verbindung ist. Über die andere Verbindung im System Th-O, das in festem Zustand metastabile Thoriummonoxid ThO, liegen nur unzureichende Daten vor.

Auch die Thoriumhydride gewinnen in jüngster Zeit stärker an Interesse, nachdem gezeigt wurde, daß Th_4H_{15} und Th_4D_{15} bei relativ hohen Temperaturen, um 8 K, supraleitend werden. Wegen des hohen Atomgewichts des Thoriums kommt allerdings eine zweite potentielle Einsatzmöglichkeit der Thoriumhydride, die Verwendung als reversibler Wasserstoffspeicher, technisch kaum in Frage.

Dieser Ergänzungsband zu „Thorium" behandelt die Systeme Thorium-Edelgase, Thorium-Wasserstoff und Thorium-Sauerstoff sowie die ternären Hydride des Thoriums. Die Literatur ist bis Ende 1976 berücksichtigt, teilweise sind auch spätere Literaturstellen noch mit aufgenommen.

Dem Gmelin-Institut – und besonders seiner Direktorin, Frau Prof. Dr. M. Becke und dem für diesen Band verantwortlichen Redakteur, Herrn Dr. K.-C. Buschbeck – möchte ich für die hervorragende Zusammenarbeit meinen Dank aussprechen. Ein spezieller Dank gebührt auch der Literaturabteilung des Kernforschungszentrums Karlsruhe und hier besonders Frl. Schneider, ohne deren tatkräftige Unterstützung bei der Literatursuche die Bearbeitung dieses Bandes nicht so reibungslos hätte geschehen können.

Karlsruhe, Juni 1978 — Cornelius Keller

Preface

Thorium dioxide is the most important compound of thorium. Its high melting point and chemical stability at high temperature allow a broad range of use. The addition of a few percent of ThO_2 to metals such as Ni, Co, or W gives dispersion-hardened TD metals, which have superior mechanical properties. Thorium dioxide is used as a catalyst for various reactions. But thorium is radioactive and strict procedures are required in using thorium or its compounds. As a result the use of ThO_2 for mechanical or chemical purposes has been decreasing.

On the other hand, the nuclear significance of thorium dioxide has increased as ^{232}Th can be converted into fissile ^{233}U. The High-Temperature Gas-Cooled Reactor is particularly suitable for the conversion. The reactor operates near 1000 °C and shows conversion to 90%. This type of reactor may well help satisfy the energy needs of the future, even if economic and fuel reprocessing difficulties linger today.

Because ThO_2 is so useful, its physical properties have been thoroughly investigated. Because ThO_2 is so stable, the collected data are for the most part reliable. Little is known about the other oxide ThO.

Interest in the thorium hydrides increased with the discovery that Th_4H_{15} and Th_4D_{15} are superconductive to 8 K. But the use of the hydrides for hydrogen storage does not seem likely in view of the atomic mass of thorium.

This supplement to "Thorium" treats noble gas-thorium, hydrogen-thorium, and oxygen-thorium systems. The hydrides, the two oxides, and compounds of thorium, hydrogen, and oxygen are included. The literature is evaluated through 1976 and, in some cases, more recently.

I would like to thank the director of the Gmelin Institute, Dr. M. Becke, the editor of this volume, Dr. K.-C. Buschbeck, and their co-workers who helped prepare this volume. The "Literaturabteilung" of the Kernforschungszentrum Karlsruhe and especially Miss Schneider have earned my thanks for their literature search. Without their efforts the preparation of the volume could not have gone so smoothly.

Karlsruhe, June 1978

Cornelius Keller

Inhaltsverzeichnis

(Table of Contents see page V)

Seite

1 Verbindungen mit Edelgasen 1

1.1 Verbindungen mit Xenon 1

2 Verbindungen mit Wasserstoff 2

2.1 Phasendiagramm des Systems Thorium-Wasserstoff 2

2.2 Verbindungen im System Thorium-Wasserstoff 3
2.2.1 Thoriumdihydrid und -dideuterid ThH_2, ThD_2 4
Darstellung 4
Kinetik der Bildung und Zersetzung 5
Stöchiometrie. H_2-Löslichkeit in Th 6
Physikalische Eigenschaften 8
Strukturdaten 8
Dampfdruck 10
Thermodynamische Eigenschaften 12
Diffusion 12
Chemische Eigenschaften 13
2.2.2 Tetrathoriumpentadecahydrid und -deuterid Th_4H_{15}, Th_4D_{15} 14
Darstellung 14
Eigenschaften 14
Strukturdaten 14
Dampfdruck 16
Thermodynamische Daten 16
Debye-Temperatur 18
Diffusion 18
Elektrische Leitfähigkeit 19
Kernresonanz 21
Chemische Eigenschaften 22

2.3 Ternäre Hydride 24
2.3.1 Ternäre Hydride mit Elementen der dritten Hauptgruppe 25
Ternäre Hydride mit Bor 25
Ternäre Hydride mit Aluminium 26
Strukturangaben 28
Wasserstoffabgabe und -aufnahme 31
Quaternäre Hydride mit Aluminium und einem weiteren Element 33
2.3.2 Ternäre Hydride mit Elementen der vierten Hauptgruppe 34
Ternäre Hydride mit Kohlenstoff 35
2.3.3 Ternäre Hydride mit Elementen der fünften Hauptgruppe 38
2.3.4 Ternäre Hydride mit Elementen der sechsten Hauptgruppe 39
Ternäre Hydride mit Sauerstoff 39
2.3.5 Ternäre Hydride mit Elementen der dritten Nebengruppe 39
2.3.6 Ternäre Hydride mit Elementen der vierten Nebengruppe 40
Ternäre Hydride mit Titan 40
Ternäre Hydride mit Zirkonium 41
2.3.7 Ternäre Hydride mit Elementen der siebten Nebengruppe 42

Seite

2.3.8 Ternäre Hydride mit Elementen der achten Nebengruppe 42
Ternäre Hydride mit Eisen 43
Ternäre Hydride mit Kobalt 44
Ternäre Hydride mit Nickel 46
Verbindungen mit Nickel und einem weiteren Element 47
Ternäre Hydride mit Palladium 47

3 Verbindungen mit Sauerstoff 49

3.1 Phasendiagramm des Systems Thorium-Sauerstoff 50

3.2 Thoriummonoxid ThO 51
3.2.1 Darstellung 51
3.2.2 Physikalische Eigenschaften 52
Strukturdaten 52
Thermodynamische Daten 53
Ionisierungspotential 53
Bindungsenergie 53
Bildungsenthalpie, Entropie 54
Optische Eigenschaften 58

3.3 Thoriumdioxid ThO_2 61
3.3.1 Bildung und Darstellung 61
Allgemeine Verfahren 61
Darstellung spezieller ThO_2-Formen 67
Herstellung von ThO_2-Einkristallen 67
Herstellung von ThO_2-Mikrokügelchen 69
Kolloidales ThO_2 78
ThO_2-Aufschlämmungen 87
Glasiges ThO_2 91
Verarbeitung von ThO_2 92
Schlickerguß 92
Heißpressen 95
Trockenpressen. Isostatisches Pressen 95
Sintern 96
3.3.2 Physikalische Eigenschaften 105
Strukturelle Eigenschaften, thermische Ausdehnung, Strahlungseffekte 105
Struktur. Gitterkonstanten 105
Dichte 107
Thermische Ausdehnung 107
Debye-Temperatur 110
Struktur des ThO_2-Moleküls 110
Strahlungseffekte 110
Thermodynamische Eigenschaften 114
Kondensiertes ThO_2 114
Bildungsenthalpie. Wärmekapazität. Enthalpiefunktion. Entropie 114
Schmelzwärme 118
Verdampfungswärme 118
Gitterenergie. Oberflächenenergie 120
Grüneisen-Konstante 121
Flüssiges ThO_2 121

Seite

Gasförmiges ThO_2 . . . 121
Bildungsenthalpie . . . 121
Ionisierungsenergie . . . 122
Thermische Eigenschaften. Diffusion . . . 125
Dampfdruck, Verdampfungsgeschwindigkeit . . . 125
Schmelzpunkt . . . 127
Thermische Leitfähigkeit, Temperaturleitfähigkeit . . . 127
Diffusion . . . 131
Mechanische Eigenschaften . . . 138
Härte . . . 138
Kerbschlagzähigkeit . . . 139
Zugfestigkeit . . . 140
Biegefestigkeit, Bruchfestigkeit . . . 140
Druckfestigkeit . . . 142
Kriechen . . . 143
Young-Modul . . . 145
Schermodul . . . 149
Poisson-Verhältnis, Bulk-Modul . . . 150
Optische Eigenschaften . . . 152
Brechungsindex . . . 153
Raman-Spektren . . . 153
Optische Spektren . . . 154
Phosphoreszenz- und Lumineszenzspektren . . . 158
ESR-Spektren . . . 159
Photoelektronenspektren, Röntgenspektren . . . 160
Mößbauer-Spektren . . . 161
Elektrische und magnetische Eigenschaften . . . 164
Dielektrizitätskonstante . . . 165
Thermoelektrische Eigenschaften . . . 166
Elektrische Leitfähigkeit . . . 166
Magnetismus . . . 173
3.3.3 Chemisches Verhalten . . . 175
Verhalten gegenüber Nichtmetallen und Nichtmetallverbindungen . . . 176
Verhalten gegenüber Nichtmetallen . . . 176
Verhalten gegenüber Nichtmetallverbindungen . . . 176
Verhalten gegenüber Wasser . . . 178
Verhalten gegenüber Metallen und Metallverbindungen . . . 178
Verhalten gegenüber Alkalimetallen . . . 179
Verhalten gegenüber Erdalkalimetallen . . . 179
Verhalten gegenüber anderen Metallen . . . 180
Verhalten gegenüber Metallverbindungen . . . 183
Verhalten gegenüber Salzschmelzen . . . 183
Löseprozesse für ThO_2 . . . 185
Adsorption von Metall-Ionen. Verhalten als Ionenaustauscher . . . 187
Adsorption von Gasen . . . 190
Argon . . . 191
Wasserstoff . . . 191
Sauerstoff . . . 191
Stickstoff . . . 193

Seite

Kohlenstoffmonoxid 193
Kohlenstoffdioxid 194
Wasserdampf 194
Organische Verbindungen 195
3.3.4 Verwendung von ThO_2 199
Verwendung als Katalysator 200
Katalysatoren für die Fischer-Tropsch-Synthese und verwandte Reaktionen . 201
Katalysatoren für Hydrierung, Dehydrierung und Dehydratation 203
Katalysatoren für Alkylierung, Acylierung, Isomerisierung, Veresterung etc. . . 205
Katalysatoren für Polymerisation, Polykondensation und Hydrokondensation . . 206
ThO_2-Katalysatoren für Oxidationsreaktionen 206
Katalysatoren für die Abgasbehandlung 207
Katalysatoren für die Herstellung N- und S-haltiger Verbindungen 208
Katalysatoren für andere Verfahren 209
Weitere ThO_2-Katalysatoren 210
Verwendung in Dispersionslegierungen 214
ThO_2-Dispersionen in Nickel 215
ThO_2 in Cr(Mo,W)-Dispersionslegierungen 221
ThO_2 in Dispersionslegierungen mit anderen Metallen 227
Verwendung als Kernbrennstoff 238
Verwendung als Kathodenmaterial 240
Weitere Anwendungsmöglichkeiten 244

3.4 Thoriumhydroxid 249

3.5 Thoriumperoxid 253

Table of Contents

(Inhaltsverzeichnis s.S. I)

Page

1 Compounds with Noble Gases . . . 1

1.1 Compounds with Xenon . . . 1

2 Compounds with Hydrogen . . . 2

2.1 Phase Diagram of the Thorium-Hydrogen System . . . 2

2.2 Compounds in the Thorium-Hydrogen System . . . 3
2.2.1 Thorium Dihydride and Dideuteride ThH_2, ThD_2 . . . 4
Preparation . . . 4
Kinetics of Formation and Decomposition . . . 5
Stoichiometry. Solubility of H_2 in Th . . . 6
Physical Properties . . . 8
Structural Data . . . 8
Vapor Pressure . . . 10
Thermodynamic Properties . . . 12
Diffusion . . . 12
Chemical Properties . . . 13
2.2.2 Tetrathorium Pentadecahydride and Pentadecadeuteride Th_4H_{15}, Th_4D_{15} . . . 14
Preparation . . . 14
Properties . . . 14
Structural Data . . . 14
Vapor Pressure . . . 16
Thermodynamic Data . . . 16
Debye Temperature . . . 18
Diffusion . . . 18
Electrical Conductivity . . . 19
Nuclear Magnetic Resonance . . . 21
Chemical Reactions . . . 22

2.3 Ternary Hydrides . . . 24
2.3.1 Ternary Hydrides with Main Group III Elements . . . 25
Ternary Hydrides with Boron . . . 25
Ternary Hydrides with Aluminium . . . 26
Structural Data . . . 28
Adsorption and Desorption of Hydrogen . . . 31
Quaternary Hydrides with Aluminium and Another Element . . . 33
2.3.2 Ternary Hydrides with Main Group IV Elements . . . 34
Ternary Hydrides with Carbon . . . 35
2.3.3 Ternary Hydrides with Main Group V Elements . . . 38
2.3.4 Ternary Hydrides with Main Group VI Elements . . . 39
Ternary Hydrides with Oxygen . . . 39
2.3.5 Ternary Hydrides with Group III Transition Elements . . . 39
2.3.6 Ternary Hydrides with Group IV Transition Elements . . . 40
Ternary Hydrides with Titanium . . . 40
Ternary Hydrides with Zirconium . . . 41
2.3.7 Ternary Hydrides with Group VII Transition Elements . . . 42

Page

2.3.8 Ternary Hydrides with Group VIII Transition Elements 42
Ternary Hydrides with Iron 43
Ternary Hydrides with Cobalt 44
Ternary Hydrides with Nickel 46
Compounds with Nickel and Another Element 47
Ternary Hydrides with Palladium 47

3 Compounds with Oxygen 49

3.1 Phase Diagram of the Thorium-Oxygen System 50

3.2 Thorium Monoxide ThO 51
3.2.1 Preparation 51
3.2.2 Physical Properties 52
Structural Data 52
Thermodynamic Data 53
Ionization Potential 53
Bond Energy 53
Enthalpy of Formation, Entropy 54
Optical Properties 58

3.3 Thorium Dioxide ThO_2 61
3.3.1 Formation. Preparation 61
General Procedures 61
Preparation of Special Forms of ThO_2 67
Preparation of ThO_2 Single Crystals 67
Preparation of ThO_2 Microspheres 69
Colloidal ThO_2 78
ThO_2 Suspensions 87
Glassy ThO_2 91
Processing of ThO_2 92
Slip Casting 92
Hot Pressing 95
Compact Pressing. Isostatic Pressing 95
Sintering 96
3.3.2 Physical Properties 105
Structural Properties. Thermal Expansion. Radiation Effects 105
Structure. Lattice Constants 105
Density 107
Thermal Expansion 107
Debye Temperature 110
Structure of the ThO_2 Molecule 110
Radiation Effects 110
Thermodynamic Properties 114
Condensed ThO_2 114
Enthalpy of Formation. Heat Capacity. Enthalpy Function. Entropy 114
Heat of Fusion 118
Heat of Vaporization 118
Lattice Energy. Surface Energy 120
Grüneisen Constant 121
Liquid ThO_2 121

Page

Gaseous ThO_2 . . . 121
Enthalpy of Formation . . . 121
Ionization Energy . . . 122
Thermal Properties. Diffusion . . . 125
Vapor Pressure. Rate of Vaporization . . . 125
Melting Point . . . 127
Thermal Conductivity. Thermal Diffusivity . . . 127
Diffusion . . . 131
Mechanical Properties . . . 138
Hardness . . . 138
Notch Impact Strength . . . 139
Tensile Strength . . . 140
Bending Strength. Breaking Strength . . . 140
Compressive Strength . . . 142
Creeping . . . 143
Young Modulus . . . 145
Shear Modulus . . . 149
Poisson Ratio. Bulk Modulus . . . 150
Optical Properties . . . 152
Refractive Index . . . 153
Raman Spectra . . . 153
Optical Spectra . . . 154
Phosphorescence and Luminescence Spectra . . . 158
ESR Spectra . . . 159
Photoelectron and X-ray Spectra . . . 160
Mössbauer Spectra . . . 161
Electrical and Magnetic Properties . . . 164
Dielectric Constant . . . 165
Thermoelectric Properties . . . 166
Electrical Conductivity . . . 166
Magnetism . . . 173
3.3.3 Chemical Reactions . . . 175
Reactions with Nonmetals and Nonmetal Compounds . . . 176
Reactions with Nonmetals . . . 176
Reactions with Nonmetal Compounds . . . 176
Reactions with Water . . . 178
Reactions with Metals and Metal Compounds . . . 178
Reactions with Alkali Metals . . . 179
Reactions with Alkaline Earth Metals . . . 179
Reactions with Other Metals . . . 180
Reactions with Metal Compounds . . . 183
Reactions with Fused Salts . . . 183
Dissolving Processes for ThO_2 . . . 185
Adsorption of Metal Ions. Ion Exchange Properties . . . 187
Adsorption of Gases . . . 190
Argon . . . 191
Hydrogen . . . 191
Oxygen . . . 191
Nitrogen . . . 193

Page

Carbon Monoxide . . . 193
Carbon Dioxide . . . 194
Steam . . . 194
Organic Compounds . . . 195
3.3.4 Use of ThO_2 . . . 199
Use as Catalyst . . . 200
Catalysts for the Fischer-Tropsch Process and Related Reactions . . . 201
Catalysts for Hydrogenation, Dehydrogenation, and Dehydration . . . 203
Catalysts for Alkylation, Acylation, Isomerization, Esterification, etc. . . . 205
Catalysts for Polymerization, Polycondensation, and Hydrocondensation . . . 206
ThO_2 Catalysts for Oxidation Reactions . . . 206
Catalysts for Treatment of Exhausts . . . 207
Catalysts for the Preparation of N and S Compounds . . . 208
Catalysts for Other Processes . . . 209
Other ThO_2 Catalysts . . . 210
Use in Dispersion Alloys . . . 214
ThO_2 Dispersions in Ni . . . 215
ThO_2 in Cr(Mo, W) Dispersion Alloys . . . 221
ThO_2 in Dispersion Alloys with Other Metals . . . 227
Use as Nuclear Fuel . . . 238
Use as Cathode Material . . . 240
Further Applications . . . 244

3.4 Thorium Hydroxide . . . 249

3.5 Thorium Peroxide . . . 253

Umrechnungsfaktoren für physikalische Einheiten

Table of Conversion Factors

Kraft (force)	N	dyn	kg
1 N (Newton)	1	10^5	0.1019716
1 dyn	10^{-5}	1	1.019716×10^{-6}
1 kg	9.80665	9.80665×10^5	1

Druck (pressure)	Pa	bar	kg/m^2	at	atm	Torr	lb/in^2
1 Pa (Pascal) = 1 N/m^2	1	10^{-5}	1.019716×10^{-1}	1.019716×10^{-5}	0.986923×10^{-5}	0.750062×10^{-2}	145.038×10^{-6}
1 bar = 10^6 dyn/cm^2	10^5	1	10.19716×10^3	1.019716	0.986923	750.062	14.5038
1 kg/m^2 = 1 mm H_2O	9.80665	0.980665×10^{-4}	1	10^{-4}	0.967841×10^{-4}	0.735559×10^{-1}	1.42233×10^{-3}
1 at = 1 kg/cm^2	0.980665×10^5	0.980665	10^4	1	0.967841	735.559	14.2233
1 atm = 760 Torr	101 325	1.01325	1.033227×10^4	1.033227	1	760	14.69595
1 Torr = 1 mm Hg	133.3224	1.333224×10^{-3}	13.59510	1.359510×10^{-3}	1.315789×10^{-3}	1	19.3368×10^{-3}
1 lb/in^2 = 1 psi	6.89476×10^3	68.9476×10^{-3}	703.070	70.3070×10^{-3}	68.0460×10^{-3}	51.7128	1

Energie (work, energy, heat)	J	kWh	kcal	Btu	MeV
1 J (Joule) = 1 Ws = 1 Nm = 10^7 erg	1	2.778×10^{-7}	2.388×10^{-4}	9.478×10^{-4}	6.242×10^{12}
1 kWh	3.6×10^{6}	1	859.845	3412.14	2.247×10^{19}
1 kcal	4186.8	1.163×10^{-3}	1	3.96832	2.614×10^{16}
1 Btu (British thermal unit)	1055.06	2.931×10^{-4}	0.251996	1	6.586×10^{15}
1 MeV	1.602×10^{-13}	4.45×10^{-20}	3.82×10^{-17}	1.518×10^{-15}	1

Leistung (power)	kW	PS	kg m/s	kcal/s
1 kW = 10^{10} erg/s	1	1.35962	101.9716	0.238846
1 PS	0.735499	1	75	0.1757
1 kg m/s	9.807×10^{-3}	0.0133333	1	2.342×10^{-3}
1 kcal/s	4.1868	5.692	426.939	1

nach: Kraftwerk Union Information. Technical and Economic Data on Power Engineering. Mülheim (Ruhr) 1978.

Literatur:

1) International Union of Pure and Applied Chemistry. Manual of Symbols and Terminology for Physicochemical Quantities and Units. Butterworth, London 1970.
2) The International System of Units (SI). National Bureau of Standards Specl. Publ. 330. 1972 Edition.
3) H. Ebert (Hrsg.), Physikalisches Taschenbuch. 5. Aufl. Vieweg, Wiesbaden 1976.
4) F. W. Küster, A. Thiel, K. Fischbeck, Logarithmische Rechentafeln. 101. Aufl., W. de Gruyter, Berlin 1972.
5) E. Padelt, H. Laporte, Einheiten und Größenarten der Naturwissenschaften. 3. Aufl. VEB Fachbuchverlag, Leipzig 1976.
6) H. J. Gray, A. Isaacs, A New Dictionary of Physics. 2. Aufl. Longman, London 1975, S. 587/98.
7) Balser, Kayser, Das internationale System der Einheiten. Umrechnungsfaktoren aller englischen und deutschen Maßeinheiten in das SI. Verlag Heisler, Stuttgart 1967.
8) J. F. Cordes, Das neue internationale Einheitensystem, Naturwissenschaften **59** [1972] 177/82.

Verbindungen mit Edelgasen, Wasserstoff und Sauerstoff

Cornelius Keller
Universität und Kernforschungszentrum Karlsruhe
Karlsruhe, Bundesrepublik Deutschland

1 Verbindungen mit Edelgasen

Compounds with Noble Gases

Verbindungen des Thoriums mit Edelgasen sind nur für Xenon bekannt, ein Perxenat der Zusammensetzung $K_4Th(XeO_6)_2 \cdot 4H_2O$ wurde durch Fällung aus wäßriger Lösung isoliert.

Compounds with Noble Gases

Xenon is the only noble gas to form compounds with thorium. A perxenate $K_4Th(XeO_6)_2 \cdot 4H_2O$ has been precipitated from aqueous solution.

1.1 Verbindungen mit Xenon

Compounds with Xenon

Durch Zusatz einer Lösung von 220 mg K_4XeO_6 in 10 ml 0.5 M K_2CO_3-Lösung zu 66 mg Th^{4+} in 18 ml 1 M K_2CO_3-Lösung wurde ein gelatinöser amorpher Niederschlag ausgefällt, dem nach analytischen Daten die Zusammensetzung $K_4Th(XeO_6)_2 \cdot 4H_2O$ zukommt (Ausbeute bezogen auf das eingesetzte Xe: ca. 60%) [1].

Die Verbindung gibt bei ca. 85 und 110 °C in Stufen Wasser ab und zersetzt sich erst bei ca. 200 °C. Die Löslichkeit der Verbindung in 0.1 M K_2CO_3 liegt unter 10^{-5} mol/l.

Im IR-Spektrum von $K_4Th(XeO_6)_2 \cdot 4H_2O$ finden sich Absorptionsbanden bei 600 bis 800 cm^{-1} (charakteristisch für die XeO_6^{4-}-Gruppe), bei 1650 und 3400 cm^{-1} (charakteristisch für Wasser) sowie bei 500 cm^{-1}. Das IR-Spektrum zeigt, daß das ausgefällte Produkt höchstens Spurenmengen Carbonat enthält.

Versuche zur Darstellung einer entsprechenden Na^+-Verbindung schlugen fehl, da diese löslich ist. Dagegen ließ sich eine Na/K-Verbindung isolieren, wenn Na-Perxenatlösung zu einer Th^{4+}-Lösung in K_2CO_3-Lösung gegeben wurde [1].

Literatur zu 1.1:

[1] Y.K. Gusev, M.P. Mefodeva, I.S. Kirin (Soviet Radiochem. **15** [1973] 811/3).

Compounds with Hydrogen

2 Verbindungen mit Wasserstoff

Im System Wasserstoff-Thorium wurden die beiden Verbindungen ThH_2 und Th_4H_{15} (=$ThH_{3.75}$) sowie die entsprechenden Deuteriumverbindungen ThD_2 und Th_4D_{15} nachgewiesen. Sie sind durch direkte Synthese aus den Elementen zugänglich.

Außer einem vorläufigen Phasendiagramm für das System Thorium-Wasserstoff liegen für die einzelnen Verbindungen ausführliche Angaben zur Kristallstruktur und detaillierte Untersuchungen zu einigen physikalischen Eigenschaften vor, speziell über Supraleitfähigkeit, kernmagnetische Resonanz und zur Thermodynamik.

Weiterhin existiert eine Reihe ternärer und polynärer Hydride wie $ThZr_2H_{7+x}$, $Th_8Al_4H_8$, $ThCoH_4$, $Th_2Fe_7H_5$ oder Th_2CH_2, von denen einige als potentielle Wasserstoffspeicher angesehen werden. Auch ein Tetrahydroborat $Th(BH_4)_4$ ist bekannt.

Compounds with Hydrogen

The preliminary phase diagram for the system thorium-hydrogen shows only two compounds, ThH_2 and Th_4H_{15}. The two deuterium compounds are analogous. Each substance can be made from the elements by direct synthesis.

Crystal structure, thermodynamic properties, and physical properties, especially superconductivity and nuclear magnetic resonance, have been carefully investigated for the compounds.

In addition there exist ternary and polynary hydrides such as $ThZr_2H_{7+x}$, $Th_8Al_4H_8$, $ThCoH_4$, $Th_2Fe_7H_5$, or Th_2CH_2. Some ternary hydrides may be used for hydrogen storage. There is also a tetrahydroborate $Th(BH_4)_4$.

Phase Diagram of the Thorium-Hydrogen System

2.1 Phasendiagramm des Systems Thorium-Wasserstoff

Ein Phasendiagramm des Systems Thorium-Wasserstoff, das auf den Angaben in [1 bis 3] beruht, wurde in [4] erstmals veröffentlicht (**Fig. 2-1**). Dabei wurden besonders die in [5] angegebenen Phasengrenzen berücksichtigt, da sie mit besonders reinen Substanzen ermittelt wurden.

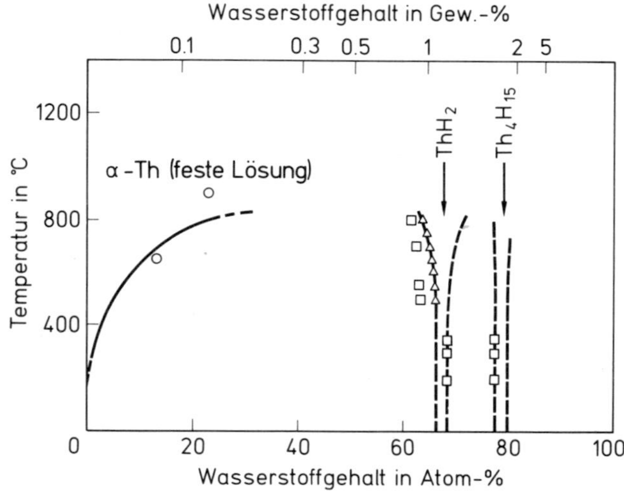

Fig. 2-1

Partielles Phasendiagramm des Systems Thorium-Wasserstoff [4]. △ nach [1], ○ nach [2], □ nach [3].

Literatur zu 2.1 und 2.2 s. S. 22/4

Aus dem Phasendiagramm ist abzuleiten, daß

a) die Löslichkeit von Wasserstoff in α-Thorium oberhalb 200 °C mit steigender Temperatur beträchtlich zunimmt,

b) das Dihydrid ThH_2 eine geringe Phasenbreite aufweist, die oberhalb 400 °C ansteigt, und daß

c) auch für Th_4H_{15} eine Phasenbreite angenommen wird.

Folgende Phasen wurden im System Thorium-Wasserstoff röntgenographisch identifiziert [26]:

Zusammensetzung	Phasen (und relative Intensität der Beugungsreflexe auf den Pulverdiagrammen)
$ThH_{0.92}$	Th (mittelstark) + tetragonales ThH_2 (mittelstark)
$ThH_{1.24}$	Th (schwach) + tetragonales ThH_2 (mittelstark)
$ThH_{1.50}$	Th (schwach) + tetragonales ThH_2 (stark)
$ThH_{1.78}$	tetragonales ThH_2
$ThH_{1.98}$	tetragonales ThH_2
$ThH_{2.11}$	tetragonales ThH_2 (stark) + kubisches Th_4H_{15} (sehr schwach)
$ThH_{2.49}$	tetragonales ThH_2 (mittelstark) + kubisches Th_4H_{15} (mittelstark)
$ThH_{2.56}$	tetragonales ThH_2 (mittelstark) + kubisches Th_4H_{15} (mittelstark)
$ThH_{2.96}$	tetragonales ThH_2 (schwach) + kubisches Th_4H_{15} (stark)
$ThH_{3.12}$	tetragonales ThH_2 (schwach) + kubisches Th_4H_{15} (stark)
$ThH_{3.53}$	kubisches Th_4H_{15}
$ThH_{3.62}$	kubisches Th_4H_{15}

Im Phasendiagramm ist nicht berücksichtigt, daß für ThH_2 im Temperaturbereich zwischen 700 und 880 °C eine allotrope Modifikationsänderung möglich ist [6].

Da im System Thorium-Wasserstoff keine besonderen Isotopeneffekte zu erwarten sind, dürften die Phasendiagramme der Systeme Thorium-Deuterium (Th-D) und Thorium-Tritium (Th-T) von dem des Systems Th-H sich nicht sehr, falls überhaupt, unterscheiden.

2.2 Verbindungen im System Thorium-Wasserstoff

Compounds in the Thorium-Hydrogen System

Im binären System Thorium-Wasserstoff existieren die beiden Hydride ThH_2 und Th_4H_{15} sowie die formelgleichen Deuteriumverbindungen.

Daneben existieren noch Angaben über eine etwas dubiose Verbindung der Zusammensetzung ThO(X)H (X ist vermutlich OH), die beim Auflösen von Thoriummetall in Salzsäure als schwarzer Rückstand zurückbleibt [7, 8] und die früher als niederes Thoriumoxid (ThO (?)) angesehen wurde [9]. Eine in einigen Arbeiten postulierte Verbindung ThH_4 [12, 15, 28] dürfte nach neueren Untersuchungen nicht existieren.

Compounds of Thorium and Hydrogen

There are two hydrides, ThH_2 and Th_4H_{15}, in the binary system thorium-hydrogen. The deuterium system is analogous. A reported ThH_4 [12, 15, 28] is not consistent with the preliminary phase diagram.

Literatur zu 2.1 und 2.2 s. S. 22/4

Thorium Dihydride and Dideuteride

Preparation

2.2.1 Thoriumdihydrid und -dideuterid

2.2.1.1 Darstellung

Reines Thoriumdihydrid ThH_2 wird üblicherweise durch Umsetzung von möglichst reinem Thoriummetall – eventuell mit CCl_4 gereinigt [12] – mit Wasserstoff bei erhöhten Temperaturen dargestellt [1, 10 bis 18, 75 bis 78]. Im allgemeinen werden dabei Temperaturen um 200 bis 300 °C angewandt, wobei es allerdings zweckmäßig ist, etwas höhere Temperaturen zu benutzen, wenn man von massivem Th-Metall und nicht von Th-Pulver ausgeht [10]. Der Einsatz von massivem Metall führt im allgemeinen zu einem reineren Produkt, da das pulverförmige Th-Metall normalerweise nur mit geringerer Reinheit zu erhalten ist. Es zeigt sich auch, daß die Hydrierung um so einfacher ist, je reiner das Ausgangsmaterial ist [14].

Thoriumdihydrid läßt sich auch durch Einwirkung von Wasserstoff auf Th-haltige Metallschmelzen gewinnen, wobei zumeist Mg-Schmelzen eingesetzt werden [19 bis 21]. Dabei ist z.T. eine weitgehende Th-Ausscheidung als Hydrid möglich. Der molare Anteil N von Thorium in der Restschmelze nach Ausfällung von ThH_2 mit Wasserstoff ($p=1$ atm) aus einer 35 bis 42 Gew.% Th enthaltenden Th/Mg-Legierung ist für $938\ K \leqq T \leqq 1083\ K$ über die Beziehung $\lg N = -(4609 \pm 209)/T + (2.824 \pm 0.208)$ zu ermitteln [19]. Bei Temperaturen zwischen 450 und 550 °C sind die ThH_2-Ausscheidungen sehr feinteilig mit einem Durchmesser von ca. 25 Å [21]. Bei geringer Probendicke der Metallschmelze ist die Reaktionsgeschwindigkeit durch eine Oberflächenreaktion, den Durchtritt der Wasserstoffatome durch die Magnesiumoberfläche, bestimmt. Dabei läßt sich aus der Kinetik der Hydrierung, für die eine Aktivierungsenergie von 45 kcal/mol(H_2) ermittelt wurde, ableiten, daß eine Anreicherung von interstitiell gelöstem Wasserstoff an der Oberfläche erfolgt [21].

In [22] wird über die Ausfällung verschiedener Metallhydride (Y, Ca, Ce, La, Th etc.) aus Mg-Zn (55 Gew.%)-, Mg-Al (30 Gew.%)- und Zinkschmelzen berichtet. Für $p(H_2)=1$ atm wurden folgende Restlöslichkeiten von Thorium in den Metallschmelzen ermittelt:

Schmelze	Löslichkeit									
	500 °C		650 °C		700 °C		800 °C		900 °C	
	At-%	Gew.-%	At-%	Gew.-%	At-%	Gew.-%	At-%	Gew.-%	At-%	Gew.-%
Magnesium			0.67	6.01	1.20	10.4	3.32	24.7	7.70	44.3
Mg-55 Gew.-% Zn	1.10	6.3	3.32	17.7	4.15	21.3	6.28	29.5		
Mg-30 Gew.-% Al	0.0025	0.023	0.013	0.12	0.071	0.19	0.044	0.41		

Man erkennt aus diesen Werten deutlich, daß der Zusatz von Zink zur Mg-Schmelze die Restlöslichkeit erhöht.

Über die Umsetzung von CaH_2 bzw. LiH mit ThO_2, die wahrscheinlich nicht, oder nur in sehr geringer Ausbeute, zur Bildung von Thoriumhydrid führt, siehe [6, 23, 24].

Literatur zu 2.1 und 2.2 s. S. 22/4

2.2.1.2 Kinetik der Bildung und Zersetzung

Kinetics of Formation and Decomposition

Kinetische Untersuchungen über die Reaktion von Thoriummetall mit Wasserstoff im Temperaturbereich 350 °C $\le t \le$700 °C zeigen, daß das parabolische Gesetz $m = k\sqrt{t}$ (m = Gewicht des absorbierten Wasserstoffs pro cm^2 Oberfläche, k = Geschwindigkeitskonstante, t = Zeit) befolgt wird [16, 18]. Dies bedeutet, daß auf dem Th-Metall eine hydridische Oberflächenschicht gebildet wird. Durch sie muß der Wasserstoff diffundieren, um zu reagieren. Die Geschwindigkeitskonstante k für die diffusionskontrollierte Reaktion kann über die Beziehung $k^2 = 2D\frac{C_s - C_i}{V}$ berechnet werden. Hierin ist D = Koeffizient der Diffusion von Wasserstoff durch das Hydrid; C_s = Wasserstoffgehalt des Hydrids an der Gas-Hydrid-Oberfläche; C_i = Wasserstoffgehalt des Hydrids an der Metall-Hydrid-Oberfläche; V = Volumen des ThH_2, das 1 mg H_2 enthält.

Für den Diffusionskoeffizienten der Diffusion von Wasserstoff durch Thoriumhydrid gilt die Beziehung [1] $D = 2.11 \times 10^{-4}$ (exp (−2300/RT)).

Die daraus ermittelte Aktivierungsenergie für die Wasserstoffdiffusion von 2.3 kcal/mol(H_2) ist relativ niedrig, besonders im Vergleich zur Diffusion von Wasserstoff in anderen Hydriden.

Die Druckabhängigkeit der Hydrierung von Thorium und die Hydrierungskinetik hängen stark von der exakten Stöchiometrie des Hydrids ab. Bei niedrigen Temperaturen ($\le$550 °C) ist die Gas-Hydrid-Oberfläche (C_s) mit Wasserstoff gesättigt, so daß bei $p(H_2) > 100$ Torr keine Druckabhängigkeit vorliegt [16, 18]. Die Druckabhängigkeit der Kinetik der ($Th + H_2$)-Reaktion zeigt **Fig. 2-2** [18]. Sie wurde für eine Reaktion ermittelt, bei der zwischen 10 und 30% des Thoriums in das Hydrid übergeführt wurden.

Nach Angaben in [32] führt die Zersetzung von $ThH_{1.9}$ und $ThH_{1.5}$ bei 230 °C $\le t \le$800 °C über einen kinetischen und nicht über einen Diffusionsmechanismus. Die Aktivierungsenergie für die Zersetzung von $ThH_{1.5}$ beträgt 33 kcal/mol(H_2) für

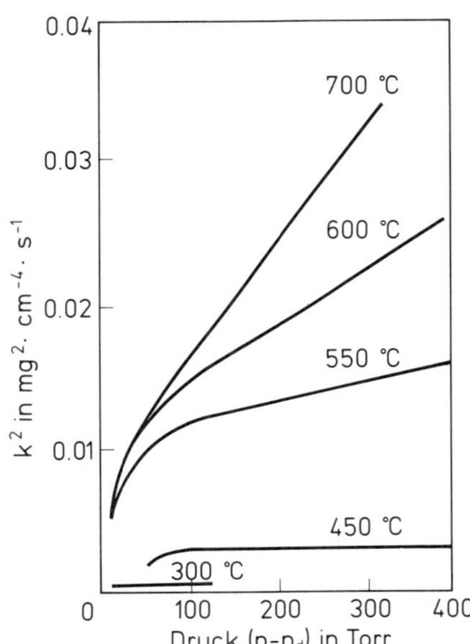

Fig. 2-2

Druckabhängigkeit der Geschwindigkeitskonstanten k für die ($Th + H_2$)-Reaktion. p = Druck über der Probe, p_d = Dissoziationsdruck an der Metall-Hydrid-Zwischenschicht, aus [18] nach [16].

Literatur zu 2.1 und 2.2 s. S. 22/4

600 °C ≤ t ≤ 800 °C. Für die Zersetzung von ThH$_{1.5}$ wurde folgende Beziehung ermittelt: $\alpha = 1 - e^{-k \cdot \tau^m}$ mit α = Anteil an zersetztem Hydrid; k = Konstante; τ = Dauer der isothermen Zersetzung; m = kinetischer Parameter, der mit der Temperatur steigt und bei 0.93 ≤ m ≤ 1.93 liegt. Die Reaktionsordnung liegt zwischen 0.34 und 0.25 [32].

Kinetische Parameter der thermischen Zersetzung von nicht näher charakterisiertem ThH$_3$ siehe [32]. Die Zersetzung ist im Temperaturbereich 210 °C ≤ t ≤ 390 °C eine Reaktion der Ordnung 0.34 mit einer Aktivierungsenergie von E_A = 14 kcal/mol.

Stoichiometry. Solubility of H_2 in Th

2.2.1.3 Stöchiometrie. H_2-Löslichkeit in Th

ThH$_2$ spaltet beim Erhitzen auf höhere Temperaturen Wasserstoff ab unter Bildung von ThH$_{2-x}$. Bei niedrigen Temperaturen ist auch eine Wasserstoffaufnahme unter Bildung von ThH$_{2+x}$ möglich.

Auf der thoriumreichen Seite ergibt sich eine Phasengrenzlinie (α-Th + ThH$_{2-x}$) – ThH$_{2+x}$, die sich über die in [18] aufgeführte Beziehung lg C = 3.134 – 2175/T berechnen läßt, wobei C den Gehalt an Wasserstoff-Fehlstellen im ThH$_2$-Gitter in % angibt. Diese Beziehung wurde aus Isothermen abgeleitet, bei denen die Zusammensetzung als Funktion des Wasserstoffpartialdrucks ermittelt wurde (**Fig. 2-3**) [1]. Aus den Messungen geht hervor, daß die Phasengrenze auf der wasserstoffarmen Seite für 500 °C bei ThH$_{1.96}$ liegt und sich über ThH$_{1.85}$ bei 700 °C auf etwa ThH$_{1.74}$ bei 800 °C verschiebt. Diese Werte dürften wegen der hohen Reinheit des benutzten Th-Metalls zuverlässiger sein als ältere Werte in [3] und [25], wo vermutlich ein weniger reines Th-Metall benutzt wurde. Aus Röntgenstrukturuntersuchungen [26] ist indirekt abzuleiten, daß für eine nicht angegebene Temperatur – vermutlich Raumtemperatur, bei der die Proben untersucht

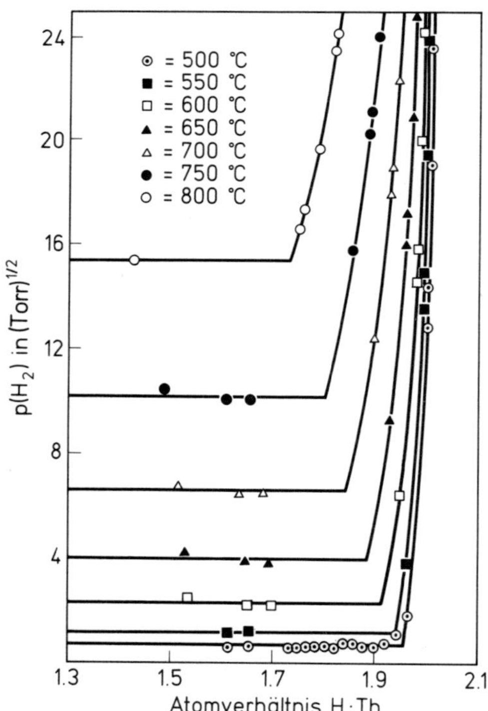

Fig. 2-3

Druck-Zusammensetzungs-Isothermen im System Thorium-Wasserstoff [1]

Literatur zu 2.1 und 2.2 s. S. 22/4

wurden, jedoch nicht höher als die Herstellungstemperatur von 400 °C$\lesssim t \lesssim$450 °C – die Phasengrenze des ThH_{2-x} zum zweiphasigen Bereich (α–Th+Th_{2-x}) zwischen $ThH_{1.50}$ und $ThH_{1.78}$ liegen wird, d.h. verglichen mit den Angaben in [1] im wasserstoffärmeren Bereich. Nach [27] ist abzuleiten, daß – bei Raumtemperatur (?) – der Bereich zwischen $ThH_{1.73}$ bis $ThH_{1.93}$ einphasig ist. In [31] wird aufgeführt, daß die thermische Zersetzung von $ThH_{>3}$ bei 820 °C unter Argon zu einer Phase der Zusammensetzung $ThH_{1.5}$ führt – allerdings ist nicht angegeben, ob diese einphasig ist.

Auf der wasserstoffreichen Seite sind die Phasengrenzen weit weniger gut bekannt als auf der wasserstoffarmen Seite des einphasigen $ThH_{2\pm x}$-Bereichs. Nach älteren Angaben dürfte die Phasengrenze des einphasigen Bereichs ThH_{2+x} zum zweiphasigen Bereich (ThH_{2+x}+Th_4H_{15}) bei ca. $ThH_{2.3}$ liegen [25]. Es ist aber auch nicht auszuschließen, daß diese Phasengrenze nur wenig oberhalb der stöchiometrischen Zusammensetzung $ThH_{2.00}$ liegt, da in [26] für $ThH_{2.11}$ röntgenographisch ein Zweiphasengebiet nachgewiesen wurde.

Beim Erhitzen auf Temperaturen oberhalb 800 °C, speziell im Vakuum, wird der gesamte Wasserstoff abgespalten [17]. Das Verfahren der Hydrierung von massivem Th-Metall und der nachfolgenden thermischen Zersetzung des Hydrids erlaubt dabei die Darstellung von feinverteiltem pulverförmigem Thoriummetall [11, 15, 28]. Die Teilchengröße des erhaltenen Th-Pulvers kann 30 mesh und kleiner sein [11]. Detailliertere Angaben über dieses Verfahren siehe [28].

Thoriumoxid als Verunreinigung in Th-Metall scheint keinen Einfluß auf die Hydrierung von Th-Metall und die Stöchiometrie des gebildeten Hydrids zu haben, wie aus **Fig. 2-4** hervorgeht [30].

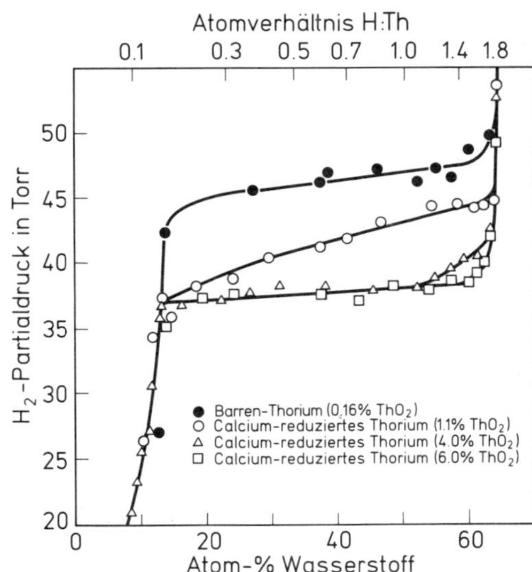

Fig. 2-4

Druck-Zusammensetzungs-Isothermen im System Thorium-Wasserstoff bei 700 °C für durch verschiedene Mengen ThO_2 verunreinigtes Th-Metall [30].

Die Löslichkeit von Wasserstoff in Thorium, die man auch als Löslichkeit von festem ThH_{2-x} in Thoriummetall beschreiben kann, ist stark temperaturabhängig [2, 5, 31]. Aus sehr genauen Untersuchungen in [5] ist abzuleiten, daß unterhalb 300 °C die Löslichkeit bei $\leq$1 Atom-% Wasserstoff liegt und bis auf ca. 25 Atom-% bei 800 °C ansteigt (**Fig. 2-5**, S. 8).

Literatur zu 2.1 und 2.2 s. S. 22/4

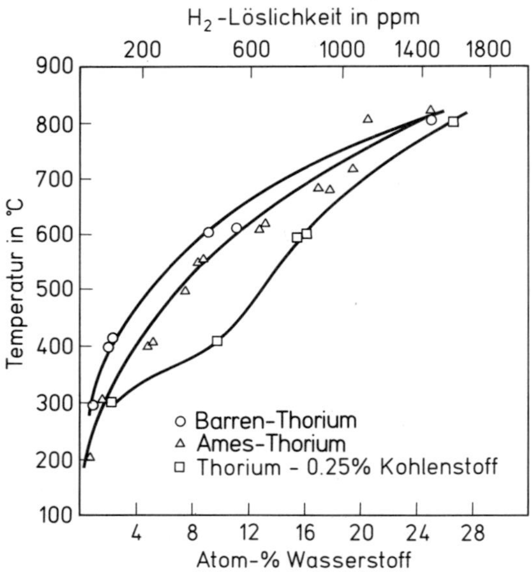

Fig. 2-5

Löslichkeit von Wasserstoff in Thorium [5].

Folgende Werte werden für die maximale Löslichkeit angegeben [5]:

Temperatur in °C	300	400	410	605	610	810
Löslichkeit, als Atomverhältnis H:Th . .	0.009	0.022	0.024	0.10	0.13	0.34

Dabei zeigt sich eine merkliche Abhängigkeit der Löslichkeit von der Reinheit des eingesetzten Th-Metalls. So ist im Fall von kohlenstoffhaltigem Thorium die „augenscheinliche" Löslichkeitszunahme auf die Bildung der ternären Verbindungen $ThC \cdot ThH_2$ und $ThC \cdot 2ThH_2$ zurückzuführen [30]. Für Thorium in Barrenform mit einer Reinheit von 99.95% läßt sich im Temperaturbereich $300\ °C \leq t \leq 800\ °C$ die Löslichkeit von ThH_2 in α-Th durch die Beziehung lg(Löslichkeit in Atom-%H) $= -1732/T + 2.966$ ausdrücken.

Eine Herabsetzung des Wasserstoffgehalts in Thoriummetall scheint durch einen Zusatz von Cer möglich zu sein, das dann als CeH_2 ausfällt [34]. Um z.B. eine Grenzzusammensetzung $ThH_{0.32}$ zu erreichen und entsprechend Wasserstoff zu binden, benötigt man 1.6 Atom-% Cer.

Aus eigenen Werten berechnen [5] eine Lösungswärme von ThH_2 in Th-Metall zwischen 6.6 und 7.9 kcal/mol(H_2) – abhängig vom verwendeten Thoriummetall.

Etwas geringere Löslichkeiten lassen sich aus den Isothermen aus [2] ableiten, besonders bei hohen Temperaturen. Die Bildung von festen Lösungen α-Th – ThH_{2-x} wird auch in [31] bei Untersuchungen über die thermische Zersetzung von $ThH_{1.5}$ gefordert.

Da Th-Metall leicht Wasserstoff aufnimmt, hat die Verarbeitung von Th-Pulver, z.B. Heißpressen, in wasserstofffreier Atmosphäre zu erfolgen [13].

Physical Properties

2.2.1.4 Physikalische Eigenschaften

Structural Data

2.2.1.4.1 Strukturdaten

Thoriumdihydrid, das mit dem Thoriumdicarbid isostrukturell ist, kristallisiert in einem raumzentrierten tetragonalen Kristallgitter mit den Gitterkonstanten $a = 4.10 \pm 0.03$ Å und

$c=5.03\pm0.03$ Å für die Elementarzelle mit zwei Formeleinheiten [26]. Die berechnete Dichte beträgt $\rho_{ber.}=9.20$ g/cm³ [26]. Die Atomlagen sind:

2Th in (0,0,0) und $(\frac{1}{2},\frac{1}{2},\frac{1}{2})$

4H in $(0,\frac{1}{2},\frac{1}{4})$, $(0,\frac{1}{2},\frac{3}{4})$, $(\frac{1}{2},0,\frac{1}{4})$ und $(\frac{1}{2},0,\frac{3}{4})$.

Die Wasserstofflagen wurden durch Neutronenbeugungsuntersuchungen an ThD_2 bestimmt. Folgende Atomabstände wurden ermittelt:

um ein D-Atom: 4Th-Atome im Abstand von 2.41 Å,
um ein Th-Atom: 8D-Atome im Abstand von 2.41 Å,
4Th-Atome im Abstand von 3.83 Å und
4Th-Atome im Abstand von 4.09 Å [26].

Daraus läßt sich entnehmen, daß ThH_2 (ThD_2) eine tetragonal verzerrte Fluoritstruktur aufweist, wobei jedes D-Atom tetraedisch von 4H(D)-Atomen und jedes H(D)-Atom von 8 nächsten Th-Atomen umgeben ist [26].

Detailliertere Untersuchungen über die Struktur des tetragonalen ThH_{2-x} werden in [15] aufgeführt. Danach kristallisiert $ThH_{2\pm x}$ in einem tetragonalen flächenzentrierten Gitter. Gitterkonstanten in Abhängigkeit vom Molverhältnis H:Th:

Verhältnis H:Th	Gitterkonstanten in Å a	c
1.93±0.02	5.7348±0.0003	4.9706±0.0004
1.88±0.02	5.7248±0.0003	4.9946±0.0004
1.84	5.7240±0.0008	5.0052±0.0010
1.79	5.7188±0.0003	5.0007±0.0003
1.73	5.7154±0.0008	5.0096±0.00010

Bei abnehmendem H:Th-Verhältnis wird die a-Achse kürzer, während die c-Achse länger wird [15]. (Die Betrachtung des raumzentrierten tetragonalen Gitters von ThH_2 [26] als flächenzentriertes tetragonales Gitter [15] ändert natürlich die zuvorgenannten Atomabstände nicht.) In [27] werden für $ThH_{1.93}$ folgende Atomabstände aufgeführt:

um H : Th-4H : 2.38 Å
um Th: Th-8H : 2.38 Å
Th-8Th: 3.79 Å
Th-4Th: 4.06 Å

Für $ThH_{1.93}$ beträgt die Dichte $\rho_{ber.}=9.50$ g/cm³ und der Th-H-Abstand 2.39 Å [15, 33]. Die in [15] aufgeführten Gitterkonstanten sind von den in [26] zu $a=5.73$ Å und $c=4.99$ Å extrapolierten Werten merklich verschieden.

In [72] ist für die Hydride der 3. und 4. Nebengruppe des Periodensystems der Elemente (Sc, Y, La, Ti, Zr, Hf, Th) angenommen, daß in ihnen ein H^--Anion mit einem Radius von 1.29 ± 0.05 Å vorliegt (d.h. ThH_2 würde aus Th^{4+}-Ionen, 2H^--Anionen und einem Elektronengas aus zwei Elektronen pro Thoriumatom bestehen). Dieses Konzept ist aber nach [71] zu einfach für eine Erklärung des Platzbedarfs des Wasserstoffs in diesen Hydriden (vgl. auch **Fig.** 2-**6**, S. 10).

Überraschend ist auch folgende, noch nicht eindeutig erklärbare Beobachtung: Bei der Wasserstoffaufnahme von Th-Metall ($a=5.08$ Å) unter Bildung von $ThH_{2\pm x}$ bleibt die Anordnung der Th-Atome erhalten, allerdings deformiert sich das Gitter von kubisch

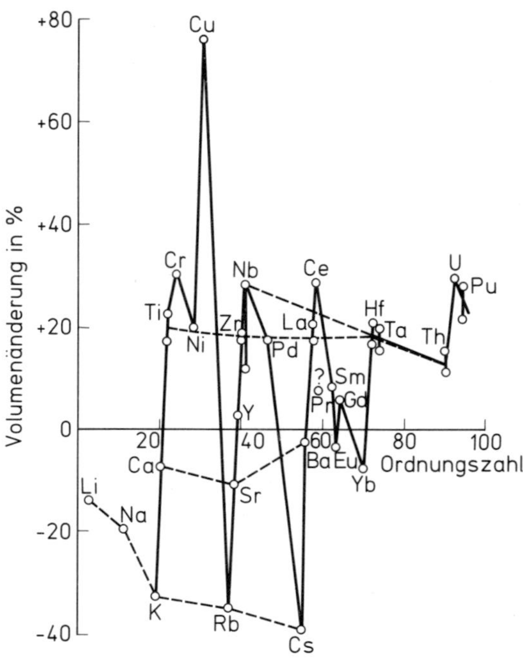

Fig. 2-6

Relative Volumenänderung bei Einbau eines Wasserstoffatoms in das Metallgitter. In den Fällen (z.B. Ti, Zr ...), in denen eine variable Zusammensetzung vorliegt, ist ein Mittelwert angegeben. Die unterbrochenen Linien verbinden Elemente der gleichen Gruppe im Periodensystem der Elemente [71].

nach tetragonal, wobei zwei Kanten des Th-Tetraeders sich vergrößern und zwei sich verkleinern, obwohl sie kristallographisch äquivalent sind [71]. Diese Beobachtung paßt nicht in das von [72] gezeigte Bild.

Untersuchungen über die unelastische Streuung von subthermischen (kalten) Neutronen an ThH_2 finden sich in [34, 35]. Untersuchungen der unelastischen Neutronenstreuung an ThH (d.h. einer festen Lösung von ThH_2 in Th mit 5 Atom-% Wasserstoff) unter Verwendung subthermischer Neutronen zeigen einen lokalisierten Schwingungszustand bei $E = 114 \pm 5$ meV, dagegen keine Schwingungszustände im Kontinuumsbereich [36]. Nach [6] soll in ThH_2 zwischen 700 und 800 °C eine allotrope Umwandlung stattfinden.

Nach [30] soll eine geringe Sauerstoffkonzentration kubisches ThH_2 stabilisieren (nicht die normale tetragonale Form). Dies scheinen auch Untersuchungen in [51] zu bestätigen, denn hier wurde ein – bis 1.2 K herab nicht supraleitendes – kubisches ThH_2 erwähnt, das durch Umsetzung von Thorium, das 5 Atom-% Sauerstoff enthielt, mit Wasserstoff bei 800 °C unter $p(H_2) = 1$ atm erhalten worden war. Allerdings wurde keine H:Th-Bestimmung durchgeführt, sondern röntgenographisch nur ein „kubisches Dihydrid ohne Anteile eines höheren Hydrids" postuliert [51].

Vapor Pressure

2.2.1.4.2 Dampfdruck

Der Dissoziationsdruck (Wasserstoffpartialdruck p in Torr über der festen Verbindung) läßt sich allgemein durch die Beziehung: $\lg p = -A \cdot T^{-1} + B$ wiedergeben. Werte für die Konstanten A und B und den untersuchten Temperaturbereich sind nachstehend aufgeführt, wobei zum Vergleich auch noch einige andere Actinidenhydride und -deuteride mit aufgenommen wurden, für die Daten vorliegen (zusammengestellt nach [42]):

Literatur zu 2.1 und 2.2 s. S. 22/4

Verbindung	A	B	Temperatur-bereich in K	Temperatur in K, bei der $p(H_2) = 1$ atm	Lit.
β-UH_3	4500	9.28	533 bis 703	703	[37]
β-UD_3	4500	9.43	520 bis 690	687	[37]
UT_3	4471	9.461	591 bis 663	681	[38]
NpH_3	3736	9.80			[39]
ThH_2	7700	9.54		1156	[40]
ThH_2	7500	9.35	650 bis 875	1159	[2]
ThH_2	7650	9.50		1156	[1]
NpH_2	6126	9.138	623 bis 898		[39]
PuH_2	8165	10.01	673 bis 1073	1143	[41]
PuD_2	7761	9.71	873 bis 1073	1137	[41]
Th_4H_{15}	4220	9.50		638	[40]

Überraschend ist die gute Übereinstimmung der in [1, 2, 40] für ThH_2 angegebenen Zahlenwerte. Obwohl über Tritide und Deuteride des Thoriums noch keine Angaben vorliegen, ist aus dem Vergleich mit den analogen Eigenschaften der Urantrihydride abzuleiten, daß die Temperatur, bei der der Wasserstoffpartialdruck über dem Hydrid 1 atm beträgt, in der Reihe $ThH_2 > ThD_2 > ThT_2$ abnehmen dürfte (wenngleich im Fall des Urans aus den thermodynamischen Daten ($-\Delta S_f$) heraus ein entgegengesetztes Verhalten gefordert werden müßte — was dann entsprechend für Thorium gelten könnte).

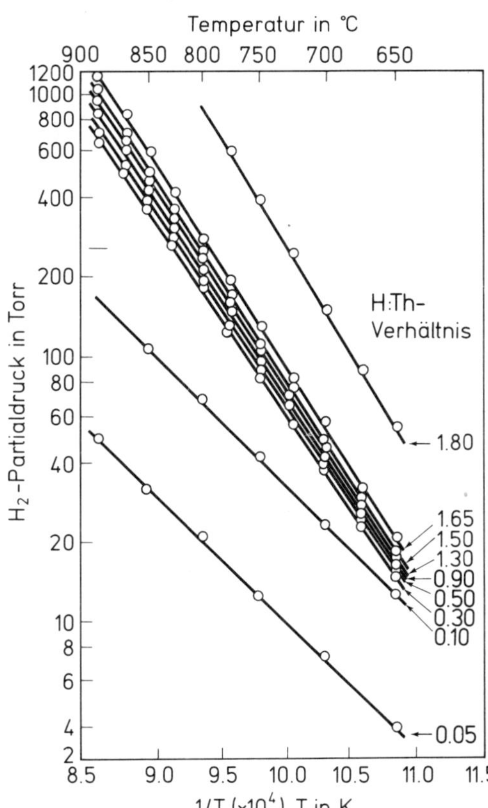

Fig. 2-7

Wasserstoffpartialdrücke für ThH_x ($0.05 \leq x \leq 1.80$) in Abhängigkeit von der Temperatur [2]. An den Geraden: Atomverhältnis H:Th.

Literatur zu 2.1 und 2.2 s. S. 22/4

Fig. 2-7, S. 11, zeigt den Wasserstoffpartialdruck für verschiedene H:Th-Verhältnisse in ThH_x ($0.05 \leq x \leq 1.80$) als Funktion der Temperatur [2]. Daraus lassen sich für die Dissoziation von ThH_x folgende ΔH- und $\Delta S_{1073\,K}$-Werte errechnen [2]:

Verhältnis H:Th	0.05	0.10	0.30	0.50	0.90	1.30	1.50	1.65	1.80
ΔH in kcal/mol	+21.6	+21.8	+33.0	+34.5	+34.5	+34.1	+34.2	+34.2	+36.9
ΔS_{1073} in $cal \cdot mol^{-1} \cdot K^{-1}$	+12.9	+15.5	+27.9	+29.4	+29.5	+29.4	+29.6	+29.9	+34.4

Statistische Behandlung des Wasserstoffpartialdrucks im System Thorium-Wasserstoff s. [45].

Thermodynamic Properties

2.2.1.4.3 Thermodynamische Eigenschaften

Experimentell direkt bestimmte thermodynamische Eigenschaften für Th-Hydride liegen noch nicht vor, die bisher publizierten Werte sind Berechnungen, die sich aus Auswertungen anderer Untersuchungen, z.B. Dampfdruckmessungen ergeben.

So wird aus der Löslichkeit von ThH_2 in α-Th eine Lösungswärme zwischen 6.6 kcal/mol (H_2) und 7.9 kcal/mol (H_2) berechnet, die vom verwendeten Th-Metall (d.h. vermutlich dessen Reinheit) abhängig ist und für den Temperaturbereich 573 K $\leq T \leq$1073 K gilt [5], s. S. 7.

In [4] wird unter Verwendung der Daten von [2, 43] für die Reaktion

$$Th\ (fest) + H_2\ (gas) \rightarrow ThH_2\ (fest)$$

die Beziehung

$$\Delta G_f^\circ = -(34700 \pm 500) + (30.0 \pm 0.5)\,T$$

abgeleitet (ΔG_f° in cal/mol). Unter der Annahme $\Delta C_p = 0$ ergeben sich für ThH_2:

$$\Delta H_{f,\,298}^\circ = -34.7 \pm 0.5 \quad kcal/mol \text{ und}$$
$$\Delta S_{f,\,298}^\circ = -30.0 \pm 0.5 \quad cal \cdot mol^{-1} \cdot K^{-1} \text{ mit}$$
$$S_{298}^\circ = 14.0 \quad cal \cdot mol^{-1} \cdot K^{-1}.$$

Diese Daten vernachlässigen die Löslichkeit von Wasserstoff in Thorium, was nach [5] für T = 298 K auch gerechtfertigt ist.

Sorgfältige Berechnungen in [44] kommen zu folgenden Werten:

$$\Delta H_f^\circ = -34.3 \text{ kcal/mol für } T = 298 \text{ und } 1000 \text{ K}$$
$$\Delta S_{f,\,1000} = -29.74 \quad cal \cdot mol^{-1} \cdot K^{-1}$$
$$S_{298} = 14.2 \quad cal \cdot mol^{-1} \cdot K^{-1}.$$

In [57] wird ohne näheren Bezug für ThH_2 ein $\Delta H_f = -35$ kcal/mol angegeben.

Diffusion

2.2.1.4.4 Diffusion

In [46] wird die Aktivierungsenergie für die Wasserstoffdiffusion in Thoriumhydriden abgeleitet. Die erhaltenen Werte liegen zwischen $E_A = 11.2 \pm 3.0$ kcal/mol und $E_A = 17.7 \pm 2.0$ kcal/mol, jeweils für einen Temperaturbereich von 465 K $\leq T \leq$595 K. Da sich die Werte für $ThH_{2\pm x}$ bei hohem und bei niedrigem Wasserstoffgehalt nicht merklich unterscheiden, ist anzunehmen, daß für den gesamten Bereich der Phasenbreite des Thoriumdihydrids der gleiche Diffusionsmechanismus gültig ist.

Literatur zu 2.1 und 2.2 s. S. 22/4

Der Diffusionskoeffizient für Wasserstoff in Thoriumhydrid für den Temperaturbereich 550 °C $\leq t \leq$700 °C wird in [1] zu $D = 2.11 \times 10^{-4}$ (exp(−2300/RT)) gefunden (in cm^2/s, T in K). Die daraus berechnete Aktivierungsenergie für den Wasserstoff ist mit $E_A \approx 2.3$ kcal/mol wesentlich niedriger als der nach [46] über NMR-Studien gefundene Wert. Eine Erklärung für diese Diskrepanz ist nicht ohne weiteres möglich, eventuell könnten bei den sehr unterschiedlichen Untersuchungstemperaturen verschiedene Diffusionsmechanismen vorliegen (was aber nicht bewiesen ist). Neuere Untersuchungen [47, 48] zur H-Kernspinrelaxation im Temperaturbereich 173 °C $\leq t \leq$470 °C bestätigen jedoch weitgehend die in [46] aufgefundenen Werte. In diesen Arbeiten wurde für $ThH_{\approx 1.8}$ $E_A = 18.3$ kcal/mol und für $ThH_{\approx 2.1}$ $E_A = 16.2$ kcal/mol ermittelt. Es wird ein Diffusionsmechanismus vorgeschlagen, bei dem Wasserstoff zwischen tetraedrischen Zwischengitterplätzen und den nächstliegenden oktaedrischen Zwischengitterplätzen springt. Ferner ist ein zusätzlicher Relaxationsmechanismus mit einer Spin-Gitter-Relaxationszeit α/T mit $\alpha = 238$ s·K wahrscheinlich. Die Untersuchungen wurden mit einer Resonanzfrequenz von 10.5 MHz durchgeführt [47, 48].

Für die Diffusion von Wasserstoff in Thorium siehe Angaben in [73]; es ist hierbei anzunehmen, daß zumindest ein Teil des Wasserstoffs dabei als Hydrid vorliegt.

Emanierstudien mit ^{220}Rn an Th-Hydriden s. [31].

2.2.1.5 Chemische Eigenschaften

Chemical Properties

ThH_2-Proben entzünden sich bei Raumtemperatur beim Lagern an Luft innerhalb weniger Minuten spontan. ThH_2 ist daher vorsichtig und stets unter Ausschluß von Sauerstoff oder Luft handzuhaben [29]. Mit Wasser erfolgt sehr rasch Hydrolyse unter ThO_2-Bildung, speziell bei höheren Temperaturen, während bei Eingabe in Wasser bei Raumtemperatur keine Reaktion stattfinden soll [17, 42].

Mit Methan reagiert ThO_2 bei 500 °C nicht [17]. Durch Einwirkung der gasförmigen Halogenwasserstoffe bei 350 bis 400 °C entstehen die entsprechenden Thoriumtetrahalogenide, mit Phosphan PH_3 bei 400 °C Th_3P_4 und mit H_2S bei 300 bis 400 °C ThS_2 [12, 15, 17]. CO_2 zeigt selbst bei 350 °C nach 47 h Einwirkungszeit überraschenderweise keine Reaktion [17].

Die Aufnahme von Wasserstoff durch metallisches Palladium wird beschleunigt, wenn dieses in Kontakt mit Thoriumhydrid gebracht wird (**Fig. 2-8**) [49]. Wasserstoff läßt

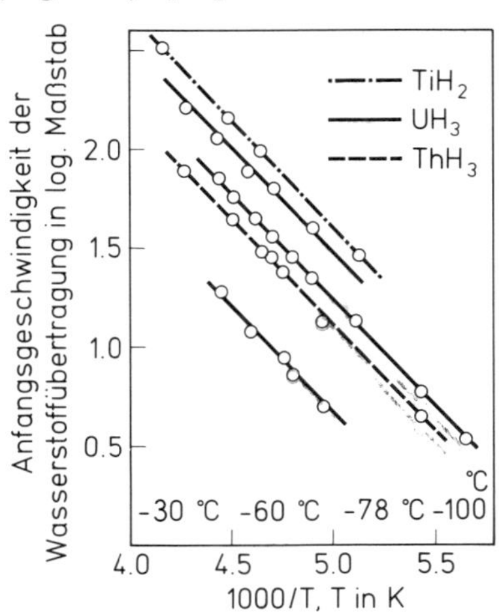

Fig. 2-8

Temperaturabhängigkeit der Anfangsgeschwindigkeiten der Wasserstoffübertragung auf einen 0.05 mm dicken Pd-Draht für TiH_2, UH_3 und ThH_2 [49].

Literatur zu 2.1 und 2.2 s. S. 22/4

sich aus anderen Gasen durch Permeation bei <150 °C entfernen, wenn der benutzte Metallfilm (Ta, Ti, Pd etc.) mit z.B. einer Thoriumhydridschicht bedeckt ist [50].

Über die Verwendung von Th-Hydriden als Katalysator für die Polymerisation von Olefinen siehe [79, 80]. Bezüglich der Beschichtung von sauerstoffionenleitenden Festelektrolyten mit Th-Hydriden siehe [82].

Tetrathorium Pentadecahydride and Pentadecadeuteride

2.2.2 Tetrathoriumpentadecahydrid und -deuterid

Preparation

2.2.2.1 Darstellung

Sehr reines Th_4H_{15} bzw. Th_4D_{15} wird nach [51] wie folgt erhalten: Ausgangsprodukt ist massives ThH_2, das durch Reaktion von reinem Th-Metall mit Wasserstoffgas bei 850 °C erhalten wurde. Dieses wird bei ca. 300 °C zu Th_4H_{15}-Pulver aufhydriert. Die Zersetzung dieses Th_4H_{15}-Pulvers bei 850 °C liefert dann den Wasserstoff, der zum Aufhydrieren von Th-Metall zu Th_4H_{15} bei 300 °C benötigt wird; die Reaktion wird in einem abgeschlossenen gewinkelten Quarzrohr (Winkel 60°) durchgeführt. Das gebildete Th_4H_{15} (oder Th_4D_{15}) hat die gleiche geometrische Form wie das eingesetzte Th-Metall, allerdings hat sich die Probe gleichmäßig um 11% ausgedehnt. Aus der Breite der Röntgenrückstreureflexe wird auf eine Korngröße des Th_4H_{15}-Pulvers von ca. 10 μm geschlossen.

Nach [52] läßt man zur Darstellung von Th_4H_{15} und Th_4D_{15} bei 900 °C unter $p(H_2) =$ 1000 atm reinen Wasserstoff (oder Deuterium) auf Th-Metall einwirken. Auch dabei entstehen feste polykristalline Proben, während bei niedrigen Temperaturen ein pulverförmiges Hydrid anfällt. Die analytische Zusammensetzung der Proben entsprach dem Molverhältnis $H:Th = 3.75 \pm 0.02$.

Massives Th_4H_{15} (Th_4D_{15}) wird nach [81] auf ähnliche Weise aus Th-Metall und H_2 (D_2) bei 800 °C $\leq t \leq$ 900 °C und 6×10^7 Pa $\leq p(H_2) \leq 8 \times 10^7$ Pa erhalten.

Über die genaue Stöchiometrie des Th_4H_{15} liegen keine exakten Angaben vor, doch ist nach den Herstellungsbedingungen unter Druck anzunehmen, daß die wasserstoffreiche Grenzzusammensetzung bei $H:Th = 3.75$ (entspricht $Th_4H_{15.00}$) liegt. In [26] werden Proben der Zusammensetzung $H:Th = 3.62$ und 3.53 als einphasig und solche von $3.12 \leq H:Th \leq 2.11$ als zweiphasig aufgeführt. Dies würde bedeuten, daß die Grenzlinie auf der wasserstoffarmen Seite des Th_4H_{15} zwischen $H:Th = 3.53$ und 3.12 etwa bei $H:Th \approx 3.25$ bis 3.2 entsprechend Th_4H_{14} und $Th_4H_{13.8}$ liegen könnte. Dafür spricht auch, daß die Wasserstoffdruck-Isothermen im Bereich $ThH_{2.4}$ bis $ThH_{3.2}$ flach sind und damit einen zweiphasigen Bereich anzeigen [40].

Properties

2.2.2.2 Eigenschaften

Structural Data

2.2.2.2.1 Strukturdaten

Schon aus der ersten Strukturuntersuchung an Th_4H_{15}, die heute noch volle Gültigkeit besitzt, ist abzuleiten, daß Th_4H_{15} die Zusammensetzung der wasserstoffreichsten Verbindung im System Thorium-Wasserstoff ist und nicht ThH_4 [54].

Th_4H_{15} kristallisiert in einem kubisch raumzentrierten Gitter mit einer Gitterkonstanten von $a = 9.11 \pm 0.02$ Å für die Elementarzelle mit vier Formeleinheiten. Die Atomlagen sind 16 Th in (16c) mit $x = 0.208 \pm 0.003$, 12 H_I in (12a) und 48 H_{II} in (48e) mit $x = 0.400$, $y = 0.230$, $z = 0.372$.

Diese Kristallstruktur gehört zur Raumgruppe $I\bar{4}3d$ (Nr. 220), ist also kubisch raumzentriert mit einer dreizähligen Symmetrieachse. Die Thoriumatome sitzen dabei an den Ecken von Tetraedern, in deren Mitte ein Wasserstoffatom H_I und in deren Seitenmitten vier

Literatur zu 2.1 und 2.2 s. S. 22/4

Wasserstoffatome H_{II} sitzen. Jeweils drei solche Tetraeder sind über Ecken verknüpft. Es ergibt sich, daß ein Thoriumatom von $3 \times 3\,H_{II}$ und $3\,H_I$-Atomen, also insgesamt 12 Wasserstoffatomen umgeben ist. Die „Koordinationszahl" des Thoriums beträgt 12 [54].

Atomabstände nach [54], korrigiert nach den Angaben in [64] bezüglich der Zahl der nächsten Thoriumnachbarn:

Th-3Th: 3.87 Å	Th-3H_I : 2.46 Å	H_I-4H_{II}: 2.38 Å
Th-2Th: 3.95 Å	Th-9H_{II}: 2.29 Å	H_{II}-3Th : 2.29 Å
Th-6Th: 4.10 Å	H_I-4Th : 2.46 Å	H_{II}-2H_{II}: 2.02 Å

Der Th-Th-Abstand im Th_4H_{15} ist im Mittel somit beträchtlich größer als im α-Th-Metall mit 3.59 Å.

Die aus den Gitterkonstanten berechnete Dichte von Th_4H_{15} ist $\rho_{ber.} = 8.28$ g/cm³ [18]. Neue Neutronenbeugungsuntersuchungen an pulverförmigem Th_4D_{15} bestätigen nicht nur die Strukturdaten von Th_4H_{15}, sondern zeigen gleichzeitig, daß die deuterierte Substanz die gleiche Struktur aufweist [55]. Die Gitterkonstante von a = 9.11 Å ist mit der von Th_4H_{15} identisch, die Punktlagen der Th-Atome und der H_{II} (D_{II})-Atome nur geringfügig unterschieden: 16Th in (16c) mit $x = 0.209 \pm 0.001$, 12H_I in (12a) und 48H_{II} in (48e) mit $x = 0.377 \pm 0.003$, $y = 0.221 \pm 0.004$, $z = 0.400 \pm 0.001$.

Einen Ausschnitt aus der Th_4D_{15}-Struktur zeigt **Fig. 2-9** [55]. Aus ihr ist deutlich zu erkennen, daß drei D_I-Atome und neun D_{II}-Atome eine Art Käfig um ein Th-Atom bilden.

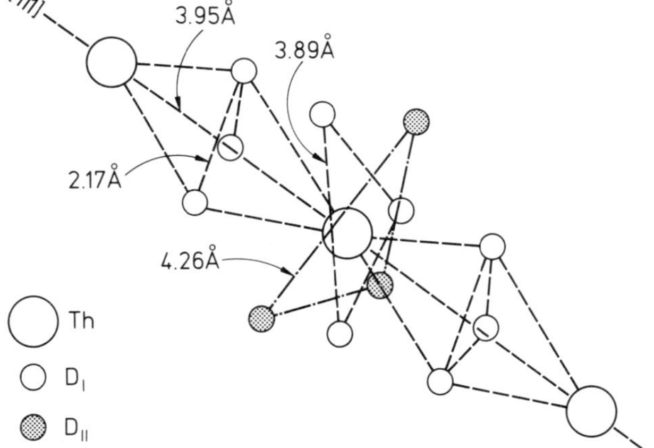

Fig. 2-9

Schematische Darstellung der Th_4D_{15}-Struktur entlang einer Th-Kette parallel zur Raumdiagonalen [56].

Die Temperaturabhängigkeit der Gitterkonstanten von Th_4H_{15} und Th_4D_{15} zeigt zwischen 298 und 470 K einen linearen Verlauf, der sich für T > 298 K durch die Beziehung $a = a_1 + a_2T + a_3T^2 + a_4T^3$ wiedergeben läßt [56]. Zahlenwerte für die Parameter a_i:

	a_1 in nm	a_2 in nm·K^{-1}	a_3 in nm·K^{-2}	a_4 in nm·K^{-3}
Th_4H_{15}	0.90575	0.53539×10^{-4}	-0.13136×10^{-6}	0.11655×10^{-9}
Th_4D_{15}	1.09900	-0.15216×10^{-2}	0.40439×10^{-5}	-0.35229×10^{-8}

Daraus ergeben sich für Raumtemperatur (298 K) mit $a = 9.132 \pm 0.003$ Å für Th_4H_{15} und $a = 9.113 \pm 0.003$ Å für Th_4D_{15} für beide Hydride deutlich unterschiedliche und von den Angaben in [54, 55] merklich abweichende Werte, auch in der Hinsicht, daß das Deuterid eine merklich kleinere Gitterkonstante aufweist als das Hydrid. Die in [56] aufgeführten Gitterkonstanten weichen von den Werten in [64] für Th_4H_{15} und Th_4D_{15} nur um jeweils 0.001 Å ab.

Die kleinere Gitterkonstante des Deuterids könnte nach [64] als „Innendruck" gedeutet werden. Mit der Kompressibilität des Thoriums entspricht die Gitterkonstantenverringerung einem Druck von 6.8 kbar (der auch etwa dem Unterschied der Sprungtemperaturen der Supraleitung entspricht).

Ob diese Gitterkonstantendifferenz allerdings von der kleineren Nullpunktschwingung des Deuterids herrührt – was wahrscheinlich ist – oder ob es sich um Stöchiometrieunterschiede o.ä. handelt, die innere Verspannungen des Gitters zur Folge haben, kann nicht mit Sicherheit geklärt werden [64].

Neutronenstreuungsuntersuchungen zur Bestimmung der Wasserstoffschwingung in Th_4H_{15} siehe [86].

Vapor Pressure

2.2.2.2.2 Dampfdruck

Der Dissoziationsdruck p in Torr (Wasserstoffpartialdruck über der festen Phase) läßt sich für Th_4H_{15} über die Beziehung $\lg p = -4200/T + 9.50$ berechnen [40]. Daraus berechnet sich eine Temperatur von 638 K, bei der der Wasserstoffpartialdruck 1 atm beträgt. Die Zersetzung erfolgt nach

$$Th_4H_{15-x} \rightleftharpoons 4\,ThH_{2+y} + \frac{7-4y-x}{2} H_2.$$

Bezüglich des Emaniervermögens (^{222}Rn-Emanation) einer Phase der Zusammensetzung $ThH_{3.0}$ siehe [31].

Eine statistische Behandlung des Wasserstoffpartialdrucks von Th_4H_{15} ist in [45] zu finden. Hier wird eine Expansionsenergie für $ThH_{3.5}$ zu -269 ± 66 cal/mol berechnet.

Thermodynamic Data

2.2.2.2.3 Thermodynamische Daten

Experimentell direkt bestimmte thermodynamische Daten, wie Bildungsenthalpie etc. liegen nicht vor, die bisher publizierten Werte sind Berechnungen, die sich aus Auswertungen anderer Untersuchungen ergeben.

Unter Berücksichtigung der Daten für ThH_2 und unter Zugrundelegung der Reaktion

$$ThH_2\,(\text{fest}) + 0.875\;H_2\,(\text{gas}) \longrightarrow ThH_{3.75}\,(\text{fest})$$

berechnen sich für diese Reaktion [44]:

$$\Delta H_{500\,K} = -6.7\ \text{kcal/mol}$$
$$\Delta S_{500\,K} = -26.5\ \text{cal} \cdot \text{mol}^{-1} \cdot \text{K}^{-1}$$

und damit für $ThH_{3.75}$ ($=1/4\,Th_4H_{15}$):

$$\Delta H_{f,\,298\,K} = -46.5\ \text{kcal/mol}$$
$$S_{298\,K} = 15.0\ \text{cal} \cdot \text{mol}^{-1} \cdot \text{K}^{-1}.$$

In [4] wird für die Reaktion

$$8/7\,ThH_2\,(\text{fest}) + H_2\,(\text{gas}) \longrightarrow 2/7\,Th_4H_{15}\,(\text{fest})$$

Literatur zu 2.1 und 2.2 s. S. 22/4

ein ΔG-Wert (in cal/mol) von $-19300+30.3$ T angegeben, wobei gegenseitige Löslichkeiten fester Phasen vernachlässigt wurden.

Unter der Annahme von $\Delta C_p = 0$ ergeben sich daraus für Th_4H_{15} folgende Werte:

$$\Delta H^\circ_{f,\ 298} = -206\ \text{kcal/mol},$$
$$\Delta S^\circ_{f,\ 298} = -226\ \text{cal}\cdot\text{mol}^{-1}\cdot\text{K}^{-1} \quad \text{und}$$
$$S^\circ_{298} = 61.8\ \text{cal}\cdot\text{mol}^{-1}\cdot\text{K}^{-1}$$

Während die S°_{298}-Werte von [4] und [44] sich nur um 3% unterscheiden, sind die ΔH°_f-Werte um mehr als 10% unterschieden, wobei die Werte in [4] – absolut gesehen – stets größer sind.

Für die Reaktion $2\,ThH_{2.3}$ (fest) + H_2 (gas) $\rightleftharpoons$ $2\,ThH_{3.3}$ (fest) berechnet sich $\Delta H = -19.3$ kcal/mol (H_2) [18]. In [57] wird ohne näheren Bezug für Th_4H_{15} ein $\Delta H = -33$ kcal/mol (H_2) angegeben.

Untersuchungen über die spezifische Wärme von Th_4H_{15} werden in [58] beschrieben, für Th_4H_{15} und die formelgleiche Deuteriumverbindung in [52]. Sie wurden durchgeführt, um zu erklären, warum Th_4H_{15} bei tiefen Temperaturen ein so guter Supraleiter ist (bulktype II-Supraleiter), dessen Eigenschaften von der BCS-Theorie nicht merklich abweichen.

Die spezifische Wärme C läßt sich über die Beziehung $C = \gamma \cdot T + \beta \cdot T^3$ berechnen; hier gibt γ den elektronischen Teil an der spezifischen Wärme an. Werte der Koeffizienten für 1.4 K $\leq T \leq$ 4 K sind:

Th_4H_{15}: $\gamma = 8.07 \pm 0.14\ \text{mJ}\cdot\text{K}^{-2}\cdot(\text{mol Th})^{-1}$
$\beta = 0.205 \pm 0.003\ \text{mJ}\cdot\text{K}^{-4}\cdot(\text{mol Th})^{-1}$ und für
Th_4D_{15}: $\gamma = 7.84 \pm 0.25\ \text{mJ}\cdot\text{K}^{-2}\cdot(\text{mol Th})^{-1}$
$\beta = 0.19 \pm 0.02\ \text{mJ}\cdot\text{K}^{-4}\cdot(\text{mol Th})^{-1}$ [52].

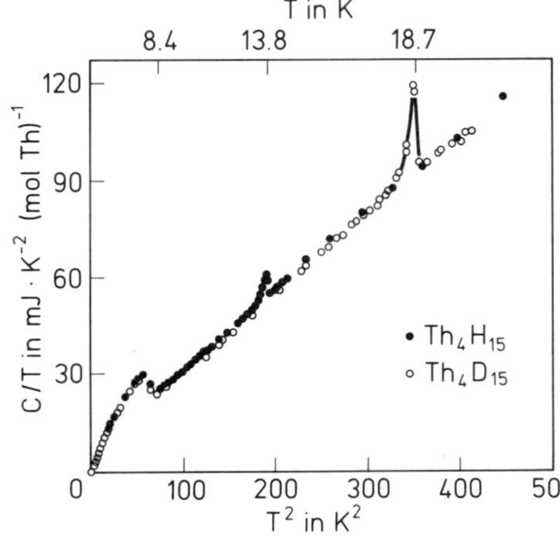

Fig. 2-10

Spezifische Wärme von Th_4H_{15} (●) und Th_4D_{15} (○) bei einem Magnetfeld der Stärke Null [52].

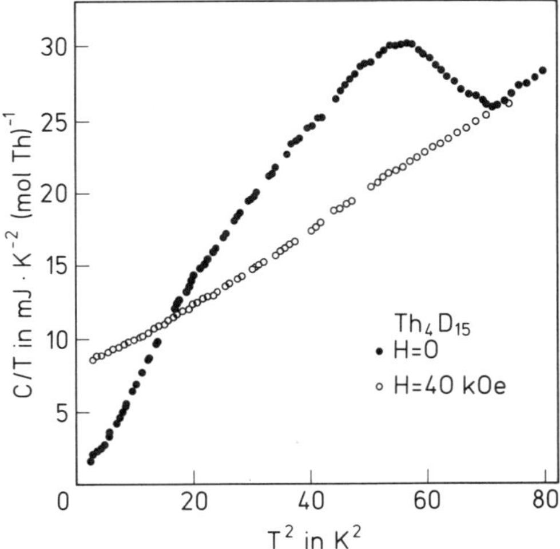

Fig. 2-11

Spezifische Wärme von Th_4D_{15} bei tiefen Temperaturen und verschiedenen Magnetfeldern [52].

Literatur zu 2.1 und 2.2 s. S. 22/4

Der in [58] angegebene γ-Wert für Th_4H_{15} (eingesetztes Präparat $ThH_{3.75\pm0.03}$) von $\gamma=3.4$ mJ · K^{-2} · (mol Th)$^{-1}$ ist nach [52] zu niedrig, da die angewandte Extrapolation angezweifelt wird.

Die „Energielücke" bei T=0 K beträgt 3.42 ± 0.09 kT_c, und die Diskontinuität der spezifischen Wärme bei T_c beträgt $(1.5\pm0.1)\,\gamma\cdot T_c$ im Vergleich zu Werten von $3.53\,k\cdot T_c$ bzw. $1.43\,\gamma\cdot T_c$ nach der BCS-Theorie [52].

Der Verlauf der spezifischen Wärme der beiden Hydride bis etwa 20 K ist in **Fig. 2-10**, S. 17, aufgeführt, **Fig. 2-11**, S. 17, zeigt den entsprechenden Wert für Th_4D_{15} unterhalb 9 K für Magnetfeldstärken H=0 und 40 kOe [52]

Aus γ erhält man eine Zustandsdichte N(0) von 1.11 Zust./eV-Atom, woraus sich unter Benutzung von

$$\mu^* = -0.1 + 0.7\,N(0)/(1+1.8\,N(0)) \quad [69]$$

für Th_4H_{15} ein μ^* von 0.16 ergibt. Damit erhält man schließlich $\lambda_{Th_4H_{15}}=0.99$ und $N_{BS}(0)=0.56$ Zust./eV-Atom (μ^*=abstoßendes Coulombpotential, $N_{BS}(0)$=Bandzustandsdichte).

Im Rahmen dieser einfachen Abschätzung erkennt man, daß die vergrößerte (aus der spezifischen Wärme gewonnene) Zustandsdichte des Thoriumhydrids eine Folge des um 80% gestiegenen Elektron-Phonon-Parameters λ ist, während die Bandstrukturzustandsdichte nahezu konstant bleibt.

Bemerkenswert ist, daß die Substitution von H durch D zu keinem Isotopeneffekt führt. Dies läßt ein Modell wahrscheinlich erscheinen, das besetzte 5f-Elektronenniveaus in ziemlicher Zustandsdichte beim Fermi-Niveau wahrscheinlich macht [52].

Die Anomalien in der spezifischen Wärme für Th_4H_{15} bei 13.8 K und für Th_4D_{15} bei 18.7 K liegen nicht an Gitteränderungen, wie zuerst in [60] vermutet wurde, sondern dürften auf Wasserstoffgas-Einschlüsse in Hohlräumen der Th_4D_{15}(Th_4H_{15})-Proben zurückzuführen sein – wobei die Wasserstoffeinschlüsse aufgrund des bei der Darstellung angewandten hohen Drucks verständlich sind [52].

Debye Temperature

2.2.2.2.4 Debye-Temperatur

Die Debye-Temperatur beträgt $\Theta=211.5\pm1.1$ K für Th_4H_{15} und $\Theta=216.5\pm6.6$ K für Th_4D_{15}, d.h. auch hier ist kein bemerkenswerter Isotopieeffekt festzustellen [52]. Der von den gleichen Autoren in [59] angegebene Wert von $\Theta=178$ K wird nach [52] nicht mehr aufrechterhalten. Die in [58] mit $\Theta\approx200$ K angegebene Debye-Temperatur für Th_4H_{15} befindet sich in relativ guter Übereinstimmung mit den Werten in [52]. Bemerkenswert ist, daß die Debye-Temperatur der Hydride merklich höher liegt als der Wert für Th-Metall mit $\Theta=163.3$ K [52].

Diffusion

2.2.2.2.5 Diffusion

Aus NMR-Studien wird für die Diffusion von Wasserstoff in Th_4H_{15} für 440 °C $\leq t \leq$625 °C ein Wert von $E_A=8.1$ kcal/mol angegeben [46]. Dieser Wert ist merklich größer als der in [61] aus der Linienbreite der Resonanzlinien abgeleitete Wert von $E_A=5.3\pm0.5$ kcal/mol, ein entsprechend abgeleiteter Wert aus den Untersuchungen von [46] ist $E_A=4.7$ kcal/mol für 280 K$\leqq$T$\leqq$390 K.

Literatur zu 2.1 und 2.2 s. S. 22/4

2.2.2.2.6 Elektrische Leitfähigkeit

Electrical Conductivity

Während für ThH_2 keine Supraleitfähigkeit festgestellt wurde [51, 68], konnte sie für Th_4H_{15} und Th_4D_{15} nachgewiesen werden [51, 52, 53, 62 bis 67]. Schon bei den ersten Untersuchungen [53] wurde gezeigt, daß Th_4H_{15} – untersucht wurden Präparate mit Molverhältnis H:Th=3.613 bis 3.65 – ein Typ II-Supraleiter mit Übergangstemperaturen von 8.05 bis 8.35 K ist. Überraschenderweise konnte kein Isotopeneffekt beobachtet werden, wenn H gegen D ausgetauscht wurde. Das H:Th-Verhältnis im kubischen Th_4H_{15} hat nur einen relativ geringen Einfluß, wie die Temperaturabhängigkeit des magnetischen Moments zeigt (**Fig. 2-12**) [53].

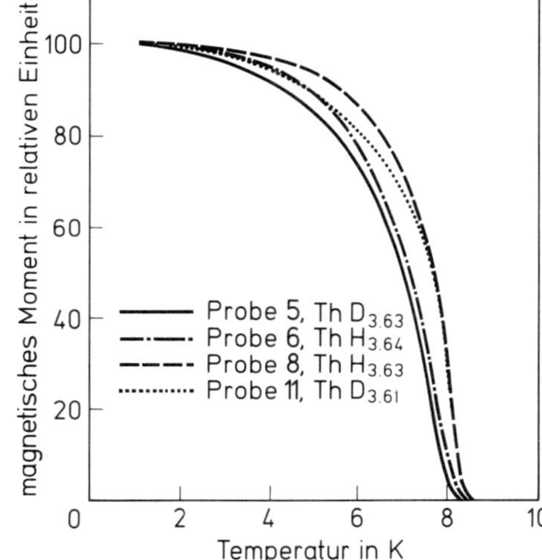

Fig. 2-12

Temperaturabhängigkeit des magnetischen Moments in Th_4H_{15} für verschiedene H(D):Th-Verhältnisse in Abhängigkeit von der Temperatur [53].

Spätere Untersuchungen zeigten jedoch, daß die Probenherstellung und die Probenzusammensetzung durchaus die supraleitenden Eigenschaften von Th_4H_{15} beeinflußt. So wird in [66] über Th_4H_{15}-Proben berichtet, die bis 1.2 K keine Supraleitfähigkeit zeigten, was auf ein gestörtes Kristallgitter, speziell der Th-Gitterplätze, zurückgeführt wurde. Durch eine Nachbehandlung mit einer geringen Wasserstoffabspaltung konnte danach wieder das erwartete supraleitende Verhalten ereicht werden.

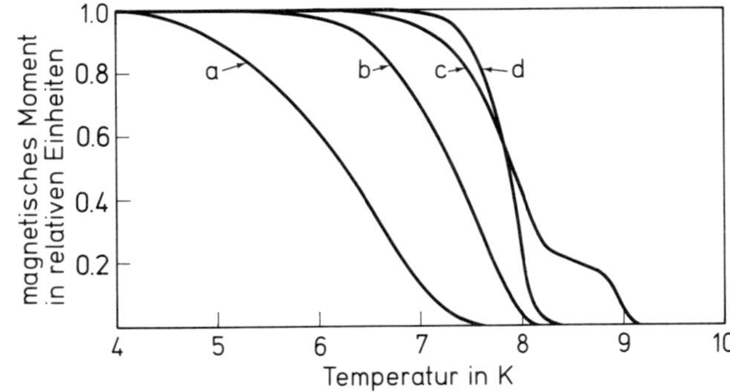

Fig. 2-13

Verschiedene Arten von supraleitenden Übergängen in Th_4H_{15} [52].
a) unter H_2-Druck bei 1 atm
b) typischer Hochdruck-, Hochtemperatur-Übergang
c) Zweiphasenübergang
d) Übergang mit steilstem Gradienten.

Literatur zu 2.1 und 2.2 s. S. 22/4

Die verschiedenen Arten von supraleitenden Übergängen, die bei Th_4H_{15} aufgefunden wurden, sind in **Fig.** 2-**13**, S. 19, zusammengestellt. Besonders augenfällig sind die Proben, bei denen man zwei Übergangstemperaturen beobachten kann, eine Tief-T_c-Phase I mit einer Übergangstemperatur um 8 K und eine Hoch-T_c-Phase II, deren Übergangstemperatur bei 8 bis 9 K liegt. Versuche in [64], die Phase II rein zu erhalten, schlugen fehl. Die verschiedenen hergestellten Proben enthielten stets entweder nur die Phase I oder waren ein Gemisch der beiden Phasen I+II. Röntgenographisch ergab sich für Proben, die sich bei der Supraleitung als reine Phase I oder als Gemisch von Phase I+II zu erkennen gaben, keine Unterschiede: die Werte der Gitterkonstante waren innerhalb der Fehlergrenze von ±0.003 Å mit a=9.131 Å identisch. Dieser Unterschied im supraleitenden Verhalten bleibt ungeklärt, eventuell liegt der Unterschied im verschiedenen H:Th-Verhältnis. In [64] wird darauf hingewiesen, daß die dort untersuchte Phase II-Probe die exakte Stöchiometrie H:Th=3.75 aufweist, während Phase I ein höheres H:Th-Verhältnis haben sollte.

Nach [62, 64] nimmt die Sprungtemperatur des supraleitenden Übergangs von Th_4H_{15} mit dem angelegten Druck zu, und zwar zu Beginn um +42 mK/kbar (**Fig.** 2-**14** für reine Phase I-Proben), wobei Drucke bis zu 28 kbar angewandt wurden. Ähnliche druckabhängige Anstiege der Sprungtemperatur wurden auch für Th_4D_{15}-Proben und für den Phase II-Anteil in Th_4H_{15} beobachtet [64].

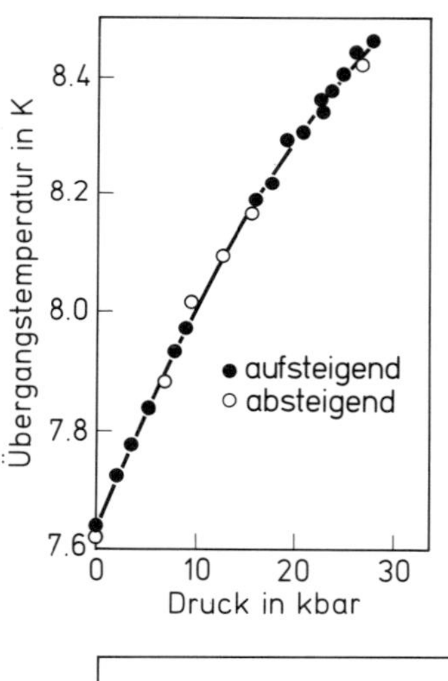

Fig. 2-14

Abhängigkeit der Sprungtemperatur in supraleitendem Th_4H_{15} (reine Phase I) vom angelegten Druck [62]. $(\delta T_c/\delta p)_{p=0}$=42 mK/kbar.

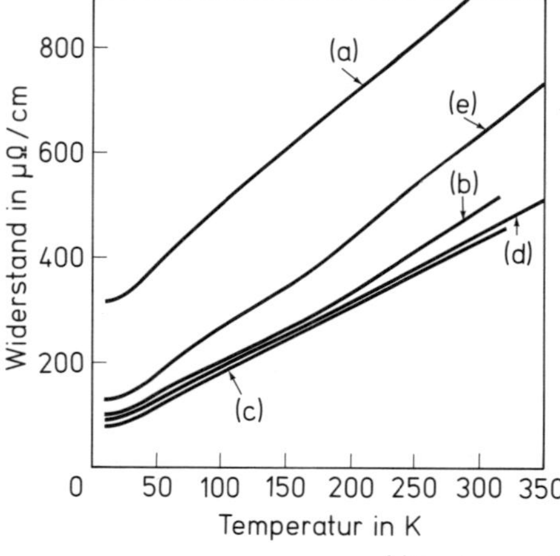

Fig. 2-15

Elektrischer Widerstand massiver Th_4H_{15}-Proben [51].

a): wie hergestellt

b): im Vakuum auf 80 °C erhitzt, H:Th vermutlich nicht verändert

c): im Vakuum auf 150 °C erhitzt, H:Th um 0.011 verringert

d): im Vakuum auf 240 °C erhitzt, H:Th um 0.016 verringert

e): im Vakuum auf 295 °C erhitzt, H:Th um 0.050 verringert.

Literatur zu 2.1 und 2.2 s.S. 22/4

Der elektrische Widerstand von Th_4H_{15}-Proben verschiedener Herstellung kann bis zum Faktor 3 unterschiedlich sein, wie **Fig. 2-15** für Temperaturen bis 350 °C zeigt [51]. **Fig. 2-16** demonstriert, wie sich der elektrische Widerstand dieser Proben nahe der Sprungtemperatur zur Supraleitung verhält [51].

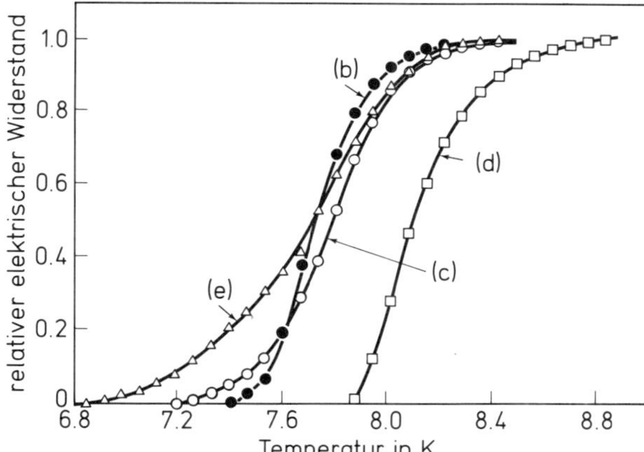

Fig. 2-16

Elektrischer Widerstand von Th_4H_{15} nahe der Sprungtemperatur zur Supraleitung (Bezeichnung der Proben wie in Fig. 2-15) [51].

Photoelektronenspektroskopie mit Synchrotronstrahlung zeigt, daß in Th_4H_{15} ein d-ähnliches Leitfähigkeitsband (Halbwertsbreite ca. 0.6 eV) durch eine 2 eV Band-Lücke von anderen Leitfähigkeitsbändern getrennt ist [84].

Unelastische Neutronenstreuexperimente zeigen, daß in Th_4H_{15} (und ThH_2) eine starke optische Phononen-Kopplung vorliegt [85]. Bezüglich elektronischer Eigenschaften siehe auch [83].

2.2.2.2.7 Kernresonanz

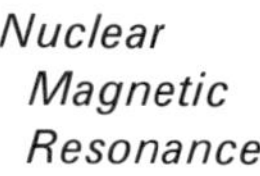

In [61] wurden aus der Linienbreite der Protonenresonanz in pulverförmigem Th_4H_{15} für den Bereich $-190\ °C \leq t \leq 300\ °C$ die Aufenthaltszeiten des Wasserstoffs auf den Hydridgitterplätzen berechnet. Die für Th_4H_{15} gefundene Aktivierungsenergie für den Platzwechsel des Wasserstoffs liegt mit $E_A = 5.3 \pm 0.5$ kcal/mol zwischen den Werten für $PdH_{0.63}$ ($E_A = 2.4$ kcal/mol) und $ZrH_{1.40}$ ($E_A = 12.2$ kcal/mol), wobei außerdem noch UH_3, $TiH_{1.98}$ und $TaH_{0.66}$ untersucht wurden. Die Korrelationszeiten des Wasserstoffs in den untersuchten Metallhydriden sind in **Fig. 2-17** miteinander verglichen [61].

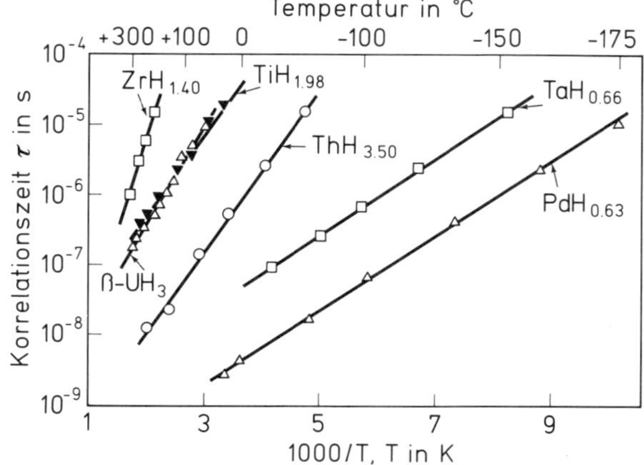

Fig. 2-17

Korrelationszeit des Wasserstoffs in Metallhydriden in Abhängigkeit von der Temperatur. Die Punkte sind aus den gemessenen Linienbreiten berechnet [61].

Literatur zu 2.1 und 2.2 s. S. 22/4

Untersuchungen in [70] zeigen, daß die Leitfähigkeitselektronen für die Protonenrelaxation bei $T \leq 300$ K verantwortlich sind. Aus den Messungen ist daher zu folgern, daß ein nennenswerter Anteil der Elektronen an der Fermikante am Ort des Wasserstoffatoms verbleibt.

Ergebnisse in [48] von Relaxationsmessungen an Th_4H_{15} sind etwas schwieriger zu werten, weil die Relaxation bei einer vorgegebenen Temperatur von der Vorbehandlung der Proben abhängt. Es wird allerdings der Schluß gezogen, daß nur die Wasserstoffatome einer der beiden kristallographisch verschiedenen Atomlagen zwischen den beiden nächsten äquivalenten Positionen springen.

Chemical Reactions

2.2.2.2.8 Chemische Eigenschaften

In seinem Reaktionsverhalten gegenüber z.B. Halogenwasserstoffen, Schwefelwasserstoff oder Sauerstoff zeigt Th_4H_{15} ein dem Dihydrid ThH_2 sehr ähnliches Verhalten. Th_4H_{15} scheint überraschenderweise gegen Wasser etwas stabiler zu sein als ThH_2, denn es wird berichtet, daß es bei höheren Temperaturen (250 °C $\leq t \leq$ 350 °C) langsam mit Wasser unter Bildung von ThO_2 reagiert [42].

Literatur zu 2.1 und 2.2:

[1] D.T. Peterson, J. Rexer (J. Less-Common Metals **4** [1962] 92/7). – [2] M.W. Mallet, J.E. Campbell (J. Am. Chem. Soc. **73** [1951] 4850/2). – [3] R.W. Nottorf, A.S. Wilson, R.E. Rundle, A.S. Newton, J.E. Powell (TID-5223 [1952] 350/69; C. A. **51** [1957] 16181). – [4] J.F. Smith, O.N. Carlson, D.T. Peterson, T.E. Scott (Thorium: Preparation and Properties, The Iowa State University Press, Ames, Iowa, 1975, S. 289/93). – [5] D.T. Person, D.G. Westlake (Trans. AIME **215** [1959] 444/7).

[6] D.T. Peterson (laut [4]). – [7] A.G. Karabash (Russ. J. Inorg. Chem. **3** Nr. 4 [1958] 234/48). – [8] L.J. Katzin, L. Kaplan, T. Stutz (Inorg. Chem. **1** [1962] 963/4). – [9] L.J. Katzin (J. Am. Chem. Soc. **80** [1958] 5908/10). – [10] J.J. Katz, G.T. Seaborg (The Chemistry of the Actinide Elements, Thorium, Methuen and Co., London 1957, S. 35/8).

[11] H.A. Wilhelm, P. Chiotti (U.S.P. 2635956 [1953]; C.A. **47** [1953] 6853). – [12] A.S. Newton, O. Johnson (U.S.P. 787850 [1951]; C.A. **46** [1952] 7723). – [13] J. Motz (D.P. 1471258 [1962/69]; C.A. **71** [1969] Nr. 128185). – [14] C.L. Huffine (Fabrication of Hydrides, in: W.M. Mueller, J.P. Blackledge, G.G. Libowitz, Metal Hydrides, Academic Press, New York-London 1968, S. 675/747). – [15] W.H. Korst (Acta Cryst. **15** [1962] 287/8).

[16] D.T. Peterson, D.G. Westlake (J. Phys. Chem. **63** [1959] 1514/6). – [17] L.J. Katzin (Proc. Intern. Conf. Peaceful Uses At. Energy, Geneva 1955 [1956], Bd. 7, S. 407/13). – [18] G.G. Libowitz (The Actinide Hydrides, in: W.M. Mueller, J.P. Blackledge, G.G. Libowitz, Metal Hydrides, Academic Press, New York-London 1968, S. 490/544). – [19] P.F. Woerner, P. Chiotti (ISC-928 [1957] 42 S.; C.A. **53** [1959] 5604). – [20] D. Goerrig, E. Walaschewski (D.P. 973534 [1960]; C.A. **55** [1961] 23952).

[21] J. Renner, H.J. Grabke (Z. Metallk. **63** [1972] 289/94). – [22] P. Chiotti, P.F. Woerner (J. Less-Common Metals **7** [1964] 111/9). – [23] Deutsche Gold- und Silber-Scheideanstalt vorm. Roessler (Belg. P. 668737 [1964/65]; C.A. **65** [1966] 6786). – [24] D.W. Pearce, R.E. Burns, E.St.C. Gantz (Proc. Indiana Acad Sci. **58** [1949] 99/106; C.A. **44** [1950] 2879). – [25] R.W. Nottorf (USAEC-Report AECD-2984 [1945]).

[26] R.E. Rundle, C.G. Shull, E.O. Worlan (Acta Cryst. **5** [1952] 22/6). – [27] W.R. Korst (NAA-SR-6881 [1962] 16 S.; C.A. **57** [1962] 8010). – [28] R.H. Witt, J. Nylin, H.M. Mc. Cullough (SEP-221 [1956] 30 S.; C.A. **57** [1962] 5679). – [29] I. Hartmann, J. Nagy, M. Jacobson (U.S. Bur. Mines Rept. Invest. Nr. 4835 [1951] 16 S.; C.A. **46** [1952] 2804). – [30] D.T. Peterson, D.G. Westlake, J. Rexer (J. Am. Chem. Soc. **81** [1959] 4443/5).

[31] K.B. Zaborenko, T.E. Os'kina (Moscow Univ. Chem. Bull. **27** Nr. 5 [1972] 23/5). – [32] T.E. Os'kina, K.B. Zaborenko (Moscow Univ. Chem. Bull. **28** Nr. 2 [1973] 30/3). – [33] T.R.P. Gibb, D.P. Schumacher (J. Phys. Chem. **64** [1960] 1407/10). – [34] I. Karimov, M.G. Zemlyanov, M.E. Kost, V.A. Somenkov, N.A. Chernoplekov (Dokl. Akad. Nauk Uz. SSR **24** Nr. 1 [1967] 28/9; C.A. **67** [1967] Nr. 85750). – [35] I. Karimov, M.G. Zemlyanov, M.E. Kost, V.A. Somenkov, N.A. Chernoplekov (Fiz. Tverd. Tela **9** [1967] 1740/3; C.A. **67** [1967] Nr. 94784).

[36] R. Rubin, Y. Claessen (Solid State Commun. **8** [1970] 1321/4). – [37] F.H. Spedding, A.S. Newton, J.C. Warf, O.R. Johnson, R.W. Nottorf, J.B. Johns, A.H. Dane (Nucleonics **4** Nr. 1 [1949] 4/15). – [38] H.E. Flotow, B.M. Abraham (AECD-3074 [1951]). – [39] R.N.R. Mulford, T.A. Wiewandt (J. Phys. Chem. **69** [1965] 1641/4). – [40] R.W. Nottorf (AECD-2984 [1945]).

[41] R.N.R. Mulford, G.E. Sturdy (J. Am. Chem. Soc. **77** [1955] 3449/52). – [42] D. Brown (in: J.C. Bailar, H.J. Emeléus, R. Nyholm, A.F. Trotman-Dickenson, Comprehensive Inorganic Chemistry, Bd. 5, Pergamon Press, London 1973, S. 144/50). – [43] R.W. Nottorf (Thesis Iowa State Univ. 1945, laut [4]). – [44] M.H. Rand (in: O. Kubaschewski, Thorium: Physico-Chemical Properties of its Compounds and Alloys, At. Energy Rev. Special Issue Nr. 5 [1975], IAEA/Wien, S. 7/86). – [45] D.P. Schumacher (J. Chem. Phys. **40** [1964] 153/5).

[46] J.D. Will, R.G. Barnes (J. Less-Common Metals **13** [1967] 131/2). – [47] J.D. Will (Diss. Iowa State Univ. 1968, 101 S.; C.A. **71** [1969] Nr. 44173). – [48] J.D. Will (IS-T-252 [1968] 89 S.; C.A. **70** [1969] Nr. 72695). – [49] E. Wicke, A. Küssner, K. Otto (Actes 2^{e} Intern. Congr. Catalyse, Paris 1960 [1961], S. 1035/44; C.A. **55** [1961] 23001). – [50] P.N. Vahldieck, D.I.J. Wang (U.S.P. 3148031 [1964]; C.A. **61** [1964] Nr. 12977).

[51] C.B. Satterthwaite, D.T. Peterson (J. Less-Common Metals **26** [1972] 361/8). – [52] J.F. Miller, R.H. Caton, C.B. Satterthwaite (Phys. Rev. B [3] **14** [1976] 2795/800). – [53] C.B. Satterthwaite, I.L. Toepke (Phys. Rev. Letters **25** [1970] 741/3). – [54] W.H. Zachariasen (Acta Cryst. **6** [1953] 393/5). – [55] J.M. Carpenter, M.H. Mueller, R.A. Beyerlein, T.G. Worlton, J.D. Jorgensen, T.O. Brun, K. Skold, C.A. Pelizzari, S.W. Peterson, M. Watanabe, M. Kimura, J.E. Gumring (RCN-234 [1975] 192/208; C.A. **84** [1976] Nr. 114678).

[56] C. Politis (KFK-2168 [1975] 86 S.; C.A. **83** [1975] Nr. 200480). – [57] H. Oesterreicher, J. Clinton, H. Bittner (J. Solid State Chem. **16** [1976] 209/10). – [58] H.G. Schmidt, G. Wolf (Solid State Commun. **16** [1975] 1085/7). – [59] J.F. Miller, R. Caton, C.B. Satterthwaite (Bull. Am. Phys. Soc. [2] **20** [1975] 422). – [60] C.B. Satterthwaite, J.F. Miller (Proc. 14th Intern. Conf. Low Temp. Phys., Otaniemi, Finland, 1975, Bd. 2, S. 101/4).

[61] W. Spalthoff (Z. Physik. Chem. [Frankfurt] **29** [1961] 258/76). – [62] M. Dietrich, W. Gey, H. Rietschel, C.B. Satterthwaite (Solid State Commun. **15** [1974] 941/3). – [63] G. Ries, H. Winter (Proc. 14th Intern. Conf. Low Temp. Phys., Otaniemi,

Finland, 1975, Bd. 2, S. 403/6; C.A. **85** [1976] Nr. 12738). – [64] M. Dietrich (KFK-2098 [1975] 67 S.; C.A. **83** [1975] Nr. 171511). – [65] H. Winter, G. Ries (Z. Physik B **24** [1976] 279/84).

[66] R. Caton, C.B. Satterthwaite (Bull. Am. Phys. Soc. [2] **19** [1974] 348). – [67] I.L. Toepke (Diss. Univ. Illinois 1975, 90 S.; C.A. **76** [1972] Nr. 133039). – [68] B.T. Matthias, T.H. Geballe, V.B. Compton (Rev. Mod. Phys. **35** [1963] 1/22). – [69] K.H. Bennemann, J.E. Garland (Superconductivity in d- and f-band metals, AIP [Am. Inst. Phys.] Conf. Proc. Nr. 4 [1972] 103, nach [64]). – [70] D.S. Schreiber (Solid State Commun. **14** [1974] 177/9).

[71] J.H.N. van Vucht (Philips Res. Rept. **18** [1963] 21/34). – [72] G.G. Libowitz, T.R.P. Gibb (J. Phys. Chem. **60** [1956] 510). – [73] D.T. Peterson, D.G. Westlake (J. Phys. Chem. **64** [1960] 649/51). – [74] J.H.N. van Vucht (Bull. Inst. Metals **4** [1957/59] 94/5). – [75] P. Chiotti, B.A. Rogers (Metal Progr. **60** Nr. 3 [1951] 60/5).

[76] H.H. Hausner, M.C. Kells (Mech. Eng. **77** [1955] 665/9). – [77] R.W. Nottorf (Iowa State Coll. J. Sci. **26** [1952] 255/7). – [78] J.O. Hibbits, E.A. Schaefer (TID-22670 [1965] 26 S.; C.A. **65** [1966] 18089). – [79] Phillips Petroleum Co. (B.P. 829127 [1960]; C.A. **54** [1960] 14788). – [80] M. Feller, E. Field (U.S.P. 2921058 [1960]; C.A. **54** [1960] 11563).

[81] R. Caton, C.B. Satterthwaite (J. Less-Common Metals **52** [1977] 307/21). – [82] J. Jung, R. Ziegler (Deut. Offenlegungsschrift 2350364 [1973/75]; C.A. **83** [1975] Nr. 182812). – [83] J.F. Miller (Diss. Univ. of Illinois, Urbana-Champaign 1976; Diss. Abstr. Intern. B **37** [1977] 5190). – [84] J.H. Weaver, J.A. Knapp, D.E. Eastman, D.T. Peterson, C.B. Satterthwaite (Phys. Rev. Letters **39** [1977] 639/42). – [85] M. Dietrich, W. Reichardt, H. Rietschel (Solid State Commun. **21** [1977] 603/5).

[86] J.F. Miller, C.B. Satterthwaite, T.O. Brun, J.D. Jorgensen, K. Skold (Proc. Conf. Neutron Scattering, 1976, Bd. 1, S. 529/34).

Ternary Hydrides

2.3 Ternäre Hydride

An ternären Hydriden des Thoriums sind bisher Verbindungen mit Elementen der dritten (B, Al), vierten (C) und sechsten Hauptgruppe (O) sowie der vierten (Ti, Zr), siebten (Mn) und achten (Fe, Co, Ni, Pd) Nebengruppe beschrieben worden. Dabei sind – mit Ausnahme der Verbindungen mit Bor und Sauerstoff – die entstandenen Phasen als nichtstöchiometrisch zu bezeichnen, wobei die Phasenbreite meist nicht bekannt ist, z.T. aber relativ groß sein kann. Ein Teil der polynären Hydride kann auch als Wasserstoff-Einlagerungsverbindungen (in das Basisgitter der Intermetallphase) angesehen werden, so daß echte intermetallische Verbindungen vorliegen können.

Eine besondere Entwicklung dieser Phasen geschah unter dem Aspekt einer potentiellen Anwendung als Wasserstoffspeicher, was insofern einleuchtend ist, als in einigen Phasen eine Wasserstoffdichte vorliegt, die größer ist als diejenige in flüssigem Wasserstoff bei 20 K. Eine einfache, möglichst nur druckregulierbare Wasserstoffaufnahme und -abgabe ohne besondere Temperaturerhöhung erscheint bei den polynären Th-Hydriden nicht so vorzuliegen, wie es eine technische Anwendung als Wasserstoffspeicher erfordert. Beim für diesen Zweck besonders vorteilhaften $LaNi_5$ beeinflußt eine Substitution von Ni bzw. von La (z.B. durch Th) die Speichereigenschaften stets negativ.

$Th(BH_4)_4$, das im Gegensatz zu den zuvorgenannten Phasen nicht durch Hydrierung einer Th-B-Legierung, sondern durch Umsetzung von ThF_4 mit $Al(BH_4)_3$ zu erhalten ist, scheint eine Ionenverbindung aus Th^{4+}- und BH_4^--Ionen zu sein, bei der keine echte Th-H-Bindung vorliegt.

Eine nicht bestätigte Verbindung ist ThO(OH)H, das als schwarzer Löserückstand beim Auflösen von Thoriummetall in Salzsäure entsteht.

Ternary Hydrides

Ternary hydrides of thorium form with elements in the third (B, Al), fourth (C), and sixth (O) main groups and with elements in the fourth (Ti, Zr), seventh (Mn), and eighth (Fe, Co, Ni, Pd) transition groups. Most of the ternary hydrides are nonstoichiometric. The nonstoichiometric hydrides are prepared by hydrogenation of alloys. The range of composition for individual phases generally is not known although the range can be large. Some of these hydrides can be considered as hydrogen dispersed interstitially in a metallic phase. In such cases intermetallic bonds can be present.

Much of the work with hydrides has been carried out to find a means of storing hydrogen. Such storage is plausible since some hydrides have a hydrogen density greater than that of liquid hydrogen at 20 K. But storage and recovery of hydrogen does not seem possible by use of pressure alone. Substitution of thorium into the $LaNi_5$ lattice gives an alloy less suitable for hydrogen storage.

The tetrahydroborate $Th(BH_4)_4$ is prepared by reaction of ThF_4 and $Al(BH_4)_3$. The compound is ionic with a Th^{4+} cation and BH_4^- anions. Thus there is no real Th-H bond.

A black residue remains from dissolution of thorium in hydrochloric acid. The improbable formula ThO(OH)H has been suggested for the residue. See page 39.

2.3.1 Ternäre Hydride mit Elementen der dritten Hauptgruppe

Ternary Hydrides with Main Group III Elements

An ternären Hydriden des Thoriums mit Elementen der dritten Hauptgruppe sind neben dem Tetrahydroborat $Th(BH_4)_4$ eine Reihe nichtstöchiometrischer Th-Al-Hydride beschrieben worden, die sich vom Th_2Al-Gitter ableiten lassen und bis zur wasserstoffreichsten Grenzphase Th_2AlH_4 reichen. Diese Phasen, sowie diejenigen, bei denen das Thorium partiell durch Cer ersetzt ist, werden als Wasserstoffgetter eingesetzt. Über sie liegen ausführliche Untersuchungen einer niederländischen Arbeitsgruppe vor.

2.3.1.1 Ternäre Hydride mit Bor

Ternary Hydrides with Boron

Im System B-Th-H ist bisher nur das Tetrahydroborat $Th(BH_4)_4$ bekannt [1]. Es wird erhalten durch Umsetzung von $Al(BH_4)_3$ mit wasserfreiem ThF_4 bei Raumtemperatur:

$$ThF_4 + 2Al(BH_4)_3 \longrightarrow Th(BH_4)_4 + 2AlF_2(BH_4).$$

Nach Reaktionsbeendigung (die Reaktionspartner wurden mehrere Tage in Kontakt gehalten) wurde überschüssiges $Al(BH_4)_3$ und das durch Disproportionierung von $AlF_2(BH_4)$ in $AlF_3 + Al(BH_4)_3$ gebildete $Al(BH_4)_3$ bei 150 °C abgepumpt und das $Th(BH_4)_4$ von AlF_3 durch Sublimation getrennt. Das mit $U(BH_4)_4$ isotype weiße $Th(BH_4)_4$ wurde in 82%iger Ausbeute erhalten. Mit Wasser reagiert $Th(BH_4)_4$ nach

$$Th(BH_4)_4 + 8H_2O \longrightarrow Th^{4+} + 4BO_2^- + 16H_2,$$

wobei Thoriumborat als unlösliche Verbindung ausfällt. $Th(BH_4)_4$ schmilzt bei 203 °C und hat bei 130 bzw. 150 °C einen Dampfdruck von 0.05 bzw. 0.20 Torr, der sich durch die Beziehung lg $p = -2844/T + 10.719$ (p in Torr) darstellen läßt. Die Sublimationswärme wird auf $\Delta H_{subl} = 21$ kcal/mol geschätzt. $Th(BH_4)_4$ ist bedeutend weniger flüchtig als die formelgleichen Verbindungen des Zirkoniums und Hafniums. Die Löslichkeit in Äther bei 20 °C liegt bei ca. 47 g/1000 g Äther, wobei sich als Bodenkörper eine Verbindung $Th(BH_4)_4 \cdot 2(C_2H_5)_2O$ bildet. $Th(BH_4)_4$ ist unlöslich in Benzol, in Tetrahydrofuran beträgt die Löslichkeit 23.6 g/1000 g Lösungsmittel [1].

Ternary Hydrides with Aluminium

General

2.3.1.2 Ternäre Hydride mit Aluminium

Allgemeines

Die intermetallische Verbindung Th_2Al ist ein effektiver Wasserstoffgetter. Detaillierte Untersuchungen zeigten, daß die Wasserstoffadsorption auf der Bildung ternärer Hydride beruht, wobei neben den intermediären Phasen $Th_2AlH_{\approx 1}$ ($\hat{=} Th_8Al_4H_{\approx 4}$), $Th_2AlH_{\approx 2}$ ($\hat{=} Th_8Al_4H_{\approx 8}$) die Phase $Th_2AlH_{\approx 4}$ ($\hat{=} Th_8Al_4H_{\approx 16}$, genaue Zusammensetzung etwa $Th_8Al_4H_{15.4}$) als wasserstoffreichste Grenzzusammensetzung auftritt [2 bis 14].

Obwohl kristallchemisch sämtliche aufgeführten Hydride eine sehr nahe strukturelle Beziehung zur zugrundeliegenden intermetallischen Phase Th_2Al aufweisen, lassen sie sich als definierte Phasen diskutieren und zwar mit folgender Begründung:

Röntgenographisch ist zu erkennen, daß bei Raumtemperatur der Bereich zwischen $Th_8Al_4H_0$ und $Th_8Al_4H_4$ (oder $Th_8Al_4H_{\approx 4.8}$) ein Zweiphasengebiet ist, mit den Grenzphasen Th_2Al (der reinen Intermetallphase) und Th_2AlH (oder $Th_2AlH_{1.2}$) als wasserstoffärmstem Grenzglied des quasibinären Systems Th_2Al-Wasserstoff [3]. Dies ist besonders klar zu erkennen, wenn man nicht die Größe der einzelnen Achsen, sondern deren Verhältnis c/a bzw. das Volumen der Elementarzelle heranzieht (**Fig. 2-18**) [3].

Fig. 2-18

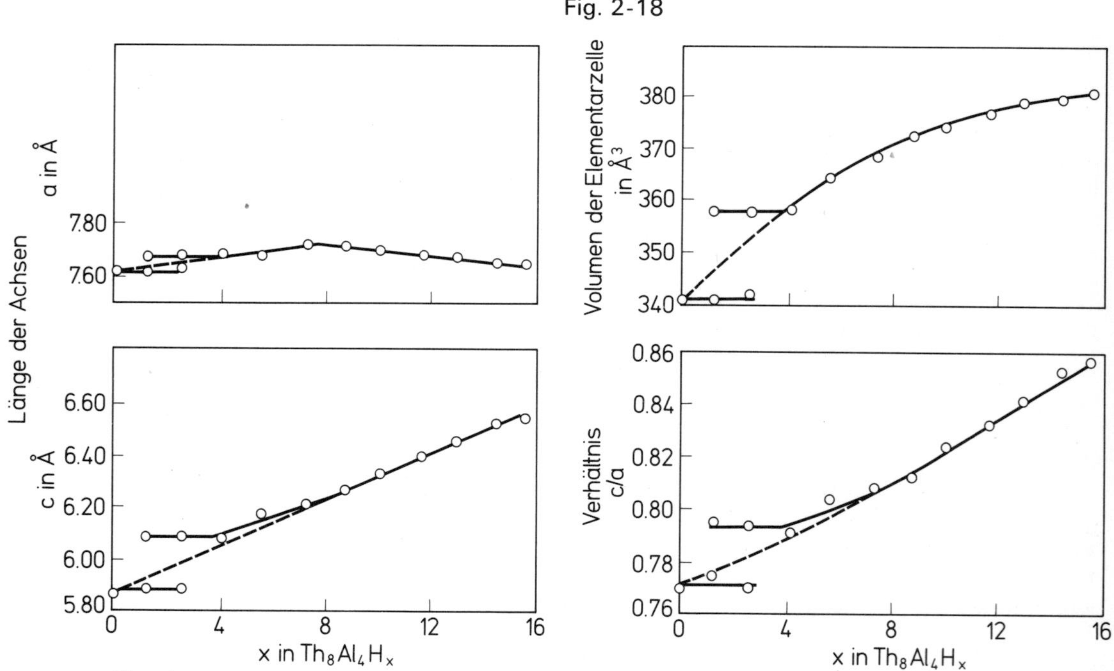

Gitterkonstanten der tetragonalen Elementarzelle von $Th_8Al_4H_x$ als Funktion von x sowie Achsenverhältnis und Volumen der Elementarzelle [3].

Literatur zu 2.3 s. S. 48

Aus Untersuchungen über die Abhängigkeit der Zusammensetzung vom Wasserstoffpartialdruck im Temperaturbereich 50 °C $\leq$t$\leq$500 °C ist zu entnehmen, daß bei höheren Temperaturen keine Anzeichen für ein Zweiphasengebiet vorliegen, die Isothermen bei niedrigeren Temperaturen jedoch auf ein Zweiphasengebiet hinweisen. Die kritische Temperatur, bei der das Zweiphasengebiet zwischen Th_2Al und $Th_2AlH_{\approx 1}$ in ein Einphasengebiet übergeht, dürfte zwischen 25 und 300 °C liegen.

Verfolgt man die Gitterkonstanten sowie die anderen Parameter, so erkennt man weitere Änderungen von a, c, c/a und Å^3 bis zur untersuchten wasserstoffreichsten Grenzphase mit x=15.4 (entsprechend $Th_8Al_4H_{15.4}$ oder $Th_2AlH_{\approx 4}$), wobei größere x-Werte nicht untersucht oder beobachtet wurden [3].

Aus diesen Strukturparametern geht eine Sonderstellung von z.B. $Th_8Al_4H_8$ nicht hervor, diese Phase wäre daher wie alle anderen Phasen mit ganzzahligem x von 4$\leq$x$\leq$15 als Zwischenglied der von $Th_8Al_4H_4$ bis $Th_8Al_4H_{16}$ reichenden Hydridphase zu betrachten. Wasserstoffpartialdruckmessungen über Th_2Al lassen sich jedoch so interpretieren, daß bei x$\approx$8 das Ende eines Druckplateaus erreicht wird (**Fig. 2-19**) [2], allerdings könnte man dieses Plateau auch mit der gleichen Berechtigung auf x$\approx$9, d.h. $Th_8Al_4H_9$, legen.

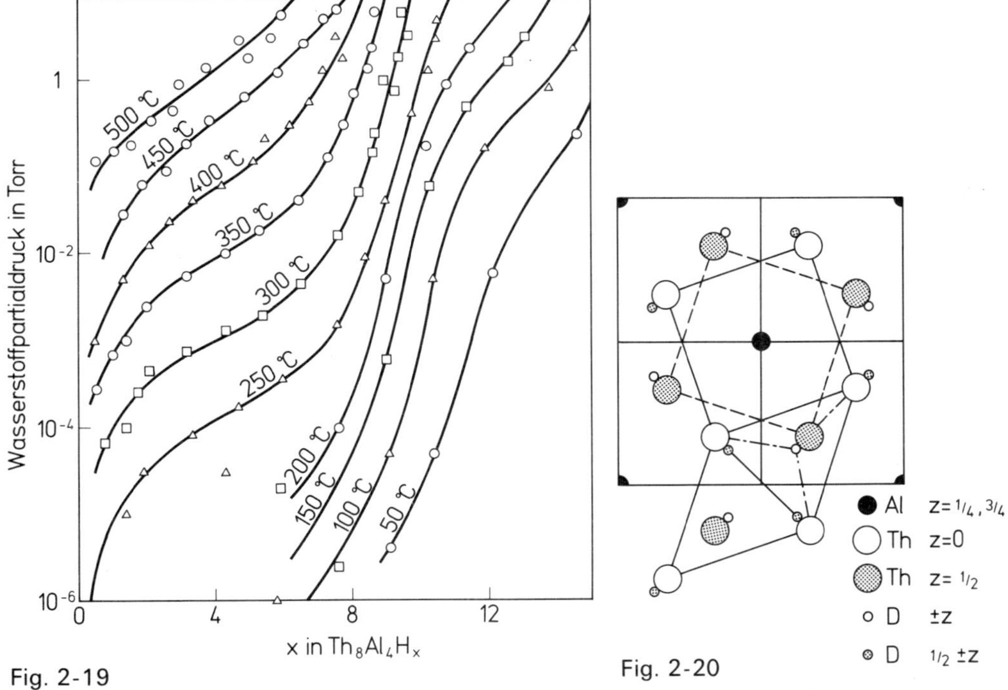

Fig. 2-19

Wasserstoffpartialdrücke über $Th_8Al_4H_x$ als Funktion von x [2].

Fig. 2-20

Projektion der Struktur von Th_2AlD_4 auf die c-Achse [10].

Die Darstellung dieser Glieder $Th_8Al_4H_x$ erfolgt auf einfache Weise durch Einwirkung von Wasserstoff auf möglichst feinverteiltes Th_2Al, wobei die Einstellung des genauen Wertes von x eine Funktion von Temperatur und Wasserstoffpartialdruck ist. Dabei scheint die Bildung homogener Phasen, bei denen der gesamte Kristallit gleichmäßig und vollständig hydriert wird, gelegentlich schwierig zu sein. So wird z.B. die nicht einwandfreie Deutung der NMR-Ergebnisse in [4] auf eine heterogene Probe zurückgeführt.

Literatur zu 2.3 s. S. 48

Structural Data

Strukturangaben

Strukturuntersuchungen über hydriertes Th_2Al liegen in Form von Röntgen- und von Neutronenuntersuchungen vor [3, 4, 10], wobei für die Neutronenbeugungsuntersuchungen die deuterierten Phasen mit x=8 (12, 15.4) benutzt wurden [4, 10]. Charakteristisch ist, daß bei der Hydrierung von Th_2Al das tetragonale Gitter der Intermetallphase erhalten bleibt und der Wasserstoff in Leerstellen eingelagert wird. Interessant ist dabei der Befund, daß die Gitterkonstante a bis zur Zusammensetzung mit x=8 zunimmt und danach bis $x \approx 16$ wieder abnimmt, während c stetig größer wird.

Da für Th_2AlD_n wie auch für Th_2Al die gleiche Raumgruppe und die gleichen Metallparameter anzunehmen sind, gelten folgende Daten für die Struktur von Th_2AlD_n (**Fig. 2-20**, S. 27) [10]:

Raumgruppe I4/mcm (Nr. 140) mit vier Formeleinheiten pro Elementarzelle,

Atomlagen: Th in (8h) mit $\pm(x, \frac{1}{2}+x, 0)$, $\pm(\frac{1}{2}+x, \bar{x}, 0)$, $\pm(\frac{1}{2}+x, x, \frac{1}{2})$, $\pm(x, \frac{1}{2}-x, \frac{1}{2})$ mit x = 0.162

Al in (4a) mit $\pm(0, 0, \frac{1}{4})$, $\pm(\frac{1}{2}, \frac{1}{2}, \frac{1}{4})$

D in (16) mit $\pm(x, \frac{1}{2}+x, \pm z)$, $\pm(\frac{1}{2}+x, \bar{x}, \pm z)$, $\pm(\frac{1}{2}+x, x, \frac{1}{2}\pm z)$, $\pm(x, \frac{1}{2}-x, \frac{1}{2}\pm z)$

mit: x = 0.370 und z = 0.125 für n = 2
x = 0.370 und z = 0.130 für n = 3
x = 0.368 und z = 0.137 für n = 4

Die Gitterkonstanten der einzelnen Phasen betragen

für Th_2Al : a = 7.62 Å, c = 5.86 Å
für Th_2AlD_2: a = 7.702 Å, c = 6.230 Å
für Th_2AlD_3: a = 7.676 Å, c = 6.383 Å
für Th_2AlD_4: a = 7.629 Å, c = 6.517 Å

Für die entsprechenden Phasen mit leichtem Wasserstoff werden bei 83 und 298 K folgende Gitterkonstanten ermittelt [4]:

Zusammensetzung	Gitterkonstanten in Å				Volumen V der Elementarzelle in Å³		Ausdehnung in % zwischen 83 und 298 K		
	a		c						
	83 K	298 K	83 K	298 K	83 K	298 K	a	c	V
$Th_8Al_4H_0$	7.608	7.616	5.839	5.861	338.0	340.0	+0.11	+0.38	+0.59
$Th_8Al_4H_8$	7.711	7.710	6.182	6.226	367.6	377.7	−0.02	+0.71	+0.67
$Th_8Al_4H_{12}$	7.667	7.680	6.397	6.402	376.1	377.7	+0.17	+0.09	+0.43
$Th_8Al_4H_{15.4}$	7.620	7.640	6.541	6.536	379.8	381.5	+0.26	−0.07	+0.44

In Th_2Al bilden Th- und Al-Atome alternierende Schichten senkrecht zur c-Achse. Die Th-Atome bilden verzerrte Tetraeder, von denen drei einer Schicht und das vierte einer nächsten Schicht im Abstand c/2 angehören. Derartige Thoriumtetraeder wie in Th_2Al und Th_2AlH_n existieren auch im kubisch-flächenzentrierten Th-Metall, sie sind in den Legierungsphasen aber derart angeordnet, daß stets zwei von ihnen ein über eine Fläche verbundenes Paar bilden. Ferner sind die Tetraeder in Th_2Al und Th_2AlH_n im Gegensatz zu Th-Metall leicht verzerrt.

Literatur zu 2.3 s. S. 48

In den Hydriden befindet sich der Wasserstoff etwa in der Mitte der deformierten Tetraeder, so daß jedes Wasserstoffatom von vier Th-Atomen und jedes Thoriumatom von acht Wasserstoffplätzen umgeben ist. Hieraus resultiert eine Struktur, die der von ThD_2 sehr nahe steht. In **Fig. 2-21** sind die Th-Konfigurationen um die D-Atome in ThD_2 und Th_2AlD_n (n=2, 3, 4) aufgeführt, zusammen mit den interatomaren Abständen. Man erkennt, daß trotz der markanten Änderungen der Gitterkonstanten die Th-H-Abstände relativ konstant bleiben.

Fig. 2-21

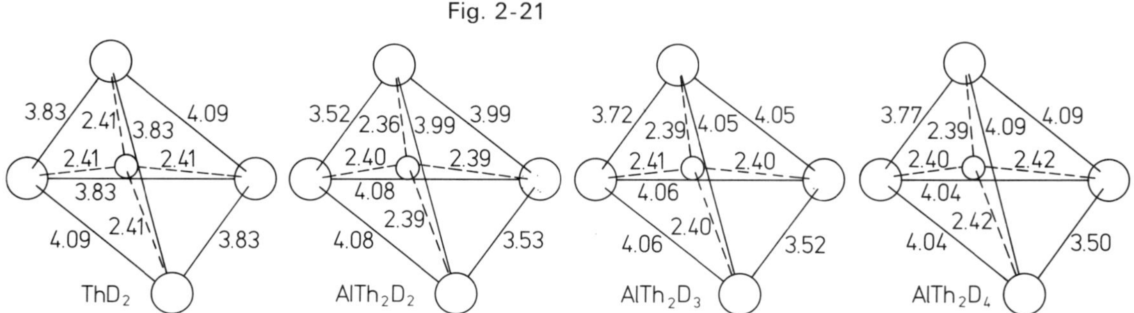

Anordnung der Thoriumatome um die Deuteriumatome in ThD_2, Th_2AlD_2, Th_2AlD_3 und Th_2AlD_4 [10]. Atomabstände sind angegeben.

In den intermediären Hydriden zwischen den Zusammensetzungen $Th_2AlH_{\approx 1}$ und $Th_2AlH_{\approx 4}$ ist nur ein Teil der Thoriumtetraeder besetzt. Die 16 äquivalenten tetraedrischen Leerstellen dürfen dabei nach einem Modell in [5] nicht einzeln betrachtet werden, sondern werden zweckmäßigerweise zu einer Folge von acht „Doppel-Leerstellen" (double holes) verknüpft. Dabei wird eine Besetzungsreihenfolge angestrebt, bei der zuerst die Mitte eines von zwei aneinander grenzenden Tetraedern besetzt wird, die miteinander eine gemeinsame Fläche aufweisen [10]. Eine solche Besetzungsfolge wird auch nach theoretischen Berechnungen erwartet. Diese zeigen, daß die Besetzung einer einzigen Leerstelle in einer benachbarten „Doppel-Leerstelle" energetisch bevorzugt ist gegenüber einer vollständigen Besetzung dieser „Doppel-Leerstelle" [5], d.h. das Gleichgewicht:

zwei halbgefüllte „Doppel-Leerstellen" $\rightleftharpoons$ eine leere „Doppel-Leerstelle"
+ eine gefüllte „Doppel-Leerstelle"

liegt weitgehend auf der linken Seite der Beziehung. Eine „long-range"-Ordnung von Leerstellen oder eingebautem Wasserstoff konnte bei den Neutronenbeugungsaufnahmen an $Th_8Al_4D_8$ selbst bei 82 K und bei NMR-Studien an $Th_8Al_4H_8$ bei 225 K nicht festgestellt werden [5, 10], d.h. von den drei Möglichkeiten:

a) keine Korrelation in der Besetzung einer Leerstelle der „Doppel-Leerstelle",

b) „short range"-Ordnung in der Besetzung benachbarter „Doppel-Leerstellen" und

c) „long-range"-Ordnung in der Besetzung benachbarter „Doppel-Leerstellen",

ist die Variante a) diejenige, die den experimentellen Gegebenheiten am nächsten kommt. Das Fehlen von „Überstrukturreflexen" im Neutronenbeugungsdiagramm von $Th_8Al_4D_8$ schließt die Variante c) vollkommen aus.

Der Verlauf der Gitterkonstanten des hydrierten Th_2Al ist daher wie folgt zu erklären: Von Th_2Al ausgehend bis zu Th_8AlH_8 wird eine Leerstelle der „Doppel-Leerstelle" stati-

Literatur zu 2.3 s. S. 48

stisch besetzt, bei höheren H-Gehalten wird dann auch die freie zweite Leerstelle der „Doppel-Leerstelle" statistisch besetzt, bis bei der Grenzzusammensetzung $Th_8Al_4H_{16}$ alle äquivalenten acht „Doppel-Leerstellen" besetzt sind.

NMR-Untersuchungen an $Th_8Al_4H_8$ und $Th_8Al_4H_{12}$ erbrachten sehr schmale Resonanzlinien [4], ein Effekt, der unter dem Namen „motional narrowing" bekannt ist und der dann eintritt, wenn die thermische Bewegung der magnetischen Dipole so rasch ist, daß die für die Wechselwirkung zur Verfügung stehende Zeit kürzer ist als die Zeit, die zwischen dem Übergang von zwei Energiezuständen vergeht. Bei tiefen Temperaturen verschwindet dieser Effekt, und man erhält die normalen breiten Linien (**Fig. 2-22**).

Fig. 2-22

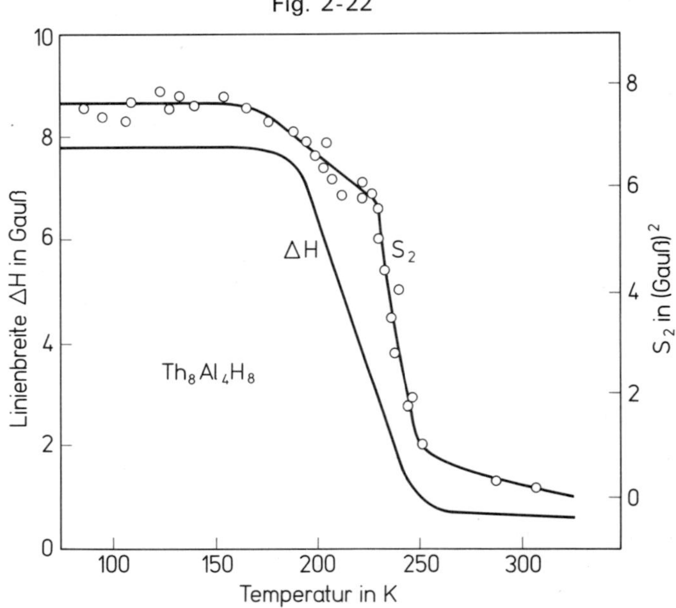

Linienbreite ΔH und 2. Moment S_2 (mittlere quadratische Linienbreite) von NMR-Resonanzen in $Th_8Al_4H_8$ [4].

Eine andere Möglichkeit, breite Resonanzen zu erhalten, ist dann gegeben, wenn wegen fehlender Leerstellen, d.h. im Fall der Th_2Al-Hydride bei besetzten Tetraederlücken, die Beweglichkeit der Protonen eingeschränkt ist. Bei $Th_8Al_4H_{15.4}$ ist dies der Fall. Die

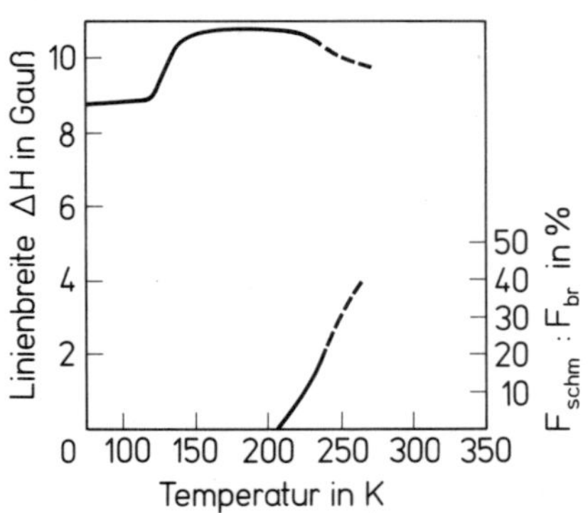

Fig. 2-23

Linienbreite ΔH und Verhältnis der integrierten Flächen der schmalen und der breiten Resonanz als Funktion der Temperatur [4]. F_{schm} = Fläche unter der schmalen Resonanzlinie, F_{br} = Fläche unter der breiten Resonanzlinie.

Literatur zu 2.3 s. S. 48

Linienbreite des NMR-Spektrums von $Th_8Al_4H_{12}$ als zwischen diesen Grenzfällen liegend, läßt sich in eine breite Linie – die durch die unbeweglichen Protonen verursacht wird – und eine überlagerte schmale Resonanz auflösen (**Fig.** 2-**23**). Letztere ergibt sich aus dem geringen Anteil an Protonen, die eine benachbarte freie Leerstelle finden – und daher diffundieren können [4].

Die Deutung der NMR-Befunde ist wie folgt möglich: Im nicht-wasserstoffgesättigten Th_2Al-Hydrid diffundieren bei Raumtemperatur die Protonen rasch von Leerstelle zu Leerstelle mit einer Sprungfrequenz von ca. $10^5\ s^{-1}$ für $Th_8Al_4H_8$. Bei Temperaturerniedrigung nimmt die kinetische Energie der Protonen ab, d.h. sie werden unbeweglicher, und die Sprungfrequenz geht herab auf z.B. $2.5 \times 10^{-3}\ s^{-1}$ bei 210 K für $Th_8Al_4H_{12}$ [4]. Daraus läßt sich für die Protonendiffusion eine Aktivierungsenergie von 0.22 eV berechnen [4].

Wasserstoffabgabe und -aufnahme

Absorption and Desorption of Hydrogen

Wie zu erwarten, nimmt in Th_8AlH_x der Wasserstoffpartialdruck mit steigendem x und steigender Temperatur zu (Fig. 2-19, S. 27) [2]. Die Wasserstoffisothermen wurden dabei mit feingepulvertem <35 mesh Th_2Al-Pulver als Ausgangsmaterial aufgenommen. Eine Extrapolation des Wasserstoffpartialdrucks der wasserstoffärmsten Grenzphase $Th_8Al_4H_4$ auf Raumtemperatur führt zu einem Gleichgewichtspartialdruck von $p(H_2) = 10^{-13}$ atm. Entsprechend der Clausius-Clapeyron-Beziehung ergibt sich bei Auftragung von lg $p(H_2) = f(1/T)$ für ein gegebenes x eine Gerade (**Fig.** 2-**24**) [2]. Da diese Geraden nicht sehr unterschiedliche Steigungen aufweisen, ist die Enthalpie der Löslichkeit von einem Mol Wasserstoff in einer unendlichen Menge der Metallphase (bei gegebenem

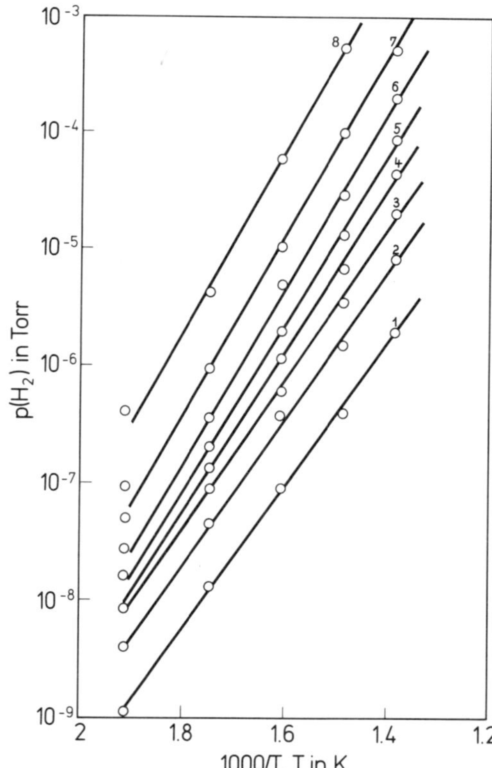

Fig. 2-24

Wasserstoff-Gleichgewichtspartialdrücke $p(H_2)$ über $Th_8Al_4H_x$ für verschiedene Werte von x als Funktion der Temperatur [2]. Werte von x an den Kurven.

Literatur zu 2.3 s. S. 48

x-Wert) nicht stark vom Wert von x abhängig: sie steigt von 24 kcal/mol für x=0.4 über 28 kcal/mol für x=4 auf 30 kcal/mol für x=6. Bezüglich der Berechnung der freien molaren Entropie von $Th_8Al_4H_x$ siehe [2].

Zerkleinertes Th_2Al ist gegenüber Wasserstoff bei Raumtemperatur inaktiv, da die Th_2Al-Teilchen mit einer stabilen Oxidschutzschicht umgeben sind. Durch Erhitzen auf 900 °C kann das Th_2Al-Gitter aktiviert werden, so daß auch bei Raumtemperatur spontan Wasser-

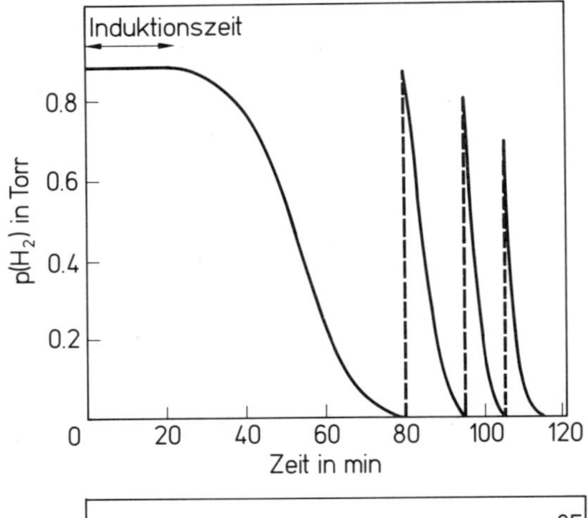

Fig. 2-25

Autokatalytische Sorption von Wasserstoff durch Th_2Al für ein konstantes Wasserstoffvolumen [7].

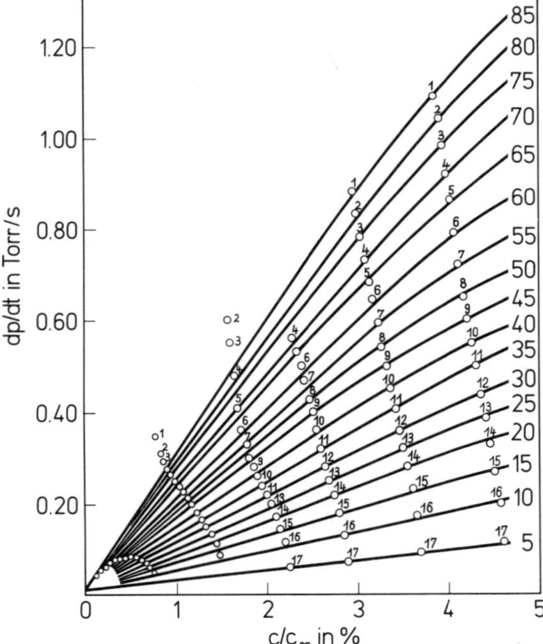

Fig. 2-26

Autokatalytische Sorption von Wasserstoff durch Th_2Al für Teilchen verschiedener Korngröße [7]. Korngrößenangabe in µm an den Kurven.

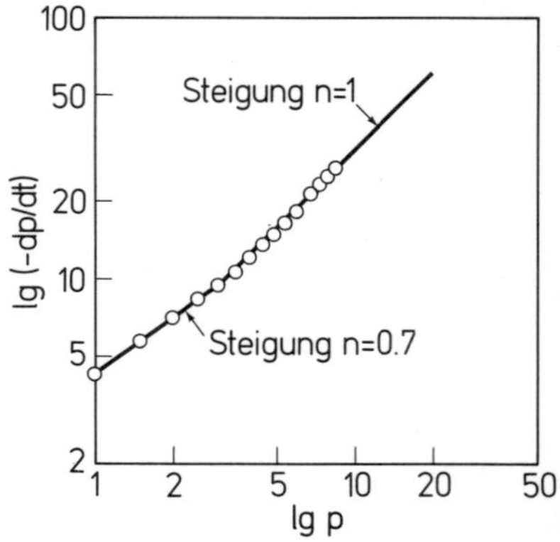

Fig. 2-27

Sorptionsgeschwindigkeit als Funktion des Wasserstoffpartialdrucks für Th_2Al bei $c/c_{\infty}=0.036$ [7].

Literatur zu 2.3 s. S. 48

stoff aufgenommen wird. Setzt man eine aktivierte Probe z.B. einem Druck von $p(O_2) \approx 5$ Torr aus, so wird erst nach einer Induktionszeit von 30 min langsam Wasserstoff aufgenommen, bis nach ca. 80 min der Wasserstoffpartialdruck sehr niedrig wird. Setzt man zu dieser Probe wieder neuen Wasserstoff hinzu, so wird dieser sehr rasch aufgenommen. Der Prozeß kann mehrmals wiederholt werden (**Fig.** 2-**25**) [7]. Die Deutung dieses Verhaltens ist wie folgt: Wasserstoff kann durch die einige Monoschichten dicke Oxidschutzschicht nur langsam durchdringen. Ist der Wasserstoff jedoch einmal an einer Stelle zum Metall gelangt, so führt die Hydrierung zu einer Ausdehnung der Metallschicht, so daß die Oxidschutzschicht Risse etc. bekommt. Dies erleichtert dann die weitere Wasserstoffaufnahme [7].

Trägt man die zeitliche Druckänderung (Sorptionsgeschwindigkeit) gegen die relative Beladung (c = relative Konzentration des Wasserstoffs in der Metallphase, bezogen auf die Sättigung bei c_∞) auf, so erhält man das Bild der **Fig.** 2-**26**. Die Sorptionsgeschwindigkeit (lg (−dp/dt)) ist dabei nach **Fig.** 2-**27** dem Wasserstoffpartialdruck (lg p) proportional [7].

In [13, 14] wird noch erwähnt, daß auch ThAl bis zur Zusammensetzung H:(Th+Al) ≈ 2.6 Wasserstoff aufnehmen kann.

2.3.1.2.1 Quaternäre Hydride mit Aluminium und einem weiteren Element

Quaternary Hydrides with Aluminium and Another Element

Hierzu sind bisher Untersuchungen für das System Th-Ce-Al-H bekannt, wobei stets von der Zusammensetzung $(Th_x, Ce_{1-x})_2Al$ ausgegangen wurde, d.h. von einem Th_2Al, bei dem ein Teil der Thoriumatome durch Cer ersetzt wurde [2, 3, 7, 8]. Grundlage für diese Untersuchung war die Aufklärung des Verhaltens von „Ceto", einer Legierung aus Thorium, Mischmetall und Aluminium der annähernden Zusammensetzung

Fig. 2-28

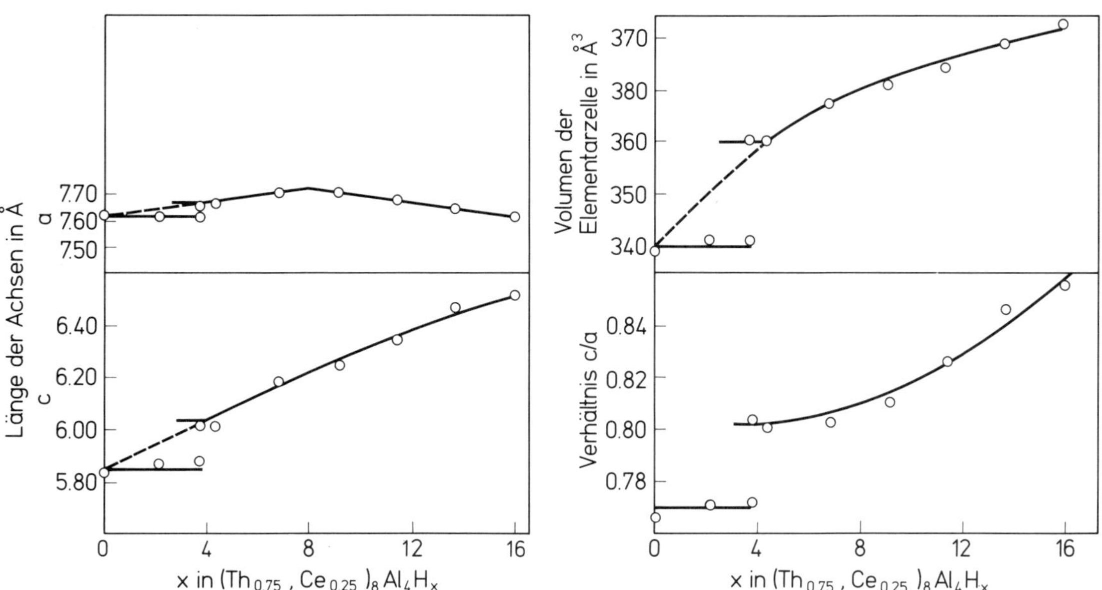

Gitterkonstanten der tetragonalen Elementarzelle von $(Th_{0.875}, Ce_{0.125})_8Al_4H_x$ als Funktion von x sowie deren Verhältnis und Volumen der Elementarzelle [3].

Literatur zu 2.3 s. S. 48

Th:Ce:La:Al=10:2.5:0.5:6, gegenüber Wasserstoff [7]. Die Struktur des Ceto ist die des Th_2Al, d.h. im zugrundeliegenden $CuAl_2$-Typ ist ein Teil des Thoriums vermutlich statistisch durch Cer ersetzt [7].

Der Einbau von Cer in das Th_2Al-Gitter führt zu einem stabileren Einbau von Wasserstoff [2]. Dies dürfte auf die stabile Ce-H-Bindung zurückzuführen sein. Untersucht wurden die Zusammensetzungen $(Th_{0.875}, Ce_{0.125})_2Al$ und $(Th_{0.75}, Ce_{0.25})_2Al$, von denen die erste vollkommen homogen war, während die zweite Zusammensetzung zu ca. 8% aus einer nicht wasserstoffsorbierenden Substanz und zu ca. 2% aus einer unbekannten Substanz bestand. Aus **Fig.** 2-**28**, S. 33, [3] ist zu entnehmen, daß hinsichtlich der Strukturbeziehungen und der Phasengrenzen die Wasserstoffaufnahme für $(Th_{0.875}, Ce_{0.125})_2Al$ von der für Th_2Al nicht sehr verschieden ist – die gleiche Beobachtung gilt auch für die Phase mit 25 mol-% Cer statt Thorium. In **Fig.** 2-**29** sind die Wasserstoffisothermen für $(Th_{0.875}, Ce_{0.125})_2Al$ aufgeführt; die Unregelmäßigkeiten dürften durch schlechte Gleichgewichtseinstellung bedingt sein. Aus der Gestalt der Isothermen bei den niederen Temperaturen ist zu folgern, daß die kritische Temperatur für das Zweiphasengebiet bei ca. 200 °C liegen dürfte (bei Th_2Al bei ca. 300 °C) [2].

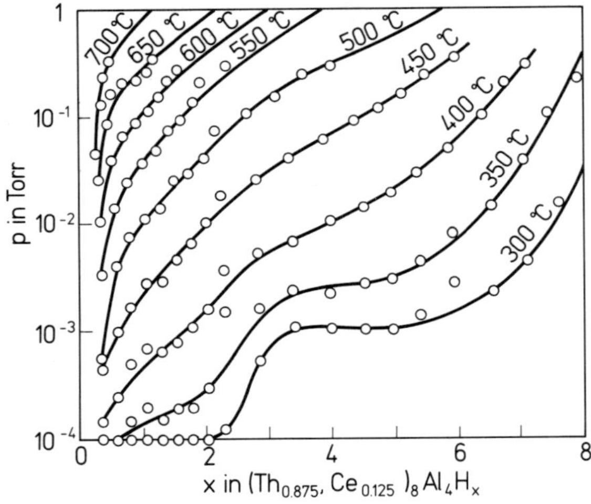

Fig. 2-29

Wassterstoffpartialdruck über $(Th_{0.875}, Ce_{0.125})_8\ Al_4H_x$ als Funktion von x [2].

Die im Vergleich zu Th_2AlH_x erhöhte Stabilität der Th-Ce-Al-Hydride geht z.B. aus dem extrapolierten Wasserstoffpartialdruck bei Raumtemperatur und aus den differentiellen Lösungsenthalpien von Wasserstoff hervor [2]:

Verbindung	Wasserstoffpartialdruck $p(H_2)$ in Torr	Lösungsenthalpie von 1 mol Wasserstoff in einer unendlichen Menge der Legierung, in kcal/mol
Th_2AlH	10^{-13}	31.0±0.5
$(Th_{0.875}, Ce_{0.125})AlH$	10^{-15}	31.5±0.5
$(Th_{0.75}, Ce_{0.25})AlH$	10^{-17}	31.8±0.5

Ternary Hydrides with Main Group IV Elements

2.3.2 Ternäre Hydride mit Elementen der vierten Hauptgruppe

An ternären Hydriden des Thoriums mit Elementen der vierten Hauptgruppe sind bisher nur die Carbidhydride Th_2CH_x sowie $ThC \cdot ThH_2$ und $ThC \cdot 2ThH_2$ beschrieben worden. Über diese Phasen liegen relativ begrenzte Untersuchungen vor.

Literatur zu 2.3 s.S. 48

2.3.2.1 Ternäre Hydride mit Kohlenstoff

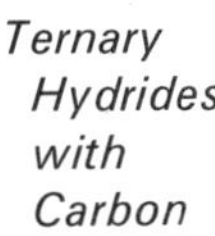

Bei Untersuchungen über die Löslichkeit von Wasserstoff [15] in metallischem Thorium wurde festgestellt, daß diese Löslichkeit sehr stark von der Reinheit des verwendeten Metalls abhängt und besonders durch Kohlenstoffgehalte stark erhöht wird. Dies ist aus **Fig.** 2-**30** [9] besonders klar zu erkennen. Im Fall von reinem Thorium steigt bei 800 °C die Löslichkeit kontinuierlich bis zum Atomverhältnis H:Th≈0.15. Kohlenstoffgehalte von 2.4 bzw. 6.0 Atom-% setzen nicht nur die Wasserstofflöslichkeit bei niedrigen Wasserstoffpartialdrucken herauf, sondern es wird vor der Wasserstoffsättigung bereits ein Plateau erreicht, was ein Zweiphasengebiet anzeigt.

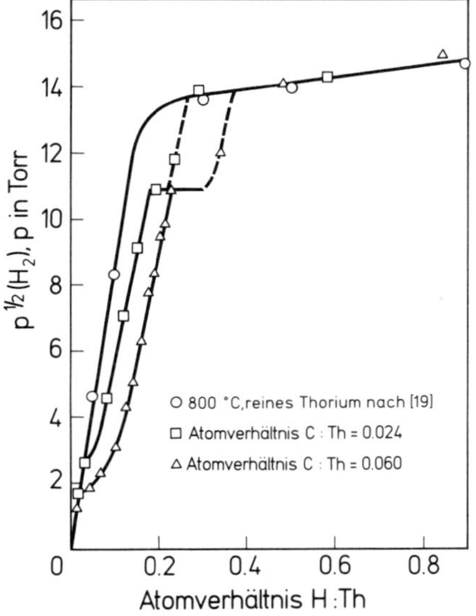

Fig. 2-30
Wasserstoffisothermen für Thoriummetall mit Kohlenstoffgehalten unterhalb der Sättigung [9].

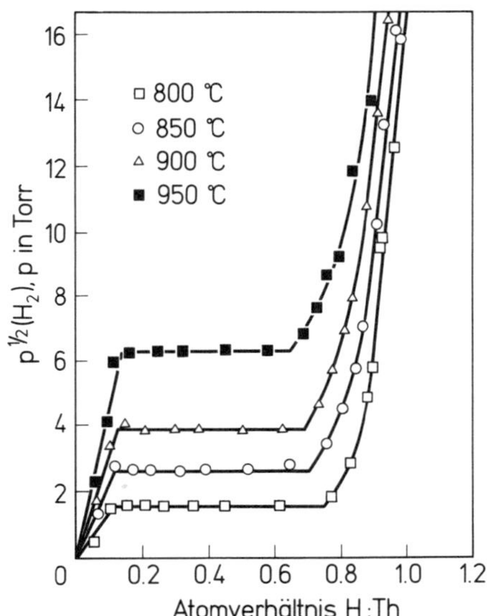

Fig. 2-31
Wasserstoffisothermen für C-haltiges Thoriummetall mit einem Verhältnis C:Th= 0.46 [9].

Nach Untersuchungen in [9] existieren im System Thorium-Kohlenstoff-Wasserstoff zwei Verbindungen, ein hexagonales $ThC \cdot ThH_2$ und ein monoklines $ThC \cdot 2ThH_2$. Spätere Untersuchungen ergaben weiter, daß bei niedrigen Temperaturen noch eine kubische Phase der Zusammensetzung Th_2CH_x (bzw. Th_2CD_x) existiert, die bei 380 °C irreversibel in das hexagonale $Th_2CH_2(=ThC \cdot ThH_2)$ übergeht [17].

Aus Fig. 2-30 ist zu erkennen, daß nach einem einphasigen Bereich der festen Lösung von Wasserstoff in C-haltigem Thorium ein Zweiphasengebiet erreicht wird, in dem als zweite Phase eine Verbindung mit H:Th≈1, d.h. $ThC \cdot ThH_2$ auftritt. Diese tritt bei H:Th ≥0.8 in reiner Form auf, wobei die wasserstoffärmste Grenzzusammensetzung sich mit steigender Temperatur zu einem niedrigen H:Th-Verhältnis verschiebt. Nach **Fig.** 2-**31** erscheint eine Phasenbreite des $ThC \cdot ThH_2$ bis herab zu $ThC \cdot ThH_{\approx 1.4}$ möglich, während nach [9] die augenscheinliche Breite nur bis nach $ThC \cdot ThH_{1.8}$ reichen soll.

Die Existenz einer weiteren Phase ist aus **Fig.** 2-**32**, S. 36, deutlich zu erkennen. An das erste Plateau schließt sich ein zweites Plateau an, an dessen wasserstoffreicher Seite die Phase $ThC \cdot 2ThH_2$ existiert (das dritte Plateau ist auf das Vorliegen von ThH_2 zurückzuführen, da Th-Metall im Überschuß eingesetzt wurde) [9].

Literatur zu 2.3 s. S. 48

Die Existenz dieser beiden Phasen, die präparativ durch Hydrierung eines entsprechenden Gemisches aus ThC und Th-Metall bei ca. 800 °C dargestellt werden können, ergibt

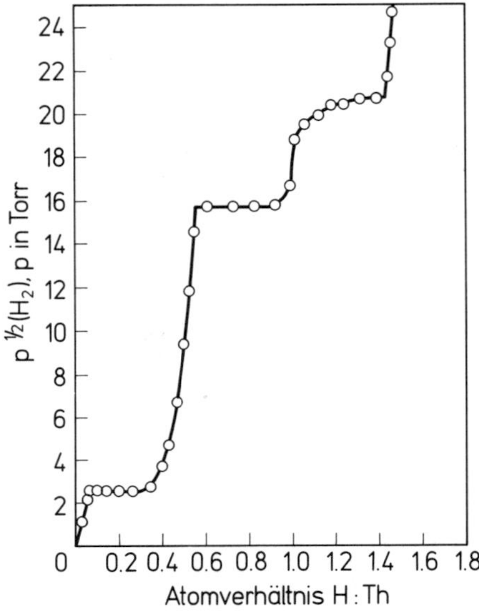

Fig. 2-32

Wasserstoffisotherme für C-haltiges Thoriummetall mit einem Atomverhältnis C:Th=0.24 für 851 °C [9].

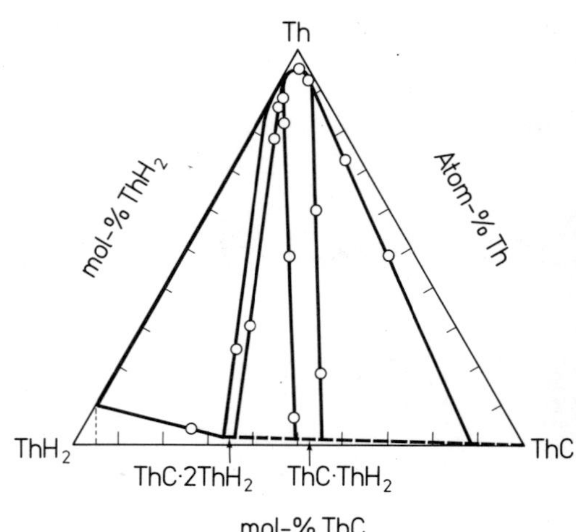

Fig. 2-33

Phasendiagramm des quasiternären Systems Th-ThC-ThH_2 bei 850 °C [9].

sich auch aus dem Phasendiagramm des quasiternären Systems Th-ThC-ThH_2 (**Fig. 2-33**) [9]. Dabei entsteht als erste Phase stets ThC·ThH_2, das dann weiter in ThC·2ThH_2 übergehen kann (was vom Th:C-Verhältnis abhängt). Das ternäre Diagramm zeigt weiterhin deutlich, daß Thorium und Wasserstoff sich beträchtlich in ThC lösen, obwohl die Löslichkeit von Wasserstoff in ThC allein sehr niedrig ist [9].

Unterhalb 380 °C existiert noch eine weitere kubische Thorium-Carbidhydridphase der Zusammensetzung Th_2CH_x bzw. Th_2CD_x mit x=3 als Grenzphase [17]. Zu ihrer Darstellung wurde lichtbogen-geschmolzenes „Th_2C", d.h. ein Gemisch von α-Th(C) und $ThC_{0.7}$ mit Wasserstoff umgesetzt. Experimentell ergab sich ein Isotopeneffekt: die Reaktion mit Deuterium verlief bedeutend langsamer als mit normalem Wasserstoff. Die Gitterkonstante dieser kubischen Phase schwankt zwischen 5.298 Å bis zu 5.460 Å. Folgende Gitterkonstanten und magnetischen Werte wurden für drei Proben ermittelt:

Zusammensetzung	Nachgewiesene Phasen	Gitterkonstante in Å	Magnetisches Moment in cm^3/g
$Th_2CH_{1.3}$	Th Th_xCH_y Th_2CH_3	5.31	0.35×10^6
$Th_2CH_{2.2}$	Th_xCH_y Th_2CH_3	5.35	0.51×10^6
$Th_2CH_{3.0}$	Th_2CH_3	5.46	1.13×10^6

Der Primärprozeß der Wasserstoffaufnahme ist die Einlagerung in die Strukturleerstellen.

Literatur zu 2.3 s. S. 48

Im Th_2CH_x-Gitter bilden die Thoriumatome ein kubisch-flächenzentriertes Gitter, während die C-Atome statistisch in die Hälfte der oktaedrischen Leerstellen eingelagert sind [17]. Etwa 60% des Wasserstoffs ist in der Kristallstruktur gebunden, und zwar besetzen sie 52% der tetraedrischen und 8% der oktraedrischen Leerstellen. Der Rest des Wasserstoffs ist durch Chemisorption an der Oberfläche des feinkristallinen Pulvers gebunden [17].

Th_2CH_2 ($\hat{=}$ ThC · ThH_2) kristallisiert in einem hexagonal dicht gepackten Gitter der Raumgruppe $P\bar{3}m1$ (Nr. 164) mit Gitterkonstanten a=3.816 Å und c=6.302 Å [9, 16].

Die Atomlagen sind [16]:

2Th in (2d) mit ($\pm\frac{1}{3}, \frac{2}{3}$, 0.255)

1C wahrscheinlich statistisch verteilt auf (0,0,0) und (0,0,$\frac{1}{2}$)

2H in (2d) mit ($\pm\frac{1}{3}, \frac{2}{3}$, 0.645).

Vergleich der Struktur von Th_2CH_2 mit der von Zr_2CH siehe **Fig. 2-34** [17]. Das aus NMR-Daten ableitbare Vorliegen von H_2-Paaren konnte bei Neutronenbeugungsuntersuchungen an der deuterierten Substanz nicht bewiesen werden. Die magnetische Suszeptibilität (in Klammern magnetisches Moment) für Th_2CH_2 ist mit $\chi=4.71\times10^6$ cm^3/g ($\hat{=}2.28$ μ_B) merklich höher als die von kubischem Th_2CH_3 mit $\chi=0.56\times10^6$ cm^3/g ($\hat{=}0.79$ μ_B) [16].

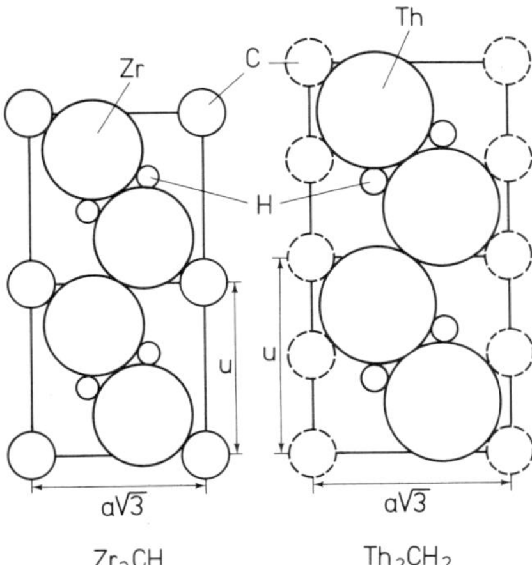

Fig. 2-34

Vergleich der Strukturen von hexagonalem Th_2CH_2 und Zr_2CH [16].

Für ThC·2ThH_2 wird ein monoklines Gitter mit Gitterkonstanten von a=6.50, b=3.80, c=10.91 Å und β=119° angenommen [9], nähere Angaben stehen noch aus.

Folgende Bildungsenthalpien wurden ermittelt [9]:

Für die Bildung von ThC·ThH_2 aus den Elementen gemäß

Th(fest) + ThC(fest) + H_2(gas) $\rightleftharpoons$ ThC · ThH_2(fest)
ist $\Delta H = -48.4$ kcal/mol

und für die Bildung von ThC·2ThH_2 gemäß

Th(fest) + ThC · ThH_2(fest) + H_2(gas) $\rightleftharpoons$ ThC · 2ThH_2(fest)
ist $\Delta H = -38.3$ kcal/mol

Literatur zu 2.3 s. S. 48

Aus **Fig. 2-35** erkennt man, daß die Thoriumcarbidhydride einen bedeutend niedrigeren Wasserstoffpartialdruck aufweisen als das binäre Hydrid ThH_2 [9], d.h. sie sind stabiler: Ein Wasserstoffpartialdruck von 1 atm wird erreicht bei 883 °C für ThH_2, bei 928 °C für $ThC \cdot 2ThH_2$ und bei 1172 °C für $ThC \cdot ThH_2$.

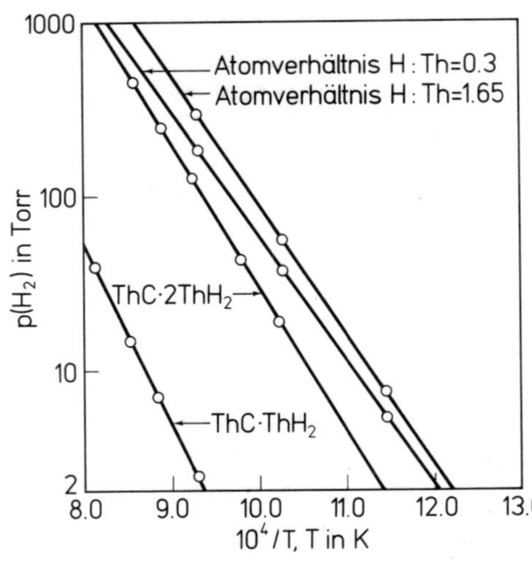

Fig. 2-35

Wasserstoffpartialdrücke über Thoriumhydrid und den Thoriumcarbidhydriden [9].

Der Wasserstoffpartialdruck über den beiden Phasen (T in K) läßt sich berechnen nach [9]:

für $ThC \cdot ThH_2$: $\lg p\,(\mathrm{Torr}) = -10580/T + 10.20$ und

für $ThC \cdot 2ThH_2$: $\lg p\,(\mathrm{Torr}) = -8365/T + 9.84$.

Die metallisch glänzenden Thoriumcarbidhydride haben wie ThC und ThH_2 eine hohe elektrische Leitfähigkeit [9].

Untersuchungen in [18] führten zum Nachweis zweier weiterer Carbidhydride. So entsteht bei der Behandlung von $ThC_{0.8}$ mit Wasserstoff bei 400 °C eine Phase $ThC_{0.8}H_{0.4}$, die eine Fehlstellenstruktur aufweisen soll und nur schlecht kristallisiert ist. Ihre hexagonalen Gitterkonstanten sind a = 3.80 Å und c = 6.24 Å. Für sie gilt

$$\Delta G\,(ThC_{0.8}H_{0.4} - ThC_{0.8}) = +4\ \mathrm{kcal/mol}.$$

Eine Phase der Zusammensetzung $Th_3C_2H_{1.65}$ als Fehlstellenstruktur des $Th_3C_2H_2$-Typs wird bei 800 °C gebildet [18]. Diese Phase kristallisiert hexagonal in der Raumgruppe R3m (Nr. 166) mit Gitterkonstanten a = 3.77 ± 0.01 Å und c = 27.95 ± 0.2 Å (c/a = 7.41) in hexagonaler Aufstellung. Als Atomlagen werden angegeben:

3Th	in 3(a)	mit	±(0, 0, z)	bei z = 1/2
3Th	in 3(a)	mit	±(0, 0, z)	bei z = 13/18
3Th	in 3(a)	mit	±(0, 0, z)	bei z = 17/18
3C	in 3(a)	mit	±(0, 0, z)	bei z = 1/9
3C	in 3(a)	mit	±(0, 0, z)	bei z = 1/3.

Die Wasserstoffparameter sind nicht bekannt.

Ternary Hydrides with Main Group V Elements

2.3.3 Ternäre Hydride mit Elementen der fünften Hauptgruppe

Es ist möglich, im Th_4H_{15}-Gitter mindestens 10 mol-% des Thoriums durch Wismut zu ersetzen [33]. Mit diesem Einbau ist jedoch eine Abnahme der Sprungtemperatur der Supraleitung verbunden auf $T_c = 3.1$ K für $Th_{0.985}Bi_{0.015}H_{3.75}$.

Literatur zu 2.3 s. S. 48

2.3.4 Ternäre Hydride mit Elementen der sechsten Hauptgruppe

Ternary Hydrides with Main Group VI Elements

2.3.4.1 Ternäre Hydride mit Sauerstoff

Ternary Hydrides with Oxygen

Im System Thorium-Sauerstoff-Wasserstoff wurde in [28] eine Phase ThO(OH)H beschrieben. Sie entsteht als schwarzer Rückstand beim Auflösen von Th-Metall in Salzsäure und wurde in älteren Arbeiten als Thoriummonoxid bezeichnet. Es erscheint auch möglich, daß anstelle einer (OH)-Gruppe ein Cl^--Ion in die Substanz eingebaut wird.

Der schwarze Rückstand wird beim Erwärmen an Luft gelb, ebenso bei Behandlung mit H_2O_2, HNO_3, Halogenen etc. [29]. ThO(OH)H kann sich bei unvorsichtiger Behandlung explosiv oxidieren [30].

Beim Erhitzen im Vakuum auf höhere Temperaturen werden größere Mengen Wasserstoff abgespalten [28, 29]. Röntgenographisch läßt sich für ein Produkt der Zusammensetzung $ThO \cdot HCl \cdot H_2O$ ($=ThO(Cl)H \cdot H_2O$ (?)) oberhalb 700 °C die Bildung von ThO_2 und ThO nachweisen; bei weiterem Erhitzen im Vakuum auf Temperaturen von 1000 °C $\leq t \leq$ 1200 °C verschwinden die ThO-Reflexe im Beugungsdiagramm wieder. Dafür treten die Reflexe von kubisch raumzentriertem α-Th-Metall ($a = 5.084 \pm 0.002$ Å) auf, was auf eine Disproportionierung von ThO gemäß $2ThO \rightarrow ThO_2 + Th$ schließen läßt. Beim Erhitzen von $ThO \cdot HCl \cdot H_2O$ an Luft auf 900 °C entsteht gut kristallisiertes ThO_2.

Beim Erhitzen von $ThO \cdot HCl \cdot H_2O$ auf 250 °C $\leq t \leq$ 300 °C können geringe Mengen $H_2O_{(gas)}$ abgespalten werden. Bei etwas höheren Temperaturen konnten massenspektroskopisch die Species $ThCl_4^+$, $ThCl_3^+$, $ThCl_2^+$, $ThCl^+$ und Th^+, aber keine Oxidhalogenkationen aufgefunden werden. Ein ThO-Peak im Massenspektrum zeigte sich erst bei 1900 °C [32].

Eine Überprüfung dieser Formulierung des schwarzen Löserückstands von Thorium in Salzsäure unter Anwendung moderner Untersuchungsmethoden erscheint nötig. Besonders problematisch dürfte die Formulierung des Produktes sein, das bei Einwirkung von H_2O_2 auf ThO(OH)H entsteht und das als H-Th-O-O-Th-H (mit je einem doppelt gebundenen O an jedem Th) formuliert wird, d.h. Hydrid und Peroxid in einer Verbindung [30].

```
H-Th-O-O-Th-H
  ||      ||
  O       O
```

2.3.5 Ternäre Hydride mit Elementen der dritten Nebengruppe

Ternary Hydrides with Group III Transition Elements

Ternäre Hydride des Thoriums mit Elementen der dritten Nebengruppe des Periodensystems sind noch nicht bekannt. Dagegen existiert eine Reihe polynärer Hydride, die sich davon ableiten, daß in z.B. $LaNi_5$ ein Teil des Lanthans durch Thorium ersetzt wurde. Diese Verbindungen werden im Abschnitt 2.3.8.3.1, S. 47, behandelt.

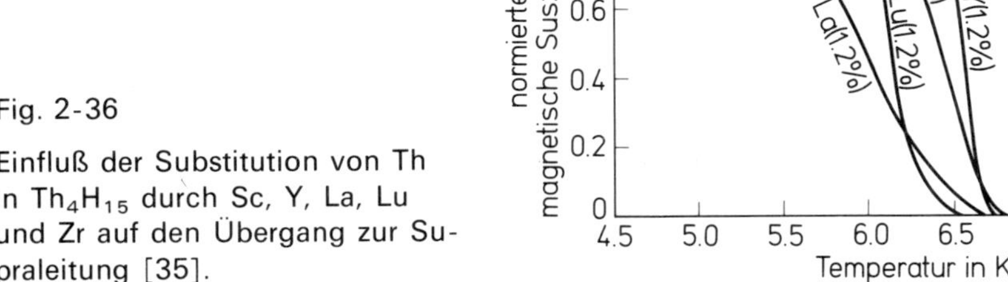

Fig. 2-36

Einfluß der Substitution von Th in Th_4H_{15} durch Sc, Y, La, Lu und Zr auf den Übergang zur Supraleitung [35].

Literatur zu 2.3 s. S. 48

Der Einbau von 1.2 Atom-% Sc (Y, La, Lu) in das Th_4H_{15}-Gitter setzt die Sprungtemperatur der Supraleitfähigkeit merklich herab (**Fig.** 2-**36**, S. 39). Eine Änderung der Struktur und der Gitterkonstanten des Th_4H_{15} durch den Fremdmetalleinbau wird nicht festgestellt [35].

Die Substitution von Th durch La in Th_4H_{15} ist bis zur Zusammensetzung $Th_{0.65}La_{0.35}H_{3.7}$ möglich [33]. Mit dieser Substitution ist eine starke Abnahme der Supraleitungssprungtemperatur verbunden von $T_c = 7.5$ K für Th_4H_{15} (Wert in [33]) auf $T_c = 5.2$ K für $Th_{0.99}La_{0.01}H_{3.75}$ bzw. $T_c < 1.8$ K für die Proben mit höherem Lanthangehalt.

Auch Y und Ce können Th in Th_4H_{15} bis zu einem Wert von mindestens 10 mol-% substituieren, ohne daß die Struktur sich ändert [33]. Damit ist ebenfalls eine drastische T_c-Abnahme verbunden: $T_c = 5.6$ K für $Th_{0.99}Ce_{0.01}H_{3.75}$; $T_c = 3.5$ K für $Th_{0.99}Y_{0.01}H_{3.75}$ und $T_c < 1.8$ K für $Th_{0.90}Ce_{0.10}H_{3.75}$ bzw. $Th_{0.95}Y_{0.95}H_{3.7}$.

Es ist auch möglich, in das LaH_3-Gitter mindestens 25 mol-% Th einzubauen, Auftreten von Supraleitung ($T_c > 1.8$ K) wird dabei nicht beobachtet [33].

Ternary Hydrides with Group IV Transition Elements

2.3.6 Ternäre Hydride mit Elementen der vierten Nebengruppe

An ternären Hydriden des Thoriums mit Elementen der vierten Nebengruppe sind bisher die beiden Verbindungen $ThTi_2H_{\approx 6}$ und $ThZr_2H_{\approx 7}$ nachgewiesen worden. Überraschend ist die Beobachtung, daß Versuche zur Darstellung von Th-Hf-Hydriden ohne Erfolg waren [21].

Der Einbau von Zr in das Th_4H_{15}-Gitter, der bis zu mindestens 10 mol-% Zr möglich ist, [33] setzt die Sprungtemperatur der Supraleitung herab (Fig. 2-35, S. 38) [35].

Für $Th_{0.99}Zr_{0.01}H_{3.75}$ wird $T_c = 4.9$ K angegeben, für $Th_{0.9}Zr_{0.1}H_{35}$ und $Th_{0.5}Zr_{0.5}H_{3.0}$ $T_c < 1.8$ K [33].

Ternary Hydrides with Titanium

2.3.6.1 Ternäre Hydride mit Titan

Durch Hydrierung einer Th/Ti-Legierung bei „Rotglut" oder „Gelbglut" (Wasserstoffdruck 1 bis 1.5 atm, Reaktionsdauer 16 bis 24 h) wurde eine Phase der Zusammensetzung $ThTi_2H_{6+x}$ erhalten [20, 21], wobei von gut gereinigten Ausgangsprodukten ausgegangen wurde. Eine genaue Bestimmung des H:(Th+Ti)-Verhältnisses wurde nicht unternommen, doch wird angenommen, daß dieses von sechs nicht sehr abweicht (aufgrund der Wasserstoffdruckabnahme in der geschlossenen Reaktionskammer läßt sich dieses Verhältnis einigermaßen abschätzen).

$ThTi_2H_6$ kristallisiert in einem Gitter, in dem die Metallatome die Punktlagen des $MgZn_2$-Typs (Raumgruppe $P6_3/mmc$, Nr. 194) einnehmen. Die Wasserstoffatome sitzen vermutlich in den tetragonalen Lagen, die die Fluorid-Ionen in Rb_2GeF_6 einnehmen. Daher werden für die mit hexagonalen Gitterkonstanten von a = 6.176 und c = 10.085 Å kristallisierende Substanz folgende Atomparameter angenommen:

4 Th in 4(f) mit $(\frac{1}{3}, \frac{2}{3}, \frac{1}{16})$ usw.
2 Ti_1 in 2(a) mit (0, 0, 0), $(0, 0, \frac{1}{2})$
6 Ti_2 in 6(h) mit $(\frac{5}{6}, \frac{2}{3}, \frac{1}{4})$ usw.
12 H_1 in 12(k) mit (0.55, 0.10, 0.35) usw. und
12 H_2 in 12(k) mit (0.17, 0.33, 0.94).

Literatur zu 2.3 s. S. 48

Daraus berechnen sich folgende Atomabstände, wobei zum Vergleich die analogen Abstände der beiden binären Hydride mit aufgeführt werden [20, 21]:

ThH_2	$ThTi_2H_6$	TiH_2
Th-4Th =3.80 Å	Th-1Th =3.78 Å	
Th-4Th =4.06 Å	Th-3Th =3.79 Å	
	Th-3Ti_1 =3.62 Å	
	Th-9Ti_2 =3.62 Å	Ti-4Ti =3.12 Å
	Ti_1-6Ti_2 =3.09 Å	Ti-4Ti =3.15 Å
Th-8H =2.38 Å	Th-3H_1 =2.46 Å	
	Th-3H_2 =2.18 Å	
	Ti_1-6H_2 =1.88 Å	Ti-8H_1 =1.92 Å
	Ti_2-2H_2 =1.92 Å	
	Ti_2-4H_1 =1.88 Å	
H_1-2H_1=2.49 Å	H_1-H_1 =2.02 Å	H_1-2H_1=2.20 Å
	H_1-2H_2 =1.83 Å	
H_1-4H_2=2.87 Å	H_2-2H_2 =2.15 Å	H_1-4H_2=2.23 Å

Die Metall-Wasserstoff-Abstände entsprechen etwa denjenigen der binären Hydride, allerdings scheinen die H-H-Abstände etwas zu kurz, d.h. die Atomlagen der Wasserstoffatome müssen wahrscheinlich etwas revidiert werden [21].

Das H:(Th+Ti)-Verhältnis dürfte sicher sechs nicht übersteigen, doch scheinen auch Werte unterhalb sechs möglich, verursacht durch Fehlstellen im Wasserstoffteilgitter.

Die Wasserstoffdichte ist mit ca. (8 bis 8.8)$\times 10^{22}$ H-Atomen/cm^3 noch höher als im Th-Zr-Hydrid, dennoch besitzt die Titanverbindung einen sehr niedrigen Wasserstoffpartialdruck (der allerdings noch nicht bestimmt wurde) [21].

2.3.6.2 Ternäre Hydride mit Zirkonium

Ternary Hydrides with Zirconium

Durch Hydrierung einer Th/Zr-Legierung bei „Rotglut" oder „Gelbglut" mit Wasserstoff unter einem Druck von 1 bis 1.5 atm für 16 bis 24 h entsteht eine Hydridphase der Zusammensetzung $ThZr_2H_{7+x}$ [20, 21]. Bei der Darstellung wurde von gut gereinigtem Ausgangsmaterial ausgegangen. Das H:(Th+Zr)-Verhältnis wurde durch Verbrennung des Wasserstoffs zu Wasser und dessen Adsorption an $Mg(ClO_4)_2$ bestimmt.

Das Röntgendiagramm von $ThZr_2H_{7+x}$ läßt sich kubisch indizieren mit einer Gitterkonstanten a=9.124 Å, wobei die Raumgruppe Fd3m (Nr. 227) der Spinellstruktur angenommen wird [20, 21].

Die angenommenen Atomlagen sind:

8Th in 8(a) mit $(\frac{1}{8}, \frac{1}{8}, \frac{1}{8})$ usw.
16Zr in 16(d) mit $(\frac{1}{2}, \frac{1}{2}, \frac{1}{2})$ usw.

Für die H-Atome werden die Positionen 8(b) bzw. 48(f) mit $x \approx 3/8$ angenommen, woraus sich folgende Atomlagen ergeben (zum Vergleich sind die Werte der binären Hydride mit angegeben):

Literatur zu 2.3 s. S. 48

Th_4H_{15}	$ThZr_2H_7$	ε-ZrH_2
Th-8Th (mittel) = 3.98 Å	Th-4Th = 3.95 Å	
	Th-12Zr = 3.78 Å	Zr-4Zr = 3.35 Å
	Zr-6Zr = 3.23 Å	Zr-4Zr = 3.52 Å
Th-3H_1 = 2.46 Å	Th-6H_2 = 2.28 Å	
	Zr-6H_2 = 1.98 Å	Zr-8H = 2.09 Å
Th-9H_2 = 2.29 Å	Zr-2H_1 = 1.98 Å	
H_1-4H_2 = 2.38 Å	H_1-6H_2 = 2.28 Å	H_1-2H_1 = 2.25 Å
H_2-2H_2 2.02 Å	H_2-5H_2 2.28 Å	H_1-4H_2 = 2.49 Å

Dabei ist Thorium oktaedrisch von sechs Wasserstoffatomen umgeben, während Zirkonium acht nächste Wasserstoffatome als Nachbarn besitzt. Der H-H-Abstand mit 2.28 Å entspricht den Erwartungen. Die H-Atome in 8(b) sind tetraedrisch von vier Zr-Atomen umgeben, diejenigen in 48(f) triangular von 2Zr- und 1Th-Atom. Die relativ hohe thermische Stabilität des komplexen Hydrids im Vergleich zu den binären Hydriden wird mit den relativ kurzen Metall-Wasserstoff-Abständen erklärt [21].

$ThZr_2H_{7+x}$ zeigt mit (6.7 bis 7.7) $\times 10^{22}$ H-Atomen/cm^3 eine sehr hohe Wasserstoffdichte – höher als z.B. in flüssigem Wasserstoff – und dennoch nur einen sehr niedrigen Wasserstoffpartialdruck [21]. Die Substanz ist bis zu einer Temperatur von 1.2 K nicht supraleitend [22].

Ternary Hydrides with Group VII Transition Elements

2.3.7 Ternäre Hydride mit Elementen der siebten Nebengruppe

Über ternäre Hydride des Thoriums mit Elementen der siebten Nebengruppe liegt erst eine Untersuchung vor [13, 14]. Hier wurde gezeigt, daß Th_6Mn_{23} bzw. $ThMn_2$ Wasserstoff bis zum Verhältnis H:(Th+Mn) = 0.89 bzw. H:(Th+Mn) = 1.19 aufnehmen können. Nähere Angaben sind noch nicht bekannt.

Ternary Hydrides with Group VIII Transition Elements

2.3.8 Ternäre Hydride mit Elementen der achten Nebengruppe

Ternäre Hydride des Thoriums mit Elementen der achten Nebengruppe des Periodensystems sind bisher von Eisen, Kobalt, Nickel und Palladium bekannt. In der Mehrzahl der Fälle sind nur die Zusammensetzung und – soweit überhaupt – die Wasserstoffpartialdrücke über den festen Phasen bekannt. Weiterhin ist eine Reihe polynärer Hydride bekannt, bei denen von $LaNi_5H_x$ oder verwandten Substanzen ausgehend z.B. ein Teil des Lanthans durch Thorium ersetzt wurde. Die Mehrzahl der Untersuchungen zu diesem Themenkreis wurde unter dem Gesichtspunkt durchgeführt, die Eigenschaften von $LaNi_5$ als druckregulierbarem festen Wasserstoffspeicher zu modifizieren bzw. neue Phasen mit verbesserten Eigenschaften aufzufinden. Dabei ist für eine technische Wasserstoffspeicherung von Bedeutung, daß das Druckplateau z.B. der Reaktion $AB_n + mH_2 \rightleftharpoons AB_nH_{2m}$ in der Nähe der Raumtemperatur bei einer Atmosphäre liegt, was am besten derzeit von $LaNi_5$ erreicht wird. Damit dieses Druckplateau entsprechend erreicht wird, sollte für das entstehende Hydrid die Bildungsenthalpie aus den binären Komponenten gemäß

$$\Delta H(AB_nH_{2m}) = \Delta H(AH_m) + \Delta H(B_nH_m) - \Delta H(AB_n)$$

bei $\Delta H \lesssim -9$ kcal/mol(H_2) liegen [23], wie sich aus der Beziehung $\ln p_e = \Delta H/RT - \Delta S/R$ ergibt (p_e = Wasserstoff-Gleichgewichtspartialdruck; ΔS liegt in allen Fällen der Wasserstoffaufnahme durch eine Intermetallphase bei ca. $-30\ cal \cdot mol^{-1} (H_2) \cdot K^{-1}$).

Literatur zu 2.3 s. S. 48

2.3.8.1 Ternäre Hydride mit Eisen

Ternary Hydrides with Iron

Bei Versuchen zur Wasserstoffadsorption von fünf intermetallischen Phasen des Systems Thorium-Eisen bei 40 °C wurden folgende Ergebnisse erzielt [23]:

Verbindung	Struktur	H_2-Adsorption in ml H_2/mg	Zusammensetzung des gebildeten Hydrids	$p(H_2)$ in atm	Plateau bei einem Druck in atm von
Th_2Fe_{17}	Th_2Zn_{17}	5	$Th_2Fe_{17}H_{1.3}$	26	
$ThFe_5$	$CaCu_5$	55	$ThFe_5H_{2.4}$	22	kein Plateau
			$ThFe_5H_{1.7}$	1	Fig. 2-37, S. 44
Th_2Fe_7	Ce_2Ni_7	86	$Th_2Fe_7H_{6.1}$	36	0.35; 0.60
			$Th_2Fe_7H_{4.6}$	1	
$ThFe_3$	$PuNi_3$	114	$ThFe_3H_{3.0}$	30	0.1
			$ThFe_3H_{1.7}$	1	
Th_7Fe_3	Th_7Fe_3 hexagonal	164	$Th_7Fe_3H_{28}$	28	0.1
			$Th_7Fe_3H_{27}$	1	

Bei diesen Versuchen wurden je 10 g polykristallines homogenes Ausgangsmaterial eingesetzt, das zuvor mit $p(H_2) = 50$ atm voraktiviert wurde. Die Intermetallphasen wurden durch Festkörperreaktion von Thorium und Eisen in Quarzampullen bei 900 bis 1150 °C erhalten, ihr einphasiger Charakter ergab sich aus Röntgenaufnahmen.

Th_7Fe_3, die Th-reichste Phase, adsorbiert Wasserstoff sehr schnell; es ist dann sehr schwierig, den gesamten Wasserstoff wieder zu entfernen.

$ThFe_5$ zeigt kein Druckplateau (**Fig.** 2-**37**, S. 44). Bei $p(H_2) = 1$ atm liegt die Zusammensetzung bei $ThFe_5H_{0.4}$, so daß diese Phase eher als feste Lösung von Wasserstoff in $ThFe_5$ anzusehen ist denn als echtes Hydrid. Th_2Fe_7 zeigt dagegen zwei gut ausgeprägte Druckplateaus (**Fig.** 2-**38**, S. 44), woraus zu schließen ist, daß zwei Hydridphasen der Zusammensetzungen $Th_2Fe_2H_{0.7}$ und $Th_2Fe_7H_4$ existieren – allerdings könnte das niedrigere Plateau auch einer zweiten allotropen Modifikation des Th_2Fe_7 zugeschrieben werden.

Unter Benutzung der Beziehung

$$\Delta H(AB_nH_{2m}) = \Delta H(AH_m) + \Delta H(B_nH_m) - \Delta H(AB_n)$$

wurden unter Zuhilfenahme abgeschätzter bzw. bekannter ΔH-Werte für die binären Komponenten folgende Werte abgeschätzt:

Hydride	Zersetzung gemäß obiger Beziehung	ΔH in kcal/mol (H_2)
$Th_2Fe_{17}H_8$	$2ThH_2 + Fe_{17}H_4 - Th_2Fe_{17}$	+ 1
$ThFe_5H_4$	$ThH_2 + Fe_5H_2 - ThFe_5$	0
$Th_2Fe_7H_8$	$2ThH_2 + Fe_7H_4 - Th_2Fe_7$	− 2
$ThFe_3H_4$	$ThH_2 + Fe_3H_2 - ThFe_3$	− 2
„$ThFe_2H_5$"	$ThH_3 + 2FeH -$ „$ThFe_2$"	−12
$Th_7Fe_3H_{31}$	$7ThH_4 + 3FeH - Th_7Fe_3$	−23

Literatur zu 2.3 s. S. 48

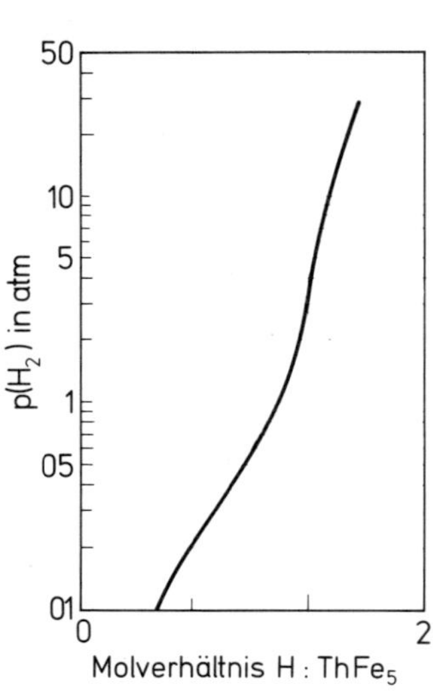

Fig. 2-37

Druckisotherme für $ThFe_5$ bei 40 °C. Man erkennt deutlich kein Druckplateau [23].

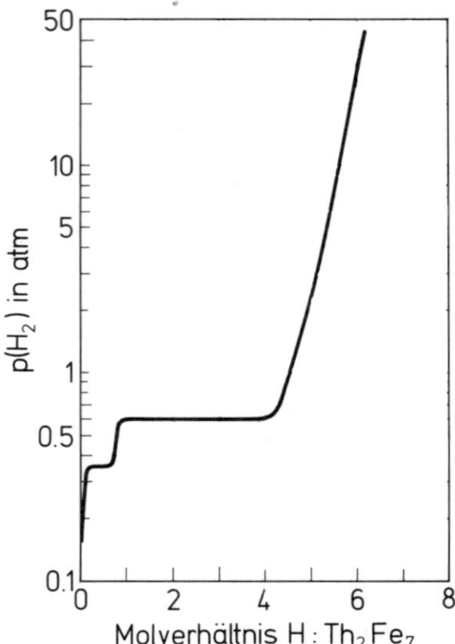

Fig. 2-38

Druckisotherme für Th_2Fe_7 bei 40 °C [23].

Diese Werte sind mit dem Experiment insofern in guter Übereinstimmung, als sie zeigen, daß Intermetallphasen, die „schlecht" Wasserstoff adsorbieren, einen positiven oder nur sehr kleinen negativen ΔH-Wert aufweisen, während die Phasen, die „leicht" Wasserstoff aufnehmen, dies in einem hohen ΔH-Wert (absolut) äußern.

Hydriertes $ThFe_3$ der angenäherten Zusammensetzung $ThFe_3H_{1.7}$ zeigt bei magnetischen Untersuchungen eine Sättigungsmagnetisierung von 61 emu/g entsprechend einem magnetischen Moment von 1.46 μ_B/Fe-Atom (etwa 7% niedriger als im H-freien $ThFe_3$) [34]. Mit 386 K ist die Curie-Temperatur um ca. 40 K niedriger als im $ThFe_3$ (T_c=425 K). Aus den Untersuchungen in [34] ist ferner abzuleiten, daß durch die H-Absorption sowohl die Koordinationsverhältnisse als auch die Fe-Fe-Abstände im Fe-Untergitter des $ThFe_3$ praktisch unverändert bleiben. Dies legt nahe, daß die H-Atome Atomlagen nahe den Th-Atomen einnehmen [34].

Ternary Hydrides with Cobalt

2.3.8.2 Ternäre Hydride mit Kobalt

Untersuchungen zu diesem System liegen in [6, 13, 14, 23, 25] vor. Bei der Wasserstoffadsorption von fünf intermetallischen Phasen des Systems Thorium-Kobalt bei 40 °C wurden folgende Ergebnisse erzielt [23] (s. Tabelle auf S. 45):

Bei diesen Versuchen wurden je 10 g polykristallines homogenes Ausgangsmaterial eingesetzt, das zuvor bei p(H_2)=50 atm voraktiviert wurde. Die einzelnen Intermetallphasen wurden durch Festkörperreaktion von Thorium und Kobalt in Quarzampullen bei 900 bis 1000 °C erhalten, ihr einphasiger Charakter wurde durch Röntgenanalyse bestätigt.

Die Th-reichsten Phasen ThCo und Th_7Co_3 absorbieren Wasserstoff sehr schnell. Der aufgenommene Wasserstoff läßt sich danach nur relativ schwierig wieder entfernen.

Literatur zu 2.3 s. S. 48

Verbindung	Struktur	H_2-Adsorption in ml H_2/mg	Zusammensetzung des gebildeten Hydrids	$p(H_2)$ in atm	Plateau bei einem Druck in atm von
Th_2Co_{17}	Th_2Zn_{17}	5	$Th_2Co_{17}H$	40	
$ThCo_5$	$CaCu_5$	75	$ThCo_5H_{4.6}$	105	20
			$ThCo_5H_{2.3}$	30	
			$ThCo_5H_{0.05}$	1	
Th_2Co_7	Ce_2Ni_7	69	$Th_2Co_7H_{4.8}$	30	0.25
			$Th_2Co_7H_{3.5}$	1	
ThCo	CrB	240	$ThCoH_{4.0}$	27	
			$ThCoH_{4.0}$	1	0.05
Th_7Co_3	Th_7Fe_3	214	$Th_7Co_3H_{30}$	12	0.05
			$Th_7Co_3H_{29}$	1	

ThCo nimmt, wie bereits in [24] gefunden, Wasserstoff bis zur Zusammensetzung $ThCoH_{\approx 4}$ auf [23]. Dies entspricht einer partiellen Wasserstoffdichte von 0.15 g/cm^3, die größer ist als die in flüssigem Wasserstoff, aber geringer als in Th_4H_{15} [23]. Der maximale Gehalt an Wasserstoff dürfte bei $ThCoH_{4.2}$ liegen. Die Stabilität dieses Hydrids dürfte daran zu erkennen sein, daß erst beim Erhitzen im Vakuum auf 600 °C der gesamte Wasserstoff wieder entfernt wird [24]. Beim Abkühlen auf Raumtemperatur wird Wasserstoff nicht mehr bis zur Grenzzusammensetzung aufgenommen, die maximalen H-Gehalte entsprechen der Zusammensetzung $ThCoH_{\approx 3.37 \text{ bis } 3.51}$ [24]. Es ist anzunehmen, daß dies auf partielle Zersetzung zurückzuführen ist, da nach dieser Reaktion im Röntgendiagramm der Probe ThO_2 und Th_4H_{15} nachgewiesen wurden [24].

$ThCo_5$ absorbiert nach [25] ähnlich wie YCo_5 Wasserstoff bis zur Zusammensetzung $ThCo_5H_3$, ein entsprechendes Plateau liegt bei 23 °C und $p(H_2)=45$ atm.

Die maximale Wasserstoffaufnahme von $ThCo_5$ entspricht weitgehend der von $LaCo_5$, allerdings wird $ThCo_5H_{\approx 4}$ erst bei einem Druck von 100 atm erreicht. Da $LaCo_5$ bei hohem Druck bis zu 700 MPa Wasserstoff bis zur Zusammensetzung $LaCo_5H_{9.0}$ bei 21 °C aufnehmen kann [26], ist ähnliches auch für $ThCo_5$ zu vermuten. Ein einwandfreies Druckplateau wurde nur für Th_2Co_7 bei $p(H_2)\approx 0.25$ atm erhalten, die Zusammensetzung liegt bei $Th_2Co_7H_{3.6}$ [23].

Unter Benutzung der auf S. 42 angegebenen Methode wurden für die ternären Th-Co-Hydride folgende Daten der Bildung erhalten [23]:

Hydride	Zersetzung gemäß der Beziehung	ΔH in kcal/mol (H_2)
$Th_2Co_{17}H_8$	$2ThH_2+Co_{17}H_4-Th_2Co_{17}$	+ 5
$ThCo_5H_4$	$ThH_2+Co_5H_2-ThCo_5$	+ 8
$Th_2Co_7H_8$	$2ThH_2+Co_7H_4-Th_2Co_7$	+ 8
„$ThCo_2H_5$"	$ThH_3/2CoH-$„$ThCo_2$"	− 5
$ThCoH_4$	ThH_3+CoH	−10
$Th_7Co_3H_{31}$	$7Th_7H_4+3CoH-Th_7Co_3$	−20

Diese Werte sind – mit Ausnahme von Th_2Co_{17} – in Übereinstimmung mit der Beobachtung, daß die Intermetallphasen, die „schlecht" Wasserstoff aufnehmen, auch

Literatur zu 2.3 s. S. 48

einen positiven ΔH-Wert aufweisen. Der Wert für Th_2Co_{17} läßt sich damit erklären, daß die Th-Atome in Th_2Co_7 nicht äquivalent sind und sich daher gegenüber der Wasserstoffaufnahme verschieden verhalten [23].

Ternary Hydrides with Nickel

2.3.8.3 Ternäre Hydride mit Nickel

Bei der Wasserstoffaufnahme von fünf Intermetallphasen des Systems Thorium-Nickel wurden folgende Ergebnisse erzielt [23]:

Verbindung	Struktur	H_2-Adsorption in ml H_2/mg	Zusammensetzung des gebildeten Hydrids	$p(H_2)$ in atm	Plateau bei einem Druck in atm von
Th_2Ni_{17}	Th_2Ni_{17} hexagonal	18	$Th_2Ni_{17}H_{2.0}$	28	kein Plateau
			$Th_2Ni_{17}H_{2.0}$	1	
$ThNi_5$	$CaCu_5$	5	$ThNi_5H_{<0.05}$	40	kein Plateau
$ThNi_2$	AlB_2	157	$ThNi_2H_{4.0}$	20	kein Plateau
			$ThNi_2H_{3.8}$		
ThNi	ThNi orthorhombisch	65	$ThNiH_{3.6}$	30	0.01
			$ThNiH_{3.5}$	1	
Th_7Ni_3	Th_7Fe_3	262	$Th_7Ni_3H_{28}$	14	0.01
			$Th_7Ni_3H_{27}$	1	

Bei diesen Versuchen wurden je 10 g polykristallines Material eingesetzt, das mit $p(H_2)=50$ atm voraktiviert wurde. Die einzelnen Intermetallphasen wurden durch Festkörperreaktion der Metalle in Quarzampullen bei 900 bis 1100 °C erhalten. Der einphasige Charakter der Proben wurde durch Röntgenaufnahmen nachgewiesen.

Die Th-reichsten Phasen ThNi und Th_7Ni_3 adsorbieren den Wasserstoff besonders leicht, entsprechend ist es dann bei diesen Phasen besonders schwierig, den Wasserstoff wieder abzuspalten. Im Fall von Th_7Ni_3 entspricht die in [23] gefundene Zusammensetzung der in [14] gefundenen $Th_7Ni_3H_{26}$. $ThNi_5$ nimmt nach [25] bis $p(H_2)=100$ atm keinen Wasserstoff auf, ein charakteristischer Unterschied zu den formelanalogen Lanthanidenverbindungen.

Unter Benutzung der auf S. 42 angegebenen Methode wurden für die ternären Th-Ni-Hydride folgende ΔH-Werte erhalten [23]:

Hydride	Zersetzung gemäß der Beziehung	ΔH in kcal/mol (H_2)
$Th_2Ni_{17}H_8$	$2ThH_2+Ni_{17}H_4-Th_2Ni_{17}$	+10.5
$ThNi_5H_4$	$ThH_2+Ni_5H_2-ThNi_5$	+13
$ThNi_2H_5$	$ThNi_3+2NiH-ThNi_2$	− 6
$ThNiH_4$	$ThH_3+NiH-ThNi$	−12
$Th_7Ni_3H_{31}$	$7ThH_4+3NiH-Th_7Ni_3$	−22

Auch hier beobachtet man, daß eine „leichte" Wasserstoffaufnahme mit einem hohen (absoluten) ΔH-Wert verbunden ist [23].

Literatur zu 2.3 s. S. 48

2.3.8.3.1 Verbindungen mit Nickel und einem weiteren Element

Compounds with Nickel and Another Element

$LaNi_5$ ist ein ausgezeichneter Wasserstoffspeicher, der einfach und mit niedrigen Drukken regulierbar Wasserstoff bis zur Zusammensetzung $LaNi_5H_6$ aufnimmt. Versuche, dieses H : Metall-Verhältnis von eins bzw. die Lade-Entladecharakteristik durch partielle Substitution von La durch Th(Y bzw. Zr) oder von Ni durch Fe(Cr, Co, Cu, Ag, Pd) zu verbessern, scheiterten (**Fig.** 2-**39**) [31]. So bringt z.B. ein Ersatz von 20 Atom-% Lanthan in $LaNi_5$ durch Thorium nicht nur eine Erhöhung des Gewichts des Speichermaterials, sondern verschiebt das Druckplateau in einen wesentlich höheren Druckbereich, ohne daß mehr Wasserstoff aufgenommen wird. Aus den Ergebnissen in [31] ist auch abzuleiten, daß ein Ersatz von Lanthan durch andere Lanthaniden (Nd, Gd, Er) das Speicherverhalten negativ beeinflußt, wobei dieser Einfluß etwa proportional der Ordnungszahl des Lanthanidenelements ist.

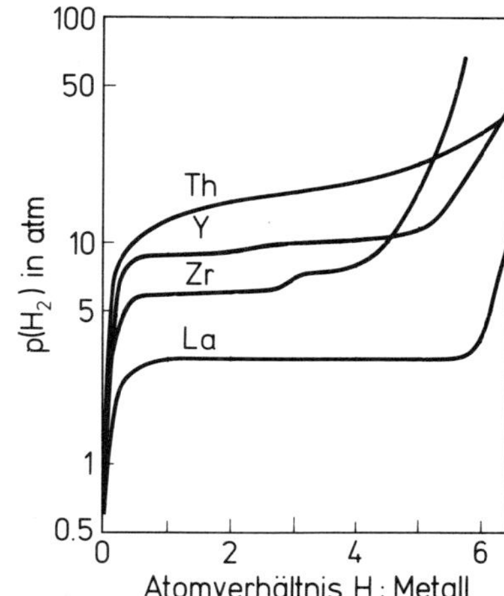

Fig. 2-39

Wasserstoffisotherme für $LaNi_5$, in dem gemäß der Schreibweise $(M_{0.2}, La_{0.8})Ni_5$ 20% der Lanthanatome durch Y, Zr oder Th ersetzt wurden (im Vergleich zu reinem $LaNi_5$) [23].

2.3.8.4 Ternäre Hydride mit Palladium

Ternary Hydrides with Palladium

Von den verschiedenen Phasen im System Thorium-Palladium nehmen bei der Hydrierung unter 200 atm Druck und Temperaturen bis 200 °C nur die Th-reichen Verbindungen Th_2Pd, ThPd und Th_3Pd_5 Wasserstoff auf unter Bildung ternärer Hydride, dagegen nicht die Pd-reichen Verbindungen $ThPd_3$ und $ThPd_4$ [27]. Die höchsten Wasserstoffgehalte in den hydrierten Phasen etsprechen den Zusammensetzungen Th_2PdH_6, $ThPdH_4$ und $Th_3Pd_5H_{\approx 4}$. Die beiden erstgenannten Phasen besitzen ein von den Intermetallphasen verschiedenes Röntgendiagramm, weisen also eine andere Struktur auf. $Th_3Pd_5H_4$ dagegen zeigt ein von Th_3Pd_5 nicht verschiedenes Röntgendiagramm. Die Strukturen der drei Phasen wurden nicht näher untersucht [27].

Nach der im Abschnitt 2.3.8.1, S. 43, angegebenen Beziehung wurden folgende ΔH-Werte berechnet:

für $ThPdH_4$: $\Delta H \approx -18$ kcal/mol (H_2)
für $Th_3Pd_5H_4$: $\Delta H \approx -8$ kcal/mol (H_2).

Th_2PdH_6 und $Th_3Pd_5H_4$ sind an Luft pyrophor [27].

Überraschend ist, daß keines der drei Th-Pd-Hydride bis herab zu 1.8 K supraleitend ist, obwohl dies für Th_4H_{15} und PdH_x beobachtet wird.

Literatur zu 2.3 s. S. 48

Literatur zu 2.3:

[1] H.R. Hoekstra, J.J. Katz (J. Am. Chem. Soc. **71** [1949] 2488/92). – [2] J.H.N. van Vucht (Philips Res. Rept. **18** [1963] 1/20). – [3] J.H.N. van Vucht (Philips Res. Rept. **18** [1963] 21/34). – [4] J.H.N. van Vucht (Philips Res. Rept. **18** [1963] 35/52). – [5] J.H.N. van Vucht (Philips Res. Rept. **18** [1963] 53/60).

[6] J.H.N. van Vucht (Philips Res. Rept. **16** [1961] 245). – [7] J.H.N. van Vucht (Vacuum **10** [1960] 170). – [8] J.H.N. van Vucht (Bull. Inst. Metals **4** [1957/59] 94/5; C.A. **58** [1963] 306). – [9] D.T. Peterson, J. Rexer (J. Inorg. Nucl. Chem. **24** [1962] 519). – [10] J. Bergsma, J.A. Goedkoop, J.H.N. van Vucht (Acta Cryst. **14** [1961] 223).

[11] D.J. Kroon, C. van der Stolpe, J.H.N. van Vucht (Arch. Sci. [Geneva] **12** [1959] 156/60). – [12] A.G. Karabash, V.L. Robanova (Tr. Fiz. Energ. Inst. **1974** 535/48; C.A. **83** [1975] Nr. 125367). – [13] E.A. Aitken (in: J.H. Westbrook, Intermetallic Compounds, John Wiley and Sons, New York 1967, S. 510/2). – [14] R.L. Beck (DRI-2059 [1962]; N.S.A. **17** [1963] Nr. 30969). – [15] D.T. Peterson, D.G. Westlake (Trans. AIME **215** [1959] 444).

[16] M. Macovec, Z. Ban (J. Less-Common Metals **22** [1970] 383/8). – [17] M. Makovec, Z. Ban (J. Less-Common Metals **21** [1970] 169/80). – [18] G. Robier (CEA-R-4065 [1970] 133 S.; C.A. **76** [1972] Nr. 7422). – [19] M.W. Mallet, I.E. Campbell (J. Am. Chem. Soc. **73** [1951] 4850). – [20] R. van Houten, S. Bartram (GEMP-722 [1968] 14 S.; C.A. **73** [1970] Nr. 126199).

[21] R. van Houten, S. Bartram (Met. Trans. **2** [1971] 527/30). – [22] C.B. Satterthwaite, D.T. Peterson (J. Less-Common Metals **26** [1972] 361/8). – [23] K.H.J. Buschow, H.H. van Mal, A.R. Miedema (J. Less-Common Metals **42** [1975] 163/78). – [24] W.L. Korst (NAA-SR-6881 [1962]). – [25] T. Takeshita, W.E. Wallace, R.S. Craig (Inorg. Chem. **13** [1974] 2882/3).

[26] J.F. Lakner, S.A. Steward, F. Uribe (UCRL-52039 [1976] 9 S.). – [27] H. Oesterreicher, J. Clinton, H. Bittner (J. Solid State Chem. **16** [1976] 209/10). – [28] L.I. Katzin, L. Kaplan, T. Speitz (Inorg. Chem. **1** [1962] 963/4). – [29] L.I. Katzin (J. Am. Chem. Soc. **80** [1958] 5908/10). – [30] A.G. Karabash (Russ. J. Inorg. Chem. **3** Nr. 4 [1958] 234/48).

[31] H.H. van Mal, K.H.J. Buschow, A.R. Miedema (J. Less-Common Metals **35** [1974] 65/76). – [32] R.J. Ackermann, E.G. Rauh (J. Inorg. Nucl. Chem **35** [1973] 3787/94). – [33] H. Oesterreicher, J. Clinton, M. Misrock (J. Less-Common Metals **52** [1977] 129/35). – [34] A.M. van Diepen, K.H. Buschow (Solid State Commun. **22** [1977] 113/5). – [35] R. Caton, C.B. Satterthwaite (J. Less-Common Metals **52** [1977] 307/21).

3 Verbindungen mit Sauerstoff

Compounds with Oxygen

Im System Thorium-Sauerstoff sind zwei binäre Oxide bekannt: Thoriummonoxid ThO als thermodynamisch metastabile Verbindung, über die nur wenige Daten vorliegen, und Thoriumdioxid ThO_2 als thermodynamisch und thermisch sehr stabile Verbindung.

Da ThO_2 eine technisch sehr wichtige Verbindung ist, sind seine chemischen und physikalisch-chemischen Eigenschaften sehr gut bekannt. Hervorzuheben sind hier der höchste Schmelzpunkt eines Oxids und die – bezogen auf die Zusammensetzung Me_1O_x – höchste Bildungsenthalpie einer Metall-Sauerstoffverbindung. Bemerkenswert ist auch, daß ThO_2 von allen bisher untersuchten Actinidendioxiden bei allen Temperaturen die geringste O:Metall-Phasenbreite aufweist, d.h. die Abweichungen von der stöchiometrischen Zusammensetzung $ThO_{2.00}$ sind selbst bei den höchsten Temperaturen sehr gering. ThO_2 besitzt Eigenschaften, die eine technische Anwendung auf verschiedensten Gebieten ermöglicht haben, zu erwähnen sind hier an erster Stelle:

Der Einsatz von $^{232}ThO_2$ als Brutstoff in Hochtemperaturkernreaktoren zur Erzeugung des mit thermischen Neutronen spaltbaren ^{223}U, die Verwendung von ThO_2 für Katalysatoren unterschiedlichster Art, die Verwendung von ThO_2 als Isolations- und/oder Tiegelmaterial für höchste Temperaturen, der Zusatz von ThO_2 zu Metallen zur Herstellung spezieller Dispersionslegierungen für vielfältige Anwendungen, besonders wenn an das Metall hohe Anforderungen gestellt werden, die Verwendung von dotiertem ThO_2 als Ionenleiter bei hohen Temperaturen.

Die früher als Thoriumhydroxid $Th(OH)_4$ bezeichnete Phase ist nach neuer Kenntnis als $ThO_2 \cdot aq$ zu bezeichnen und nicht als echtes Hydroxid. Allerdings verändern an der Oberfläche des fein verteilten ThO_2 adsorbierte OH^--Ionen zahlreiche Eigenschaften des Metalloxids nachhaltig. So wird z.B. $ThO_2 \cdot aq$ als anorganischer Ionenaustauscher in der analytischen Chemie eingesetzt.

Das wie alle Actinidenperoxide nur durch Fällung aus wäßriger Lösung erhältliche Thoriumperoxid ist eine noch nicht eindeutig geklärte Verbindung, s.S. 253.

Über ein zweifelhaftes Hydridoxidhydroxid s. S.39.

Compounds with Oxygen

Two oxides are known in the Th-O system: the thermodynamically unstable thorium monoxide ThO, about which very little is known, and ThO_2, a very stable compound showing almost no thermal decomposition even at high temperature.

Because ThO_2 is technically important, the chemical and physical properties are well known. Its melting point is the highest among oxides; its heat of formation per metal atom the highest for metal oxides. The deviation from the stoichiometry ThO_2 is slight even at high temperature and is the smallest for actinide dioxides. This stability combined with other properties permits various important uses In high temperature breeder reactors to produce fissionable ^{233}U from the ^{232}Th, as a catalyst in diverse processes, as a container material at high temperature, as an oxide dispersed in alloys, and as a doped ionic conductor at high temperature.

Early work indicated the existence of thorium hydroxide $Th(OH)_4$. But recent efforts demonstrate the compound to be hydrated thorium dioxide. It is the adsorption of hydroxide ions on the surface of the finely divided ThO_2 that changes the properties of the oxide. Because of the adsorption hydrated thorium dioxide is used by analytical chemists as an ion exchanger. Like other actinide peroxides the thorium peroxide can only be prepared by precipitation from aqueous solution. Its exact formula is not yet known. Also an improbable ThO(OH)H has been reported. See page 39.

Phase Diagram of the Thorium-Oxygen System

3.1 Phasendiagramm des Systems Thorium-Sauerstoff

Über das System Thorium-Sauerstoff liegt erst eine, allerdings sehr verläßliche Untersuchung vor [1, 2]. In das in **Fig. 3-1** wiedergegebene Phasendiagramm ist Thoriummonoxid ThO als metastabile Verbindung nicht aufgenommen worden. Thoriumdioxid ThO_2 besitzt mit 3390 °C den höchsten Schmelzpunkt eines binären Oxids, bei hohen Temperaturen kann es als leicht unterstöchiometrische Verbindung ThO_{2-x} auftreten [1]. In [4] wird für den Schmelzpunkt von ThO_2 ein Wert von 3370±30 °C empfohlen.

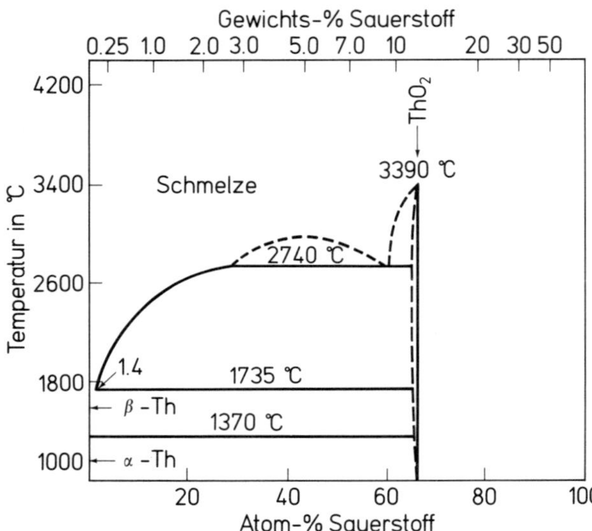

Fig. 3-1

Phasendiagramm des Systems Thorium-Sauerstoff.

Dem in Fig. 3-1 gezeigten Phasendiagramm liegen thermische Analyse, mikroskopische Untersuchungen und röntgenographische Daten zugrunde. Man erkennt zwischen 20 Atom-% (O:Th=0.40) und 60 Atom-% Sauerstoff (O:Th=1.50) Nichtmischbarkeit in flüssigem Zustand mit einer monotektischen Temperatur 2740±100 °C. Die Löslichkeit von Sauerstoff in festem Thoriummetall ist mit O:Th<0.003 sehr gering, sie erreicht jedoch im flüssigen Metall je nach Temperatur beträchtliche Werte. Nach [2] ist die Löslichkeit von Thorium in ThO_2 unterhalb 2227 °C jedoch beträchtlich geringer als in [1] angegeben, d.h. die Abweichung des ThO_2 von der Stöchiometrie O:Th=2.000 ist <0.001. Die genaue Stöchiometrie des ThO_2 bei hohen Temperaturen hängt vom angelegten Sauerstoffpartialdruck ab. Nach [5] gilt für die sauerstoffarme Seite ThO_{2-x} der ThO_2-Phase in Abhängigkeit von $p(O_2)$ (in atm) für 1400 °C $\leq t \leq$ 1800 °C und 10^{-2} atm $\leq p(O_2) \leq 10^{-6}$ atm die Beziehung (T in K):

$$\lg x \cong -1.870 - 0.340 \times 10^4/T - (\lg p)/6.$$

Ein Th-ThO_2-Eutektikum liegt bei 1735±20 °C und einem O:Th-Verhältnis von 0.016±0.005 [1]. Die Th-reiche ThO_2-Soliduslinie verläuft von O:Th=1.985±0.01 bei

1735 °C bis O:Th=1.57±0.04 am Monotektikum (2740 °C) und O:Th=1.997±0.01 am Schmelzpunkt des ThO_2.

Literatur zu 3.1:

[1] R. Benz (J. Nucl. Mater. **29** [1969] 43/9). – [2] J.F. Smith, O.N. Carlson, D.T. Petersen, T.E. Scott (Thorium: Preparation and Properties, The Iowa State University Press, Ames 1975, S. 323/7). – [3] R.J. Ackermann, R.J. Thorn (Thermodyn. Nucl. Mater. Proc. Symp., Vienna 1962 [1963], S. 445/63). – [4] M.H. Rand (in: O. Kubaschevski, Thorium: Physico-chemical Properties of its Compounds and Alloys, IAEA, Wien 1975, S. 7/85). – [5] S.C. Carniglia, S.D. Brown, T.F. Schroeder (J. Am. Ceram. Soc. **54** [1971] 13/7).

3.2 Thoriummonoxid

Thorium Monoxide

Festes kondensiertes Thoriummonoxid ist eine noch nicht in allen Einzelheiten geklärte Verbindung. Wenngleich in einer Arbeit aus dem Jahr 1973 die Darstellung und Charakterisierung von ThO (und UO) als metastabile Verbindung beschrieben wird [1], so sind doch noch weitere Untersuchungen notwendig, um ein eindeutiges Bild zu erhalten.

Thoriummonoxid wird z.B. als diejenige Verbindung angesehen, die als Oberflächenschicht auf Th-Metall entsteht [2], da röntgenographisch eine Phase mit Kochsalzstruktur und entsprechenden Gitterkonstanten gefunden wurde. Es ist allerdings wahrscheinlich, daß es sich bei dieser Oberflächenschicht nicht um reines ThO handelt, sondern um eine durch Einbau wechselnder Mengen Kohlenstoff und/oder Stickstoff stabilisierte Phase der Zusammensetzung Th(O, N, C).

Als Thoriummonoxid wird auch der schwarze Rückstand bezeichnet, der beim Auflösen von Th-Metall in Salzsäure in ca. 20%iger Ausbeute zurückbleibt [3]. Spätere Untersuchungen haben jedoch gezeigt, daß dies nicht zutrifft [4, 5]. Heute wird dieser Rückstand als ThO(X)H beschrieben [5], wobei X entweder OH und/oder Cl sein soll. In [1] wird für dieses Produkt eine Formel von $ThO \cdot HCl \cdot H_2O$ angegeben, die wahrscheinlich aber nur die stöchiometrische Zusammensetzung ohne Bindungsangaben wiedergibt.

Im Gegensatz zum nicht ganz geklärten festen ThO ist die Existenz von ThO in gasförmigem Zustand unbestritten. Es entsteht hier durch partielle Dissoziation von ThO_2 in $ThO(gas)+\frac{1}{2}O_2(gas)$ bei der Verdampfung von ThO_2. Das Vorliegen von ThO(gas) ergibt sich z.B. nicht nur aus massenspektrometrischen Untersuchungen, sondern auch aus analytischen Untersuchungen über die Verdampfung des ThO_2 [21]. Hierbei zeigte sich, daß die gewichtsmäßig unter sonst gleichen Bedingungen verdampfende Menge einer Thoriumspecies aus ThO_2 durch steigende Zusätze an Th-Metall beträchtlich erhöht wird. Die analytische Zusammensetzung der Th-O-Species in der Gasphase ergab sich aus diesen Untersuchungen zu Th:O=1 : 0.98.

Bei der massenspektrometrischen Untersuchung von ThO_2, z.B. zur Bestimmung des Isotopenverhältnisses $^{230}Th:^{232}Th$, beobachtet man nach Ionisation das Ion ThO^+ [42].

3.2.1 Darstellung

Preparation

Durch thermische Zersetzung des schwarzen Rückstands, der beim Auflösen von reinem Th-Metall (Verunreinigungen: <70 ppm O_2 und <100 ppm metallische Bestandteile) in konzentrierter Salzsäure erhalten wurde, auf 800 °C/4h im Vakuum in Wolframtiegeln wurde eine Substanz erhalten, in der neben ThO_2 ca. 10% einer Phase vorlagen, deren Röntgendiagramm zuließ, sie für ThO zu halten [1]. Bei der Zersetzung des schwar-

Literatur zu 3.2 s. S. 60/1

zen Lösungsrückstands im Vakuum bei 700 °C traten Reflexe des ThO_2 und ThO auf. Bei ca. 1000 bis 1200 °C verschwanden die Linien des ThO wieder, und diejenigen des kubisch-flächenzentrierten Th-Metalls waren zu erkennen, was auf eine Disproportionierung nach $2ThO \rightarrow ThO_2 + \alpha\text{-}Th$ schließen läßt. Eine 30 min auf 1100 °C erhitzte Probe zeigt die Reflexe von ThO_2, ThO und α-Th.

Aufgrund dieser Untersuchungen dürfte es unwahrscheinlich sein, daß ThO über die Reaktion $Th(fl) + ThO_2(fest) \rightarrow 2ThO(fest)$ bei 1850 °C entsteht, wie in [6] angegeben wird.

Molekulares ThO wurde neben molekularem „ThO_2" durch Matrixisolation erhalten, wenn bei 2300 °C verdampftes ThO_2 auf 15 K abgeschreckt wurde [39].

3.2.2 Physikalische Eigenschaften

Physical Properties

3.2.2.1 Strukturdaten

Structural Data

Nach [1] besitzt ThO Kochsalzstruktur mit einer Gitterkonstanten a = 5.302 ± 0.003 Å. Die Röntgendiagramme der untersuchten Proben waren besonders im Bereich hoher Winkellagen sehr verwaschen, so daß zu folgern ist, daß nur schlecht kristallisiertes ThO vorlag.

In **Fig. 3-2** sind die Gitterkonstanten der bisher bekannten Actinidenmonoxide miteinander verglichen [1]. Im Gegensatz zu den Actinidendioxiden beobachtet man keine stetige Abnahme der Gitterkonstante mit der Ordnungszahl des Actinidenelements. Auch ergeben sich um bis zu 0.2 Å kleinere Gitterkonstanten, wenn man den Wert für die Oberflächenschicht auf Th-Metall heranzieht bzw. wenn man den Wert nimmt, den man durch Extrapolation der Gitterkonstanten der ternären Phase $Th(O_{1-x}, C_x)$ für x = 0 erhält. Gänzlich unerklärbar ist der Wert von a = 4.31 Å für ThO nach [6].

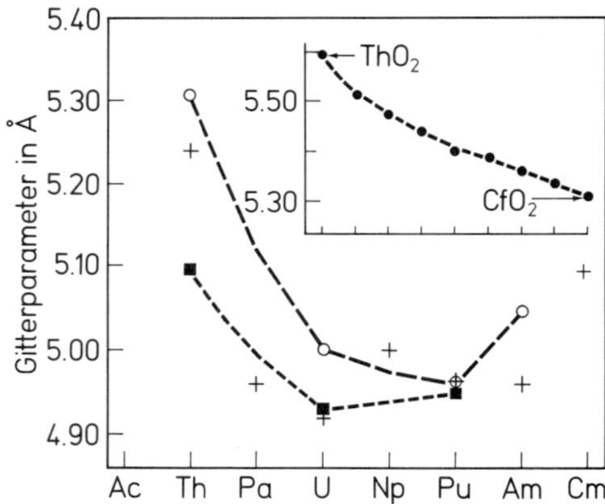

Fig. 3-2

Gitterkonstanten von Actinidenmonoxiden [1]: ○ aus größeren Mengen chemisch reiner Materialien; + aus dünnen Schichten auf Hydriden und Metallen; ■ aus Extrapolation der Werte von $M(O_{1-x}, C_x)$ auf x = 0 unter Annahme der Gültigkeit der Vegardschen Regel. Zum Vergleich sind die Werte für die Actinidendioxide angegeben, die einen regelmäßigen Verlauf zeigen.

Aus dem Wert der Gitterkonstanten von a = 5.302 Å – der als der wahrscheinlichste anzusehen ist, da der Einbau von Stickstoff bzw. Kohlenstoff zu einer Abnahme führt – wird in [1] ein Ionenradius für Th in ThO von r = 1.19 Å berechnet. Einordnung dieses Wertes in die Reihe der entsprechenden Kationenradien der anderen Actinidenmonoxide -dioxide, -monosulfide und -metalle s. Tabelle 3/1.

Literatur zu 3.2 s. S. 60/1

Tabelle 3/1
Vergleich von Actinidenradien in Metallen, Monoxiden, Monosulfiden und Dioxiden [1].

Verbindungstyp	Kationenradius in Å			
	Th	U	Pu	Am
M	1.80	1.55	1.64	1.82
MO	1.19	1.04	1.02	1.06
MS	0.94	0.85	0.87	–
MO_2	0.98	0.93	0.90	0.89

Durch Matrixisolation bei tiefen Temperaturen hergestelltes ThO zeigt nach [26] eine lineare Struktur, wie sich aus den beobachteten Frequenzen der Infrarotspektren ergibt.

Für ThO(gas) wird in [28] (zitiert nach [22]) ein Th-O-Abstand von 1.84 Å angegeben, der etwas niedriger ist als der entsprechende Abstand in ThO_2(gas). Ein etwas höherer Wert von 1.93 Å für den Th-O-Abstand in ThO(gas) wird in [37] aufgeführt.

3.2.2.2 Thermodynamische Daten

Thermodynamic Data

Während für ThO(fest) keine Angaben über thermodynamische Eigenschaften vorliegen, sind über ThO(gas) eine Reihe von Untersuchungen bekannt, bei denen die thermodynamischen Daten von ThO(gas) aus Messungen des Dampfdrucks bzw. massenspektrometrischen Studien ermittelt wurden. Die in mehreren zusammenfassenden Arbeiten [7 bis 14] dargestellten Ergebnisse sind aus zahlreichen Einzelarbeiten entnommen [15 bis 25], wobei die neuen Arbeiten [23 bis 25] besonders zuverlässige Werte erkennen lassen.

Ionisierungspotential

Ionization Potential

Das erste Ionisierungspotential von ThO, gemäß $ThO \rightarrow ThO^+ + e^-$, wurde durch Elektronenstoß zu 6.1 ± 0.1 eV bestimmt, wobei Hg als Referenzspecies benutzt wurde [23]. Dieser Wert ist geringfügig größer als der für Th-Metall (6.0 ± 0.1 eV) (vgl. unten), aber kleiner als der von ThO_2(8.7 ± 0.15 eV). Dieser neueste Wert für ThO aus [23] ist in Übereinstimmung mit der Angabe 6.1 ± 0.15 eV in [24], aber bedeutend niedriger als der ältere Wert von 8.1 ± 0.15 eV in [26] (hier wurden Kr, Xe and Ag als Referenzspecies benutzt). In [22] wird für das Ionisierungspotential ein Wert von >6.0 eV angegeben, der wegen thermischer Effekte nicht sehr genau ist; allerdings wird auch hier der hohe Wert von [26] als viel zu hoch angesehen.

Bindungsenergie

Bond Energy

Die Bindungsenergie D_0° des Molekül-Ions läßt sich über die Beziehung

$$D_0^\circ(Th^+\text{-}O) = D(ThO) + IP(Th) - IP(ThO)$$

ermitteln [22].

Da das Ionisierungspotential IP(Th) nur sehr ungenau bekannt ist (6.0 ± 0.1 eV $\lesssim$ IP(Th) $\lesssim 7.5 \pm 0.3$ eV), läßt sich $D_0^\circ(Th^+\text{-}O)$ auch nur relativ ungenau angeben, wobei folgende Grenzen gelten: 8.8 eV $\leq D_0^\circ(Th^+\text{-}O) \leq 10.3$ eV [22].

Für das neutrale ThO läßt sich nach [27] eine untere Grenze von $D_0^\circ(ThO) > 826$ kJ/mol ableiten, aus den spektroskopischen Daten in [28] ein oberer Wert von $D_0^\circ(ThO) < 868$ kJ/

mol. Unter Verwendung einer Hochtemperatur-Massenspektrometrie-Technik [22] wurde über die Gleichgewichte

$$\tfrac{1}{2}\mathrm{Th(fl)} + \tfrac{1}{2}\mathrm{ThO_2(fest)} = \mathrm{ThO(gas)},$$
$$\mathrm{ThO(gas)} + \mathrm{Si(gas)} = \mathrm{Th(gas)} + \mathrm{SiO(gas)},$$
$$\mathrm{Th(gas)} + \mathrm{ThO_2(gas)} = 2\,\mathrm{ThO(gas)}$$

und die Ionisierung durch Elektronenstoß eine Bindungsenergie von $D_0^\circ(\mathrm{ThO}) = 848 \pm 13$ kJ/mol ($\hat{=}\, 8.78 \pm 0.13$ eV) erhalten. Der nach [24] über eine entsprechende Technik, allerdings unter Verwendung der Reaktion

$$\mathrm{YO(gas)} + \mathrm{Th(gas)} = \mathrm{Y(gas)} + \mathrm{ThO(gas)},$$

erhaltene Wert von $D_0^\circ = 868 \pm 9$ kJ/mol ($\hat{=}\, 9.0 \pm 0.1$ eV) ist um etwas mehr als 2% größer. Mit $D_0^\circ = 196$ kcal/mol ($\hat{=}\, 8.52$ eV) liegt der in [21] aufgeführte Wert etwa an der unteren Grenze der Abschätzung in [27]. Dagegen liegt der Wert von $D_0^\circ(\mathrm{ThO}) = 205.2 \pm 3.9$ kcal/mol ($\hat{=}\, 8.92 \pm 0.16$ eV), der über die Austauschreaktion

$$\mathrm{ThO(gas)} + \mathrm{La(gas)} = \mathrm{Th(gas)} + \mathrm{LaO(gas)}$$

ermittelt wurde [17], zwischen den Werten nach [22] und [24].

Wesentlich höher ist mit $D_0^\circ(\mathrm{ThO}) = 211$ kcal/mol ($\hat{=}\, 9.17$ eV) der in [20] angegebene Wert; er liegt auch oberhalb des in [28] angegebenen oberen Grenzwertes.

Enthalpy of Formation, Entropy

Bildungsenthalpie, Entropie

In [15] wird aus Effusionsmessungen im Bereich 2000 K$\leq$T$\leq$3000 K für die Reaktion

$$\mathrm{Th(fl)} + \tfrac{1}{2}\mathrm{O_2(gas)} = \mathrm{ThO\,(gas)}$$

als Temperaturabhängigkeit der molaren freien Bildungsenthalpie berechnet:

$$\Delta G^\circ(\text{in cal/mol}) = -10300 - 14.4 \cdot T.$$

Entsprechend ergeben sich für diesen Temperaturbereich folgende Werte:

Bildungsenthalpie $\Delta H^\circ = -10300$ cal/mol
Bildungsentropie $\Delta S^\circ = +14.4\ \mathrm{cal \cdot mol^{-1} \cdot K^{-1}}$.

Da inzwischen verbesserte Werte für die in die zuvorgenannte Beziehung eingehenden Daten für Th(fl) vorliegen, wird diese Temperaturabhängigkeit von $\Delta G(\mathrm{ThO(gas)})$ heute nicht mehr benutzt.

Für den Bereich 2400 K$\leq$T$\leq$2800 K wird in [24] für die freie molare Bildungsenthalpie (in cal/mol) von ThO(gas) die Beziehung

$$\Delta G^\circ = -16550 - 12.15\,T$$

angegeben.

Man erkennt, daß im Gegensatz zu $\mathrm{ThO_2}$(gas) (s. S. 121) die Stabilität von ThO(gas) mit der Temperatur ansteigt.

Die Beziehung für ThO(gas) wird in der Zusammenfassung angegeben, in der Arbeit selbst aber nicht erwähnt. Als empfohlener Wert (in cal/mol) wird die Beziehung (mit ± 1.5 kcal/mol)

$$\Delta G^\circ = -15420 - 12.59\,T$$

für 2020 K$\leq$T$\leq$2400 K angegeben. Diese Beziehung ergab sich als „gewichteter Mittelwert" aus den Beziehungen

I: $\Delta G^\circ(\text{in cal/mol}) = -(15290 \pm 500) - (12.86 \pm 0.26) \cdot T$
II: $\Delta G^\circ(\text{in cal/mol}) = -(15700 \pm 1600) - (12.04 \pm 0.68) \cdot T.$

Literatur zu 3.2 s. S. 60/1

Dabei wurde I über die Reaktion Th(fl) + ThO_2(fest) abgeleitet und II aus der Reaktion von Th(gas) mit YO(gas).

In [18] wird mit Bezug auf Angaben in [24] noch die Beziehung

$$\Delta G°(\text{in cal/mol}) = -16000 - 12.61\ T$$

für 1900 K ≤ T ≤ 2300 K angegeben. Wenn auch alle diese in [24] erwähnten bzw. [24] zugeschriebenen linearen Gleichungen zur Berechnung von ΔG°(ThO(gas)) sehr ähnliche Zahlenwerte ergeben, so überrascht doch die Inkonsistenz der A- und B-Werte in der allgemeinen Beziehung ΔG = −B − A·T. Sie kann hier nicht geklärt werden.

Folgende weitere Werte werden in [24] aufgeführt:

Bildungsentropie bei 2200 K: $\Delta S_f = +12.71\ cal \cdot mol^{-1} \cdot K^{-1}$
Standardenthalpie bei 0 K: H = −5720 cal/mol.

In Tabelle 3/2 sind einige thermodynamische Daten für ThO(gas) nach [24] enthalten.

Tabelle 3/2
Thermodynamische Daten für ThO(gas) [24].

T in K	S°_T in $cal \cdot K^{-1} \cdot mol^{-1}$	$(H^\circ_T - H^\circ_0)$ in cal/mol	$-(G^\circ_T - H^\circ_0)/T$ in $cal \cdot K^{-1} \cdot mol^{-1}$	$-\Delta G^\circ_f$(ThO, g) in cal/mol
1600	71.97	14000	63.22	34600
1700	72.65	15120	63.76	36110
1800	73.32	16290	64.27	37600
1900	73.96	17480	64.76	39050
2000	74.59	18710	65.24	40520
2100	75.20	19960	65.70	41840
2200	75.80	21230	66.14	43120
2300	76.37	22530	66.58	44400
2400	76.93	23830	67.00	45650
2500	77.46	25150	67.41	46920
2600	77.99	26480	67.80	48100
2700	78.49	27810	68.19	49350
2800	78.97	29150	68.56	50570
2900	79.44	30490	68.93	51740
3000	79.90	31820	69.29	52970

Folgende Entropiewerte für ThO(gas) finden sich in der Literatur (vgl. auch Tabelle 3/2):

$S^\circ_{2000} = 309\ J \cdot K^{-1} \cdot mol^{-1}$ ([22] nach [29]),

aus spektroskopischen Daten.

$S^\circ_{2000} = 337\ J \cdot K^{-1} \cdot mol^{-1}$ [27],

aus spektroskopischen Daten unter der Annahme, daß die elektronischen Niveaus in ThO denen in Th III entsprechen.

$S^\circ_{1862} = 318\ J \cdot K^{-1} \cdot mol^{-1}$ [22],

aus den Daten der Reaktion Th(fl) + ThO_2(fest) = 2ThO(gas), berechnet unter Verwendung des 2. Hauptsatzes.

$S^\circ_{298} = 57.37\ cal \cdot K^{-1} \cdot mol^{-1}$ [4], „empfohlener Wert".

Literatur zu 3.2 s. S. 60/1

Eine Zusammenstellung von ΔS_f- und ΔH-Werten für verschiedene Monoxide enthält Tabelle 3/3.

Tabelle 3/3
Vergleich thermodynamischer Daten für verschiedene gasförmige Monoxide [18].

MO(gas)	T in K	Bildungsentropie $\Delta S_f^{\circ\,1)}$ in $cal \cdot K^{-1} \cdot mol^{-1}$	Bildungsentropie $\Delta S_f^{\circ\,2)}$ in $cal \cdot K^{-1} \cdot mol^{-1}$	Bildungs-enthalpie $\Delta H^{\circ\,3)}$ in kcal/mol	Dissoziations-energie $D_0^\circ(MO)$ in kcal/mol
YO	2400	11.4	11.9	−8.7	168.1
LaO	2000	11.3	11.7	−28.6	189.9
CeO	1800	11.5	(10.7)	≥−33.6	≤192
ZrO	2300	16.0	15.9	21.4	180.7
HfO	2300	14.7	15.0	18.5	188.9
ThO	2200	12.6	12.7	−5.7	207.5

[1]) Nach dem 2. Hauptsatz berechnet. — [2]) Nach dem 3. Hauptsatz berechnet. — [3]) Nach dem 3. Hauptsatz berechnet (± 2 kcal/mol).

Die Bildungsenthalpie für ThO(gas) beträgt nach [22]: $\Delta H^\circ_{298.15} = -4.6 \pm 5.9$ kJ/mol. In [4] wird ein Wert von $\Delta H^\circ = (-6.8 \pm 0.5)$ kcal/mol angenommen, der auf dem Wert von $\Delta H_{298} = 139.8$ kcal/mol als Reaktionsenthalpie für die Reaktion

$$\tfrac{1}{2}Th(fl) + \tfrac{1}{2}ThO_2(fest) \longrightarrow ThO(gas)$$

beruht, wobei diese Reaktionsenthalpie einen gewichteten Mittelwert der Daten in [15, 24] darstellt.

Für die Bildung von ThO(gas) gemäß

$$Th(gas) + ThO_2(gas) = 2\,ThO(gas)$$

berechnet sich nach [22] eine Reaktionsenthalpie von $\Delta H_{298.15} = -163$ kJ/mol.

Aus den erwähnten Hochtemperatur-Austauschreaktionen [22] lassen sich noch weitere Daten ableiten; die zugehörigen Reaktionen sind als chemische Ionisationen von Th-Dampf aufzufassen [38]:

$Th + O \longrightarrow ThO^+ + e^-$ exotherm mit ≤ 1.8 eV (2.9 eV)

$Th + O_2 \longrightarrow ThO_2^+ + e^-$ exotherm mit 2.8 ± 0.1 eV (2.1 eV)

$\longrightarrow ThO + O$ exotherm mit 3.7 ± 0.2 eV (3.9 eV)

$Th + O_3 \longrightarrow ThO + O_2$ exotherm mit 7.8 ± 0.2 eV (7.4 eV)

$\longrightarrow ThO^+ + O_2 + e^-$ exotherm mit ≤ 1.8 eV (1.3 eV)

$Th + CO_2 \longrightarrow ThO + CO$ exotherm mit 3.3 ± 0.2 eV

Die letztgenannte Reaktion könnte dabei als Quelle für Laserstrahlung (sowohl von ThO als auch von CO emittiert) ausgenutzt werden [22]. Die oben in Klammern aufgeführten Werte sind der Zusammenstellung [1] entnommen, in der auch noch die Reaktion

$$Th + O_3 \longrightarrow ThO_2^+ + O + e^- \quad \text{(exotherm mit 0.5 eV)}$$

aufgeführt ist.

Literatur zu 3.2 s. S. 60/1

Die Verdampfungsenthalpie von ThO läßt sich aus der Dampfdruckkurve von ThO(gas) über Th(fl) + ThO_2(fest) zu $\Delta H_{subl} = 168.7 \pm 1.5$ kcal/mol ableiten [24]. Der in einer älteren Arbeit [15] erhaltene Wert 175.5 kcal/mol dürfte nach [24] etwas zu hoch sein, da sich mit diesem Wert eine Inkonsistenz hinsichtlich der Zusammensetzung der kongruent verdampfenden Species ergibt ($ThO_{1.91}$ bei 2800 K gegenüber der experimentell ermittelten Zusammensetzung $ThO_{1.994}$ bei 2810 K).

Aus spektroskopischen Daten abgeleitete thermodynamische Funktionen von ThO(gas) sind in Tabelle 3/4 zusammengestellt [4]. Entsprechend abgeleitete Daten, allerdings unter anderer Wichtung von Literaturwerten, für 298.15 bis 6000 K, s. [1].

Tabelle 3/4

Thermodynamische Funktionen von ThO(gas) [4].

T in K	C_p in $cal \cdot K^{-1} \cdot mol^{-1}$	S in $cal \cdot K^{-1} \cdot mol^{-1}$	$-(G_T - H_{298})/T$ in $cal \cdot K^{-1} \cdot mol^{-1}$	$H_T - H_{298}$ in cal/mol
298	7.473	57.367	57.367	0
300	7.481	57.413	57.367	14
400	7.864	59.615	57.661	782
500	8.150	61.400	58.234	1583
600	8.353	62.903	58.888	2409
700	8.506	64.202	59.556	3252
800	8.640	65.346	60.208	4110
900	8.782	66.371	60.837	4981
1000	8.951	67.304	61.437	5867
1100	9.158	68.166	62.009	6772
1200	9.408	68.973	62.556	7700
1300	9.698	69.737	63.079	8655
1400	10.018	70.467	63.580	9641
1500	10.359	71.169	64.063	10659
1600	10.709	71.849	64.528	11713
1700	11.057	72.508	64.978	12801
1800	11.392	73.149	65.414	13924
1900	11.706	73.774	65.838	15079
2000	11.994	74.382	66.250	16264
2100	12.251	74.973	66.651	17477
2200	12.476	75.548	67.042	18713
2300	12.668	76.107	67.424	19971
2400	12.829	76.649	67.797	21246
2500	12.959	77.176	68.162	22535
2600	13.063	77.686	68.518	23837
2700	13.142	78.181	68.867	25147
2800	13.199	78.660	69.208	26464
2900	13.237	79.123	69.542	27786
3000	13.259	79.572	69.869	29111

Literatur zu 3.2 s. S. 60/1

Optical Properties

3.2.2.3 Optische Eigenschaften

Über die Spektren von ThO liegen mehrere Untersuchungen vor [30 bis 36, 40, 41]. Hierbei wurde üblicherweise als Lichtquelle eine elektrodenlose Mikrowellenentladung in einem mit ThI_4 gefüllten Quarzbehälter benutzt, die Registrierung der Spektren geschah auf photographischem Wege. Aus den erhaltenen Spektren und ihrer Interpretation wurden zahlreiche Daten für ThO(gas) abgeleitet, z.B. thermodynamische Werte (s. oben) oder geometrische Eigenschaften.

Die erste detaillierte Untersuchung über das Bandenspektrum von ThO im Bereich 5000 Å $\leq \lambda \leq$ 11 000 Å findet sich in [31]. Die Absorptionsbanden konnten zu sieben unterschiedlichen Bandensystemen zugeordnet werden, die zu Übergängen zwischen neun verschiedenen Singulett-Zuständen gehören; dies sind vier $^1\Sigma$-, drei $^1\Pi$-, ein $^1\Delta$- und ein $^1\Phi$-Zustand. Die erhaltenen Molekülkonstanten sind in Tabelle 3/5 aufgeführt. Die Termschemata für die $^1\Pi$- und $^1\Sigma$-Zustände sind in **Fig. 3-3** enthalten [31]. In [33]

Fig. 3-3

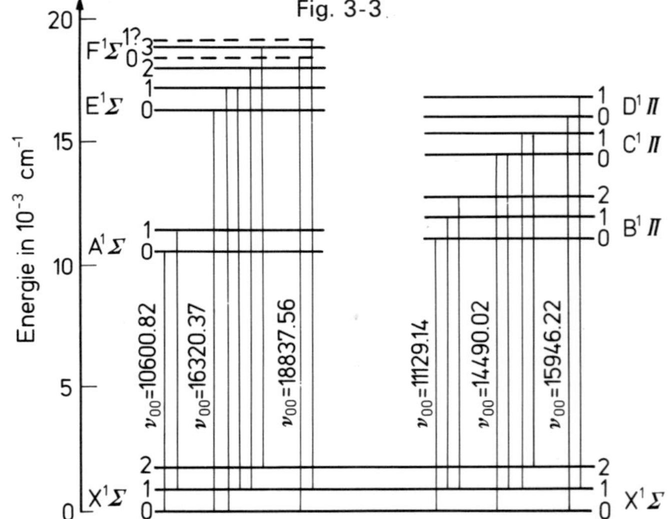

Termschema für die $^1\Pi$- und $^1\Sigma$-Zustände in ThO(gas) [31].

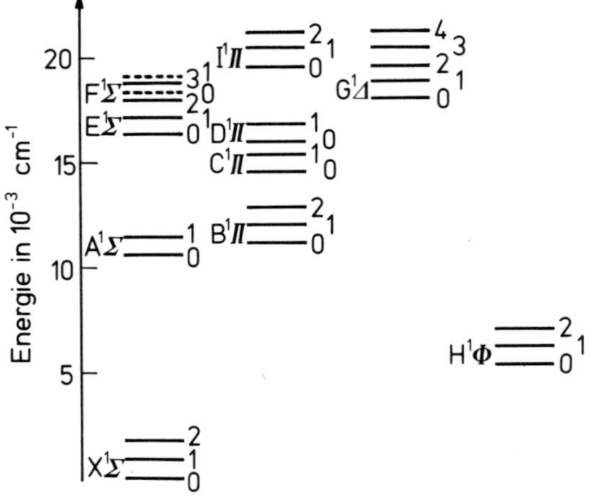

Fig. 3-4

Termschema des ThO-Moleküls [33].

Literatur zu 3.2 s. S. 60/1

wurde für das ThO-Molekül ein weiterer $^1\Pi$-Zustand – als $I^1\Pi$ bezeichnet – gefunden, der durch höhere Schwingungsniveaus des in [31] beobachteten $G^1\Delta$-Zustands merklich gestört wird. Entsprechend berechnete Molekülkonstanten für die $I^1\Pi$-, $G^1\Delta$- und $H^1\Phi$-Niveaus von ThO sind in Tabelle 3/6 aufgeführt, die Werte für die $G^1\Delta$- und $H^1\Phi$-Zustände in Tabelle 3/5 sind daher durch die neueren Werte in Tabelle 3/6 zu ersetzen. **Fig. 3-4** zeigt das Termschema für die Singulett-Zustände im ThO-Molekül [33]. Zwei weitere Bandensysteme, die als Übergänge von angeregten $^1\Pi$-Zuständen interpretiert und als $K^1\Pi$- bzw. $M^1\Pi$-Zustände bezeichnet werden, konnten nachgewiesen werden [30]. Eine detaillierte Aufstellung der Termwerte dieser Zustände findet sich in [30].

Tabelle 3/5
Molekülkonstanten für ThO(gas) [31].

Zustand	ω_e	$\omega_e x_e$	B_e	$\alpha_e \cdot 10^3$	$D_0 \cdot 10^7$	Beobachteter Übergang: Th-O-Abstand in Å	Bezeichnung	ν_{00}
$H^1\Phi$	816.2	2.26	0.318172 ±0.000007	1.24 ±0.01	1.934 ±0.003	1.8816	H→G	12693.35 ±0.01
$G^1\Delta$	864.1	2.31	0.326413 ±0.000007	1.23 ±0.01	1.863 ±0.003	1.8577	–	–
$F^1\Sigma$	–	–	0.321397 ±0.000003(B_0)	–	2.042 ±0.003	–	F→X	18337.56 ±0.01
$E^1\Sigma$	829.26 ±0.04	2.30 ±0.01	0.323090 ±0.000004	1.303 ±0.003	1.990 ±0.002	1.8672	E→X	16320.37 ±0.01
$D^1\Pi$	839.2	2.50	0.321550 ±0.000007 0.325691 ±0.000004	1.30 ±0.01 1.357 ±0.005	1.850 ±0.003 1.997 ±0.002	1.8657	D→X	15946.22 ±0.01
$C^1\Pi$	835.1	2.39	0.322455 ±0.000004 0.321618 ±0.000006	1.280 ±0.004 1.29 ±0.01	1.931 ±0.002 1.873 ±0.003	1.8702	C→X	14490.02 ±0.01
$B^1\Pi$	842.80 ±0.04	2.18 ±0.01	0.324973 ±0.000005 0.32364 ±0.00002	1.299 ±0.004 1.29 ±0.01	1.942 ±0.003 1.882 ±0.006	1.8637	B→X	11129.14 ±0.02
$A^1\Sigma$	846.4	2.44	0.323044 ±0.000005	1.294 ±0.004	1.866 ±0.003	1.8673	A→X	10600.82 ±0.01
$X^1\Sigma$	895.77 ±0.02	2.39 ±0.01	0.332644 ±0.000004	1.302 ±0.003	1.833 ±0.003	1.8402	–	–

Literatur zu 3.2 s. S. 60/1

Tabelle 3/6
Molekülkonstanten für die $I^1\Pi$-, $G^1\Delta$- und $H^1\Phi$-Niveaus des ThO-Moleküls [33].

Zustand	T_0	ω_e	$\omega_e x_e$	B_e	$\alpha_e \cdot 10^3$	$\gamma_e \cdot 10^6$	$D_e \cdot 10^7$	$\beta_e \cdot 10^{10}$	Th-O-Abstand in Å
$I^1\Pi_c$	19539.06 ±0.02	800.85 ±0.08	1.47 ±0.03	0.330434 ±0.000007	1.83 ±0.01	106±4	2.360 ±0.009	55±5	1.85
$I^1\Pi_d$	19539.06 ±0.02	800.85 ±0.08	1.47 ±0.03	0.328921 ±0.000007	1.91 ±0.01	63±4	2.218 ±0.002	15±1	
$G^1\Delta$	17998±5	816±2	2.4 ±0.4	0.318192 ±0.000006	1.28 ±0.01		1.936 D_0 ±0.002		1.8813
$H^1\Phi$	5305±5	864±2	2.4 ±0.4	0.326427 ±0.000006	1.26 ±0.01		1.864 D_0 ±0.002		1.8575

Literatur zu 3.2:

[1] R.J. Ackermann, E.G. Rauh (J. Inorg. Nucl. Chem. **35** [1973] 3787/94). – [2] J.J. Katz, G.T. Seaborg (The Chemistry of the Actinide Elements, Methuen and Co., London 1957). – [3] L.J. Katzin (J. Am. Chem. Soc. **80** [1958] 5908/10). – [4] A.G. Karabesh (Russ. J. Inorg. Chem. **3** Nr. 4 [1958] 234/48). – [5] L.J. Katzin, L. Kaplan, T. Seitz (Inorg. Chem. **1** [1962] 963/4).

[6] M. Hoch, H.L. Johnston (J. Am. Chem. Soc. **76** [1954] 4833). – [7] J.F. Smith, O.N. Carlson, D.T. Peterson, T.E. Scott (Thorium: Preparation and Properties, Iowa State University Press, Ames 1975, S. 323/27). – [8] R.J. Ackermann, R.J. Thorn (Thermodyn. Nucl. Mater. Proc. Symp., Vienna 1962 [1963], S. 445/62). – [9] R.J. Ackermann, R.J. Thorn (Thermodyn. Nucl. Mater. Proc. Symp., Vienna 1965 [1966], Bd. 1, S. 243/69). – [10] R.J. Ackermann, R.J. Thorn (Proc. 2nd U.N. Intern. Conf. Peaceful Uses At. Energy, Geneva 1958, Bd. 28, S. 180/3).

[11] S. Peterson, C.E. Curtis (ORNL-4503 (Vol. 1) [1970] 74 S.). – [12] S. Abramowitz (AD-A008438 [1975] 28 S.). – [13] M.H. Rand (in: O. Kubaschewski, Thorium: Physico-chemical Properties of its Compounds and Alloys, IAEA, Vienna 1975, S. 7/86). – [14] J.F. Smith (J. Nucl. Mater. **51** [1974] 136/48). – [15] R.J. Ackermann, E.G. Rauh, R.J. Thorn, M.C. Cannon (J. Phys. Chem. **67** [1963] 762/9).

[16] R.J. Ackermann, R.J. Thorn, P.W. Gillies (J. Am. Chem. Soc. **78** [1956] 1767/8). – [17] A. Neubert, K.F. Zmbov (High Temp. Sci. **6** [1974] 303/8). – [18] R.J. Ackermann, E.G. Rauh (J. Chem. Phys. **60** [1974] 2266/71). – [19] S.C. Carniglia, S.D. Brown, T.F. Schroeder (J. Am. Ceram. Soc. **54** [1971] 13/7). – [20] S.A. Shchukarev, G.A. Semenov (Issled. Obl. Khim. Silikatov Okislov **1965** 208/14).

[21] A.J. Dornell, W.A. McCollum, T.A. Milne (J. Phys. Chem. **64** [1960] 341/6). – [22] D.L. Hildenbrand, E. Murad (J. Chem. Phys. **61** [1974] 1232/7). – [23] E.G. Rauh, R.J. Ackermann (J. Chem. Phys. **60** [1974] 1396/400). – [24] R.J. Ackermann, E.G. Rauh (High Temp. Sci. **5** [1973] 463/73). – [25] M.J. Linevsky (Proc. 1st Meeting Interagency Chem. Rocket Propulsion Group Thermochem., New York 1963 [1964], Bd. 1, S. 11/20; C.A. **62** [1965] 2370).

[26] G.G. Ilina, Yu.S. Rutgaizer, G.A. Semenov (Priboryi Tekhn. Esperim. **12** Nr. 1 [1967] 151/3; C.A. **67** [1967] Nr. 16063). – [27] L. Brewer, G.M. Rosenblatt (Advan.

High Temp. Chem. **2** [1969] 1). – [28] B. Rosen (Constantes Selectionées Données Spectroscopiques Relatives aux Molecules Diatomiques, Pergamon Press, Paris 1970, laut [22]). – [29] T. Wentink, R.J. Spindler (J. Quant. Spectry. Radioactive Transfer **12** [1972] 1569). – [30] A. v. Bornstedt, G. Edvinsson (Phys. Scr. **2** [1970] 205/10).

[31] G. Edvinsson, L.E. Selin, N. Aslund (Arkiv Fysik **30** [1965] 283/319). – [32] B. Rosen (Proc. 4th Intern. Meeting Mol. Spectry., Bologna 1959 [1962], Bd. 2, S. 533/4; C.A. **59** [1963] 3436). – [33] G. Edvinsson, A. v. Bornstedt, P. Nylen (Arkiv Fysik **38** [1969] 193/210). – [34] F.G. Krishnamurty (Proc. Phys. Soc. [London] **64** [1951] 852). – [35] G. Edvinsson, L.-E. Selin (Phys. Letters **9** [1964] 238/9).

[36] G. Edvinsson, C. Nylen (Phys. Scr. **3** [1971] 261). – [37] A.J. Darnell, W.A. McCollum, T.A. Milne (J. Phys. Chem. **64** [1960] 341). – [38] P.D. Zaritsanov (J. Chem. Phys. **59** [1973] 2162/3). – [39] S.D. Gabelnick, G.T. Reedy, M.G. Chasanov (J. Chem. Phys. **60** [1974] 1167/71). – [40] A. Gatterer, J. Junkes, E.W. Salpeter, B. Rosen (Molecular Spectra of Metallic Oxides, Specola Vaticana 1957 laut [31]).

[41] M.J. Linevsky (AD-746687 [1972] 30 S.; C.A. **78** [1973] Nr. 22069). – [42] K.G. Heumann (Intern. J. Mass. Spectrom. Ion. Phys. **9** [1972] 315/24).

3.3 Thoriumdioxid ThO_2

Thorium Dioxide

3.3.1 Bildung und Darstellung

Formation. Preparation

3.3.1.1 Allgemeine Verfahren

General Procedures

ThO_2, unter oxidierenden Bedingungen die thermisch stabilste Verbindung des Thoriums, bildet sich bei der thermischen Zersetzung aller sauerstoffhaltigen binären und polynären Verbindungen des Thoriums. Die jeweilige Zersetzungstemperatur hängt dabei von der Art der Verbindung und der Flüchtigkeit der bei der Zersetzung der polynären Verbindungen entstehenden Komponenten ab. Es ist verständlich, daß für die Zersetzung von $Th(NO_3)_4$ z.B. eine wesentlich niedrigere Temperatur erforderlich ist als für die von $Th_3(AsO_4)_4$. Zahlreiche sauerstofffreie Verbindungen – wie z.B. die Halogenide – gehen nur bei gleichzeitiger Hydrolyse, z.B. Zersetzung im H_2O/O_2-Strom, in ThO_2 über.

Die thermische Stabilität und die exakte O:Th = 2.00-Stöchiometrie von ThO_2 werden auch in der analytischen Chemie ausgenutzt zur gravimetrischen Bestimmung des Thoriums als ThO_2.

General Procedures

In an oxidizing environment thorium dioxide is the most stable compound of thorium. Thus thermal decomposition of a thorium compound containing oxygen yields thorium dioxide. The temperature at which decomposition occurs depends on the nature of the compound and the volatility of the decomposition products. For example, $Th(NO_3)_4$ decomposes at a lower temperature than $Th_3(AsO_4)_4$. Numerous thorium compounds not containing oxygen (e.g., the halides) decompose in the presence of H_2O/O_2 to give ThO_2. Since the dioxide is so stable and its stoichiometry so exact, thermal decomposition to thorium dioxide is an usual method of gravimetric analysis for thorium.

Zur Erreichung der Gewichtskonstanz ist eine Temperatur von >950 °C nötig [1]; diese Temperatur scheint stark von der vorliegenden Verbindung abhängig zu sein.

Literatur zu 3.3.1.1 s. S. 66/7

Nach [2] sind folgende Temperaturen nötig, um die Fällungsprodukte in ThO_2 überzuführen:

Fällung mit	notwendige Temperatur in °C
NH_3, aq	>747
NH_3, gas	>472 (?)
H_2O_2	>650
Hexamethylentetramin	>900
Tannin	>475
HIO_3	>674
H_2SeO_3	>946
$Na_2S_2O_3$	>900
$H_2C_2O_4$	>610
Fumarsäure, trans-$(COOH)_2$	>405
Sebacinsäure, $HOOC(CH_2)_8COOH$	>650
3-Nitrobenzoesäure	>413
Cupferron (Nitrosophenylhydroxylamin)	>408
8-Hydroxychinolin	>950
Ferron (7-Jod-8-hydroxychinolin-5-sulfonsäure) $NC_9H_4I(SO_3H)OH$	>570

Weitere Angaben hierzu siehe [3, 4].

Ausführlichere Untersuchungen liegen über den Mechanismus der Zersetzung von Th-Oxalat vor [5 bis 16, 51, 64 bis 68]. Th-Oxalat wird nach [9] aus einer Th-Nitratlösung bei 40 °C durch Zugabe von fester Oxalsäure gefällt. Vor der Filtration wird die Lösung 1 h gerührt. Die Zersetzung des bei der Fällung erhaltenen Hexahydrats verläuft nach [10] an Luft (?) über intermediäre Hydrate zum wasserfreien Oxalat, das bei 400 °C in ThO_2 übergeht. Einfluß der Fällungstemperatur von Th-Oxalat auf die spezifische Oberfläche von ThO_2 siehe **Fig. 3-5** [69].

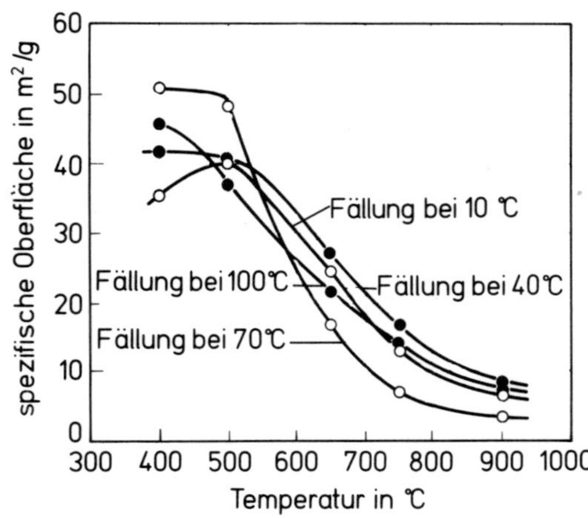

Fig. 3-5

Einfluß der Fällungstemperatur von Th-Oxalat auf die spezifische Oberfläche des ThO_2 [69].

Die Th-Oxalat-Zersetzung führt nach ausführlicheren Untersuchungen (unter Einsatz von Thermogravimetrie, Massenspektroskopie und ESR) [6] im Vacuum ohne erkennbare Zwischenstufen zum wasserfreien Salz, dessen Zersetzung etwa oberhalb 250 °C beginnt

(**Fig.** 3-**6**) und gemäß $Th(C_2O_4)_2 \rightarrow ThO_2 + 2\,CO + 2\,CO_2$ verläuft. Im Temperaturbereich 250 bis 310 °C laufen allerdings die Zersetzung des Oxalats und die Abspaltung von restlichem Wasser nebeneinander her [6]. Das gebildete ThO_2 hat nach [11] eine poröse Struktur, wie aus der niedrigen Dichte von 3.2 bis 3.7 g/cm^3 gefolgert wird. Die spezifische Oberfläche des gebildeten ThO_2 ist um so größer, je größer die eingesetzten Th-Oxalatkristalle sind [7]. Untersucht wurde auch die Fällung von Th-Oxalat aus citrathaltiger Th^{4+}-Lösung (rückextrahierte Th^{4+}-Lösung aus einer TBP-Lösung, die mittels Ionenaustauschchromatographie nachgereinigt wurde), siehe [13], ebenso wird die Umwandlung des Oxalats in ein Hydroxyoxalat mittels Ammoniak vor der Filtration [12] zitiert. Vorteile im Vergleich zu reinem Th-Oxalat als Ausgangsprodukt sind nicht zu erkennen.

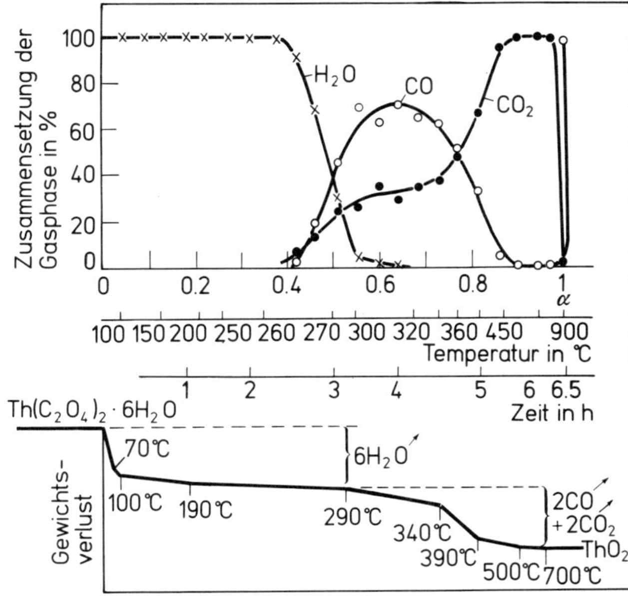

Fig. 3-6

Gewichtsverlust und Gaszusammensetzung bei der Thermolyse von $Th(C_2O_4)_2 \cdot 6H_2O$ im Vakuum [6].

Auch die direkte Zersetzung von $Th(NO_3)_4$ oder $Th(NO_3)_4 \cdot 4\,H_2O$ zu ThO_2 ist möglich [11, 16 bis 20]. In technischem Maßstab wird dazu ein Fließbett [18, 20] oder ein Wirbelbett [20] verwendet. Auch das direkte Versprühen einer Th-Nitratlösung in eine heiße Flamme ist möglich [19]. Aus Th-Nitrat erhaltenes ThO_2 besteht nach [11] aus 50 µm großen glasähnlichen Teilchen mit einer Teilchendichte von 7.9 bis 9.3 g/cm^3. Auch eine direkte Dampfdenitrierung von $Th(NO_3)_4$ bei 350 bis 450 °C ist möglich; auf diese Weise hergestelltes ThO_2 wird bevorzugt für den Sol-Gel-Prozeß eingesetzt [21].

Üblicherweise wird ThO_2 durch Fällung aus nitrathaltiger Lösung hergestellt, entweder durch Einleiten von NH_3-Gas oder durch Zugabe von wäßriger NH_3-Lösung [22 bis 26]. Der für die Fällung notwendige pH$>$7 wird im allgemeinen nicht durch Zugabe von Natron- oder Kalilauge erzielt, um die Absorption von schlecht auswaschbaren Na^+- bzw. K^+-Ionen zu vermeiden. Bei diesem Prozeß fällt $ThO_2 \cdot aq$ (nicht $Th(OH)_4$ [28], vgl. Abschnitt 3.4, S.249) aus, das durch Erhitzen an Luft bei $>$900 °C in ThO_2 übergeführt wird. Thermogravimetrische, differentialthermoanalytische und Emanierverfahren zeigen, daß die Wassergabe von $ThO_2 \cdot aq$ beim Erhitzen kontinuierlich erfolgt [26]. Normalerweise ist das ausgefällte $ThO_2 \cdot aq$ schlecht filtrierbar, ein besser filtrierbares Produkt erhält man

Literatur zu 3.3.1.1 s. S. 66/7

bei Zugabe von $(NH_4)_2SO_4$ während der Fällung oder durch Einleiten von CO_2 in die Lösung [24]. Bildung von Oxidcarbonat $ThOCO_3 \cdot aq$ bzw. $Th(OH)_2CO_3 \cdot aq$ ist möglich [26, 29, 30]. Erleichtert wird die Erzeugung eines besser filtrierbaren $ThO_2 \cdot aq$ auch durch Fällung bei höheren Temperaturen, z.B. 82 bis 93 °C [22].

Ein aktives ThO_2 mit guten katalytischen Eigenschaften läßt sich reproduzierbar erhalten, wenn Fällungsbedingungen, Waschverfahren und Trocknungsverfahren sehr genau eingehalten werden [35]. Wie sich z.B. die Oberfläche des $ThO_2 \cdot aq$ von diesen Parametern beeinflussen läßt, zeigt Tabelle 3/7 [15]. Das Temperatur-pH-Diagramm des Systems Th^{4+}-ThO_2-H_2O, aus dem die Fällungsbedingungen für ThO_2 bei Fällung aus Nitratlösung zu entnehmen sind, ist in **Fig. 3-7** gegeben [31]. Man erkennt, daß sich der Fällungsbereich mit abnehmender Th^{4+}-Konzentration zu höheren pH-Werten verschiebt. Das in Fig. 3-7 als $Th(OH)_4$ formulierte Fällungsprodukt bei <100 °C ist exakter als $ThO_2 \cdot aq$ zu schreiben.

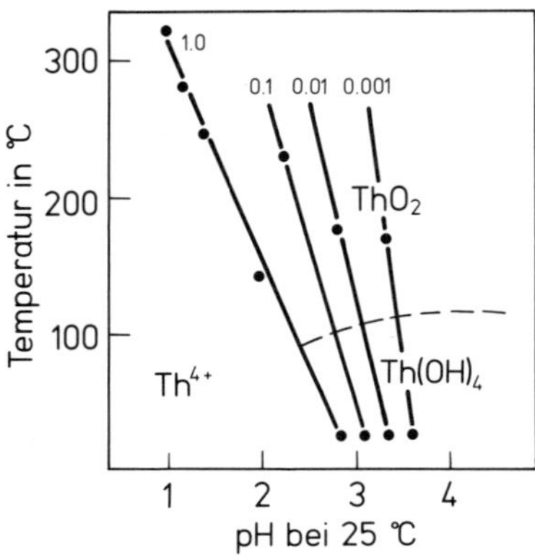

Fig. 3-7

Temperatur-pH-Diagramm für die Fällung von $ThO_2 \cdot aq$ aus Nitratlösung für verschiedene Th^{4+}-Konzentrationen [31].

Tabelle 3/7
Spezifische Oberfläche von verschieden gefälltem ThO_2 [25]: 50 ml konz. NH_3-Lösung zu 500 ml Lösung mit 50 g $Th(NO_3)_4 \cdot 4H_2O$.

Dauer der NH_3-Zugabe in min	Waschvolumen in ml	End-pH des Waschwassers	Spezifische Oberfläche in m^2/g	Dauer der NH_3-Zugabe in min	Waschvolumen in ml	End-pH des Waschwassers	Spezifische Oberfläche in m^2/g
0	300	9	1.1	9.3	900	7	1.3
0	700	7	4.7	9.6	1050	5	5.2
0	900	5	6.1	35.0	300	9	0.4
1.6	300	9	1.4	35.5	800	7	0.7
1.3	900	7	1.0	36.5	900	5	0.7
1.6	800	5	9.4	69.0	300	9	0.0
1.9	900	5	4.8	66.9	800	7	0.5
10.9	300	9	0.7	74.9	1100	5	0.3

ThO_2 wird auch noch bei zahlreichen anderen Reaktionen gebildet, dazu gehören z.B.: Die Hydrolyse von ThC und ThC_2 durch Wasser; weitere Reaktionsprodukte sind hier Kohlenwasserstoffe [32]. Die Zersetzung von $Th(SO_4)_2$ bei >908 K unter Bildung von $ThO_2+2SO_2+O_2$ [33]. Die Reaktion von Th-Metall mit Ca-Phosphat unter Bildung

Literatur zu 3.3.1.1 s. S. 66/7

von Ca-Diphosphat+Ca-Metaphosphat [34]. Die Zersetzung von $Th(HAsO_4)_2 \cdot H_2O$ über $ThAs_2O_7$ und $Th_4As_6O_{23}$ zu ThO_2 bei 1100 °C [35]. Die Zersetzung von ThOF bei >1109 K [36]. Diese Reaktionen dienen normalerweise nicht zur Herstellung von ThO_2.

ThO_2 entsteht auch bei der Oxidation von Th-Metall durch Sauerstoff, Wasser bzw. feuchte Luft [37 bis 41]. Details dieser Reaktion in [37, 38]. Für die Reaktionskinetik bei 200 °C<t<600 °C und 40 Torr<p<400 Torr wurde folgende Beziehung aufgestellt:

$$W = k \cdot \lg (1 + 0.45\ t)$$

W=Gewicht des Wassers, das pro Flächeneinheit Th reagiert, k=Reaktionskonstante, t= Zeit in Sekunden.

Die Aktivierungsenergie beträgt $E_A = (6.44 \pm 0.75)$ kcal/mol. Aus den erhaltenen Daten wurde ein Diffusionskoeffizient von ca. 10^{-7} cm^2/s für die Diffusion von Wasser in ThO_2 abgeleitet [38]. Bei der Oxidation von Th-Legierungen geht der Th-Anteil sehr häufig in ThO_2 über (s. z.B. [42]), falls kein ternäres Oxid gebildet wird.

Auch aus Salzschmelzen läßt sich ThO_2 ausfällen, z.B. durch Reaktion von UO_2 mit $ThCl_4$ in Chloridschmelzen [43] oder durch Zersetzung von $Th(NO_3)_4$ in Nitratschmelzen [44].

ThO_2 läßt sich auch als $ThO_2 \cdot aq$ elektrolytisch an der Kathode abscheiden [45 bis 47]. Eine quantitative Abscheidung erreicht man aus 0.05 M H_2SO_4+0.08 M Th^{4+} in Wasser oder Wasser/50% Äthanol auf einer Kupferkathode von <50 cm^2 (Bedingungen: 50 bis 100 mA, 1 bis 16 h) [45]. Aus einem HCl-peptisierten ThO_2-Sol (3 bis 4 g ThO_2 in 100 ml H_2O unter Zusatz geringer Mengen $Th(NO_3)_4$ in 95%igem Alkohol (ca. 0.1 g)) wird $ThO_2 \cdot aq$ auf einen W-Draht abgeschieden (Stromstärke einige hundert µA).

Die Abscheidung von ThO_2-Schichten auf Metallen ist unter Verwendung einer H_2/O_2-Flamme [48] oder eines Plasmalichtbogens [49] möglich. Elektronenmikroskopische Untersuchungen über das Kornwachstum eines 1000 Å dicken ThO_2-Films, der aus feinem Kornwerk mit <50 Å Durchmesser bestand, s. [50]. Die ursprünglich statistisch orientierten Teilchen zeigten nach ihrem Wachstum auf eine maximale Korngröße von 1 µm in der 1000 Å dicken Schicht eine Vorzugsorientierung: $^1/_3$ der Körner in (211)-Richtung mit (111), (110) und (123) als den nächsthäufigen Orientierungen. Über die Adsorption von Wasser und die Struktur dünner ThO_2-Schichten, die durch Hydrolyse organischer Verbindungen erhalten wurden, s. [52], zur Lichtstreuung derartiger dünner Schichten s. [53]. Einfluß eines Elektrolytzusatzes auf die Herstellung s. [54]. Weitere Angaben siehe auch [55 bis 58]. Angaben über das Kornwachstum in dünnen $ThO_2(NpO_2, PuO_2)$-Filmen finden sich in [70].

Ein hochreines ThO_2 für die Verwendung als Matrixmaterial für einen spektrochemischen Standard kann wie folgt hergestellt werden [29]: Eine Lösung von $ThCl_4$ in Wasser wird nacheinander mit H_2S, $(NH_4)_2CO_3$ und $(NH_4)_2S$ behandelt. Nach Filtration wird aus der erhaltenen Lösung durch Erhitzen $Th(OH)_2CO_3$ ausgefällt, der Niederschlag wird anschließend in Säure gelöst. Nach Wiederholung dieses Prozesses wird das Th^{4+} als Oxalat ausgefällt, wobei die Oxalat-Ionen durch Hydrolyse von Äthyloxalat erzeugt werden. Der abfiltrierte Niederschlag wird in einem Pt-Tiegel zu ThO_2 verglüht. Gesamtausbeute, bezogen auf das eingesetzte Thorium: 70%. Da heute für die Reinigung von Thorium modernere und effizientere Verfahren (Ionenaustausch, Extraktion etc.) benutzt werden können, dürfte dieser Prozeß nur noch historische Bedeutung haben.

Die Herstellung von ThO_2-Aerosolen, meist unter Verwendung herkömmlicher Aerosolaggregate, wird in [59 bis 61] beschrieben, die Herstellung von keramischen Filamenten bzw. hochtemperaturresistenten Filamenten in [62, 63].

Literatur zu 3.3.1.1 s. S. 66/7

Literatur zu 3.3.1.1:

[1] T. Dupuis, C. Duval (Compt. Rend. **229** [1949] 51/3). – [2] T. Dupuis, C. Duval (Anal. Chim. Acta **3** [1949] 589/98). – [3] J.C. Warf (in: C.J. Rodden, Natl. Nucl. Energy Ser. Div. VIII **1** [1950] 160/207). – [4] C. Marcilly, P. Courty, B. Delmon (J. Am. Ceram. Soc. **53** [1970] 56/7). – [5] B. Claudel, M. Perrin, Y. Trambouze (Compt. Rend. **252** [1961] 107/9).

[6] Z. Gabelica, J. Katihabwa, M.J. Hubin-Franskin, R. Hubin (Thermochimica Acta **16** [1976] 213/22). – [7] M. Breysse, B. Claudel, Y. Trambouze (Bull. Soc. Chim. France **1965** 201/4). – [8] R. Beckett, M.E. Winsfield (Australian J. Sci. Res. A **4** [1951] 644/50). – [9] W.H. Carr (CF-56-1-50 [1956] 27 S.; C.A. **55** [1961] 19160). – [10] S. Kachi (Funtai Oyobi Funmatsuyakin **5** [1958] 37/40; C.A. **53** [1959] 2029).

[11] H. Hayashi, T. Watanabe (Nippon Kagaku Kaishi **1973** Nr. 4, S. 858/60; C.A. **80** [1974] Nr. 51698). – [12] Pechiney-Compagnie de Produits Chimiques et Electrometallurgiques (F.P. 81841 [1963] 14 S.; C.A. **60** [1964] 8929). – [13] O. Kaneko, H. Yokoyama (Japan. P. 13953 [1962] 4 S.; C.A. **60** [1964] 6533). – [14] D. Dollimore, D.L. Griffiths, D. Nicholson (J. Chem. Soc. **1963** 2617/23; C.A. **59** [1963] 214). – [15] D. Dollimore, D.L. Griffiths (J. Therm. Anal. **2** [1970] 229).

[16] J.E. Bauerle (J. Chem. Phys. **45** [1966] 4162). – [17] J.M. Pope, K.C. Radford (J. Nucl. Mater. **52** [1974] 241/54). – [18] W.J. Robertson, G.E. Kerr (U.S.P. 3376116 [1968] 4 S.; C.A. **68** [1968] Nr. 106489). – [19] B.D. LaMont (U.S.P. 3002808 [1957]; C.A. **56** [1962] 4371). – [20] S.D. Clinton (ORNL-2875 [1960] 21 S.; C.A. **54** [1960] 13767).

[21] D.E. Ferguson, E.D. Arnold, W.S. Ernst, O.C. Dean (ORNL-3225 [1962] 28 S.; C.A. **57** [1962] 10720). – [22] W. Burkhardt (Deut. Offenlegungsschrift 2020969 [1970] 15 S.; C.A. **74** [1971] Nr. 14656). – [23] W.T. McDuffee, O.O. Yarbo (CF-57-2-113 [1957] 13 S.; C.A. **57** [1962] 8133). – [24] G.G. Briggs (U.S.P. 3370016 [1968] 6 S.; C.A. **68** [1968] Nr. 80040). – [25] W.S. Brey, B.H. Davis, P.G. Schmidt, C.G. Moreland (J. Catalysis **3** [1964] 301/11).

[26] Y. Saito (Funtai Oyobi Funamatsuyakin **17** [1971] 295/9; C.A. **76** [1972] Nr. 132295). – [27] S.E.B. Mirza, M.D. Karkhanavala (J. Indian Chem. Soc. **40** [1963] 11/2). – [28] M. Guymont, J. Livage, C. Mazières (Bull. Soc. Franc. Mineral. Crist. **96** [1973] 161/5). – [29] R.M. Roberts (LA-1934 [1957] 22 S.; C.A. **51** [1957] 13631). – [30] A.C. Rousset, J.M. Paris, P.A. Amblard, R.A. Paris (F. Addn. 2097253 [1972] 13 S.; C.A. **78** [1973] Nr. 32171).

[31] R.G. Robins (J. Inorg. Nucl. Chem. **29** [1967] 431/5). – [32] J.J. Lawrance, D.J. O'Connor (J. Nucl. Mater. **5** [1962] 156/7). – [33] S.W. Mayer, B.B. Owens, T.H. Rudford, R.B. Serrins (NAA-SR-4783 [1960] 11 S.; C.A. **54** [1960] 19142). – [34] C. Bettinali (Ric. Sci. **29** [1959] 1535/7). – [35] M.G. Chernorukov, G.F. Sibrina, E.P. Moskvichev (Izv. Akad. Nauk SSSR Neorgan. Materialy **11** [1975] 1527/8).

[36] A.J. Darnell (NAA-SR-5045 [1960] 9 S.; C.A. **54** [1960] 19144). – [37] B.E. Deal, H.J. Svec (J. Electrochem. Soc. **103** [1956] 421/5). – [38] B.E. Deal (ISC-653 [1955] 50 S.; C.A. **50** [1956] 15187). – [39] D.R. McKenzie, C.A. Colmenares (UCID-16793 [1975] 8 S.; N.S.A. **32** [1975] Nr. 11991). – [40] P.D. Zavitsanos (U.S. Natl. Tech. Inform. Serv. AD-773197/9GA [1973] 53 S.; C.A. **81** [1974] Nr. 17191).

[41] P.D. Zavitsanos (U.S. Natl. Tech. Inform. Serv. AD-762917 [1973] 34 S.; C.A. **79** [1973] Nr. 129655). – [42] J.R. Murray (J. Less-Common Metals **1** [1959]

314/20). – [43] P. Chiotti, M.C. Zha, M.J. Tschetter (J. Less-Common Metals **42** [1975] 141/61). – [44] H.J. Riedel (Nukleonik **8** [1966] 425/8). – [45] R. Ko (Nucleonics **15** Nr. 1 [1957] 72/7).

[46] M. Dominé-Bergès (Ann. Chim. [Paris] [12] **5** [1950] 106/51). – [47] G. Mesnard (Compt. Rend. **230** [1950] 70/2). – [48] C.C. Haws (CF-58-11-70 [1958] 10 S.; C.A. **54** [1960] 20369). – [49] W.D. LeRoy (Metal Progr. **83** [1963] 105/8). – [50] S.E. Bronisz, D.L. Douglass (Phys. Status Solidi **29** [1968] K95/K97).

[51] H.M. Haydt, J.D.T. Capocchi, E. Moraes, E.F. Gentile (Met. ABM [Assoc. Brasil. Metais] **26** Nr. 157 [1970] 959/63). – [52] V.M. Zolotarev, Z.V. Shirokshina, G.P. Tikhomirov (Opt. Mekh. Prom. **41** Nr. 10 [1974] 24/8; C.A. **82** [1975] Nr. 118290). – [53] A.I. Kolyadin, A.A. Malygina (Opt. Mekh. Prom. **42** Nr. 4 [1975] 29/33; C.A. **83** [1975] Nr. 88539). – [54] S.G. Mokrushin, Z.G. Sheina (Colloid J. [USSR] **16** [1954] 361/4). – [55] J.T. Cox, G. Hass, J.B. Ramsey (J. Phys. [Paris] **25** [1964] 250/4).

[56] J.T. Cox, G. Hass, J.B. Ramsey (AD-611432 [1964] 193/205; C.A. **63** [1965] 14180). – [57] B.A. Gvozdev, Y.T. Churbukev (Radiokhimiya **5** [1963] 712/5). – [58] O.A. Sivoronov, V.N. Travina (Poluch. Svoistva Tonkikh Plenok **1976** 68/71; C.A. **86** [1977] Nr. 164091). – [59] R. Serpolay (Compt. Rend. **245** [1957] 1646/8). – [60] P. Kotrappa (Assessment Airborne Particles Proc. Rochester 3rd Intern. Conf. Environ. Toxicity, Rochester, N.Y. 1970 [1972], S. 331/8; C.A. **78** [1973] Nr. 19890).

[61] P. Kotrappa (Diss. Univ. of Rochester, N.Y., 1971, 152 S.; Diss. Abstr. Intern. B **32** [1972) 6715; C.A. **77** [1972] Nr. 105319). – [62] M. Michel, R. Poisson (Deut. Offenlegungsschrift 2500548 [1975] 16 S.; C.A. **83** [1975] Nr. 198368). – [63] D.D. Johson (Deut. Offenlegungsschrift 2461672 [1975] 21 S.; C.A. **83** [1975] Nr. 167958). – [64] K. Nishida, T. Ishii (Japan. P. 7317995 [1973] 3 S.; C.A. **80** [1974] Nr. 49862). – [65] D. Warren, Ch. A. Elyard (Spec. Ceram. Proc. Symp. Brit. Ceram. Res. Assoc., 1967 [1968], Bd. 4, S. 57/68; C.A. **70** [1969] Nr. 108857).

[66] C. Beltram, F. Forscher, B.L. Vondra (AED-CONF-65-332-40 [1965] 21 S.; C.A. **66** [1967] Nr. 42892). – [67] K.O. Johnson (CF-59-1-101 [1959] 4 S.; C.A. **54** [1960] 20600). – [68] Pechiney-Compagnie de Produits Chimiques et Electrometallurgiques, P. Rombau, M. Peltier (F.P. 1301365 [1961/62] 10 S.; C.A. **58** [1963] 4201). – [69] V.D. Allred, S.R. Buxton, J.P. McBride (J. Phys. Chem. **61** [1957] 117/20). – [70] S.E. Bronisz, D.L. Douglass (Phys. Status Solidi **29** [1968] K95/K97).

3.3.1.2 Darstellung spezieller ThO_2-Formen

Preparation of Special Forms of ThO_2

3.3.1.2.1 Herstellung von ThO_2-Einkristallen

Preparation of ThO_2 Single Crystals

Zur Herstellung von ThO_2-Einkristallen werden in der Literatur Methoden beschrieben, die hydrothermale Verfahren, Schmelzflußverfahren oder Schmelzverfahren benutzen [1 bis 19, 23, 24]. Die wohl wichtigsten Verfahren scheinen die Schmelzflußverfahren zu sein, da sich mit ihnen auch größere und sehr reine Kristalle gewinnen lassen.

Preparation of ThO_2 Single Crystals

Single crystals of thorium dioxide can be prepared from aqueous solution (hydrothermally), from molten salt solutions, and from molten thorium dioxide. The largest and purest single crystals are grown from molten salt solutions.

Lamellenfreie und klare ThO_2-Würfel lassen sich aus einer 75 mol-% PbF_2+16.7 mol-% NaF+8.3 mol-% B_2O_3-Schmelze erhalten [1]. Dabei können dreimal so große Kristalle

Literatur zu 3.3.1.2.1 s. S. 69

erhalten werden wie aus einer reinen PbF_2-B_2O_3-Schmelze. So gewinnt man aus 1000 ml Schmelze, die mit einer Abkühlungsgeschwindigkeit von 1 °C/h von 1300 auf 1000 °C abgekühlt wird, Kristalle, die sich zu 11 mm langen Stäbchen mit 3 mm Durchmesser für Laserexperimente schleifen lassen. Unter Benutzung der Temperaturgradientenmethode (920 °C, $\Delta t=75$ °C) lassen sich ThO_2-Kristalle mit einer Wachstumsgeschwindigkeit von 0.2 mm/d auch aus einer 2 NaF-B_2O_3-Schmelze ziehen. Dieses Verfahren hat den Vorteil, daß man absolut Pb-freie Kristalle erhält [1]. Mittels dieser Verfahren ist es auch möglich, mit Lanthaniden dotierte ThO_2-Kristalle zu erzeugen, z.B. ThO_2/1%Nd^{3+} für Laseruntersuchungen [1].

2 bis 6 mm große ThO_2-Kristalle mit guten optischen Eigenschaften lassen sich auch aus einer Bi_2O_3-PbF_2-Schmelze (1000 °C, Abkühlungsgeschwindigkeit 2 bis 4 °C/h) gewinnen [3]. Bezogen auf das der Schmelze zugesetzte ThO_2 erhält man eine Kristallausbeute um 70%.

Klare oktaedrische ThO_2-Kristalle mit Kantenlängen bis 2.5 mm werden auch durch langsames Abkühlen (von 1300 auf 1000 °C mit einer Abkühlgeschwindigkeit von 1 °C/h) aus einer Schmelze von 14 g ThO_2 + 95 g V_2O_5 + 202 g PbO erhalten [4, 7]. Die Einhaltung genauer Konzentrationsverhältnisse V_2O_5/PbO ist hier von Bedeutung, da z.B. aus einer Schmelze mit 14 g ThO_2 + 112 g V_2O_5 + 238 g PbO Kristalle von $ThPbV_2O_8$ gebildet werden [4].

Optisch transparente, oktaedrische ThO_2-Einkristalle bzw. mit geringen Mengen an Lanthaniden dotierte ThO_2-Einkristalle wurden auch aus einer Li_2O-2 WO_3-Schmelze bei 1225 bis 1300 °C erhalten [5, 11, 14, 15]. Durch Zusatz von 1 Gew.-% B_2O_3 zu dieser Schmelze läßt sich die Wachstumsgeschwindigkeit auf 0.01 mm/h (ohne B_2O_3 ca. 2×10^{-3} mm/h) erhöhen. Die Kristalle enthalten <500 ppm W und <50 ppm Li als Hauptverunreinigungen. Folgende Eigenschaften eines derart hergestellten ThO_2-Kristalls wurden ermittelt [5]:

Farbe:	farblos, transparent
Kristallwachstum:	oktaedrisch, Wachstumsfläche (111)
Spaltbarkeit:	parallel zu (111)
Härte auf (111):	6.5 nach Mohs
Brechungsindex:	2.15 ± 0.05
Gitterkonstante aus Pulveraufnahmen:	5.5968 ± 0.0001 Å
Pyknometerdichte:	9.95 ± 0.05 g/cm^3
Röntgendichte:	10.002 g/cm^3
geschätzte Versetzungsdichte:	$10^{9\pm2}$ cm^{-2}
durch ESR bei 77 K festgestellte Konzentration an paramagnetischen Verunreinigungen:	<10 ppm

Andere Verfahren benutzen eine PbO-PbF_2-Schmelze [9], eine oberflächlich mit Wasserdampf behandelte Alkalihalogenidschmelze [12] oder eine Na-Boratschmelze [2]. Vorteile dieser Schmelzen sind nicht zu erkennen. Ein in [10] beschriebenes Verfahren geht von einer Schmelze aus 221 g PbF_2, 2 g B_2O_3 und 264 g ThO_2 aus, wobei das Schmelzmittel bei 1300 °C und einer Verdampfungsgeschwindigkeit von ca. 33 g Schmelzmittel pro Tag verdampft wird.

Unter Verwendung eines Sonnenofens (4900 K) wurden ThO_2-Einkristalle über die Verdampfung von ThO_2 erzeugt [8]. Dazu wurde polykristallines ThO_2 durch den fokussierten Strahl erhitzt (maximale Wärmedichte ca. 500 cal·cm^{-2}·s^{-1}, entsprechend 3800 °C). Die bis zu 3 mm langen ThO_2-Einkristalle mit 1 mm Durchmesser bilden sich mit einer Wachstumsgeschwindigkeit von ca. 0.5 mm/min an den Rändern des sich im ThO_2-Stab ausbildenden Kraters. Neben Kristallen mit gut ausgebildeten Kristallflächen bilden sich auch dendritische Kristalle in größerer Zahl.

Die Herstellung von ThO_2-Einkristallen über ein wenig klares Gasphasenverfahren ist in [13] patentiert.

Einschlüsse in ThO_2-Einkristallen, die durch ein Schmelzflußverfahren hergestellt wurden, werden nach [21] unter Anwendung eines Temperaturgradienten eliminiert. ThO_2-Einkristalle lassen sich, z.B. zur Bestimmung einer möglichen Defektstruktur [20], mit gasförmigem SF_4 (oder SF_6) bei höherer Temperatur ätzen [22].

Literatur zu 3.3.1.2.1:

[1] R.C. Linares (J. Phys. Chem. Solids **28** [1967] 1285/91). – [2] A. Harari, J. Théry, M.R. Collongues (Rev. Intern. Hautes Temp. Refract. **4** [1967] 207/9). – [3] A.B. Chase, J.A. Osmer (Am. Mineralogist **49** [1964] 1469/72). – [4] G. Garton, S.H. Smith, B.M. Wanklyn (J. Cryst. Growth **13/14** [1972] 588/92). – [5] C.B. Finch, G.W. Chase (J. Appl. Phys. **36** [1965] 2143/5).

[6] W.E. Danforth, J.H. Bodine (J. Franklin Inst. **260** [1955] 467). – [7] B.M. Wanklyn (J. Cryst. Growth **7** [1970] 368/70). – [8] T.S. Laszlo, P.J. Sheehan, R.E. Gannon (J. Phys. Chem. Solids **28** [1967] 313/6). – [9] A.B. Chase, J.A. Osmer (J. Am. Ceram. Soc. **50** [1967] 325/8). – [10] W.H. Grodkiewitz, D.J. Nitti (J. Am. Ceram. Soc. **49** [1966] 576).

[11] J.W. Cleveland (ORNL-P-1611 [1965] 33 S.; C.A. **65** [1966] 8297). – [12] W.R. Grimes (U.S.P. 3063794 [1962] 4 S.; C.A. **59** [1963] 200). – [13] S. Nishigaki, K. Kobayashi (Japan. P. 3409 [1964] 2 S.; C.A. **61** [1964] 6658). – [14] G.W. Clark (in: C.S. Morgan, C.S. Yust, ORNL-3670 [1964] 6/10; N.S.A. **18** [1964] Nr. 44046). – [15] C.B. Finch, G.W. Clark (ORNL-3470 [1963] 2 S.; N.S.A. **18** [1964] Nr. 4212).

[16] J. Nickl (D.P. 1222477 [1966]; C.A. **65** [1966] 14557). – [17] J.W. Mellor (A Comprehensive Treatise on Inorganic and Theoretical Chemistry, Bd. 7, Green and Co, London-New York-Toronto 1927, Nachdruck 1960, S. 220/7). – [18] B.M.T. Willis (Proc. Roy. Soc. [London] **274** [1963] 122). – [19] M. Kestigian, G. Goldsmith, M. Hopkins (Therm. Imaging Tech. Proc. 1st Conf., Cambridge, Mass., 1962 [1964], S. 201/8; C.A. **62** [1965] 11215). – [20] G.S. Tint (Diss. Temple Univ., Philadelphia 1970, S. 1/176; Diss. Abstr. Intern B **31** [1971] 6207).

[21] A.B. Chase (J. Am. Ceram. Soc. **49** [1967] 460). – [22] H.M. Manasevit (U.S.P. 3546036 [1970] 7 S.; C.A. **74** [1971] Nr. 67254). – [23] O. Yonemochi, M. Maeda, H. Hayashi, C. Noguchi (Kogyo Kagaku Zasshi **63** [1960] 1133/6; C.A. **56** [1962] 8317). – [24] A. Revcolevschi (Rev. Intern. Hautes Temp. Refract. **7** [1970] 73/90).

3.3.1.2.2. Herstellung von ThO_2-Mikrokügelchen

Preparation of ThO_2 Microspheres

In den gasgekühlten Hochtemperaturreaktoren benutzt man Kernbrennstoffe, die den keramischen Brennstoff als sog. „coated particle" enthalten. Diese sind mit einer Schicht überzogen, welche die Diffusion der Spaltprodukte erschwert oder verhindert. Zur Herstellung dieser beschichteten Teilchen benötigt man ein Ausgangsmaterial aus Teilchen möglichst gleicher Größe. Diese lassen sich nach den klassischen Verfahren der Pulvermetallurgie nicht oder nur sehr schwierig gewinnen. Dagegen haben sich naßchemische Verfahren als besonders geeignet erwiesen. Sie lassen sich in drei Gruppen einteilen [3]:

Literatur zu 3.3.1.2.2 s. S. 76/8

Hydrolyseverfahren mit Gelierung der Lösungströpfchen z.B. durch Hexamethylentetramin in der Wärme (Gelierung von innen).

Gel-Fällungsverfahren mit Gelierung von Sol-, Emulsions- oder Lösungströpfchen mit Ammoniak (Gelierung von außen).

Polykondensationsverfahren mit Verfestigung von Lösungen zweier organischer Verbindungen unter Zusatz von Uran, Thorium oder Bor enthaltenden Lösungen (Bor für Absorberpartikel).

Die naßchemischen Verfahren haben in zunehmendem Maße an Bedeutung gewonnen, weil sie eine große Variationsbreite in der Herstellung von Kernen verschiedener Größe und chemischer Zusammensetzung bei enger Kornverteilung und hohem Durchsatz zulassen. Allen naßchemischen Verfahren ist gemeinsam, daß Uran oder/und Thorium enthaltende wäßrige Lösungen in Tropfen umgewandelt werden, die nach Ausbildung der Kugelform verfestigt werden. Die Tropfen werden entweder in mit Wasser nicht oder nur begrenzt mischbaren Flüssigkeiten gebildet oder im freien Fall an der Luft erzeugt und in wäßrigen Lösungen aufgefangen. Die Verfestigung der Tropfen erfolgt entweder durch chemische Reaktion meist mit Ammoniak bei Raumtemperatur bzw. mit Ammoniak abspaltenden Stoffen wie Hexamethylentetramin in der Hitze oder durch Wasserentzug bei Aquasolen. Bei chemischen Reaktionen mit Ammoniak werden die Uranyl- bzw. Thorium-Ionen als sogenanntes Ammoniumdiuranat (ADU) bzw. Thoriumhydroxid gefällt, wobei Ammoniumnitrat (NH_4NO_3) als Nebenprodukt in den verfestigten Tropfen entsteht.

Durch das „Sol-Gel"-Verfahren lassen sich wirtschaftlich und technisch praktisch kugelförmige Oxidteilchen mit z.T. hervorragenden mechanischen Eigenschaften herstellen, bei denen die Größe der Teilchen ohne wesentliche Änderungen im Herstellungsprozeß auf einfache Weise beeinflußt werden kann. Das „Sol-Gel"-Verfahren zur Herstellung einheitlicher ThO_2-Mikrokügelchen („microspheres") umfaßt drei Teilschritte:

die Herstellung eines möglichst konzentrierten und stabilen ThO_2-Sols;

die Überführung dieses Sols in ein Gel durch Wasserentzug, wobei Größe und Form der Gelteilchen schon die spätere Gestalt der Mikrokügelchen festlegen;

die thermische Behandlung der Gelteilchen, um die gewünschten Mikrokügelchen zu gewinnen.

Dieser „Sol-Gel"-Prozeß, der eigentlich zur Herstellung im Nuklearbereich verwendbarer Keramiken entwickelt wurde, ist durch Änderung einzelner Verfahrensschritte auch auf andere Oxide (Al_2O_3, SiO_2, ZrO_2, TiO_2, Nb_2O_5 etc.) anwendbar, wenngleich die Anwendung auf Kernbrennstoffteilchen wie ThO_2, UO_2 und PuO_2 bzw. deren Mischoxide $(Th,U)O_2$ und $(U,Pu)O_2$ im Vordergrund steht.

Die Zahl der Publikationen zu diesem Gebiet wie auch die Patentliteratur ist überaus groß, nahezu unübersehbar ist jedoch die Zahl der Berichte über Forschungs- und Entwicklungsarbeiten auf diesem Gebiet. Eine vollständige Aufzählung dieser Reports würde den Rahmen dieses Beitrags sprengen, Interessenten werden auf die Auflistung dieser Berichte in den Referatezeitschriften „Chemical Abstracts" und „INIS-Atomindex" (ab 1975) sowie besonders in den „Nuclear Science Abstracts" (bis 1975) hingewiesen. Sehr häufig finden sich auch Angaben über Berichte in den zitierten Originalarbeiten.

Preparation of ThO_2 Microspheres

The High-Temperature Gas-Cooled Nuclear Reactor uses a ceramic fuel in the form of coated particles. Microspheres of thorium dioxide or the mixed oxide

Literatur zu 3.3.1.2.2 s. S. 76/8

$(Th,U)O_2$ are sintered to make a kernel of fissionable fuel. The kernel is then coated with a layer of graphite to hinder diffusion of fission products.

The microspheres themselves are best prepared by wet chemical methods, which allow rapid and inexpensive production of particles of similar size. The general procedure is preparation of a stable concentrated ThO_2-sol, conversion of the sol to a gel, and thermal treatment of the gel to yield the microspheres. There are several different methods.

One method, the sol-gel procedure, generates the gel from the sol by dehydration. The resulting microspheres have outstanding mechanical properties. With this procedure the particle size can be changed by simple changes in the operations. Although the sol-gel procedure is most important for production of nuclear fuel elements from ThO_2, UO_2, PuO_2, $(Th,U)O_2$, or $(U,Pu)O_2$, the procedure has been extended to other ceramics.

The number of publications in the field is enormous. Some are given at the end of this chapter. For more extensive lists the reader is referred to Chemical Abstracts and to INIS-Atomindex since 1975, or before 1975 to Nuclear Science Abstracts.

Das im Oak Ridge National Laboratory/Tenn. entwickelte „Sol-Gel"-Verfahren zur Herstellung von ThO_2- und $(Th,U)O_2$-Mikrokügelchen hat folgende Verfahrensschritte (**Fig. 3-8**) [1,85]:

Fig. 3-8

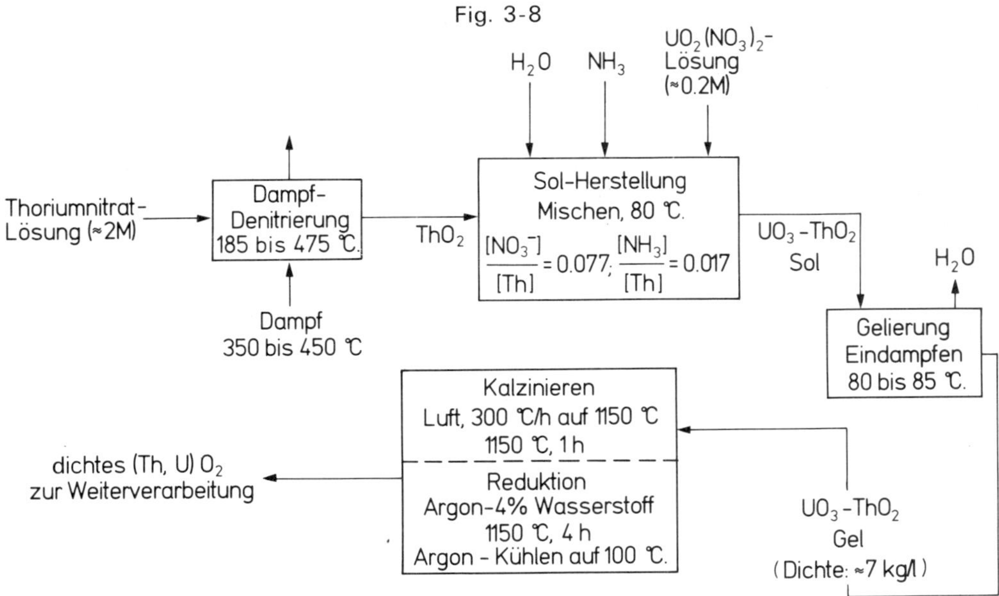

Fließschema des ORNL-Sol-Gel-Prozesses [1].

Zunächst wird das ThO_2-Sol hergestellt: Kristallines Th-Nitrat oder 2 M $Th(NO_3)_4$-Lösung wird durch Überleiten bzw. Einleiten von Dampf bei 185 bis 485 °C auf ein Molverhältnis von etwa $NO_3^-:Th=0.025$ denitriert. Durch Zugabe von verdünnter Salpetersäure bei 80 °C wird unter starkem Rühren ein ThO_2-Sol mit $NO_3^-:ThO_2=0.11$ erzeugt. Bei der Herstellung von $(Th,U)O_2$-Mikrokügelchen gibt man zu diesem Sol eine ca.

Literatur zu 3.3.1.2.2 s. S. 76/8

2 M $UO_2(NO_3)_2$-Lösung zu und stellt die Lösung auf ein Verhältnis $NH_3:Th=0.017$ ein.

Zur Gelierung des Sols wird unter Verwendung eines entsprechenden Dispersers (der bis zu 10^5 gleich große Tropfen pro Minute erzeugen kann [2]) das Sol in das wasserentziehende Medium – die Gelierflüssigkeit – eingetropft. Dies ist der kritischste Schritt im ganzen Verfahren, da die Größe der Tröpfchen die Größe der Mikrokügelchen bestimmt. Im ORNL-Prozeß wird als wasserentziehendes Medium 2-Äthylhexan-1-ol verwendet, wobei auf eine weitgehend vollständige Wiedergewinnung des Gelierungsmittels Wert gelegt wird. Um hochdichte Mikrokügelchen mit guten mechanischen Eigenschaften zu erhalten, muß dem Sol das Wasser langsam entzogen werden – ein zu rascher Wasserentzug führt zur Bildung von Hohlpartikeln oder zum Zerbrechen des Tropfens.

Die abfiltrierten Gel-Teilchen (Dichte des UO_3-ThO_2-Gels: ca. 3 kg/l) werden langsam getrocknet, indem erhitzter Wasserdampf (oder Argon) durch die geheizte (Borsilikat-) Fritte geleitet wird.

Die getrockneten Gel-Teilchen werden bei 1150 °C/1 bis 4 h an der Luft gesintert, wobei langsam aufgeheizt werden muß (100 bis 500 °C:100 °C/h; 500 bis 1150 °C:300 °C/h). Um $(Th,U)O_2$-Mikrokügelchen zu erhalten, muß der UO_{2+x}-Anteil in einem Ar-4% H_2-Gemisch bei 1150 °C/4 h reduziert werden. Anschließend wird unter Argon abgekühlt.

Ein etwas anderes Verfahren zur Herstellung eines nitratarmen Thoriumsols wird in [7] beschrieben. Dazu wird die Th-Nitratlösung mit einer 50 Vol-%igen Lösung von Primene JMT (einem primären Amin) in Solvesso 100 (einem aromatischen Naphtha-Lösungsmittel) in Kontakt gebracht, wobei die Nitrat-Ionen extrahiert werden. Bei 90 °C und einer Kontaktzeit von ca. 2 min erhält man Lösungen mit einem NO_3^-:Th-Verhältnis von 1 bis 1.2. Liegt dieses Verhältnis unter 1, so treten Ausfällungen ein. Die Gelierung des Sols erfolgt mit Hilfe eines Dispersionsmittels aus Alphanol-79 (einem Gemisch aus langkettigen Alkoholen) mit einem Zusatz von 1 bis 2 Vol-% Primene und 0.5% Span-85 als oberflächenaktivem Agens. Beim Übergang eines 400 µm großen Teilchens vom Sol in den Gelzustand wurden folgende Änderungen der Zusammensetzung beobachtet:

	im Sol, in g	im Gel, in g
Th	6.4×10^{-5}	6.4×10^{-5}
NO_3	8.6×10^{-6}	1.7×10^{-6}
OH	1.6×10^{-5}	1.8×10^{-5}
NO_3:Th	≈0.5	≈0.1

Das nachfolgende Sintern erfolgt bei 1100 bis 1200 °C mit einer Aufheizgeschwindigkeit von 200 bis 300 °C/h.

Nach [10] wird zur Extraktion der Nitrat-Ionen aus der Th-Nitratlösung eine 0.75 M Amberlite LA-2-Lösung (ein stark verzweigtes, sekundäres Amin) in n-Paraffin bei 50 bis 60 °C verwendet. Nach der NO_3^--Extraktion wird die Lösung 10 min auf 95 bis 100 °C erhitzt, was zu einem Sol mit Teilchen von 10 bis 40 Å Durchmesser führt. Es ist auch möglich, aus einer Th-Nitratlösung mit NH_3 ausgefälltes ThO_2·aq mittels eines Unterschusses an verdünnter Salpetersäure in ein ThO_2-Sol überzuführen. Allerdings darf dazu kein stark gealtertes ThO_2·aq benutzt werden, besonders wenn konzentrierte Sole hergestellt werden sollen [8]. Die Abhängigkeit der Menge des peptisierten ThO_2, der Kristallitgröße des nicht peptisierten ThO_2 und des pH-Wertes des Sols für verschiedene

Literatur zu 3.3.1.2.2 s. S. 76/8

Nitratkonzentrationen (Nitrat als HNO_3) von der Zeit gibt **Fig.** 3-**9** wieder. Zur Herstellung des Sols wurde das $ThO_2 \cdot aq$ mit der Nitratlösung gekocht [8]. Weiterhin ist es möglich, die Th-Nitratlösung durch vorsichtige Zugabe von z.B. Ammoniak oder Pyridinbasen direkt in das Sol überzuführen [32, 39].

Fig. 3-9

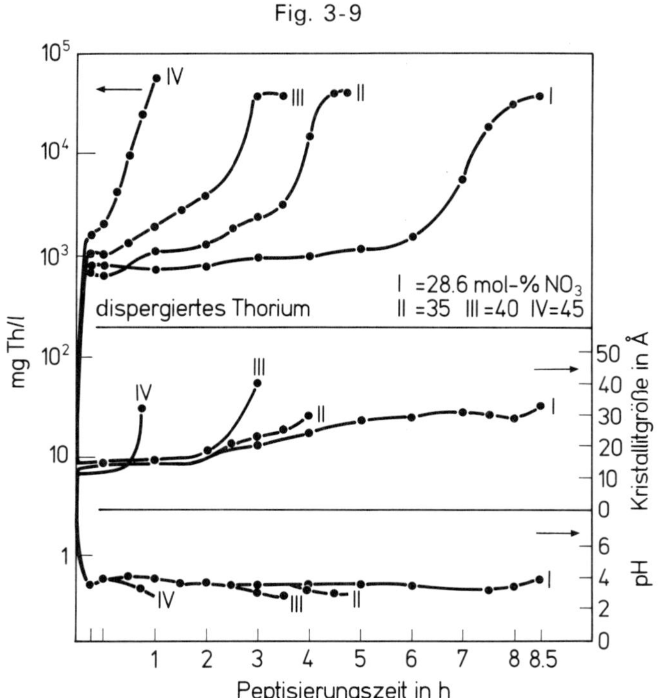

Abhängigkeit der Menge des peptisierten ThO_2 (oben), der Kristallitgröße des nichtpeptisierten ThO_2 (Mitte) und des pH-Wertes des Sols (unten) von der Zeit für die Dispergierung von $ThO_2 \cdot aq$ in Salpetersäure verschiedener Konzentration (100% Nitrat bedeutet $Th^{4+} : NO_3^- = 1:4$) [8].

Der Unterschied zwischen den auf verschiedene Weise hergestellten ThO_2-Solen liegt darin, daß das aus gefälltem ThO_2 bzw. dialysiertem ThO_2 gewonnene Sol amorphes ThO_2 enthält, während das ThO_2-Sol aus denitriertem Th-Nitrat aus ca. 80 Å großen Teilchen besteht [10].

Als geeignet zur Dehydratisierung des Sols werden noch Isopropanol, Hexanol, Butanol, 2-Äthylhexan-1-ol, Isoamylalkohol und Isobutanol erwähnt [17 bis 35, 46].

Zu den sog. „Gel-Fällungsverfahren" ist der in [3] beschriebene industrielle Prozeß zu rechnen (**Fig.** 3-**10**, S. 74), nach dem sowohl ThO_2-Mikrokügelchen (auch als „Kerne" bezeichnet) als auch $(Th,U)O_2$-Mikrokügelchen und mit SiO_2 bzw. Al_2O_3 dotierte Mikrokügelchen [4] hergestellt werden können.

Uranylnitratlösung wird im vorgesehenen Mischungsverhältnis mit Thoriumnitratlösung von pH 3.5 bis 4.0 sowie Polyvinylalkohollösung (PVA) und anderen Hilfsstoffen zu einer homogenen Mischung verarbeitet. Die hergestellte Gießlösung wird durch Düsen

Literatur zu 3.3.1.2.2 s. S. 76/8

Fig. 3-10

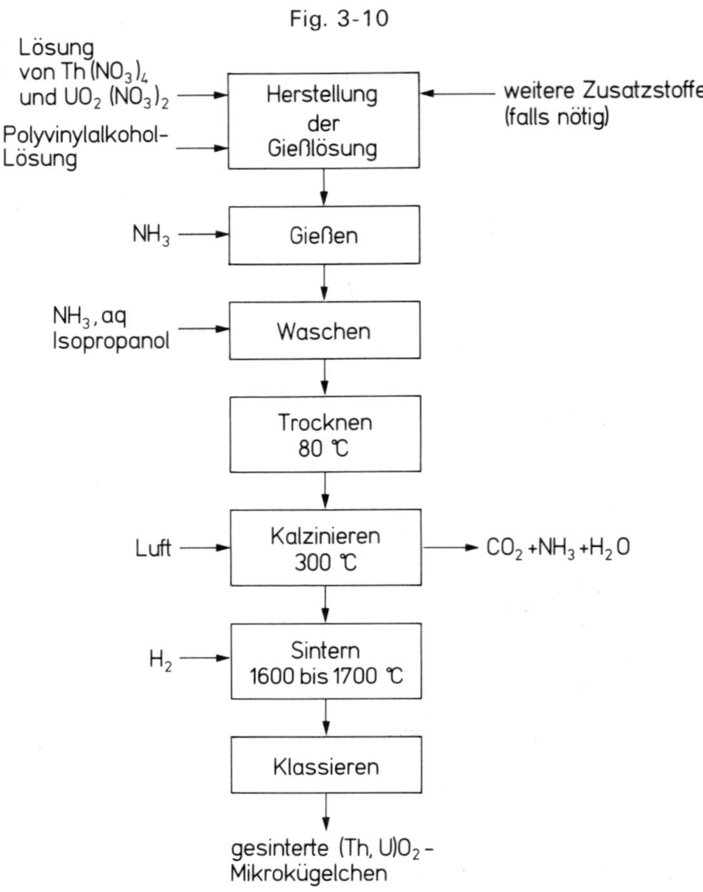

Fließschema für das Gel-Fällungsverfahren zur Herstellung von $(Th, U)O_2$-Mischoxid-Mikrokügelchen [3].

gedrückt, wobei die resultierenden Flüssigkeitsstrahlen unter der Einwirkung eines elektromagnetischen Schwingsystems uniforme Tropfen bilden. Die Tropfen werden durch Reaktion mit NH_3-Gas vorgehärtet und in NH_3-Lösung aufgefangen. Anschließend werden die kugelförmigen Teilchen mit Ammoniakwasser NH_4NO_3-frei gewaschen und mit Isopropanol entwässert. Getrocknet wird durch Abdestillieren des Isopropanols bei 400 Torr. Die getrockneten Teilchen werden an Luft bei 300 °C kalziniert, wobei Thoriumoxidhydrat entwässert und Ammoniumdiuranat sowie PVA und andere Hilfsstoffe thermisch zersetzt werden. Anschließend werden die Kerne in H_2-Atmosphäre zu $(Th,U)O_2$-Mischoxid von 97 bis 99% der theoretischen Dichte gesintert. Die Kerne werden schließlich gesiebt, durch Sortieren auf vibrierenden Platten von Fehlformen (Unrunde, Zwillinge) getrennt und in Beschichtungschargen aufgeteilt.

Ein diesem Prozeß relativ ähnliches Verfahren ist der italienische SNAM-Prozeß [5, 6, 14], bei dem eine hochviskose Th-Nitratlösung durch Zusatz von Methocel 90 HG der Fa. Dow Chemical, einem Cellulosederivat, erzeugt wird. Einer teilweise hydrolysierten 0.5 bis 0.7 M $Th(NO_3)_4$-Lösung setzt man 5 bis 10 g Methocel/l zu. Durch Eintropfen

Literatur zu 3.3.1.2.2 s. S. 76/8

in eine wäßrige NH_3-Lösung erzeugt man das ThO_2-Gel, das nach Alterung gewaschen, getrocknet und bei 1300 bis 1350 °C/1 h in H_2- oder Ar/4% H_2-Atmosphäre (zur Reduktion von U^{IV} bei der Herstellung von $(Th,U)O_2$-Mikrokügelchen zu Teilchen mit >96% Dichte) gesintert wird. Bei einer Sintertemperatur von 1600 °C erhält man Teilchen mit $98.5 \pm 0.5\%$ der theoretischen Dichte.

Andere polymere organische Substanzen, die zur Herstellung einer hochviskosen Th-Nitratlösung verwendet werden, sind Dextran [9] und Naturgummilösungen [9] bzw. wasserlösliche polymere organische Verbindungen allgemein [16].

Als geeignet für die Herstellung eines ThO_2-Sols werden in der Literatur noch folgende Methoden erwähnt:

Elektrodialyse einer Th-Sulfatlösung unter Verwendung einer für Th^{4+}-Ionen durchlässigen Membran [47],

Zusatz eines Anionenaustauschers zur Adsorption der Anionen. Hierbei wird gleichzeitig ein Wachstum eventuell schon vorhandener ThO_2-Teilchen beobachtet [48, 49],

Hydrolyse einer Th-Nitratlösung im Autoklaven bei 120 bis 150 °C/8 bis 20 h [50],

Oxidation einer Th-Oxalat-Aufschlämmung mit anschließender Abtrennung der unlöslichen Komponente [51],

Zusatz von $Mg(NO_3)_2$-Lösung (entsprechend 1 Gew.-% MgO) zu einem ThO_2-Sol aus denitriertem Th-Nitrat [52]. Bei Zugabe der $Mg(NO_3)_2$-Lösung verdickt sich das Sol, es läßt sich aber in normaler Weise weiter verarbeiten. Der MgO-Zusatz bewirkt, daß sich die geglühten ThO_2-Mikrokügelchen in Säuren schneller auflösen.

Anstelle von Ammoniak werden zur Gelierung der hochviskosen Th-Nitratlösung auch andere Basen benutzt, z.B. Hexamethylentetramin [11, 12, 36, 37, 45, 88], Pyridin [38], Acetamid, NH_4CN, Harnstoff bzw. NH_4-carbamat [12, 96]. Nach [15] wird eine NH_3-Lösung benutzt, die mit einer $(CH_3)_2CHCH_2COCH_3$-Schicht überdeckt ist.

Um von einem ThO_2-Sol oder einer durch Zusatz von Polymeren in einen hochviskosen Zustand überführten Th-Nitratlösung zu ThO_2-Mikrokügelchen zu kommen, werden noch verschiedene andere Verfahren vorgeschlagen (die aber vermutlich nie in größerem Maßstab eingesetzt wurden):

Gefriertrocknung des in eine Kühlflüssigkeit (Trichloräthylen) versprühten Sols bei ca. −20 °C im Vakuum bei 10^{-4} bis 10^{-6} Torr. Nach dem Verglühen bei 1000 bis 1800 °C/4 bis 6 h erhält man Mikrokügelchen mit der sehr niedrigen Dichte von 17 bis 64% der theoretischen Dichte [40, 41]. Als Kältemittel wird auch Hexan bei −40 °C vorgeschlagen [42].

Dispersion des Sols unter Verwendung von Ultraschall und hohem statischen Druck [43].

Weitere Literaturangaben (meist Reports und Patente) über die Herstellung von ThO_2- und den kerntechnisch bedeutend wichtigeren $(Th,U)O_2$-Mikrokügelchen finden sich in [53 bis 81, 86 bis 89, 92]; hier sind neben der Beschreibung von Verfahrensvariationen und -techniken auch Angaben über die bei diesen Verfahren eingesetzten Apparate anzutreffen. Weitere Literaturangaben, in der Mehrzahl Berichte, finden sich auch in den Beiträgen zu den drei Symposien über „Sol-Gel-Verfahren" [82 bis 84]. Eine eingehende Beschreibung des ORNL-Verfahrens mit zahlreichen Literaturstellen, speziell ORNL-Berichte, s. auch [87].

Literatur zu 3.3.1.2.2 s. S. 76/8

Kügelchen aus ThO_2 lassen sich auch unter Verwendung eines Lasers (CO_2-Laser bei 10.6 µm, 250 W) herstellen, wobei das ThO_2 geschmolzen wird [90, 91].

Dichte von ThO_2- bzw. $^{238}PuO_2$-Mikrokügelchen s. [93]. Bestimmung von Restgasmengen bzw. von Nitratspuren in hochdichten Mikrokügelchen s. [85, 94, 95].

Literatur zu 3.3.1.2.2:

[1] P.A. Haas, S.D. Clinton (Ind. Eng. Chem. Prod. Res. Develop. **5** [1966] 236/44). – [2] P.A. Haas (AIChE [Am. Inst. Chem. Engrs.] J. **21** [1975] 383/5). – [3] M. Kadner, J. Baier (Kerntechnik **18** [1976] 413/20). – [4] R. Förthmann, E. Groos, H. Grübmeier (JUEL-1226 [1975]). – [5] G. Brambilla, P. Gerontopulos, D. Neri (Energia Nucl. [Milan] **17** [1970] 217/24).

[6] G. Facchini (Energia Nucl. [Milan] **17** [1970] 225/33). – [7] M. Zifferero (Sol-Gel Processes Ceram. Nucl. Fuels Proc. Panel, Wien 1968, S. 9/20). – [8] M.E.A. Hermans, J.B.W. Kanij, A.J. Noothout, T. van der Plas (Sol-Gel Processes Ceram. Nucl. Fuels Proc. Panel, Wien 1968, S. 21/32). – [9] C.J. Hardy (Sol-Gel Processes Ceram. Nucl. Fuels Proc. Panel, Wien 1968, S. 33/42). – [10] R.G. Wymer (Sol-Gel Processes Ceram. Nucl. Fuels Proc. Panel, Wien 1968 S. 131/72); STI/PUB-207 [1968]).

[11] T. van der Plas, M.E.A. Hermans (Belg. P. 668810 [1966] 10 S.; C.A. **66** [1967] Nr. 51524). – [12] W.R. Grace & Co. (Neth. Appl. 6605275 [1966] 19 S.; C.A. **66** [1967] Nr. 61142). – [13] Stichting Reactor Centrum Nederland (B.P. 904679 [1962] 2 S.; C.A. **57** [1962] 14677). – [14] SNAM S.p.A. (Neth. Appl. 6407672 [1965] 6 S.; C.A. **64** [1966] 4655). – [15] K. Heinz, E. Zimmer (Deut. Offenlegungsschrift 2147472 [1973] 13 S.; C.A. **80** [1974] Nr. 33088).

[16] G. Bezzi, A. Facchini, G. Martigani, M. Pastore (Deut. Offenlegungsschrift 2450916 [1975]; C.A. **83** [1975] Nr. 105212). – [17] Y. Yamazaki, K. Yoshida, M. Komori (Nippon Genshiryoku Gakkaishi **5** [1963] 225/30; C.A. **61** [1964] 2669). – [18] SNAM Progetti S.p.A. (F.P. 1507984 [1967]; C.A. **70** [1969] Nr. 43254). – [19] H. Flack, M.G. Sanchez, Ch.T. Lamberth (F.P. 1538005 [1968] 7 S.; C.A. **71** [1969] Nr. 87013). – [20] S.D. Clinton (Proc. Intern. Solvent Extr. Conf., Lyon 1974, Bd. 3, S. 2483/510; C.A. **83** [1975] Nr. 137255).

[21] P.A. Haas (D.P. 2423049 [1974] 24 S.; C.A. **82** [1975] Nr. 130868). – [22] M.G. Sanchez, J. Block, H.P. Flack (Deut. Offenlegungsschrift 2231305 [1973] 23 S.; C.A. **78** [1973] Nr. 99850). – [23] M.J. Fulwyler (Deut. Offenlegungsschrift 2210792 [1971] 18 S.; C.A. **78** [1973] Nr. 99759). – [24] P.A. Haas (ORNL-TM-3978 [1972] 38 S.; C.A. **79** [1973] Nr. 12538). – [25] P.A. Haas, F.G. Kitts, H. Beutler (ORNL-P-2796 [1966] 32 S.; C.A. **68** [1968] Nr. 8491).

[26] S.D. Clinton (ORNL-TM-2163 [1968] 112 S.; C.A. **69** [1968] Nr. 112575). – [27] P.A. Haas, S.D. Clinton (U.S.P. 3617585 [1971]; C.A. **76** [1972] Nr. 41206). – [28] Y. Yamazaki, K. Yoshida, M. Komori (Nippon Genshiryoku Gakkaishi **9** [1967] 326/31; C.A. **67** [1967] Nr. 121682). – [29] P.A. Haas, S.D. Clinton (U.S.P. 3331898 [1967] 4 S.; C.A. **67** [1967] Nr. 69906). – [30] P.A. Haas (ORNL-4398 [1969] 66 S.; C.A. **72** [1970] Nr. 95816).

[31] S.D. Clinton, P.A. Haas (Belg. P. 667512 [1965] 26 S.; C.A. **65** [1966] 14804). – [32] Japan Atomic Energy Research Institute (B.P. 997314 [1965] 4 S.; C.A. **63** [1965] 12715). – [33] C.C. Haws (U.S.P. 3105052 [1963] 4 S.; C.A. **60** [1964] 2526). – [34] H.P. Flack, M.G. Sanchez, Ch.T. Lamberth (U.S.P. 3384687 [1968]

5 S.; C.A. **69** [1968] Nr. 44931). – [35] P.A. Haas, M.H. Lloyd, W.D. Bond, J.P. McBride (ORNL-P-2159 [1966]; C.A. **66** [1967] Nr. 22520).

[36] T.A. Gens (ORNL-TM-1508 (1966] 27 S.; C.A. **66** [1967] Nr. 71559). – [37] R. Forthmann (Ber. Kernforschungsanlage Jülich Nr. 950-RW [1973] 35 S.; C.A. **79** [1973] Nr. 152076). – [38] S. Prakash, Y.N. Chatarvedi (J. Indian Chem. Soc. **34** [1957] 779). – [39] R. Prasad, M.L. Beasley, W.O. Milligan (J. Electronmicroscopy [Tokyo] **16** [1967] 101/9). – [40] R.A. Bowman (ORNL-TM-2872 [1970] 9 S.; N.S.A. **24** [1970] Nr. 21414).

[41] R.A. Bowman, R.L. Pilloton (U.S.P. 3422167 [1969] 2 S.; C.A. **70** [1969] Nr. 63288). – [42] M.C. Tinkle (U.S.P. 3776988 [1973] 2 S.; C.A. **80** [1974] Nr. 61627). – [43] A.B. Agranat, L.E. Kontorovich, N.I. Novikov (Primen. Ul'trazruka Met. Protsessakh **1972** 142/5; C.A. **78** [1973] Nr. 61289). – [44] C.C. Haws, P.A. Haas (ORNL-3382 [1963] 1/85; C.A. **59** [1963] 3503). – [45] Nukem, Nuklear-Chemie und -Metallurgie G.m.b.H. (B.P. 1169210 [1969] 3 S.; C.A. **72** [1970] Nr. 27491).

[46] P.A. Haas, S.D. Clinton (U.S.P. 3617585 [1971] 5 S.; C.A. **76** [1972] Nr. 1206). – [47] Th.L. O'Connor, W. Juda, P.H. McNally, N.W. Rosenberg (U.S.P. 3280011 [1966] 10 S.; C.A. **66** [1967] Nr. 15861). – [48] H. Witzmann, H. Schurmann (Reinststoffe Wiss. Tech. 1. Intern. Symp., Dresden 1961 [1963], S. 165/78; C.A. **60** [1964] 14150). – [49] G.B. Alexander, G.W. Sears (U.S.P. 3317432 [1967] 5 S.; C.A. **67** [1967] Nr. 15302). – [50] F.T. Fitch, J.G. Smith (U.S.P. 3356615 [1967] 3 S.; C.A. **69** [1968] Nr. 61825).

[51] R.H. Carrigan (Ann. N.Y. Acad. Sci. **145** [1967] 530/2). – [52] E.R. Russell, M.L. Hyder, W.E. Prout, C.B. Goodlett (Nucl. Sci. Eng. **30** [1967] 20/4). – [53] Th. L. O'Connor, W. Juda, P.H. McNally, N.W. Rosenberg (D.P. 1145157 [1963] 5 S.; C.A. **58** [1963] 13402). – [54] HOBEG Hochtemperaturreaktor Brennelement G.m.b.H. (F. Demande 2230409 [1974] 11 S.; C.A. **83** [1975] Nr. 49932). – [55] E. Zimmer, K. Hein (Deut. Offenlegungsschrift 2351861 [1975] 7 S.; C.A. **83** [1975] Nr. 34701).

[56] R.B. Fitts, H.G. Moore, A.R. Olsen, J.D. Sease (ORNL-4311 [1968] 11 S.; C.A. **70** [1969] Nr. 90376). – [57] J.L. Woodhead (Sci. Ceram. **4** [1968] 105/11; C.A. **70** [1969] Nr. 71335). – [58] G.W. Horsley, L.A. Podo (Schwz. P. 434500 [1967] 2 S.; C.A. **68** [1968] Nr. 55823). – [59] R.G. Wymer (ORNL-TM-2205 [1968] 63 S.; N.S.A. **22** [1968] Nr. 26073). – [60] P.A. Haas, C.C. Haws, F.G. Kitts, A.D. Ryon (ORNL-TM-1978 [1968] 49 S.; N.S.A. **22** (1968) Nr. 12476).

[61] W.J. Robertson, W.J.S. Smith, T.H. Sublett (CONF-66-104-8 [1966] 14 S.; C.A. **67** [1967] Nr. 28344). – [62] T.A. Gens (U.S.P. 3320179 [1967] 9 S.; C.A. **67** [1967] Nr. 49750). – [63] G.L. Silver (MLM-1569 [1969] 29 S.; C.A. **72** [1970] Nr. 73655). – [64] G. Cogliati, R. Deteone, G.R. Guidotti, R. Lanz, L. Lorenzini, E. Mezi, G. Scibona (Proc. 3rd Intern. Conf. Peaceful Uses At. Energy, Geneva 1964 [1965], Bd. 11, S. 552/8). – [65] M.E.A. Hermans, H.S.G. Slooten (Proc. 3rd Intern. Conf. Peaceful Uses Atomic Energy, Geneva 1964 [1965], Bd. 11, S. 450/7).

[66] G.C. Wall, J. Bardsley (Deut. Offenlegungsschrift 2045210 [1971] 13 S.; C.A. **74** [1971] Nr. 102624). – [67] P.C. Yates (U.S.P. 3162605 [1964] 3 S.; C.A. **62** [1965] 7421). – [68] A.U. Daniels, M.E. Wadsworth (TID-15624 [1962] 15 S.; C.A. **59** [1963] 9537). – [69] R.L. Hammer, W.H. Smith (Belg. P. 651758 [1964] 12 S.; C.A. **64** [1966] 10723). – [70] M.M. Marisic (U.S.P. 2647875 [1953]; C.A. **47** [1953] 10771).

[71] R.R. Johnson (WAPD-TM-577 [1966] 48 S.; N.S.A. **20** [1966] Nr. 39362). – [72] M.E.A. Hermans, Th. van der Plas (RCN [Reactor Cent. Ned.] Meded. Nr. 28 [1968] 59/69; C.A. **69** [1968] Nr. 32274). – [73] R.C. Archibald, F.T. Eggertsen (U.S.P. 2519622 [1950]; C.A. **44** [1950] 10216). – [74] M. Komac, D. Kolar (Nukl. Energ. **5** [1968] 5/8; C.A. **69** [1968] Nr. 82661). – [75] H. Langen, P. Naefe (Deut. Offenlegungsschrift 2363827 [1975] 13 S.; C.A. **84** [1976] Nr. 81414).

[76] H. Huschka, W. Warzawa (Deut. Offenlegungsschrift 2343123 [1973] 12 S.; C.A. **83** [1975] Nr. 49933). – [77] W.J. Lackey, J.D. Sease (U.S.P. 3889631 [1975] 7 S.; C.A. **83** [1975] 154429). – [78] K.J. Notz (ORNL-TM-1780 [1968] 59 S.; N.S.A. **23** [1969] Nr. 30108). – [79] H. Huschka, K.G. Hackstein, W. Warzawa (D.P. 1256137 [1967] 2 S.; C.A. **68** [1968] Nr. 55821). – [80] K.J. Notz (J. Phys. Chem. **71** [1967] 1965/6).

[81] J.B. Donnet, J. Lahaye, J.P. Giboz (Compt. Rend. C **266** [1968] 860/2). – [82] IAEA (Sol-Gel Processes Ceram. Nucl. Fuels Proc. Panel, Wien 1968; STI/PUB-207 [1968] 176 S.). – [83] Symp. Sol-Gel Processes Reactor Fuel Cycles, Gatlinburg 1970; CONF-700502 [1970] 584 S. – [84] Sol-Gel Symp., Turin 1967. – [85] C.S. Olsen, F.A. Olson, M.E. Wadsworth (TID 22505 [1965], 12 S.; C.A. **65** [1966] 18300).

[86] D.C. Canada, W.R. Laing (Anal. Chem. **39** [1967] 691/2). – [87] D.E. Ferguson (Progr. Nucl. Energy, III **4** [1970] 37/78). – [88] A.J. Noothout (U.S.P. 3717581 [1973] 5 S.; C.A. **79** [1973] Nr. 7481). – [89] C.S. Morgan, K.H. McCorkle, G.L. Powell (J. Am. Ceram. Soc. **59** [1976] 104/7). – [90] L.S. Nelson, S.R. Skaggs, N.L. Richardson (Laser J. **3** [1971] 12/3).

[91] L.S. Nelson, S.R. Skaggs, N.L. Richardson (J. Am. Ceram. Soc. **53** [1970] 115/6). – [92] LeRoy W. Davis (Metal Progr. **83** [1963] 105/8). – [93] R.L. Wise, J.E. Selle (Microstruct. Sci. B **3** [1975] 861/8). – [94] P. Chastagner (DP-1201 [1969] 9 S.; C.A. **72** [1970] Nr. 73601). – [95] W.G. Ellis (NLCO-1006 [1967] 14 S.; C.A. **69** [1968] Nr. 40942).

[96] W.R. Grace & Co. (Neth. Appl. 6604972 [1966] 15 S.; C.A. **66** [1967] Nr. 61145).

Colloidal ThO_2

3.3.1.2.3. Kolloidales ThO_2

Festes kolloidales ThO_2 wird vorwiegend hergestellt durch: Fällung als $ThO_2 \cdot aq$ – sehr häufig fälschlicherweise als $Th(OH)_4$ bezeichnet – durch Umsetzung von Th^{4+}-Salzlösung mit Alkalien, vorzugsweise durch Zugabe von wäßriger NH_3-Lösung, sowie durch hydrothermale Zersetzung eines Th-Salzes mit flüchtigem Anion, vorzugsweise Th-Nitrat.

Die Fällung von $ThO_2 \cdot aq$ liefert ein Produkt, dessen Eigenschaften stark von den Fällungsbedingungen abhängig und kaum reproduzierbar sind. Untersuchungen an kolloidalem ThO_2, das durch rasche Zugabe einer NH_3-Lösung zu einer Th-Chloridlösung erhalten wurde, zeigen mittels Elektronenmikroskopie und Elektronenstreuung, daß das primäre Fällungsprodukt röntgenamorph ist. Beim Altern unter Wasser bilden sich bei Raumtemperatur innerhalb einiger Monate Kristallite von kubischem ThO_2, bei 100 °C läuft dieser Prozeß jedoch schon in wenigen Tagen ab [32].

Die Hydrolyse einer Th-Chloridlösung bei 80 °C bzw. – in Ampullen – bei 180 °C führt zur Bildung von dünnen Blättchen oder plättchenähnlichen, 400 bis 4000 Å dicken Agglomerationen, die in wäßriger Suspension glitzern und nach Trocknen Interferenzfarben zeigen. Aus elektronenmikroskopischen Betrachtungen geht hervor, daß diese Agglomera-

Literatur zu 3.3.1.2.3 s. S. 85/7

tionen aus scheibchenartigen Teilchen mit ThO_2-Kristalliten von 20 bis 30 Å Durchmesser bestehen. In wäßriger Lösung rollen sich diese Blättchen zu kleinen Röllchen zusammen [32].

Weitere Angaben über die Morphologie von ThO_2-Kolloiden (aus Th-Nitrat) s. [70]. Das nichtkristalline ThO_2 besteht aus 4 bis 20 mm breiten und 700 mm langen Filamenten, die sich zu sphärischen Agglomeraten zusammenlagern.

Inwiefern bei der Bildung von ThO_2-Kolloiden aus Th-Chloridlösung ein Cl^--haltiges Produkt mit echt eingebauten, nicht adsorbierten Cl^--Ionen entsteht, ist ungeklärt. Wegen der großen Zahl „echter" Th-OH-Bindungen ist jedoch die in [65] angegebene Formulierung $(\text{-Th(OH)}_2\text{O-})_n\text{-Th(OH)}_3^+\text{Cl}^-$ in Zweifel zu ziehen.

Ein relativ einheitliches Produkt von kolloidalem ThO_2 erhält man durch Hydrolyse von Th-Nitrat in überhitztem Dampf von bis zu 600 °C, auch im kg-Maßstab, in einem rotierenden, extern beheizten Stahlzylinder [77]. Dieses kolloidale ThO_2 ist in Wasser leicht zu einem Sol dispergierbar, unabhängig davon, ob von festem, kristallinem ThO_2 ausgegangen wurde oder von einer Th-Nitratlösung (z.B. aus der Aufarbeitung von $(Th,U)O_2$-Kernbrennstoff). Die Denitrierung in überhitztem Wasserdampf bietet im Vergleich zur thermischen Zersetzung von Th-Nitrat an Luft einige wesentliche Vorteile. So ist die Denitrierung bedeutend rascher und das erhaltene Produkt in Wasser schneller und vollständig dispergierbar. Weiterhin ist die Abgasbehandlung wesentlich vereinfacht, da der austretende Dampf nur kondensiert werden muß und keine Alkaliwäsche – wie bei NO_2-haltiger Luft – nötig ist. Führt man die Dampfdenitrierung bei maximal 485 °C durch, so erhält man ein ThO_2-Produkt mit etwa 70 Å großen Teilchen [77]. Das gebildete Produkt ist ein grobkörniges frei fließendes Pulver.

Für ein durch Hydrolyse-Dialyse erzeugtes kolloidales ThO_2 werden Teilchengrößen im Bereich einiger Hundert Å angegeben [78]. Zur Bestimmung der Größe und der Größenverteilung von kolloidalem ThO_2 werden neben dem Verfahren der Elektronenmikroskopie bzw. Lichtstreuung [10 bis 12, 23, 32, 70, 78] die Sedimentationsanalyse – hier auch direkt für die Mikrokügelchen – [13 bis 19] sowie besonders röntgenographische Methoden (Kleinwinkelstreuung und Linienverbreiterung von Beugungsreflexen) [1 bis 10, 20, 76] herangezogen. Auch eine Teilchengrößebestimmung über die Ermittlung der spezifischen Oberfläche ist möglich, allerdings ist bei der Auswertung des im allgemeinen eingesetzten BET-Verfahren wegen möglicher Verfälschung durch Adsorption von Fremdionen eine kritische Betrachtungsweise notwendig (die leider nicht immer zu beobachten ist). Ein Vergleich der nach verschiedenen Verfahren für unterschiedlich hergestellte ThO_2-Kolloide erhaltenen mittleren Teilchenabmessungen gibt Tabelle 3/8 [1]. Dabei weichen besonders die nach dem Verfahren der Lichtstreuung ermittelten Werte stärker ab, die Werte nach dem BET-Verfahren und der röntgenographischen Methode liegen innerhalb einer mit ±15% als gut zu bezeichnenden Schwankungsbreite. Zur näheren Diskussion dieser Daten s. [1, 4]. Die relativ gute Übereinstimmung zwischen BET- und Röntgenmessungen wird in [12] bestätigt. Messungen an kolloidalem ThO_2 mit Teilchen von 64 bis 400 Å Größe über Kleinwinkelstreuung und Linienverbreiterung ergeben übereinstimmende Resultate [3]. Nach [10] sind auch die über Linienverbreiterung von Röntgenstrahlen bzw. über die Elektronenmikroskopie erhaltenen Teilchengrößen vergleichbar.

Die Teilchengrößeverteilung eines ThO_2-Sols mit 0.5 bis 1 Gew.-% ThO_2, das durch Kochen unter Rückfluß einer Th-Chloridlösung erhalten wurde, aus Messungen der Kleinwinkelstreuung, zeigt **Fig. 3-11**, S. 80 [2]. Für die Verteilungsfunktion

$$F(R) = \frac{1}{R \ln \sigma \sqrt{2\pi}} (\exp -(\ln R - \ln \mu)^2 / 2 \ln^2 \sigma)$$

Literatur zu 3.3.1.2.3 s. S. 85/7

Tabelle 3/8
Vergleich der nach verschiedenen Verfahren ermittelten Teilchengröße für ThO_2-Sol [1].

Herstellung	NO_3:Th im Sol	Teilchengröße in Å			
		Kleinwinkelstreuung	BET	Linienbreite	Lichtstreuung
Th-Oxalat bei 850 °C kalziniert, das gebildete ThO_2 bei 90 °C in verdünntem HNO_3 dispergiert, Filtration und Zentrifugieren der Lösung	0.031	430	445	461	987
Wie zuvor, nur Kalzinierung bei 500 °C, ohne Filtration	0.233	62	68	74	154
Th-Nitrat bei 450 °C Dampf-denitriert, das gebildete ThO_2 bei 90 °C mit verdünntem HNO_3 dispergiert, Lösung filtriert	0.270	60	84	54	272
$ThO_2 \cdot aq$ aus $Th(NO_3)_4$-Lösung mit NH_3 bei 27 °C ausgefällt, bei Raumtemperatur mit verdünntem HNO_3 dispergiert	0.90		>6000	<20	62

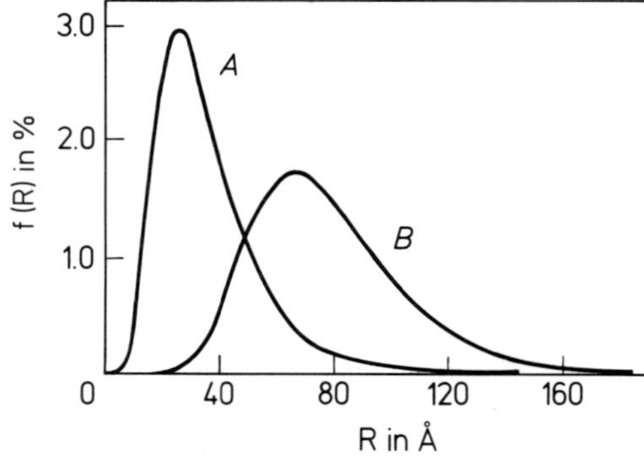

Fig. 3-11

Teilchengrößeverteilung f(R) eines durch Kochen von $ThCl_4$-Lösungen unter Rückfluß erhaltenen ThO_2-Sols [2].

A: 9 h Erhitzen (33.2 Å)
B: 20 h Erhitzen (74.2 Å)

(μ=geometrisches Mittel der Größenverteilung, σ=geometrische Standardabweichung der Verteilung) wurde die Lösung

$$\ln \mu = \ln R - 1.71 \ln(R/P)$$

(R=Guinier-Radius der Kugelteilchen, P=mittlerer Radius) herangezogen.

Bei Untersuchungen der Struktur einer stark hydrolysierten Th^{4+}-Lösung, die durch Extraktion der NO_3^--Ionen aus einer $Th(NO_3)_4$-Lösung mittels eines Amins erhalten wurde [8], wurde Klein- und Großwinkelstreuung mit Cu Kα- und Mo Kα-Strahlung herangezogen. Während in der nichthydrolysierten Lösung das Th^{4+}-Ion von ca. 12 O-Atomen des H_2O und des NO_3^- umgeben ist, beträgt die Koordinationszahl des Th^{4+} in der hydrolysierten Lösung (OH:Th ($\hat{=} n_{OH}$) $\approx$2.9) nur noch etwa neun. Im Beugungsdiagramm

Literatur zu 3.3.1.2.3 s. S. 85/7

des gebildeten mehrkernigen Hydrolysekomplexes beobachtet man einen dem kürzesten Th-Th-Abstand zuzuschreibenden Peak bei 4.0 Å, wobei jedes Th^{4+} vier solch nächster Nachbarn besitzt, sowie zwei weitere schwächere Peaks bei 6.5 und 7.5 Å, die Th-Th- und Th-O-Wechselwirkungen zugeordnet werden.

Aus diesen Befunden läßt sich ableiten, daß die Grundeinheit des mehrkernigen Komplexes im ThO_2-Sol ein leicht verzerrtes Th_4-Tetraeder ist. Dabei sind drei derartige Tetraeder über Flächen zu einem Th_6O_7-Komplex verbunden (**Fig. 3-12**). Die Anordnung der Th-Atome in diesem Komplex ist von der im ThO_2-Kristallgitter verschieden, obwohl die Th-Atome in beiden Strukturen über Sauerstoffbrücken miteinander verbunden sind.

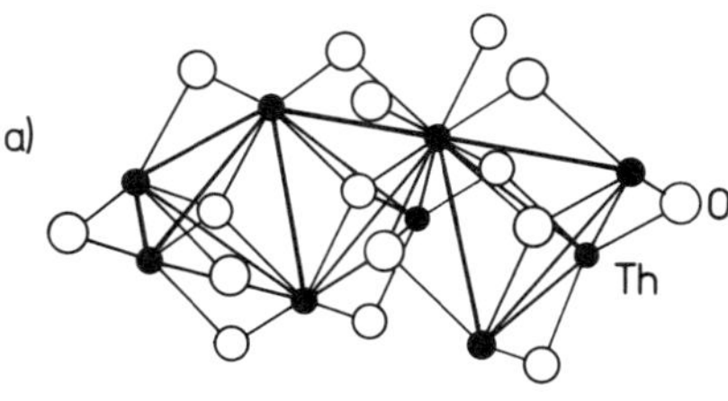

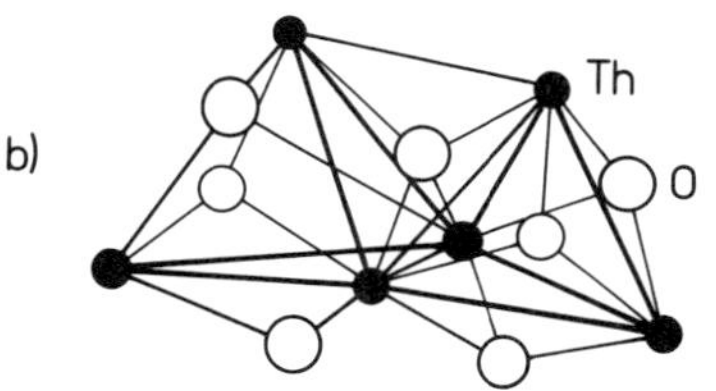

Fig. 3-12

Anordnung der Th- und O-Atome in ThO_2 (a) und im mehrkernigen Hydrolysekomplex Th_6O_7 (b) [8].

Erhitzt man die Lösung weiter auf 80 bis 90 °C und bringt sie dann durch erneute Nitratextraktion auf $n_{OH} \approx 3.6$, so beobachtet man die Bildung kleiner Kristallite mit 30 bis 40 Å Größe, welche ThO_2-Struktur aufweisen [8]. Diese Kristallite können sich ohne irgendwelche Ordnung miteinander zu größeren Einheiten verbinden.

Von den chemischen Eigenschaften des kolloidalen ThO_2 sowie des ThO_2-Sols ist die Fähigkeit, andere Substanzen an der Oberfläche zu adsorbieren, besonders bemerkenswert. Für monomere saure Spezies wird ein Sättigungswert der Adsorption von 4 bis 6 $\mu mol/cm^2$ gefunden [77].

Bei der Adsorption von Wasser an kolloidales ThO_2 ist die erste Schicht mit höherer Energie chemisorbiert ($\gtrsim 22$ kcal/mol) als die nächsten beiden Schichten (≈ 3 bis 8 kcal/mol), was auf eine Wasserstoffbindung schließen läßt [79, 80]. Zusätzliches Wasser ist physikalisch adsorbiert, und das Adsorptionsverhalten läßt sich durch eine BET-Adsorptionsisotherme für Multischichten beschreiben. Nach neueren Untersuchungen [81] werden in einem nach dem ORNL-Verfahren hergestellten ThO_2-Gel die Agglomerate von Mikrokristalliten durch eine Schicht sorbierten Wassers verbunden. Dieses Wasser ist nur durch langes Erhitzen zu entfernen, selbst bei 500 °C liegt noch eine feste Chemisorption des Wassers vor.

Nach [6] ist in einem ThO_2-Gel der Oxidkern von einer Schicht aus Hydroxylgruppen in den drei $(0,0,{}^1/_2)$-Richtungen der Fluoritstruktur umgeben, darum herum ist eine Wasserschicht angeordnet. Das Vorliegen sowohl von chemisch in Form von OH-Gruppen gebun-

Literatur zu 3.3.1.2.3 s. S. 85/7

denem Wasser als auch von physikalisch adsorbiertem Wasser ergibt sich aus infrarotspektroskopischen Untersuchungen an ThO_2-Gelen [21]. Über die Dissoziation dieser OH-Gruppen an der Oberfläche s. [22].

Zur Adsorption von CO_2 an kolloidalem ThO_2 s. [82]. Nach [27] führt die reversible Adsorption von CO_2 zu einer Versetzung von adsorbierten NO_3^--Ionen an der ThO_2-Oberfläche. Die Nitrat-Ionen scheinen dabei in zwei Formen adsorbiert zu werden, als ionisches Nitrat und einzähniger Ligand [25] oder als verzerrtes Nitratospezies, wobei letzteres mit zunehmendem Trocknungsgrad vorherrschen soll [83].

Zahlreiche Untersuchungen liegen über die Adsorption von Ionen an kolloidalem ThO_2 und an ThO_2-Gelen vor [67, 68, 77, 84 bis 87]. Hierbei wurde die Abnahme der Ionenkonzentration in Lösung gemessen oder das elektrokinetische Zeta-Potential [77]. Die Schwierigkeit, dieses Zeta-Potential eindeutig zu definieren bzw. daraus Schlüsse abzuleiten, ist in **Fig. 3-13** zu erkennen. Untersuchungen liegen vor über z.B. NO_3^-, $H_xP_yO_z^{(x+5y-2z)}$, $Si_xO_y^{(4x-2y)}$, CO_3^{2-}, Cl^-, U^{VI}, CrO_4^{2-}, Cs^+, I^- usw. Dabei ergibt sich, daß die Oberfläche von kolloidalem ThO_2 gegenüber Salzsäure weniger stabil ist als gegenüber Salpetersäure [85]. Phosphat-Ionen z.B. können ohne Auflösung des ThO_2 nicht desorbiert werden [87].

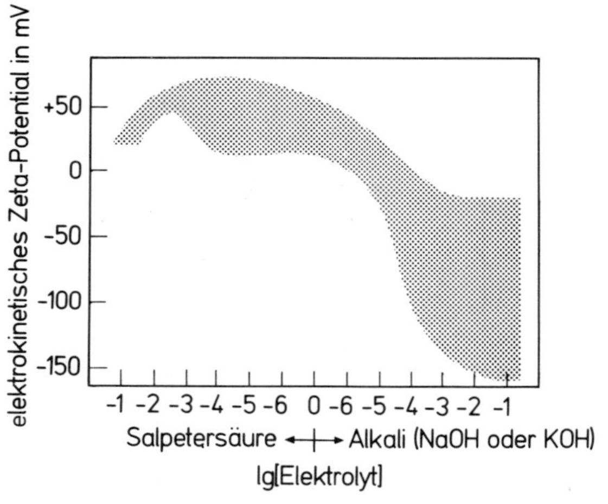

Fig. 3-13

Bereich des elektrokinetischen Zeta-Potentials für ThO_2-Kolloide, nach verschiedenen Messungen [77].

Besonders stark wird U^{VI} von der ThO_2-Kolloidoberfläche adsorbiert, was die Herstellung von $(U,Th)O_2$-Mikrokügelchen über den Sol-Gel-Prozeß sehr erleichtert. Genaue Untersuchungen über die Kinetik und die Thermodynamik dieser Adsorption liegen noch nicht vor. Erste Untersuchungen zeigen jedoch, daß die Struktur des adsorbierten Uranyl-Ions von der des freien UO_2^{2+} verschieden sein muß. Dies zeigen spektroskopische Untersuchungen sowie die Farbverschiebung von gelb nach tieforange bei der Adsorption der Uranyl-Ionen an der ThO_2-Oberfläche. Die Kinetik der Adsorption verläuft „langsam", bei niedriger U^{VI}-Konzentration aber quantitativ, wobei das adsorbierte U^{VI} fest gebunden ist [77].

Untersuchungen über das Kristallitwachstum, das Altern und die Koagulation von ThO_2-Solen und -Gelen s. [28 bis 61, 78, 89, 90]. Wie für Kolloide zu erwarten, wird durch einen Zusatz von Salzen die Koagulation beschleunigt, hierbei ist für ein ThO_2-Sol die Koagulationsgeschwindigkeit bei KNO_3-Zusatz größer als die bei KI-Zusatz [30]. Temperaturabhängigkeit der Koagulationsgeschwindigkeit s. [29]. Wirkung der Zugabe von Dioxan bzw. Äthanol s. [50]. Durch Zusatz von Nitrat-Ionen ist es möglich, mittels

Literatur zu 3.3.1.2.3 s. S. 85/7

KNO_3, K_2SO_4 und K-Citrat koaguliertes $ThO_2 \cdot aq$ zu repeptisieren [52]. ThO_2-Sole koagulieren auch nach einer Röntgenbestrahlung mit einer Dosis von (4.6 bis 9.4) $\times 10^{19}$ eV/cm^3, vermutlich wegen Bildung von Th-Peroxid [54]. Untersuchungen über die Stabilität eines ThO_2-Sols in Gegenwart oberflächenaktiver Verbindungen zeigen, daß in Gegenwart niedriger Konzentrationen die Stabilität des Sols abnimmt und ein Minimum bei 10^{-3} bis 10^{-4} M oberflächenaktiver Substanz erreicht [43]. Bei höheren Konzentrationen nimmt die Stabilität des Sols wieder zu infolge starker Adsorption der oberflächenaktiven Substanzen an der ThO_2-Sol-Oberfläche [43], Zeta-Potentialmessungen dazu s. [47]. Über den Einfluß von Zusätzen auf die Bildung von Filmen aus kolloidalem $ThO_2 \cdot aq$ mit Dicken bis 65 Å s. [48].

Die Alterungsgeschwindigkeit eines ThO_2-Sols steigt mit der Temperatur bis 80 °C linear an und fällt danach wieder ab. Im Bereich von 0.01 M bis 0.2 M ThO_2 ist sie umgekehrt proportional der ThO_2-Konzentration [46].

Ein ThO_2-Gel ist nach Erhitzen auf 200 °C zu etwa 20%, auf 400 °C dagegen zu über 90% zersetzt (**Fig.** 3-**14**) [33]. Das dazu benutzte $ThO_2 \cdot aq$-Gel wurde durch NH_3-Fällung und Altern bei 60 °C/pH 7 erzeugt. Der Mechanismus für das Sintern in einem ThO_2-Gel (hergestellt nach dem ORNL-Sol-Gel-Verfahren), läßt auf einen Mechanismus mit Th-Diffusion an den Korngrenzen schließen [37]. Der Diffusionskoeffizient des Th^{4+} für 600 °C$<t<$900 °C wurde zu

$$D = 0.63 \left({}^{+5.6}_{-0.57}\right) \exp\left(-94000 \pm 4900/RT\right)\ \mathrm{cm^2/s}$$

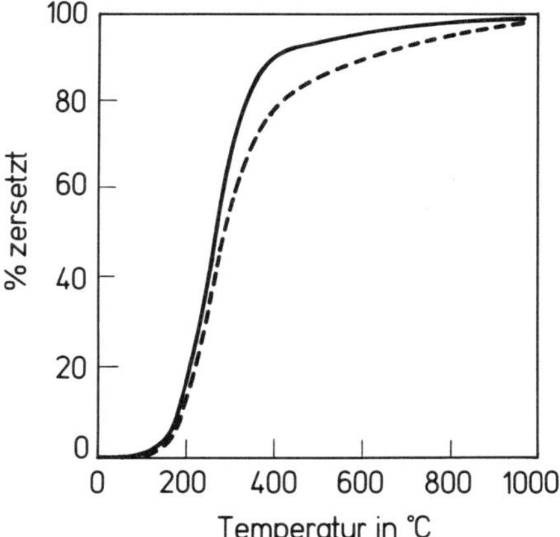

Fig. 3-14
Zersetzung von ThO_2-Gel bei verschiedenen Temperaturen [33]. (- - -: Aufheizgeschwindigkeit 2.5 °C/min; —: quasi-statisch).

ermittelt. Das Schrumpfen des ThO_2-Gels beginnt bei 200 °C und ist zwischen 500 und 600 °C direkt proportional der Menge der gasförmig abgegebenen Substanzen [44, 46, 57 bis 61] mit einer Aktivierungsenergie von 10 bis 60 kcal/mol. Detaillierte Untersuchungen über das Schrumpfen s. auch [21, 41, 44, 46, 49, 54, 57 bis 61]. Ein konsistentes Bild dieses Prozesses scheint jedoch noch nicht vorzuliegen, wie z.B. an der großen Schwankung der errechneten Aktivierungsenergie zu erkennen ist.

Vergleich der Selbstdiffusionskoeffizienten für ThO_2 und ThO_2-Gel s. **Fig. 3-15**, S. 84 [37].

Aus den Untersuchungen in [37] ist abzuleiten, daß in dem in dieser Arbeit verwendeten typischen Gel des ORNL-Sol-Gel-Prozesses (Wasserentzug aus dem Soltröpfchen zwecks Gelierung mittels 2-Äthylhexan-1-ol) annähernd sphärische ThO_2-Kristallite mit enger Größenverteilung vorliegen, die mit einer Koordinationszahl von fünf gepackt sind.

Literatur zu 3.3.1.2.3 s. S. 85/7

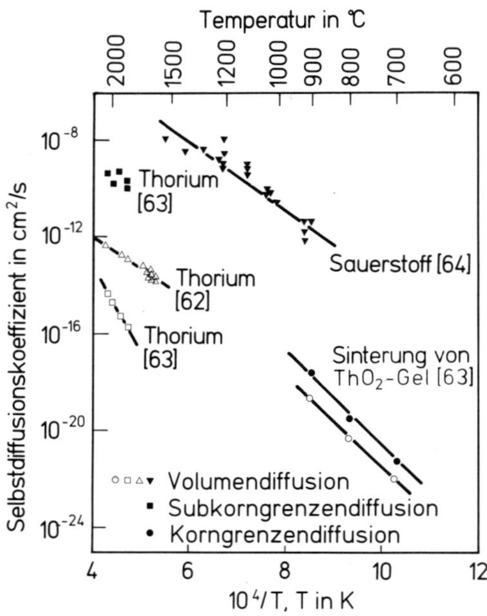

Fig. 3-15

Selbstdiffusionskoeffizienten in ThO_2 und ThO_2-Gel [37].

Das rheologische Verhalten von kolloidalem ThO_2 und von ThO_2-Solen ist kompliziert und nicht eindeutig beschrieben. Während sich verdünnte Sole wie eine Newtonsche Flüssigkeit verhalten, zeigen hoch konzentrierte Sole das Verhalten einer Nicht-Newton-Flüssigkeit. Das Sol ist thixotrop und rheopektisch (schnell verfestigend) [71]. Die Viskosität eines ThO_2-Sols hängt sehr stark von der Scherbeanspruchung, d.h. von der Rührgeschwindigkeit ab (**Fig.** 3-**16**) [77, 88]. Zur Erklärung dieses Verhaltens wird angenommen, daß hierbei die Teilchen partiell ausflocken.

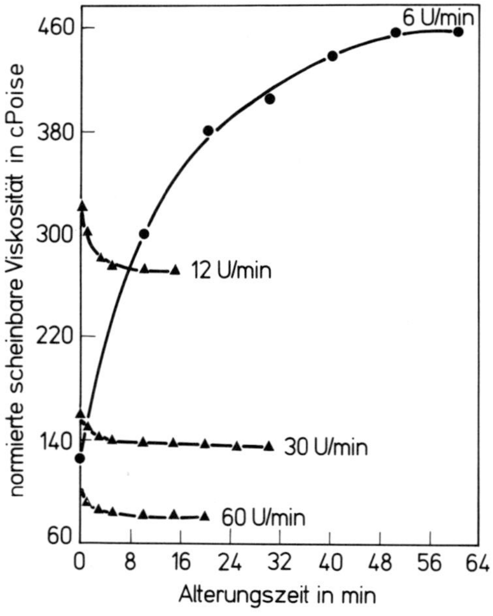

Fig. 3-16

Abhängigkeit der Viskosität eines ThO_2-Sols von der Scherbeanspruchung (Rührgeschwindigkeit) [77].

Für die Oberflächenenthalpie eines ORNL-Gels wurde ein Wert von 1100 ± 200 erg/ cm^2 erhalten [73], berechnete Werte s. [74, 75]. Ältere Daten über den osmotischen Druck und die Aktivität eines ThO_2-Sols s. [72].

Ein ThO_2-Sol kann durch Auflösung von kolloidalem ThO_2, das über eine Hydroxidfällung bzw. durch Dampfdenitrierung erzeugt wurde, hergestellt werden. Weiter durch Dialyse oder Elektrodialyse einer Th-Salzlösung, durch Extraktion der Anionen aus einer Th-Salzlösung mit einem geeigneten organischen Lösungsmittel sowie durch hydrothermale Zersetzung eines Th-Salzes mit flüchtigem Anion [77]. Zur Herstellung des Gels aus dem Sol wird zunächst die Verdampfung des Wassers angewendet [77]. Das Verfahren resultiert zuerst in der Erzeugung zerbrochener Teilchen.

Solherstellung gelingt auch durch Extraktion des Wassers mittels eines Lösungsmittels, z.B. 2-Äthylhexan-1-ol im ORNL-Prozeß. Die Entfernung des Wassers aus dem Sol erfolgt hier über einen Diffusionsprozeß, der sehr langsam abläuft, aber zu einem Gel höherer Dichte führt, das zu hochdichten Mikrokügelchen verarbeitet werden kann.

Um aus den durch Zusatz polymerer Substanzen erhaltenen hochviskosen Th-Nitratlösungen zum Gel zu gelangen, wird bevorzugt die Ausfällung des $ThO_2 \cdot aq$ durch Eintropfen in eine z.B. NH_3-Lösung benutzt. Sie bewirkt eine Gelierung von außen her. Zugabe von Substanzen, z.B. Hexamethylentetramin, die beim Eintropfen der Tropfen in eine erhitzte Flüssigkeit hydrolysieren, führt von innen her durch $ThO_2 \cdot aq$-Ausfällung zur Gelierung

Untersuchungen über Beständigkeit eines MnO_2-V_2O_5-SnO-CeO_2-TiO_2-ThO_2-SiO_2-Sols gegenüber Röntgenstrahlen s. [91].

Literatur zu 3.3.1.2.3:

[1] P.W. Schmidt (J. Phys. Chem. **69** [1965] 3849/57). – [2] G.F. Neilson (J. Appl. Cryst. **6** [1973] 386/92). – [3] W.C. Stoecker (Anal. Chem. **39** [1967] 628/32). – [4] P.W. Schmidt (Soil Sci. **112** [1971] 53/61). – [5] P.W. Schmidt (Cesk. Casopis Fys. **14** [1964] 349/66).

[6] A. Cabrini, G. Celotti, R. Zannetti (Inorg. Chim. Acta **5** [1971] 137/44). – [7] A. Cabrini, G. Celotti, R. Zannetti (Com. Nazl. Energ. Nucl. TR/MET(68)/1 [1968] 43 S.; C.A. **71** [1969] Nr. 84928). – [8] M. Magini, A. Cabrini, G. Scibona, G. Johansson, M. Sandström (Acta Chem. Scand. A **30** [1976] 437/47). – [9] A. Cabrini, G. Celotti, R. Zannetti (Com. Nazl. Energ. Nucl. TR/MET(68)/1 [1968] 31 S.; C.A. **69** [1968] Nr. 90121). – [10] M.J. Bannister (J. Am. Ceram. Soc. **51** [1968] 228/9).

[11] D.K. Chattoraj, K.C. Roy, M.L. De (Naturwissenschaften **44** [1957] 113). – [12] M.J. Bannister (J. Am. Ceram. Soc. **50** [1967] 619/23). – [13] S. Gangadharan, M. Sankar (Proc. Nucl. Radiat. Chem. Symp., Bombay 1964 [1965], S. 175/9; C.A. **65** [1966] 8299). – [14] J. Duclaux, C. Cohn (J. Chim. Phys. **61** [1964] 391/4). – [15] D.C. Canada, W.R. Laing (Anal. Chem. **39** [1967] 691/2).

[16] O. Menis, H.P. House, C.M. Boyd (ORNL-2345 [1957] 34 S.; C.A. **51** [1957] 17333). – [17] S.A. Reed, P.R. Crowly (Nucl. Sci. Eng. **1** [1956] 511/21). – [18] P. Connor, W.H. Hardwick, B.J. Laundy (J. Appl. Chem. [London] **8** [1958] 716/23). – [19] L.C. Bate, F.F. Dyer (Anal. Chem. **40** [1968] 468/70). – [20] G. Johansson (Acta Chem. Scand. **22** [1968] 399).

[21] C.S. Olson, M.E. Wadsworth, F.H. Olson (TID-23957 [1967]). – [22] S.M. Ahmad (Can. J. Chem. **44** [1966] 1663/70). – [23] A. Dobry, S. Guinand, A. Mathieu-

Sicand (J. Chim. Phys. **50** [1953] 501/6). – [24] T.E. Willmarth (Microscope **14** [1965] 425/8). – [25] T.L. Whateley (J. Inorg. Nucl. Chem. **31** [1969] 2015/9).

[26] C.J. Hardy (Sol-Gel Processes Ceram. Nucl. Fuels Proc. Panel, Wien 1968, S. 71/7). – [27] I.L. Thomas (J. Colloid Interface Sci. **32** [1970] 177). – [28] W.M. Kopaczewski (Bull. Soc. Chim. France **1950** 149/58). – [29] B.N. Ghosh, S.K. Sengupta, A.K. Roychowdhury (J. Indian Chem. Soc. **44** [1967] 1077/81). – [30] B.N. Ghosh, S. Bandyopadhyay (J. Indian. Chem. Soc. **39** [1962] 310/3).

[31] M.C. Rastogi, O.N. Shrivastava (Indian J. Chem. **6** [1968] 145/7). – [32] R. Prasad, M.L. Beasley, W.O. Milligan (J. Electronmicroscopy [Tokyo] **16** [1967] 101/9). – [33] R.Sh. Mikhail, R.B. Fahim (J. Appl. Chem. [London] **17** [1967] 147/50). – [34] M.J. Bannister (Met. Trans. A **8** [1977] 791/2). – [35] R.M. German, Z.A. Muir (Met. Trans. A **8** [1977] 792).

[36] J.P. Donnet, J. LaHaye, J.P. Giboz (Compt. Rend. C **266** [1968] 860/2). – [37] M.J. Bannister (J. Am. Ceram. Soc. **58** [1975] 10/4). – [38] M.J. Bannister (AAEC/TM-464 [1968] 33 S.; C.A. **70** [1969] Nr. 100441). – [39] R.K. Chang (Diss. Univ. of Utah 1968, 144 S.; Diss. Abstr. B **29** [1968] 1029). – [40] T. Bazzan, T. Cabrini (RT/CHI-(70)36 [1970] 19 S.; C.A. **76** [1972] Nr. 18807).

[41] S.J. Im, M.E. Wadsworth (TID-23884 [1967] 65 S.; C.A. **68** [1968] Nr. 62337). – [42] C.S. Olsen (Diss. Univ. of Utah 1968, 128 S.; Diss. Abstr. B **28** [1968] 2797). – [43] M.C. Rastogi, O.N. Srivastava (Kolloid-Z. Z. Polymere **232** [1969] 804/11). – [44] R.K. Chang, F.A. Olson, M.E. Wadsworth (TID-24086 [1967] 74 S.; C.A. **69** [1968] Nr. 46309). – [45] K.H. McCorkle (Diss. Univ. of Tennessee 1966, 343 S.; C.A. **66** [1967] Nr. 108650).

[46] B.D. Chun, M.E. Wadsworth (TID-19814 [1963] 36 S.; C.A. **61** [1964] 10080). – [47] M.C. Rastogi, O.N. Srivastava (Kolloid-Z. Z. Polymere **239** [1970] 701/6). – [48] S.G. Mokrushin, Z.G. Sheina (Kolloidn. Zh. **16** [1954] 376/80). – [49] S.J. Im, M.E. Wadsworth (TID-23882 [1967] 7 S.; C.A. **68** [1968] Nr. 64965). – [50] A.K. Roychowdhury (J. Indian Chem. Soc. **51** [1974] 55618).

[51] G.B. Alexander, G.W. Sears (B.P. 884975 [1961]; C.A. **56** [1962] 9456). – [52] S. Bandyopathyay (J. Indian Chem. Soc. **39** [1962] 458/62). – [53] S. Banerjee, J. Banerjee (Kolloid-Z. Z. Polymere **190** [1963] 57/60). – [54] R.K. Chang, F.A. Olson, M.E. Wadsworth (TID-24336 [1967] 52 S.; C.A. **69** [1968] Nr. 73214). – [55] J. Ducleaux, Ch. Cohn (Bull. Soc. Chim. France **1956** 1289/93).

[56] E.M. Nanobashvili, N.A. Bakh (Sb. Rabot Radiatsionnoi Khim. Akad. Nauk SSSR **1955** 123/32; C.A. **50** [1956] 9162). – [57] B.D. Chun, M.E. Wadsworth (TID-19276 [1963] 14 S., laut [37]). – [58] A.U. Daniels, M.E. Wadsworth (TID-20150 [1963] 17 S., laut [37]). – [59] A.U. Daniels, M.E. Wadsworth (TID-20069 [1964] 20 S., laut [37]). – [60] B.D. Chun, M.E. Wadsworth (TID-21623 [1964] 47 S., laut [37]).

[61] A.U. Daniels, M.E. Wadsworth (TID-22491 [1965] 163 S., laut [37]). – [62] R.J. Hawkins, C.B. Bock (J. Nucl. Mater. **26** [1968] 112/22). – [63] A.D. King (J. Nucl. Mater. **38** [1971] 347/9). – [64] H.S. Edwards, A.F. Rosenberg, J.T. Bittel (ASD-TDR-63-635 [1963] 142 S.; NSA **17** [1963] Nr. 32564). – [65] A. Dobry (J. Chim. Phys. **50** [1953] 507/11).

[66] F.J. Smith, N.A. Krohn (J. Colloid Interface Sci. **37** [1971] 179/85). – [67] H.W. Douglas, J. Burden (Trans. Faraday Soc. **55** [1959] 350). – [68] R.G. Sowden, B.R. Harder, K.E. Francis (Nucl. Sci. Eng. **16** [1963] 12). – [69] B.N. Ghosh, D.K. Chattaraj

(Kolloid-Z. **158** [1958] 144/6). – [70] K.H. McCorkle (ORNL-TM-1536 [1966] 348 S.; C.A. **66** [1967] Nr. 41014).

[71] E. Sturch (ORNL-TM-258 [1962] 18 S.; C.A. **59** [1963] 10790). – [72] A. Dobry (J. Chim. Phys. **52** [1955] 447/51). – [73] M.J. Bannister (J. Am. Ceram. Soc. **52** [1969] 675/6). – [74] G.C. Benson, P.J. Freeman, E. Dempsey (J. Am. Ceram. Soc. **46** [1963] 43/7). – [75] R.H. Bruce (Sci. Ceram. **2** [1965] 359/81).

[76] L. Silverman, K. Trego (NAA-SR-869 [1954] 14 S.; C.A. **57** [1962] 8133). – [77] D.E. Ferguson (Progr. Nucl. Energy III **4** [1970] 37/78). – [78] Y. Arai, W.O. Milligan (J. Electronmicroscopy [Tokyo] **12** Nr. 2 [1963] 92/8; C.A. **60** [1964] 10001). – [79] H.F. Holmes (laut [77, S. 43]). – [80] H.F. Holmes, C.H. Secoy (J. Phys. Chem. **69** [1965] 151/8).

[81] E.L. Fuller, P.A. Agron (J. Colloid Interface Sci. **57** [1976] 193/200). – [82] C.H. Pitt, M.H. Wadsworth (laut [77, S. 44]). – [83] C.J. Hardy (laut [77, S. 44]). – [84] ORNL-3262 [1962] 99/104. – [85] ORNL-3417 [1963] 121/4.

[86] ORNL-3385 [1963]. – [87] D.R. Vissers (J. Phys. Chem. **72** [1968] 3236/44). – [88] E. Sturch (ORNL-TM-258 [1962]). – [89] B.N. Gosh, S. Bandyopadhyay (J. Indian Chem. Soc. **39** [1962] 309/13). – [90] A. Boutaric, P. Berthier (Compt. Rend **228** [1949] 1009/11).

[91] E.M. Nanobashvili, N.A. Bakh (Symp. Radiation Chem., Moscow 1955, S. 103/9; C.A. **50** [1956] 13604).

3.3.1.2.4 ThO_2-Aufschlämmungen

ThO_2 Suspensions

Im Zusammenhang mit einem Kernreaktor (dem Kema Suspension Test Reactor [1]), der eine Aufschlämmung von ThO_2 als Brennstoff benutzen sollte (ein nie weiter verfolgtes Projekt), wurde das Verhalten von ThO_2-Aufschlämmungen näher untersucht. Derartige ThO_2-Aufschlämmungen, speziell ihr rheologisches Verhalten, ist auch von Bedeutung für die Verarbeitung von ThO_2 zu Formkörpern über das Schlickergußverfahren [6].

Über Untersuchungen zum Sedimentationsverhalten von ThO_2-Aufschlämmungen s. [2 bis 9]. Aufgrund der hohen Dichte von ThO_2 sedimentieren Aufschlämmungen von ThO_2 in Wasser unter dem Einfluß der Schwerkraft sehr rasch. Dies gilt sowohl für verdünnte als auch für konzentrierte Suspensionen mit einem Teilchenradius von $\geqq 1$ µm. Neben der anfänglichen ThO_2-Konzentration beeinflussen Zusätze von Fremdsalzen und ebenso auch von Säuren und Basen die Sedimentationsgeschwindigkeit beträchtlich. Dies ist verbunden mit einer Ionenadsorption an der ThO_2-Oberfläche, wobei folgende Reihe steigender Adsorption gefunden wurde [5]:

$$Th^{4+} > UO_2^{2+} \approx SO_4^{2-} > H^+ \approx OH^- > F^- > Na^+.$$

Dies ist in Übereinstimmung mit der allgemein gefundenen Eigenschaft von Oxiden, höherwertige Ionen bevorzugter zu adsorbieren als z.B. einwertige Ionen. Nach [5] werden alle Ionen an den gleichen Stellen des ThO_2 adsorbiert. Für flockige ThO_2-Aufschlämmungen (aus Th-Oxalat hergestellt), mit einem Teilchendurchmesser von 200 bis 1000 Å, die zu Agglomeraten von 1 bis 10 µm zusammentreten, ist für Konzentrationen von 250 bis 1000 g Th/kg Wasser bei 100 °C keine gehinderte Sedimentation zu beobachten [2]. Im Temperaturbereich 150 °C $\leq t \leq$ 325 °C nimmt die Sedimentationsgeschwindigkeit mit der ThO_2-Konzentration zu und mit der Temperatur ab. Die Abhängigkeit der Sedimentationsgeschwindigkeit eines ThO_2-Pulvers, in dem 70% der Teilchen einen Radius von ≤ 1.5 µm aufweisen (vor und nach Mahlen auf ca. 0.2 µm), von der Art der Lösung

Literatur zu 3.3.1.2.4 s. S. 91

ist in **Fig. 3-17** dargestellt [4]. Konzentrationsprofile für die Sedimentation einer ThO_2-Aufschlämmung, unter Verwendung eines γ-Strahlenverfahrens, werden in [3] beschrieben. Hier wurde je nach Konzentration gehinderte Sedimentation oder „compaction" beobachtet. Konzentrationsgradient einer wäßrigen ThO_2-Aufschlämmung in einem horizontalen 3-in-Rohr bei 280 °C s. [9].

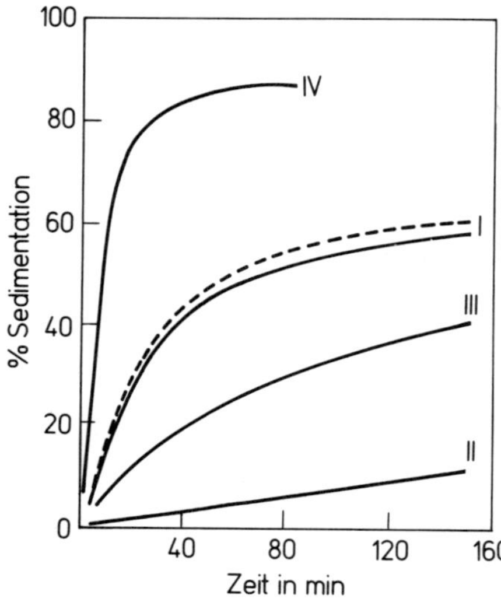

Fig. 3-17

Sedimentation von ThO_2 [4]. I für ThO_2 mit 70% aller Teilchen mit $r \leq 1.5$ µm in de-ionisiertem Wasser: - - - in 10^{-3} M HNO_3 bzw. $Th(NO_3)_4$: —; II gemahlenes ThO_2: in 10^{-3} M HNO_3, $Th(NO_3)_4$ oder NaOH; III gemahlenes ThO_2: in 4×10^{-2} M HNO_3; IV gemahlenes ThO_2: in 0.1 M HNO_3.

Rheologisches Verhalten verschiedener ThO_2-Aufschlämmungen s. [6, 10 bis 21, 30]. Nach [11] läßt sich die Viskosität einer ThO_2-Aufschlämmung durch die Beziehung

$$\mu_S = \mu_L(1.2 + S)\ (C \cdot \tau^{-0.2} + 1)^3 / (1.2 - 2\ S)\ (C \cdot \tau^{-0.2} + 1)^3$$

darstellen mit μ_S und μ_L = Viskosität von Suspension und Flüssigkeit, S = Volumenanteil des Feststoffes, τ = Scherbeanspruchung („shear stress") und C = Konstante. Nach [12] gilt diese sog. Crowley-Kitzes-Beziehung für 27 °C $\leq t \leq$ 150 °C. Der Wärmeübergang auf eine turbulente Flüssigkeit läßt sich auch für Nicht-Newtonsche Flüssigkeiten nach den für Newtonsche Flüssigkeiten geltenden Korrelationen berechnen, s. dazu auch [23].

Nach [18] ist aufgrund detaillierter Untersuchungen an ThO_2-Aufschlämmungen die Crowley-Kitzes-Beziehung zu modifizieren in:

$$\mu_S = \mu_L(0.56 + S(C' \cdot \tau^{-0.28} + 1)) / (0.56 - 0.97\,S(C' \cdot \tau^{-0.28} + 1))$$

(C' = Konstante). Ein „strain-stress"-Diagramm für verschiedene ThO_2-Aufschlämmungen ist in **Fig. 3-18** gezeigt [6], Thixothropie-Koeffizient θ und Koeffizient der Restviskosität n_o dieser Aufschlämmungen sind:

Lösung entsprechend Fig. 3-18	Gew.-% ThO_2	θ	n_o in poise
I	46.6	–	0.015
II	55.0	–	0.030
III	60.4	4.24	0.050
IV	63.1	10.75	0.065
V	66.7	28.3	0.105
VI	67.5	49.0	0.150
VII	70.0	80.5	0.165

Literatur zu 3.3.1.2.4 s. S. 91

Fig. 3-18

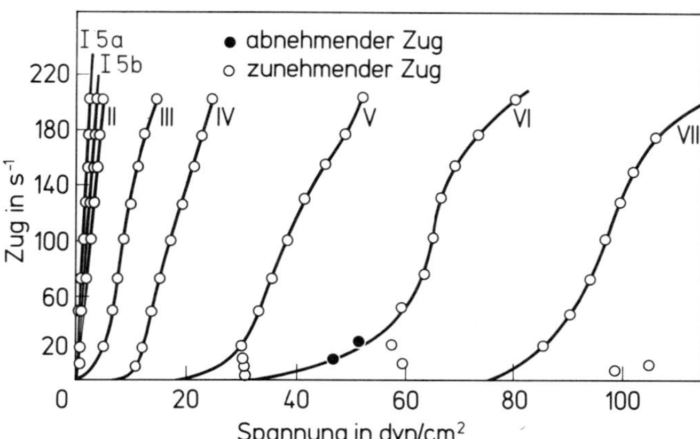

„Strain-stress"-Kurven (Spannungs-Dehnungsdiagramm) für verschiedene ThO_2-Aufschlämmungen [6].

Kurve	I	II	III	IV	V	VI	VII	I 5a	I 5b
Gew.-% ThO_2	46.6	55.0	60.4	63.1	66.7	67.5	70.0	66.7	66.7
pH	7.5	7.5	7.5	7.5	7.5	7.5	7.5	5.5	6.5

Das für die Abhängigkeit der Viskosität vom pH charakteristische Minimum (für eine in [20] untersuchte ThO_2-Aufschlämmung bei pH ≈ 4) wird anhand des Zeta-Potentials der Aufschlämmung erklärt (**Fig. 3-19**) [20]. Das Maximum des Zeta-Potentials liegt

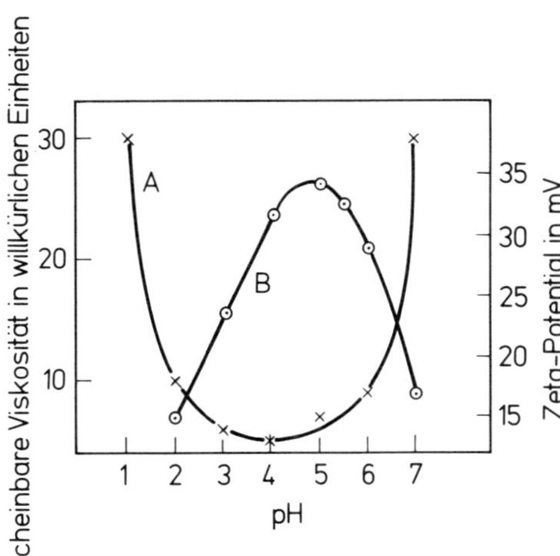

Fig. 3-19

Zusammenhang zwischen scheinbarer Viskosität (A), Zeta-Potential (B) und pH für ThO_2-Aufschlämmungen [20].

in dem pH-Bereich, in dem ca. 50% der OH-Gruppen der ThO_2-Oberfläche dissoziiert sind. Detaillierte Untersuchungen über das Zeta-Potential von ThO_2 in Lösungen verschiedener Salze s. [24]. Daraus berechnete Adsorptionsisothermen für z.B. I^-, CrO_4^{2-}, Cs^+

Literatur zu 3.3.1.2.4 s. S. 91

und Sr^{2+} an ThO_2 in einer wäßrigen ThO_2-Aufschlämmung sind in [25] aufgeführt. Es wird angenommen, daß die Adsorption der Ionen in Wirklichkeit eine echte chemische Wechselwirkung mit den OH-Gruppen der ThO_2-Oberfläche ist [28], entsprechend etwa einem Ionenaustausch

$$\underset{|}{\overset{\diagdown | \diagup}{Th}}\!\!-\!O\!-\!Cs \xleftarrow{\;Cs^+\;} \underset{|}{\overset{\diagdown | \diagup}{Th}}\!\!-\!OH \xrightarrow{\;I^-\;} \underset{|}{\overset{\diagdown | \diagup}{Th}}\!\!-\!I + OH^-$$

Als charakteristische Beispiele sind die Adsorptionsisothermen für CrO_4^{2-} und Cs^+ an ThO_2 in **Fig. 3-20** aufgeführt.

Fig. 3-20

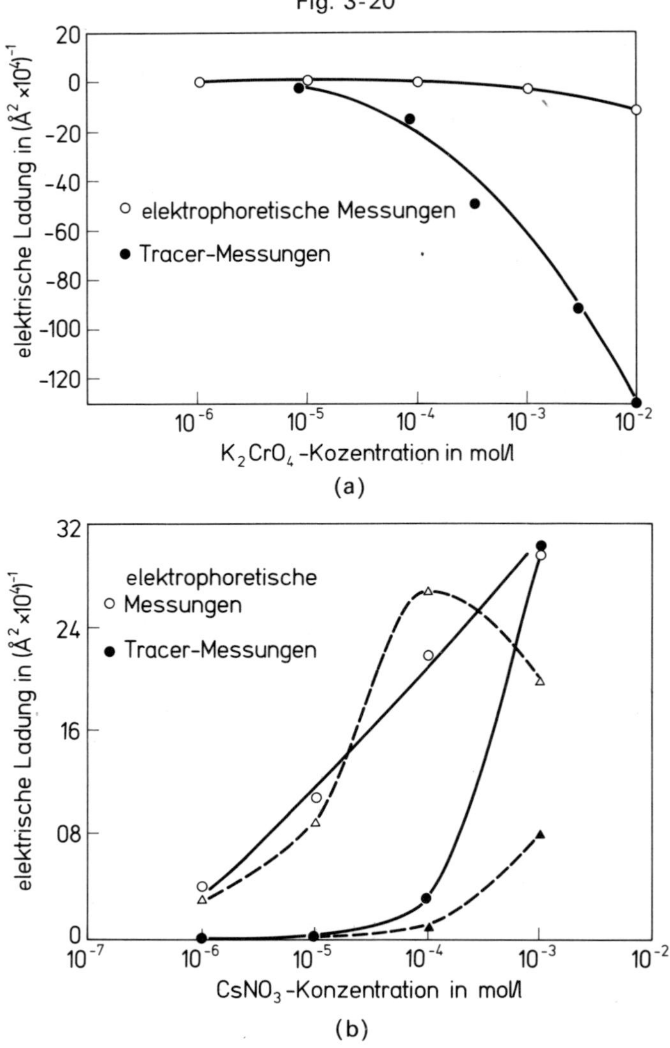

Adsorptionsisothermen für ThO_2-Aufschlämmungen: Für CrO_4^{2-} (a) und Cs^+ (b) an ThO_2 (7.8 m^2/g Oberfläche). Zum Vergleich Adsorption von Cs^+ an PuO_2 (29 m^2/g), (b), △ und ▲ [25].

Über die Änderung des Zeta-Potentials einer ThO_2-Aufschlämmung bei Neutronenbestrahlung s. [27]. Eine merkliche Beeinflussung ist allerdings auch nach einer Dosis von 3.73×10^{18} Neutronen/cm^2 nicht festzustellen. Siehe dazu auch [26].

Über eine Verminderung der Absetzgeschwindigkeit von ThO_2 in Aufschlämmungen nach vorherigem Beschichten der Oberfläche, wobei gasförmiges $(CH_3)_2SiCl_2$ und (CH_3)-$SiCl_3$(1:1) einwirken und anschließend mit NH_3, aq behandelt wird, s. [29]. Die Strahlenbeständigkeit einer ThO_2-Aufschlämmung wird in [31] diskutiert.

Literatur zu 3.3.1.2.4:

[1] H.J.C. Boekschoten (NP-16348 (Tl. 1) [1966] 34 S.; C.A. **66** [1967] Nr. 71542). – [2] S.A. Reed, P.R. Crowley (Nucl. Sci. Eng. **1** [1956] 511/21). – [3] H.A. Kearsey, L.E. Gill (Trans. Inst. Chem. Engrs. [London] **41** [1963] 296/306). – [4] H.W. Douglas, J. Burden (Trans. Faraday Soc. **55** [1959] 356/62). – [5] H.W. Douglas, J. Burden (Trans. Faraday Soc. **55** [1959] 350/5).

[6] P. Murray, I. Denton, E. Barnes (Trans. Brit. Ceram. Soc. **55** [1956] 191/201). – [7] D.G. Thomas (AIChE [Am. Inst. Chem. Engrs.] J. **9** [1963] 310/6). – [8] Y. Yamazaki, K. Yoshida, Y. Akutso (Nippon Genshiryoku Kenkyusho Kenkyu Hokoku Nr. 1033 [1962] 12 S.; C.A. **64** [1966] 18467). – [9] A.N. Smith (CF-60-7-119 [1960] 54 S.; C.A. **60** [1964] 6508). – [10] H.A. Kearsey (AERE-CE-M-186 [1956] 3 S.; C.A. **52** [1958] 3420).

[11] P.R. Crowley, A.S. Kitzes (Ind. Eng. Chem. **49** [1957] 888/92). – [12] A. Kearsey, A.G. Cheney (Trans. Inst. Chem. Engrs. [London] **39** [1961] 91/2). – [13] D.G. Thomas (2nd Symp. Thermophys. Properties Papers, Princeton, N.J., 1962, S. 704/17; C.A. **57** [1962] 4510). – [14] D.G. Thomas (AIChE [Am. Inst. Chem. Engrs.] J. **7** [1961] 423/30). – [15] D.G. Thomas (AIChE [Am. Inst. Chem. Engrs.] J. **7** [1961] 431/7).

[16] D.G. Thomas (AIChE [Am. Inst. Chem. Engrs.] J. **6** [1960] 631/9). – [17] D.M. Eissenberg (AIChE [Am. Inst. Chem. Engrs.] J. **10** [1964] 403/7). – [18] H.A. Kearsey (Trans. Inst. Chem. Engrs. [London] **40** [1962] 140/5). – [19] D.G. Thomas (IID-7540 [1957] 164/88; C.A. **58** [1963] 13389). – [20] P.J. Anderson, P. Murray (J. Am. Ceram. Soc. **42** [1959] 70/4).

[21] R. Murdock, H.A. Kearsey (Fluid Handl. Nr. 122 [1960] 63/6). – [22] I.H. Newson (AERE-R-3389 [1961] 21 S.; C.A. **57** [1962] 2017). – [23] D.G. Thomas, L.D. Felten, R.M. Summers (ORNL-2722 [1959] 22 S.; C.A. **53** [1959] 18562). – [24] R.G. Sowden, K.E. Francis (Nucl. Sci. Eng. **16** [1963] 1/11). – [25] R.G. Sowden, B.R. Harder, K.E. Francis (Nucl. Sci. Eng. **16** [1963] 12/24).

[26] W.R. Grimes, E.G. Bohlman, L.D. Kirkbride (Proc. 3rd Intern. Conf. Peaceful Uses At. Energy, Geneva 1964 [1965], Bd. 11, S. 256/65). – [27] D.J. O'Connor (Chem. Ind. **1956** 1348/50). – [28] S.D. Ahmed (Can. J. Chem. **44** [1966] 1663/70). – [29] J.P. McBride (U.S.P. 2917406 [1959]; C.A. **54** [1960] 6354). – [30] J.F. Wygant (J. Am. Ceram. Soc. **34** [1951] 374/80).

[31] J.P. McBride (ORNL-3274 [1962] 22 S.; C.A. **57** [1962] 6825).

3.3.1.2.5 Glasiges ThO_2

Glassy ThO_2

Gibt man sehr rasch eine Lösung von 1 M $Th(NO_3)_4$ zu einer Lösung von überschüssigem Ammoniak (der pH-Wert der Lösung muß stets ≈ 12 betragen), filtriert diesen Niederschlag, wäscht ihn mit Wasser neutral und trocknet ihn an der Luft auf der Fritte, so wandelt er sich nach bis zu sechs Monaten in glasiges ThO_2 um. Man erhält schließlich ein homogenes, transparentes glasiges ThO_2. Aus röntgenographischen Untersuchungen geht hervor, daß mittlere Th-Th-Abstände vorliegen, die kürzer sind als im kristallinen ThO_2. Nähere Untersuchungen liegen nicht vor [1]. Nach neueren Untersuchungen scheint das glasige ThO_2 nicht ein einfaches Oxidglas zu sein, sondern vielmehr eine Art von festem Gel, bei dem Wasser – sowohl als H_2O auch in Form von OH-Gruppen – ein essentieller Bestandteil für das Glas ist. Dies ist aus differentialthermischen und thermogravimetrischen Untersuchungen zu folgern [2].

Literatur zu 3.3.1.2.5:

[1] M. Guymont (Compt. Rend. C **281** [1971] 715/7). – [2] M. Guymont (Compt. Rend. C **285** [1977] 345/8).

Processing of ThO_2

3.3.1.3. Verarbeitung von ThO_2

In diesem Abschnitt werden diejenigen Aspekte behandelt, die bei der Verarbeitung des ThO_2 zu Endprodukten mit gewünschten Eigenschaften – z.B. hohe Dichte, große Oberfläche – eine Rolle spielen. Dazu wird neben den verschiedenen Verarbeitungsmöglichkeiten in der Pulvermetallurgie des ThO_2 auf Prozesse wie Sinterung, Kornwachstum und thermische Behandlung eingegangen sowie auf die Beeinflussung dieser Vorgänge durch Fremdzusätze. Die Herstellung spezieller ThO_2-Formen für Kernbrennstoffe wird nicht beschrieben, dazu siehe die Beiträge „Verarbeitung und Verwendung als Kernbrennstoffe" im betreffenden Teil des Thorium-Ergänzungsbandes. Für den speziellen Fall der Herstellung von ThO_2-Mikrokügelchen für kerntechnischen Einsatz s. Abschnitt 3.3.1.2.2, S. 69.

Processing Thorium Dioxide

This section describes working up thorium dioxide into an end product with desirable characteristics. In specific uses a desirable characteristic might be a particularly high density or great surface area. Frequently the processing techniques are taken from powder metallurgy. In other cases procedures like sintering, particle growth, thermal treatment, and use of additives are employed.

Preparation of ThO_2 as nuclear fuel is not included here, but is to be described under „Verarbeitung und Verwendung als Kernbrennstoffe" in another part of the „Thorium" supplement. The special preparation of ThO_2 microspheres is treated separately in section 3.3.1.2.2, p. 69.

Zur Herstellung von ThO_2-Keramiken gehören zwei allgemeine Teilschritte [1 bis 3]: das Formen und danach das Sintern, um ein Produkt der gewünschten Festigkeit zu erhalten.

Eine Zusammenstellung der Verarbeitungsverfahren für ThO_2 wird in Tabelle 3/9 gegeben [1]. Im folgenden werden die wichtigsten Verfahren näher beschrieben. Dabei ist zu bemerken, daß Schleuderguß und Extrusion [84] in der ThO_2-Technologie keine Bedeutung haben [1].

Slip Casting

Schlickerguß

Für den Schlickerguß [1, 5 bis 7] benötigt man eine gut-disperse Suspension von ThO_2 in einer Flüssigkeit, vorzugsweise Wasser. Diese Suspensionen erfordern eine Teilchengröße um 1 µm und die Anwesenheit eines Elektrolyten in geringen Mengen. Die ThO_2-Suspension wird in eine Form von gebranntem Gips gegossen. Das Wasser der Suspension wird durch den Gips aufgesogen, so daß das ThO_2 als innere Schicht in der Form fixiert wird. Hat man eine genügend dicke ThO_2-Schicht erzielt, so wird die

Literatur zu 3.3.1.3 s. S. 103/5

Tabelle 3/9
Verarbeitungsmethoden für ThO_2-Keramiken [1]. 1 in = 25.4 mm.

Verfahren	Formen	Max. Abmessungen	ThO_2-Korngröße	Vorteile	Nachteile
Schlickerguß	Behälter, Rohre, Tiegel	12 in Länge, 0.5 bis 12 in Durchmesser	feinteilig, $\lesssim$ 3 µm	geringer apparativer Aufwand, billig, dünnwandige Ware, einheitliche Dichte im mittleren Bereich	Größe begrenzt, nur bestimmte Formen herstellbar, relativ „langsamer" Prozeß
Trockenpressen	Massive Teile (Stäbe, Scheiben, Tiegel, Zylinder)	12 in Durchmesser, 4 in in Druckrichtung	grobes oder feines Pulver bzw. Mischung	reproduzierbar, exakte Formgebung, mitteldichte Ware, rasche Herstellung	größere Investitionen für Anlagen nötig (Presse, Formen etc.), keine einheitliche Dichte
Extrusion	Stäbe, Röhren, Scheiben	4 bis 6 in Länge, $\gtrsim$4 in Durchmesser	grobes oder feines Pulver bzw. Mischung	beste Methode für Stäbe und Rohre, reproduzierbar, mitteldichte Ware	größere Erstinvestition
Isostatisches Pressen	Stäbe, Röhren, Scheiben, Tiegel	ca. 6 in in jeder Richtung	grobes oder feines Pulver bzw. Mischung	homogene Dichte, hohe Dichte	teurer Prozeß, langsam, Nachbearbeitung notwendig
Schleuderguß	„runde" Produkte, hohle bzw. feste Ware	6 bis 8 in Durchmesser, 8 in hoch	grobes oder feines Pulver bzw. Mischung	gut für „runde" Werkstücke, plastisches Rohmaterial nötig	nicht einheitliche Dichte, mittelhohe Investitionskosten
Heißpressen	Stäbe, Scheiben, Blöcke	ca. 8 in in jeder Richtung, begrenzt durch Abmessung der Presse	grobes oder feines Pulver bzw. Mischung	Pressen und Formen in einem Schritt, hohe Dichte möglich	teure Ausrüstung, Druckbegrenzung, Bildung von Carbiden möglich

restliche Suspension ausgegossen, nach Trocknen das Gießstück entnommen, weiter getrocknet und geglüht [1]. Das unter Zusatz einer verdünnten wäßrigen Polyvinylalkohollösung in einer Stahlkugelmühle gemahlene ThO_2 wird mit konz. HCl Fe-frei gewaschen. Die ThO_2-Suspension wird hergestellt durch Zugabe von 500 g ThO_2 zu 100 ml einer 1%igen Polyvinylalkohollösung unter Zusatz von wenigen Tropfen Octylalkohol. Den besten Schlickerguß erreicht man bei einem pH-Wert der Aufschlämmung von 3 bis 4. Nach Trocknen bei 100 bis 120 °C erhält man ein kreideartiges Rohprodukt, das mit einer Aufheizgeschwindigkeit von 250 °C/h bei 1550 °C geglüht wird [6].

Literatur zu 3.3.1.3 s. S. 103/5

Nach [9, 10] ist für die Herstellung guter Formkörper ein Volumenverhältnis $ThO_2 : H_2O$ von 1:3.55 vorteilhaft sowie ein pH-Wert zwischen 1 und 4, der durch Einstellen mit Salzsäure erreicht wird. Neben Polyvinylalkohol wurde auch Cryolith als Stabilisierungsmittel benutzt [11]. Nähere Diskussion s. [2].

Vor dem Sintern bei 1700 bis 1800 °C ist Vorsintern bei 1300 bis 1350 °C zu empfehlen [1]. Es ist vorteilhaft, im Glühofen die zu sinternden Teile auf eine Unterlage aus Al_2O_3 (bis 1900 °C), ThO_2, MgO, ZrO_2 oder HfO_2 zu stellen. In Gegenwart C-haltiger Reaktionsgase ist eine oberflächliche Carbidbildung nicht zu umgehen, wenn die Sintertemperatur $\gtrsim$2200 °C beträgt [1]. Daten für ThO_2-Tiegel [1]:

Vorsintern bei	1350 °C	1350 °C
Endsintern bei	1650 °C	1825 °C
Dauer der Hochtemperaturphase	10 min	5 min
Erzielte Enddichte	9.07 g/cm^3	9.64 g/cm^3

Zur Herstellung dünnwandiger Keramiken nach diesem Verfahren sind wäßrige Suspensionen nicht geeignet, da die Entfernung der Rohlinge aus der Form Schwierigkeiten bereitet [5]. Vorteile bieten hier organische Suspensionsmittel, z.B. Alkohole.

Die gute Stabilität der Suspension in Alkoholen kann man wahrscheinlich auf die Möglichkeit der Wasserstoffbrückenbildung zwischen dem polaren ROH-Molekül und dem suspendierten Oxid zurückführen. Bei zunehmender Kettenlänge der Alkohole macht sich zusätzlich noch der Einfluß der höheren Viskosität bemerkbar. In chlorierten und unchlorierten Kohlenwasserstoffen trat dagegen schnelle Ausflockung ein. Der Einfluß des Wassergehaltes in Äthanol wird durch die mit dem Wassergehalt zunehmende Viskosität erklärt.

Unter den betrachteten Suspensionsmitteln erscheint der Äthylalkohol am geeignetsten. Die höheren Alkohole verlangten infolge ihrer höheren Viskosität relativ lange Standzeiten des Schlickers in der Gipsform, die zu ungleichmäßigen Wandstärken führten.

Der Schlicker wurde durch Vermahlen von 3 kg der vorgebrannten und grob zerkleinerten Oxidmasse mit 1 Liter absolutem Äthanol in einer Hartporzellankugelmühle erhalten. Nach dem Mahlen auf eine maximale Teilchengröße von 3 µm wurde soviel Kollodiumlösung als Stabilisator zugesetzt, daß die Standzeit des Schlickers in der Form pro 1 mm Wandstärke 2 bis 3 min betrug. Bei kürzeren Zeiten tritt infolge des schnellen Lösungsmittelverlustes leicht Rißbildung ein; längere Zeiten führen zu Wandverdickungen am Boden der Gießkörper. Die Dichte des Schlickers betrug etwa 2.6 g/cm^3, der Stabilisatorgehalt, bezogen auf das Gewicht der Oxidmasse, 0.2%. Der Schlicker war bei Umrühren einige Stunden brauchbar.

Nach 3 bis 4 h Trockenzeit in der Form waren die Rohlinge gut aus der Form entfernbar. Um ihre mechanische Stabilität besonders bei Wandstärken unter 1 mm zu erhöhen, wurde nach Abgießen des überschüssigen Schlickers 4%ige Kollodiumlösung eingegossen und sofort wieder ausgegossen. Nach dem Verdunsten des Lösungsmittels blieb eine feste Kollodiumschicht an der Innenwand der Rohlinge zurück. Nach mehrtägiger Lufttrocknung wurden die Formkörper bei 1200 °C in Luft 5 h vorgebrannt. Die anschließenden Sinterversuche wurden bei verschiedenen Temperaturen und unter verschiedenen Gasatmosphären (H_2, CO, Ar, Luft, O_2, Vakuum) durchgeführt, wobei kein merklicher Einfluß der Gasatmosphäre auf die Verdichtung zu erkennen ist. Auch eine Verlängerung der Sinterzeit über 30 min hinaus ist praktisch ohne Wirkung. Nach Untersuchungen über die isotherme Verdichtung des Thoriumoxids sind schon nach etwa 5 min Temperaturhaltezeit die Endwerte der Sinterdichte erreicht. Nur die bei oberhalb 2100 °C gesinterten

Literatur zu 3.3.1.3 s. S. 103/5

Körper mit 0.5% CaO-Gehalt erwiesen sich als 100% gasdicht. Die Dichte betrug 94.5% des theoretischen Wertes (9.84 g/cm^3 bei einem Gehalt von 0.5% CaO). Die etwa 10 cm langen Röhrchen hatten Wandstärken von 0.6 bis 1.3 mm. Zur Herstellung von Tiegeln und Schiffchen mit geringeren Dichtigkeitsansprüchen reichten Sintertemperaturen von 1850 °C aus, die technisch leichter zu realisieren sind [5].

Heißpressen

Hot-Pressing

Beim Heißpressen von ThO_2 [1 bis 3, 12 bis 15, 38, 69] erhitzt man die Probe bis zum Erreichen des semiplastischen Zustands und legt dann den erforderlichen Druck an. Da man als Material für die Gießform üblicherweise Graphit verwendet, besteht die Gefahr der oberflächlichen Carbidbildung, wenn man sehr hohe Temperaturen verwendet, die für die Gewinnung von hochdichtem Material erforderlich sind (z.B. Material mit 97.8% der theoretischen Dichte bei 2000 °C und 2000 lb/in^2 im Vergleich zu 95% bei 1700 °C und gleichem Druck). Nach [14] soll allerdings aus einem aus Th-Tannat bei 1000 °C erzeugtes ThO_2 schon bei 1200 °C und 3040 lb/in^2 Material mit $>$95% Dichte erhalten werden mit z.B. 3.64% geschlossenen und 0.74% offenen Poren. Dagegen erhält man mit einem ThO_2 aus Th-Oxalat bis 1400 °C und 3040 lb/in^2 nur Material der Dichte $\lesssim$70% [14], im Gegensatz zu [12], wo aus einem bei 600 °C aus Th-Oxalat erzeugten ThO_2 bei 1280 °C und 1000 lb/in^2 bereits ein Material mit 95% der theoretischen Dichte erzeugt worden sein soll. Nach diesen Autoren [12] gibt Th-Carbonat jedoch stets ein wenig dichtes Endprodukt. Die Unterschiede in [12] und [14] konnten z.B. durch verschiedene Reinheit des ThO_2 bedingt sein, da nach [16] F^--Ionen die erzielbare Dichte beim Heißpressen erhöhen, SiO_2 dagegen einen Teil dieses Effektes wieder aufhebt.

Trockenpressen. Isostatisches Pressen

Compact Pressing. Isostatic Pressing

Beim Trockenpressen [1 bis 4, 17 bis 24] wird das pulverisierte ThO_2, oft mit Zusatz von 4 bis 5% Wasser und einem Binder, wie Dextrin, in einer Metallform kompaktiert. Sehr oft ist ein Schmiermittel wie Stearinsäure notwendig, doch soll dieser Zusatz so gering wie möglich gehalten werden, um eine porenfreie oder porenarme Ware zu erhalten. Im allgemeinen erhöhen Verwendung eines Pulvers relativ niedriger Dichte, höherer Druck und höhere Temperatur die Dichte des erzeugten Produkts [1].

Beim isostatischen Pressen wird das ThO_2-Pulver in ein Rohr aus Gummi und Plastik und dieses dann in ein perforiertes Metallrohr eingegeben. Nachdem aus dem verschlossenen Plastikrohr die Luft gepumpt wurde, wird die Anordnung in Öl getaucht und dieses unter Druck gesetzt. Der Einfluß des isostatischen Drucks auf die Dichte von ThO_2, das auf 1800 °C erhitzt wird, zeigt sich wie folgt [1]:

Vorbehandlung des ThO_2	isostatischer Druck in lb/in^2 (Dichte in g/cm^3)			
	10000	30000	60000	100000
ohne	8.20	9.32	9.48	9.53
5 h/800 °C kalziniert	9.06	9.32	9.41	9.52
5 h/1000 °C kalziniert[a])	9.04	9.34	9.42	9.55

[a]) In [1] wird 100 °C angegeben, vermutlich Druckfehler

Beim isothermen Pressen läßt sich die erzielbare Sinterdichte des ThO_2 durch Zusatz anderer Substanzen in geringer Konzentrationen merklich erhöhen; hierfür vorgeschlagene und z.T. untersuchte Substanzen sind: Fe_2O_3, SrO, BaO, CaO($CaCO_3$,$Ca(NO_3)_2$,Ca), CaF_2, $CaO \cdot 2B_2O_3$, SrF_2, PbF_2, Bi_2O_3, V_2O_5, $AlPO_4$, $CaHPO_4$, Th-Phosphat, NiO [17, 22, 24

Literatur zu 3.3.1.3 s. S. 103/5

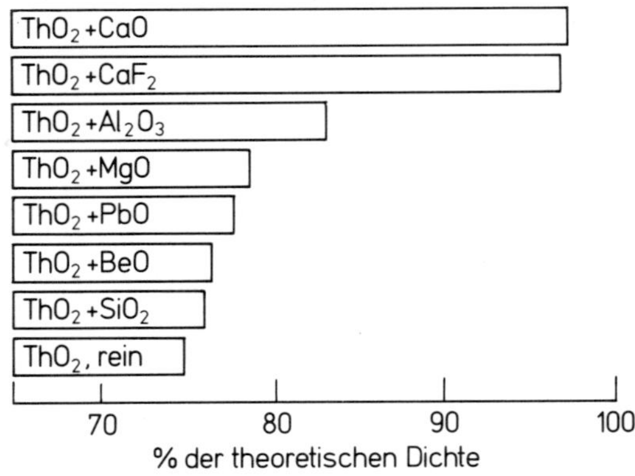

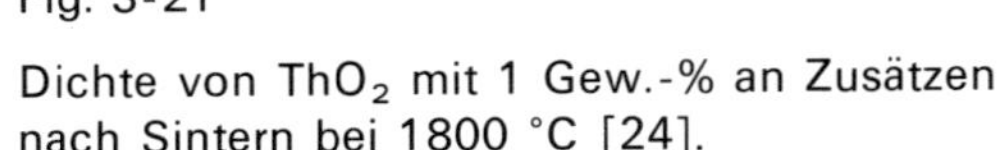

Fig. 3-21

Dichte von ThO_2 mit 1 Gew.-% an Zusätzen nach Sintern bei 1800 °C [24].

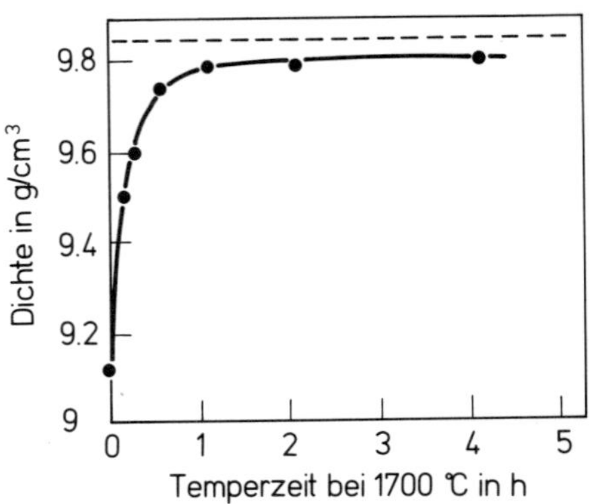

Fig. 3-22

Sinterung von ThO_2 mit 0.5 Gew.-% CaO bei 1700 °C [32].

bis 35, 37, 68, 71]. Siehe hierzu **Fig. 3-21**, in der die erreichte Dichte von ThO_2 nicht näher bezeichneten Ursprungs nach Sintern bei 1800 °C aufgetragen ist [24]. Man erkennt, daß CaO- und CaF_2-Zusätze von 1% zu einer beträchtlichen Dichtezunahme führen, während SiO_2, BeO, PbO und MgO sehr geringen, Al_2O_3 mäßigen Einfluß zeigen [24, 26]. Auch Phosphate, wie z.B. $MgNH_4PO_4 \cdot 6H_2O$, haben einen sehr günstigen Einfluß auf die erzielte Sinterdichte [26]. CaO-Zusatz erhöht nicht nur die Dichte von ThO_2, sondern vermindert auch die Sinterzeit (**Fig. 3-22**) [32]. Der Mechanismus des Einflusses von Zusätzen auf das Sinterverhalten ist nicht ganz klar, wie z.B. die Diskussion über die Wirkungsweise von NiO-Zusätzen zeigt [29, 34]. Im Falle des CaO-Zusatzes dürfte erhöhte Diffusion maßgebend sein, die zu diskontinuierlichem Kornwachstum führt, verursacht durch die sehr ähnlichen Ionenradien von Ca^{2+} und Th^{4+} und die Bildung von Leerstellen im Anionenteilgitter nach Einbau von CaO in das ThO_2-Gitter [24]. Das Optimum des CaO-Zusatzes soll bei 2 mol-% CaO liegen [35, 88].

Sintering

Sintern

Die Herstellung oxidkeramischer Produkte erfolgt im allgemeinen in zwei Schritten: Formgebung und Sintern. Bei der Formgebung erhält der Körper bereits seine ursprüngliche Form, die beim späteren Sinterprozeß, abgesehen von einer gleichmäßigen Schrumpfung, erhalten bleibt. Aufgabe des Sinterprozesses ist die Festigkeitserhöhung [39].

Die wichtigsten Erscheinungen beim Sintern sind die Festigkeitszunahme, die Porenabnahme bzw. Schrumpfung und das Kristallwachstum. Die Eigenschaften eines gesinterten kristallinen Oxides bestimmter Zusammensetzung hängen von seinem Gefügeaufbau ab. Dieser wird maßgebend bestimmt durch die Kristallit- und Porengrößenverteilung. Nach modernen Vorstellungen stellen die Korngrenzen die Quellen für den Materietransport dar, der zum Schließen der Poren führt. Durch Änderung der Kristall- und Teilchengröße der Ausgangspulver sowie des Formgebungsprozesses und der Brennbedingungen kann man in einem gewissen Bereich Kristall- und Porengröße unabhängig voneinander variieren, so daß man bei gleicher Kristallgröße Proben mit unterschiedlicher Porengröße und -anzahl herstellen kann und umgekehrt.

Wegen der Bedeutung des Sintervorgangs für die Eigenschaften der Keramik liegen zu diesem Teilschritt zahlreiche Untersuchungen vor [1 bis 4, 39 bis 55, 71, 72]. In

[39, 48] wird das Sinterverhalten von ThO_2 untersucht, das durch Verglühen von Th-Oxalat bei 900 °C/1 h und Trockenpressen zu Tabletten von 22 mm Durchmesser unter 3750 atm hergestellt wurde. Durch Sintern bei 1700 °C ≤ t ≤ 1900 °C lassen sich daraus feste und dichte Formkörper mit regelmäßigem Gefüge herstellen; die Dichten betragen:

Sintertemperatur in °C	Dichte in g/cm³ bei einer Sinterzeit von 20 min	1 h	3 h	9 h
1700	9.35	9.49	9.4	8.8
1800	9.45	9.44	9.38	8.84
1900	9.44	9.68	8.47	8.44

Untersuchungen über die Änderung der Kristallitgrößenverteilung (**Fig. 3-23**) zeigen daß das Kornwachstum (**Fig. 3-24**, S. 98) in der Hauptsache von zwei Faktoren abhängig ist,

Fig. 3-23

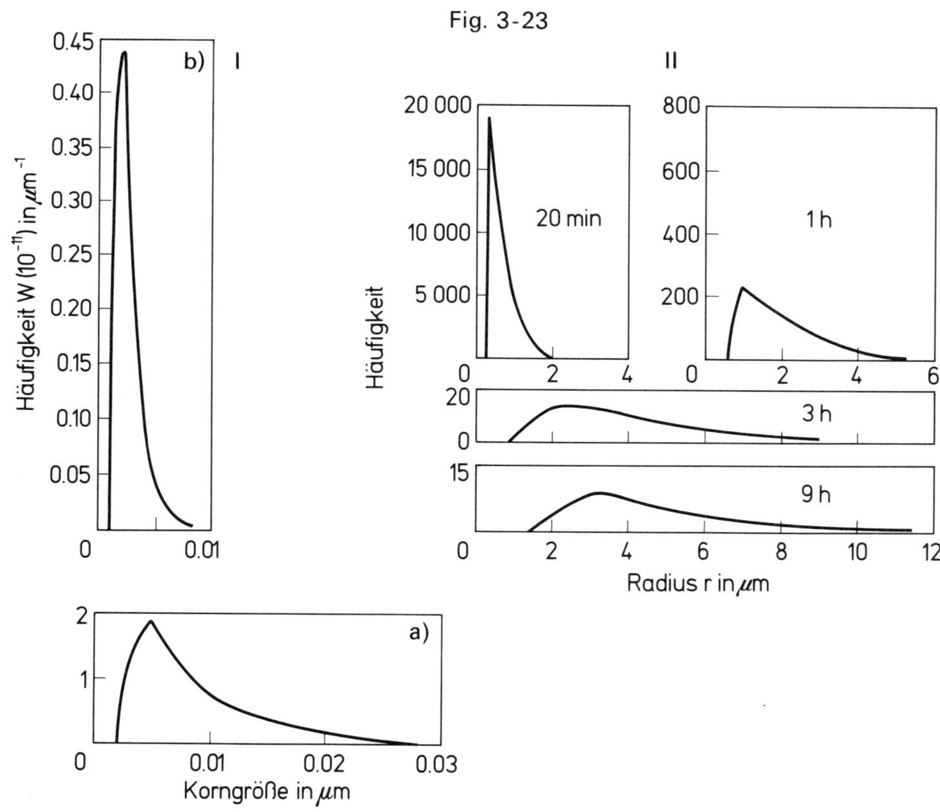

Korngrößenverteilung von ThO_2 nach I: Vorsintern bei a) 700 °C/1 h, b) 900 °C/1 h; II: Sintern bei 1 800 °C für 20 min ≤ t ≤ 9 h. Für die Wahrscheinlichkeitsverteilung gilt [39]:

$$\frac{dr}{dt} W = \frac{d}{dt} \int_r^\infty W \, dr.$$

Literatur zu 3.3.1.3 s. S. 103/5

Fig. 3-24

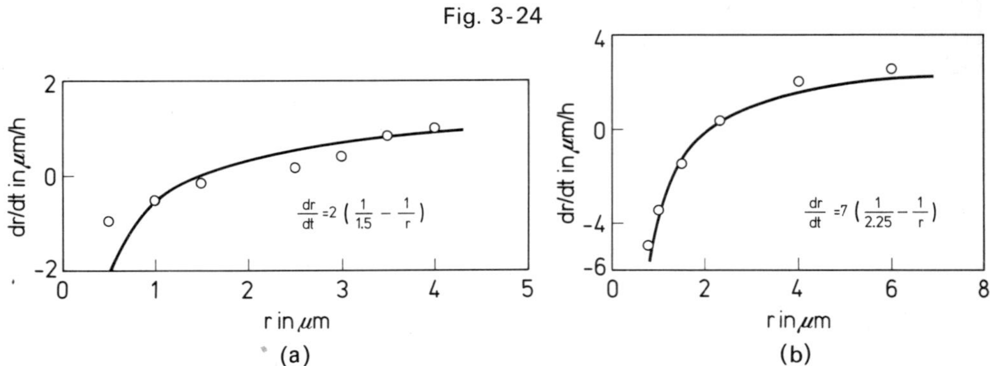

Kornwachstumsgeschwindigkeit beim Sintern von ThO_2. a) 100 min bei 1700 °C, b) 1 h bei 1900 °C [39].

der Korngrenzenergie γ und einem kinetischen Faktor u_k:

$$dr/dt = 2\gamma \cdot u_k \cdot V_m \cdot (1/r_n - 1/r)$$

(V_m = Molvolumen). Für die Abnahme der Poren ließ sich keine derartige Beziehung aufstellen, doch zeigt sich, daß die Oberflächenenergie σ und das Verhältnis $D_g + D_f/r_m$ (D_g, D_f = Koeffizient der Gitter- bzw. Korngrenzdiffusion) von Bedeutung sind [39, 48]. Aus der Porenverteilung in ThO_2, das durch Pyrolyse aus Th-Oxalat bei 400 °C hergestellt wurde (**Fig.** 3-**25**), ergibt sich, daß dieses ThO_2 fast nur enge Poren mit einem hydraulischen Radius von 4 Å $\lesssim r_h \lesssim$ 12 Å enthält und nur einen relativ geringen Anteil größerer Poren [71]. Ein sehr ähnliches Verhalten zeigt das aus Th-Hydroxid bzw. Th-Nitrat durch Pyrolyse erzeugte ThO_2, während das aus Th-Carbonat erzeugte ThO_2 eine weitaus größere Zahl weiterer Poren aufweist.

Aus einer systematischen Studie über den Materialtransport in Substanzen mit Fluoritstruktur unter Einbeziehung von ThO_2 geht hervor, daß die Verdichtungsgeschwindigkeit,

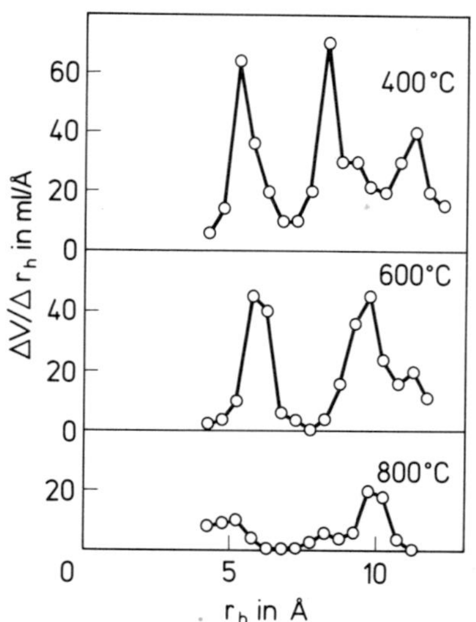

Fig. 3-25

Porenverteilung in aus Th-Oxalat hergestelltem ThO_2 nach Erhitzen auf verschiedene Temperaturen [82].

Literatur zu 3.3.1.3 s. S. 103/5

bestimmt als Funktion der Temperatur mittels schrittweiser Temperatursteigerung, zuerst ein Maximum erreicht, danach wieder abnimmt bis zu einem Minimum und anschließend wieder ansteigt (**Fig.** 3-**26** und 3-**27**) [8]. Normalerweise haben die auf Temperatur

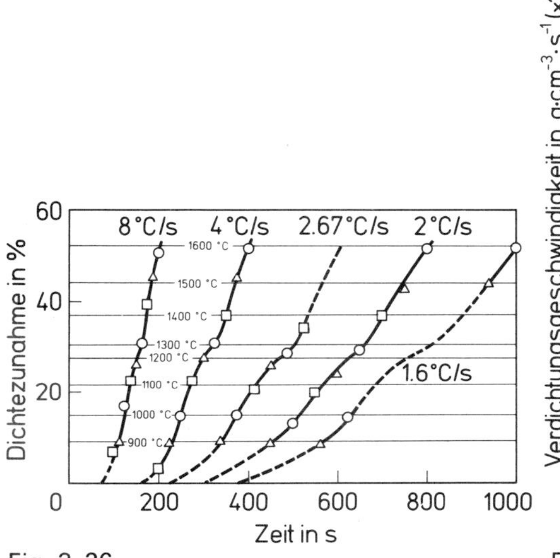

Fig. 3-26

Verdichtung von ThO_2 (als Th-Oxalat aus nitrathaltiger Lösung gefällt und bei 650 °C/2 h kalziniert, ca. 100 ppm Verunreinigungen) in Abhängigkeit von Temperatur und Aufheizgeschwindigkeit [8].

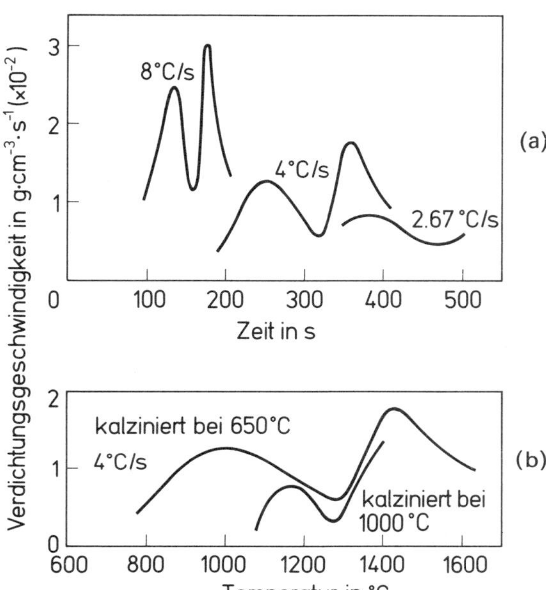

Fig. 3-27

Verdichtungsgeschwindigkeit von ThO_2 in Abhängigkeit von a) der Zeit für verschiedene Aufheizgeschwindigkeiten, b) der Temperatur für bei verschiedenen Temperaturen aus Th-Oxalat kalziniertes ThO_2 [8].

gebrachten Preßlinge eine temperaturabhängige Dichte, auch wenn der Erhitzungsverlauf variiert wurde. Wenn die Sintertemperatur für ThO_2 erhöht wird, ist das Ansteigen des Verdichtungsgrades viel größer als die entsprechende Zunahme des Diffusionskoeffizienten von Thorium, der langsamer diffundierenden Komponente. Dies zeigt, daß die Festkörperdiffusion nicht der dominierende Mechanismus für den Materialtransport ist. Eher kann das Verdichtungsverhalten als Materialtransport durch Versetzungsbewegung erklärt werden. Eine längere Haltezeit auf mittlerer Temperatur vor dem Erhitzen auf endgültige Sintertemperatur resultiert in einer Herabsetzung der Verdichtung, was auf das Wirken von zwei oder mehr Transportmechanismen hinweist, welche an der Sinterung nicht im gleichen Sinne mitwirken.

Nach [8] scheint das Minimum in der Verdichtungskurve auf Verunreinigungen im ThO_2 zurückzuführen zu sein. Dies wird aus Unregelmäßigkeiten der Dichtezunahme mit der Temperatur für Proben aus „Standard"-ThO_2 sowie ThO_2 + 0.053 Gew.-% CaO (bzw. 0.042 Gew.-% La_2O_3) geschlossen (**Fig.** 3-**28**, S.100). Bei höherem Gehalt an Verunreinigungen (z.B. 1.4 Gew.-% CaO) verschwindet diese Unstetigkeit wieder [8].

Für das Wachstum von ThO_2-Teilchen (aus Th-Oxalat hergestellt) wird die Beziehung

$$D = t^{\alpha} \cdot \exp\,(A - B/T)$$

Literatur zu 3.3.1.3 s. S. 103/5

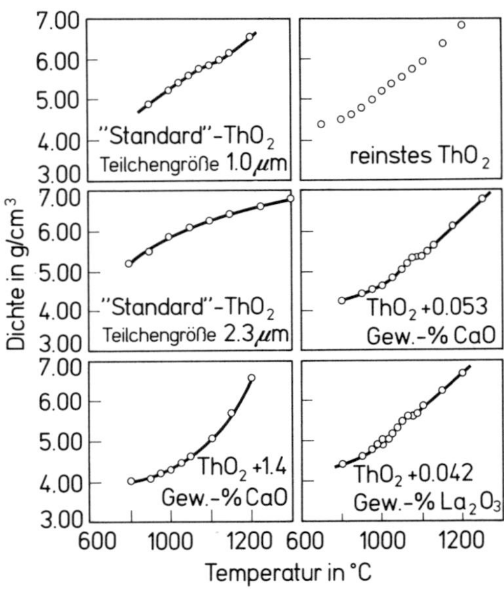

Fig. 3-28

Dichte verschiedener ThO_2-Proben in Abhängigkeit von der Temperatur, für eine stetige Aufheizgeschwindigkeit von 2 °C/s [8].

abgeleitet (D = Teilchendurchmesser in Å, t = Zeit in h, T = Temperatur in K; α, A und B sind Konstanten mit $\alpha = 0.14$) [81]. Die verschiedentlich zu findende Angabe, daß das durch Zersetzung von Th-Oxalat gewonnene ThO_2 bedeutend besser sintert und höhere Enddichten ergibt, wird bei Betrachtung der sehr unterschiedlichen Teilchengrößeverteilung des auf verschiedene Weise erzeugten ThO_2, **Fig. 3-29** klar [53]. **Fig. 3-30** zeigt die erzielbare Sinterdichte für ThO_2, das durch Zersetzung verschiedener organischer Fällungsprodukte des Thoriums hergestellt wurde [55]. Überraschend an diesen Werten ist nur die sehr geringe Sinterdichte von aus Th-Oxalat hergestelltem ThO_2, was im Gegensatz zu der Mehrzahl der Literaturangaben steht. Das Mischoxid $(Th,U)O_2$ soll im Vergleich zu den Einzelkomponenten besser sintern [46].

Aus Untersuchungen über die Aktivierungsenergie beim Sintern von ThO_2 ist kein klares Bild abzuleiten [51]. Die über die Beziehung $\ln(K_1/K_2) = Q/R(1/T_2 - 1/T_1)$ mit K_i = Verdichtungsgeschwindigkeit bei Temperatur T_i abgeleiteten Werte der Aktivierungsenergie Q überdecken einen Bereich von 58 kcal/mol bis 391 kcal/mol, abhängig von Aufheizgeschwindigkeit, der Haltezeit bei einer vorgegebenen Temperatur etc., so daß eine einigermaßen zuverlässige Interpretation der sorgfältigen Messungen nicht möglich scheint [51].

Untersuchungen über das Sinterverhalten von ThO_2 unter Reaktorbestrahlung (16 bis 22 Monate in „Low Intensity Test Reactor") zeigen, daß das bei Temperaturen bis 1100°C hergestellte Material eine Verdichtungszunahme zeigt. Dagegen ist für bei 1500 °C erzeugtes ThO_2 keine bzw. nur eine sehr geringe Beeinflussung festzustellen. Mit dieser Bestrahlung ist eine Farbveränderung zu rötlichen oder bläulichen Produkten verbunden [45].

Einige weitere Angaben über das Sinterverhalten von ThO_2 und die technische Herstellung hochdichter Sinterkörper findet sich auch in den Berichten und Patenten [56 bis 67].

Zur Bestimmung der Teilchengröße der ThO_2-Pulver benutzt man die üblichen Verfahren: Sedimentationsanalyse, Elektronenmikroskopie, Elektronen- und Röntgenbeugung bzw. Oberflächenbestimmung (BET-Verfahren oder Anfärbung) [74 bis 81, 86, 87].

Literatur zu 3.3.1.3 s. S. 103/5

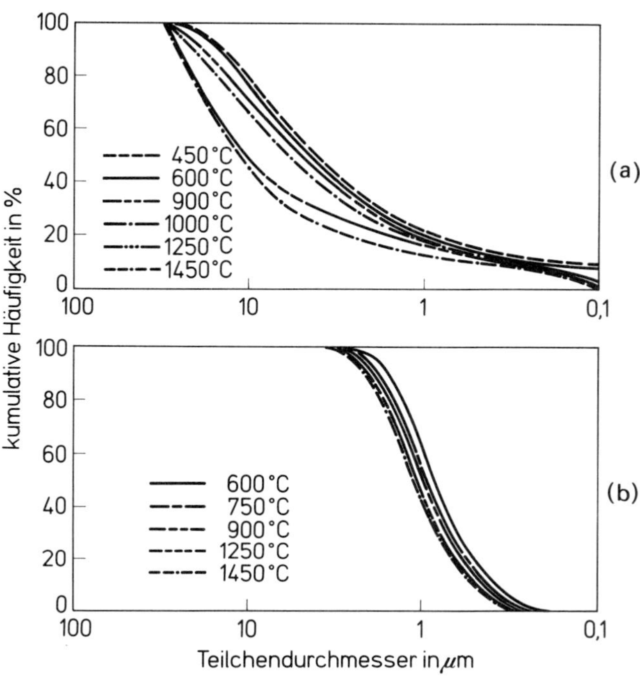

Fig. 3-29

Teilchengrößeverteilung von ThO_2, das durch Kalzinieren von $Th(NO_3)_4 \cdot 4\,H_2O$ (a) bzw. von $Th(C_2O_4)_2 \cdot 6\,H_2O$ an Luft/2 h erhalten wurde, als Funktion der Kalzinierungstemperatur [53].

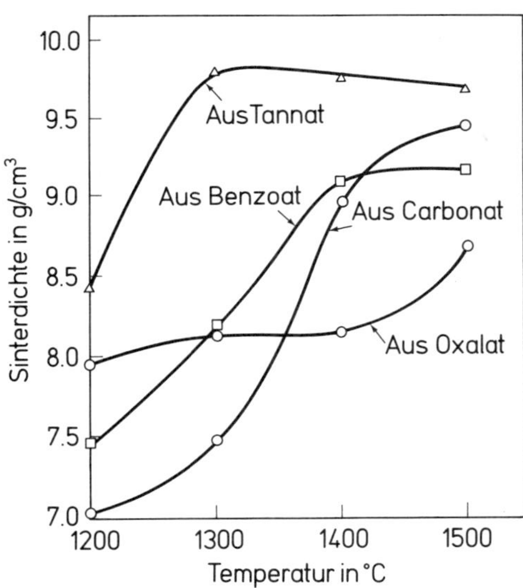

Fig. 3-30

Sinterdichte für ThO_2, das durch Zersetzung verschiedener Th-Verbindungen erzeugt wurde, in Abhängigkeit von der Temperatur [55].

Aufgrund einer möglichen Wechselwirkung der Oberfläche von ThO_2 mit Wasser bei nicht zu hochgeglühten (=totgesinterten) Proben ist die Interpretation der Ergebnisse der wäßrigen Verfahren nicht immer ganz eindeutig bzw. zuverlässig. Mikroskopische Verfahren bzw. Teilchengrößemessungen über Linienverbreiterung von Beugungsreflexen gestatten hier im allgemeinen eine eindeutigere unverfälschte Aussage [73 bis 75, 86].

Die Auftrennung von ThO_2-Teilchen nach der Größe unter Verwendung eines Hydrozyklons bzw. eines hydraulischen Zyklons wird in [82, 83] beschrieben.

Daten zur Herstellung von ThO_2-Sinterkörpern [4] finden sich in Tabelle 3/10.

Literatur zu 3.3.1.3 s. S. 103/5

Tabelle 3/10
Daten zur Herstellung von Thoriumoxid-Sinterkörpern [4]. n. a. = nicht angegeben.

Ausgangsverbindung	Zersetzungstemperatur zum Oxid in °C	spezifische Oberfläche in m^2/g	mittlere Kristallitgröße in Å	Preßdruck in Mp/cm^2	Preßdichte in g/cm^3	Sinterbedingungen	Dichte in g/cm^3	Lit.
Oxalat	800			4.6	6.4	1 h 1500 °C an Luft	9.0	[23]
	900			4.6	6.5		9.5	
Hydroxid	700			4.6	7.25		7.75	
	900			4.6	7.45		7.80	
Oxalat	600	27.8	120	1.55	4.7	24 h 1500 °C an Luft	8.8	[36]
	800	3.6	380		5.7		9.1	
	1000	1.9	1500		6.3		8.5	
Oxid-carbonat	600	79.4	90		3.6		9.4	
	800	25.6	220		4.5		9.4	
	1000	7.0	400		4.6		9.5	
Nitrat	600	24.8	150		5.3		7.2	
	800	1.1	460		6.4		7.4	
	1000	$<$ 0.1	1900		6.7		7.4	
Chlorid	600	53.5	110		4.3		8.9	
	800	15.8	280		4.9		9.2	
Chlorid	1000	9.4	600		5.0		9.3	
Oxalat						2 h 1500 °C, H_2	9.28	[37]
	n. a.	18	n. a.	8	5.82	2 h 1700 °C, H_2	9.46	
						2 h 1800 °C, H_2	9.44	
						2 h 1500 °C, H_2	9.48	
				10	6.07	2 h 1700 °C, H_2	9.66	
						2 h 1800 °C, H_2	9.65	
	n. a.			0.7	n. a.	1 h 1800 °C an Luft	8.65	[30]
	n. a.			0.35; anschließßend 7 hydrostatisch	n. a.		9.53	
	n. a.			0.07; anschließend 7 hydrostatisch	n. a.		9.48	

Literatur zu 3.3.1.3:

[1] C.E. Curtis (Progr. Nucl. Energy V **2** [1959] 223/36). – [2] P. Murray, D.T. Levy (Progr. Nucl. Energy V **1** [1956] 448/80). – [3] E. Ryshkewitch (in: Oxide Ceramics, Physical Chemistry and Technology, Academic Press, New York 1960, S. 407/28). – [4] F. Thümmler, E. Gebhardt (Reaktorwerkstoffe, Bd. 2, B. Teubner, Stuttgart 1969, S. 40/6). – [5] H. Ullmann, D. Naumann, W. Burk (Silikattechnik **17** [1966] 209/11).

[6] P.D.S. St. Pierre (Am. Ceram. Soc. Bull. **34** [1955] 231/2). – [7] P. Murray, J. Denton, D. Wilkinson (B.P. 760123 [1956]; C.A. **51** [1957] 7678). – [8] C.S. Morgan, C.S. Yust (J. Nucl. Mater. **10** [1963] 182/90). – [9] P. Murray, J. Denton, D. Wilkinson (Trans. Brit. Ceram. Soc. **55** [1956] 191). – [10] S.D. Stoddard, W.T. Harper (Am. Ceram. Soc. Bull. **36** [1957] 105/8).

[11] H.K. Richardson (J. Am. Ceram. Soc. **18** [1935] 65/9). – [12] A.K. Kulkarni, V.K. Moorthy (Trans. Indian Ceram. Soc. **24** [1965] 87/95). – [13] P.E.D. Morgan (U.S.P. 3676079 [1972] 5 S.; C.A. **77** [1972] Nr. 105103). – [14] V.K. Moorthy, J.K. Bahl (Trans. Indian Ceram. Soc. **26** [1967] 111/5). – [15] S.F. Kaufman (WAPD-TM-751 [1969] 48 S.; C.A. **72** [1970] Nr. 50055).

[16] W.I. Stuart, T.L. Whateley, R.B. Adams (J. Australian Ceram. Soc. **8** [1972] 6/9). – [17] A.R. Das (Proc. Symp. Powders Sintered Prod., Kanpur, India 1971 [1972], S. 88/103; C.A. **77** [1972] Nr. 24058). – [18] F. Fauvert (F.P. 2082225 [1972] 5 S.; C.A. **77** [1972] Nr. 96061). – [19] D.W. Brite (HW-SA-2757 [1962] 21 S.; C.A. **65** [1966] 10065). – [20] L.R. McCreight (J. Am. Ceram. Soc. **37** [1954] 378/85).

[21] E. Scala, S.K. Dutta, G.E. Gaza (AIAA/ASME Struct. Struct. Dyn. Mater. 10th Conf. Collect. Tech. Papers Mater., New Orleans 1969, S. 274/84; C.A. **73** [1970] Nr. 80056). – [22] C.S. Morgan, L.L. Hall (J. Am. Ceram. Soc. **50** [1967] 382/3). – [23] S.K. Kantan, R.V. Raghavan, G.S. Tendolkar (Proc. 2nd U.N. Intern. Conf. Peaceful Uses At. Energy, Geneva 1958, Bd. 6, S. 132/8). – [24] C.E. Curtis, J.R. Johnson (J. Am. Ceram. Soc. **40** [1957] 63/8). – [25] R. Pampuch (Prace Inst. Hutniczych **10** [1958] 333/47; C.A. **53** [1959] 13923).

[26] O. Yonemochi, H. Hayashi, M. Maeda (Nagoya Kogyo Gijutsu Shikensho Hokoku **9** [1960] 239/47; C.A. **54** [1960] 15877). – [27] G.P. Halbfinger (Intern. J. Powder Met. **8** [1972] 231/3). – [28] R.W. Pensak (U.S.P. 931011 [1973] 2 S.; C.A. **79** [1973] Nr. 111042). – [29] G.P. Halbfinger, M.S. Kolodney (J. Am. Ceram. Soc. **55** [1972] 519/24). – [30] S.M. Lang, F.P. Knudsen (J. Am. Ceram. Soc. **39** [1956] 415/24).

[31] J.H. Handwerk, L.L. Abernethy, R.A. Bach (Am. Ceram. Soc. Bull. **36** [1957] 99/100). – [32] J.R. Johnson, C.E. Curtis (J. Am. Ceram. Soc. **37** [1954] 611). – [33] S. Tacvorian (Compt. Rend. **234** [1952] 2363/5). – [34] C.S. Morgan (J. Am. Ceram. Soc. **56** [1973] 393/4). – [35] C.A. Arenberg, H.H. Rice, H.Z. Schofield, J.H. Handwerk (Am. Ceram. Soc. Bull **36** [1957] 302/6).

[36] Y. Harada, Y. Baskin, J.H. Handwerk (J. Am. Ceram. Soc. **45** [1962] 253/7). – [37] G. Mühling, N. Müller (Diskussionstagung „Reaktorwerkstoffe", Stuttgart 1963, laut [4]). – [38] D.A. Gardiner (ORNL-3608 [1964] 17 S.; C.A. **61** [1964] 2669). – [39] H.J. Oel (Z. Metallk. **58** [1967] 569/72). – [40] W.A. Weyl (Ceram. Age **60** [1952] 28/38).

[41] C.S. Morgan, K.H. McCorkle (Mater. Sci. Res. **6** [1973] 293/9). – [42] S. Tacvorian (Bull. Soc. Franc. Ceram. Nr. 23 [1954] 3/8). – [43] P.E.D. Morgan, E. Scala (Sintering Relat. Phenomena Proc. 2nd Intern. Conf., South Bend, Ind., 1965 [1967],

S. 861/92; C.A. **69** [1968] Nr. 109465). – [44] C.S. Morgan, C.J. McHargue, C.S. Yust (Proc. Brit. Ceram. Soc. Nr. 3 [1964] 177/84). – [45] J.P. McBride, S.D. Clinton (ORNL-3275 [1962] 18 S.; C.A. **57** [1962] 16090).

[46] A. Mohan, V.K. Moorthy (Trans. Indian Ceram. Soc. **30** [1971] 133/8). – [47] V.M. Gropyanov (Tr. 3rd Vses. Soveshch. Vysokotemp. Khim. Silikatov Okislov, Leningrad 1968 [1972], S. 22/8; C.A. **77** [1972] Nr. 117448). – [48] H.J. Oel (Symp. Met. Poudres, Paris 1964, S. 129/40; C.A. **65** [1966] 13371). – [49] V.K. Moorthy, G.E. Prasad, A.K. Kulkarni (Trans. Indian Ceram. Soc. **24** [1965] 103/11). – [50] D.R. Moorehead (School of Chemical Technology, New South Wales, Australia, 1971, 273 S.; INIS 72-026036).

[51] C.S. Morgan (J. Am. Ceram. Soc. **52** [1969] 453/4; C.A. **71** [1969] Nr. 94418). – [52] A.W. Hey, D.T. Livey (Proc. Brit. Ceram. Soc. Nr. 12 [1969] 13/31). – [53] J.M. Pope, K.C. Radford (J. Nucl. Mater. **52** [1974] 241/54). – [54] R. Pampuch (Silicates Ind. **23** [1958] 119/24, 191/5). – [55] V.K. Moorthy, A.K. Kulkarni, S.V.K. Rao (Proc. 3rd. Intern. Conf. Peaceful Uses At. Energy, Geneva 1964 [1965], Bd. 11, S. 386/94).

[56] S.D. Clinton, O.C. Dean, W.S. Ernst, D.E. Ferguson, P.A. Haas, K.H. McCorkle (ORNL-2965 [1961] 21 S.; C.A. **55** [1961] 10113). – [57] R.A. McNees, A.J. Taylor (U.S.P. 3116106 [1963] 3 S.; C.A. **60** [1964] 8868). – [58] M.E.A. Hermans, H.S.G. Slooten (NP-9217 [1959] 19 S.; C.A. **59** [1963] 8376). – [59] N.K. Rao (BARC/I-165 [1973] 121/4; C.A. **80** [1974] Nr. 55054). – [60] E.I. Ryshkewitch, A.J. Strott, D.L. Utz (U.S.P. 3226456 [1965] 3 S.; C.A. **64** [1966] 7849).

[61] R.F. Walker, S.G. Bauer (B.P. 665373 [1952]; C.A. **46** [1952] 5812). – [62] W. Burkhard, G.G. Briggs, A.L. Clavel, J.F. White (NLCO-1029 [1969] 85 S.; C.A. **75** [1971] Nr. 83128). – [63] C.R. Hutchison, R.G.R. Johnson (WAPD-TM-576 [1966] 65 S.; C.A. **67** [1967] Nr. 49493). – [64] G.G. Briggs (U.S.P. 3370016 [1968] 6 S.; C.A. **68** [1968] Nr. 80040). – [65] J.M. Pires (Rev. Brasil. Quim. [Sao Paulo] **79** [1975] 191/6).

[66] H.P. Flack, S.G. Sanchez, C.T. Lamberth (Deut. Offenlegungsschrift 1812326 [1969] 38 S.; C.A. **71** [1969] Nr. 118840). – [67] United Kingdom Atomic Energy Authority (F.P. 1399882 [1965] 3 S.; C.A. **64** [1966] 9205). – [68] O.N.E.R.A. (F.P. 1053699 [1954]; C.A. **52** [1958] 15007). – [69] R.L. Wise, J.E. Selle (Microstructural Science, Bd. 3, Tl. B, American Elsevier Publ. Co., New York 1975, S. 861/8). – [70] J.F. Wygant (J. Am. Ceram. Soc. **34** [1951] 374/80).

[71] F.P. Knudsen (J. Am. Ceram. Soc. **42** [1959] 376/87). – [72] D. Lewis, M.W. Lindley (J. Nucl. Mater. **17** [1965] 347/9). – [73] S. Yamaguchi (Z. Anal. Chem. **204** [1964] 321/5). – [74] F. Hossfeld, H.J. Oel (Z. Angew. Physik **20** [1966] 493/8). – [75] J.F. Ferguson (Phil. Mag. [8] **12** [1965] 1116/22).

[76] M.J. Bannister (Metals Australia **5** [1973] 127/33). – [77] J.M. Dalla Valle, J.P. McBride, V.D. Allred, E.V. Jones (ORNL-2565 [1958] 21 S.; C.A. **53** [1959] 7720). – [78] M.D. Kharkhanavala, V.V. Deshpanda, E.J. Ezekiel (AEET/CD-5 [1962] 5 S.; C.A. **61** [1964] 1466). – [79] L.C. Bate, G.W. Leddicotte (ORNL-TM-255 [1962] 23 S.; C.A. **59** [1963] 12357). – [80] A. Kraut, H.J. Oel (Ber. Deut. Keram. Ges. **43** [1966] 264/70).

[81] V.D. Allred, S.R. Buxton, J.P. McBride (J. Phys. Chem. **61** [1957] 117/20). – [82] P.A. Haas (ORNL-2876 [1960] 47 S.; C.A. **54** [1960] 14811). – [83] E.Y. Youngblood, P.A. Haas (ORNL-2689 [1959] 45 S.; C.A. **53** [1959] 14596). – [84] E.A. Bodkin,

J.W. Payne (U.S.P. 2564776 [1951]; C.A. **45** [1951] 10441). – [85] M. Foex (Bull. Soc. Chim. France **1949** D 231/D 237).

[86] B.S. Hickman (J. Australian Ceram. Soc. **3** [1967] 21/7). – [87] R.H. Berg, L.C. Bate, G.W. Leddicotte (TID-7568 (Tl. 3) [1958] 83/8; C.A. **53** [1959] 16728. – [88] J.P. Jorgensen, W.G. Schmidt (J. Am. Ceram. Soc. **53** [1970] 24/7).

3.3.2 Physikalische Eigenschaften

Physical Properties

Zusammenfassende Literatur

R.C. Anderson, Thoria and Yttria, in: A.M. Alper, High Temperature Oxides, Tl. II, Academic Press, New York 1970.
M.H. Rand, in: O. Kubaschewski, Thorium: Physico-chemical Properties of its Compounds and Alloys, At. Energy Rev. Spec. Issue Nr. 5 [1975] 7/85.
S. Peterson, C.E. Curtis, Thorium Ceramics Data Manual, ORNL-4503 (Bd. 1) [1970] 74 S.

Für stark von äußeren Bedingungen abhängige Eigenschaften des ThO_2 – wie mechanische und elektrische Eigenschaften, Diffusion und Wärmeleitfähigkeit – sind zwar viele Messungen bekannt; sie sind in der Mehrzahl aber mehr repräsentativ als charakteristisch. Dies liegt daran, daß die älteren Arbeiten keine Angaben über Porosität, experimentelle Dichte, Reinheit des ThO_2, Darstellungsbedingungen und Vorbehandlung etc. der untersuchten Probe ergeben. Trotzdem lässt sich aus diesen Untersuchungen ein relativ zuverlässiges Bild über ThO_2 und seine Eigenschaften gewinnen, speziell im Hinblick auf seinen Einsatz in der Technik.

Physical Properties

For some physical properties the measured values are strongly dependent on the sample condition. Examples are thermal, diffusional, mechanical, and electrical properties. The body of data provides ranges of values. Particularly in older reports not enough is said about porosity, density, purity, preparation, and pretreatment of the samples. Nevertheless the physical properties can be satisfactorily estimated from the mass of data. These estimations are usually adequate for technical use.

3.3.2.1. Strukturelle Eigenschaften, thermische Ausdehnung, Strahlungseffekte

Structural Properties. Thermal Expansion. Radiation Effects

Struktur. Gitterkonstanten

Structure. Lattice Constants

Thoriumdioxid kristallisiert im kubisch-flächenzentrierten Fluoritgitter (CaF_2-Struktur) in der Raumgruppe Fm3m (Nr. 225) mit vier Formeleinheiten pro Elementarzelle; die Atomanordnung ist in **Fig. 3-31**, S. 106, dargestellt [1]. Dabei ist jedes Th-Atom würfelförmig von acht O-Atomen umgeben und jedes O-Atom tetraedrisch von vier Th-Atomen.

Aus den Neutronenbeugungsuntersuchungen in [2] geht hervor, daß besondere Vorsichtsmaßnahmen erforderlich sind, um genaue Strukturfaktoren zu erhalten. Die Neutronenstreuamplitude für ^{232}Th wurde zu $b_{Th}=(0.995\pm0.009)\cdot10^{-12}$ cm bestimmt (unter Annahme von $b_O=0.577\times10^{-12}$ cm) [2], in guter Übereinstimmung mit Angaben in [4].

Literatur zu 3.3.2.1 s.S. 113/4

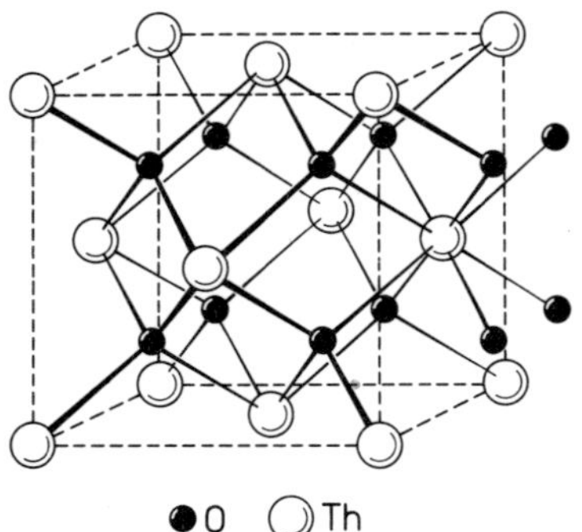

Fig. 3-31
Struktur von ThO_2 [1].

Bezüglich der Temperaturabhängigkeit des Debye-Parameters B für ThO_2 s. [37]. Aus Untersuchungen über die Temperaturabhängigkeit (20 °C$\leq$t$\leq$1020 °C) der Beugungsreflexe in den Neutronenbeugungsdiagrammen ist zu schließen [3], daß eine Relaxation der Sauerstoffatome längs der $\langle 111 \rangle$-Achse erfolgt. Sie ist mit z.B. $\delta = 0.014 \pm 0.001$ bei 1020 °C für ThO_2 bei allen Temperaturen stets geringer als für UO_2 mit z.B. $\delta = 0.016 \pm 0.001$ bei 1000 °C. Hierbei verschieben sich die O-Atome von der Lage ($\frac{1}{4}$, $\frac{1}{4}$, $\frac{1}{4}$) im Fluoritgitter auf ($\frac{1}{4}+\delta$, $\frac{1}{4}+\delta$, $\frac{1}{4}+\delta$), d.h. in Richtung auf die großen Hohlräume im Fluoritgitter.

Neuere Untersuchungen an (U,SE)O_2-Verbindungen zeigen jedoch [5], daß nicht eine temperaturabhängige Verschiebung der Sauerstoffatome im Gitter des ThO_2 stattfindet. Vielmehr ist die in [3] aufgeführte zweite Alternative zutreffend: Eine asymmetrische Schwingung um die ($\frac{1}{4}$, $\frac{1}{4}$, $\frac{1}{4}$)-Positionen, die dadurch möglich ist, daß die Anordnung der O-Atome keine O_h-Symmetrie aufweist. Dies bedeutet dann entsprechend, daß die O-Atome in ThO_2 bei gleicher Temperatur weniger stark asymmetrisch schwingen als die O-Atome in UO_2.

Über die Gitterkonstante von ThO_2 liegen verschiedene Angaben vor [6 bis 14], zusätzliche Angaben finden sich auch in allen Arbeiten über die thermische Ausdehnung des ThO_2. Als zuverlässigster und neuester Wert dürfte derjenige in [13] anzusehen sein. Für ein ThO_2, das aus gefälltem Th-Oxalat durch Verglühen bei 600 °C/1 h/Luft und 1700 °C/72 h/N_2 erhalten wurde, ergab sich nach der Straumanis-Methode a = 5.5958 Å bzw. a = 5.5957 Å bei 26 °C für zwei Proben mit Kristallgrößen von 20 µm bis 200 µm. Als interner Standard diente hierbei CaF_2. Ein Wert von a = 5.59525 ± 0.0001 Å bei 298.16 K und einem Druck von 1 atm Luft wird in [30] für ein ThO_2 angegeben, bei dem spektrographisch folgende Verunreinigungen nachgewiesen wurden: 0.1 bis 0.5% Si,Mg, 0.01 bis 0.05% Fe,B,Al, 0.01 bis 0.05% Se,Cu und 10^{-4} bis 5×10^{-4}% Be.

In [13] wird noch a = 5.5971 ± 0.0002 Å für 25 °C und in [26] a = 5.59736 ± 0.006 Å bei 26 °C angegeben, Werte, die merklich von dem in [13], s. oben, angegebenen Wert abweichen. Sehr häufig finden sich in der älteren Literatur auch Werte bis herab zu a = 5.590 Å, die vermutlich [13] durch unreines ThO_2 bedingt sind. Ein merklich höherer Wert von a = 5.5997 Å bei 26 °C wird in [11] für ein ThO_2 mit >99.9%-iger Reinheit aufgeführt; Zusätze von $^1/_2$ Gew.-% CaO setzen den Wert auf a = 5.597 Å herab. Allerdings werden für verschiedene ThO_2-Proben auch Werte bis zu a = 5.596 Å herab aufgeführt [11]. Ein im Vakuum auf 1600 °C und dann in Luft auf 1000 °C erhitztes ThO_2 mit 15 ppm Metallverunreinigungen weist nach [10] eine Gitterkonstante von a = 5.5968 ± 0.0001 Å bei 20 °C auf, ein Wert, den man ebenfalls als Referenzwert wählen könnte.

Literatur zu 3.3.2.1 s.S. 113/4

In der Literatur werden besonders in älteren Arbeiten die Gitterkonstanten nur auf drei Stellen hinter dem Komma angegeben, z.B. $a=5.597\pm0.002$ Å in [6]. Eine Zusammenfassung verschiedener Werte [14, 26, 30, 57 bis 63] ohne nähere Angaben, z.B. über die Herstellung, ist in [44] zu finden.

Nach [68] ist das Elementarzellvolumen von geringfügig substöchiometrischem ThO_2 – und damit natürlich auch die Gitterkonstante – kleiner als diejenige von $ThO_{2.00}$, ein etwas überraschender Effekt, wenn man die Ergebnisse bei z.B. PuO_2 berücksichtigt (s. „Transurane" C, Erg.-Werk, Bd. 4, S. 14).

Röntgenographische Untersuchung von in Glas eingebettetem ThO_2 zur Ermittlung der inneren Spannungen s. [7]. ThO_2-Kristalle lassen sich längs (100), (010) und (001) spalten, wobei gute, aber keine perfekte Spaltbarkeit festzustellen ist [16, 38, 69]. Über Defektstruktur in ThO_2-Einkristallen s. [48], Abbildung einzelner Th-Atome mittels Transmissions-Elektronenmikroskopie s. [49].

Dichte

Density

Für die theoretische Dichte von ThO_2 werden, abhängig von der eingesetzten Gitterkonstante, folgende Werte aufgeführt: $\rho=10.009$ g/cm³ (für $a=5.5957$ Å) [13], $\rho=9.991$ g/cm³ (für $a=5.5997$ Å) [13], $\rho=10.001$ g/cm³ (a nicht angegeben) [8], $\rho=9.991$ g/cm³ (für $a=5.5997$ Å) [11] und $\rho=10.001$ g/cm³ (für $a=5.5971$ Å) [13]. Die experimentelle Dichte hängt sehr stark von den Herstellungsbedingungen ab und wird im Abschnitt 3.3.1 „Darstellung von ThO_2" S. 61 diskutiert. Zur Berechnung der Dichte von Verbindungen des Typs BX_2 mit z.B. Fluoritstruktur aus Atomabständen wird die Beziehung $\rho=0.536\,\Sigma A(B\text{-}X)^2$ angegeben; hierbei sind A = Atomgewicht (von B und X) und (B-X) die Atomabstände der Atomarten B und X im Fluoritgitter [17].

Thermische Ausdehnung

Thermal Expansion

Über die thermische Ausdehnung liegen Untersuchungen vor, die vom Bereich tiefer Temperaturen (2 K) [25] bis zu hohen Temperaturen (2200 K) [22] reichen [8, 10, 13 bis 35, 44, 45, 56, 68, 70, 72].

Die temperaturabhängige Gitterkonstante von ThO_2 und damit auch seine thermische Ausdehnung ist nicht proportional der Temperatur [10]. Die Kurve $a=f(T)$ zeigt eine Krümmung derart, daß die Gitterkonstantenänderung – und damit auch die thermische Ausdehnung der kubischen Substanz – bei tiefen Temperaturen geringer ist als in der Nähe der Raumtemperatur (**Fig.** 3-**32**, S. 108). Dieser Effekt ist für ThO_2 größer als z.B. für UO_2. Die Unterschiede von UO_2 und ThO_2 sowie UO_2/ThO_2-Mischkristallen sind in **Fig.** 3-**33**, S. 108, zu erkennen [25]. Hier wird der magnetische Übergang 1. Ordnung bei 30.36 K durch ThO_2-Zusätze graduell unterdrückt. Die durch direkte Messung an ThO_2 (Dichte: 8.75 g/cm³) erhaltenen Ausdehnungskoeffizienten α sind:

T in K	8	10	12	15	20	25	30	58	85	283
α in $10^{-8}K^{-1}$	<0.2	<1.0	1.4	3.2	10.0	21.0	36.0	150	268	717

Aus der Änderung der Gitterkonstanten, die im Bereich 26 °C ≤ t ≤ 1000 °C der Beziehung

$$a_t=5.59588+4.570\times10^{-5}\cdot t+6.27\times10^{-9}\cdot t^2$$

Literatur zu 3.3.2.1 s.S. 113/4

Fig. 3-32

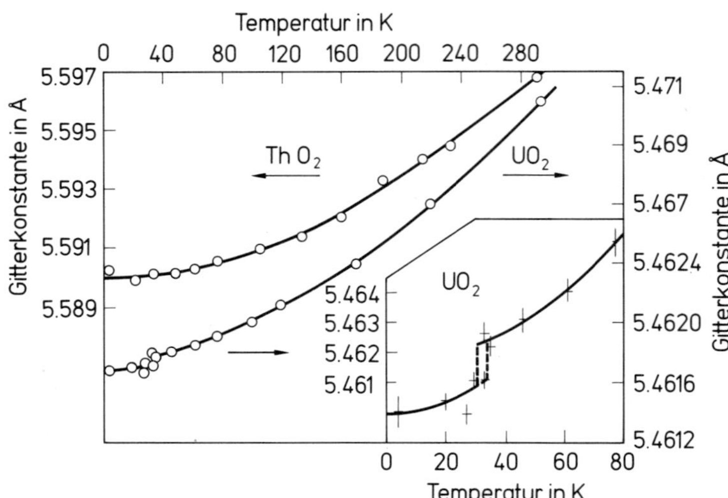

Änderung der Gitterkonstanten von ThO_2 und UO_2 mit der Temperatur im Bereich 4.2 K$\leq$T$\leq$300 K [10].

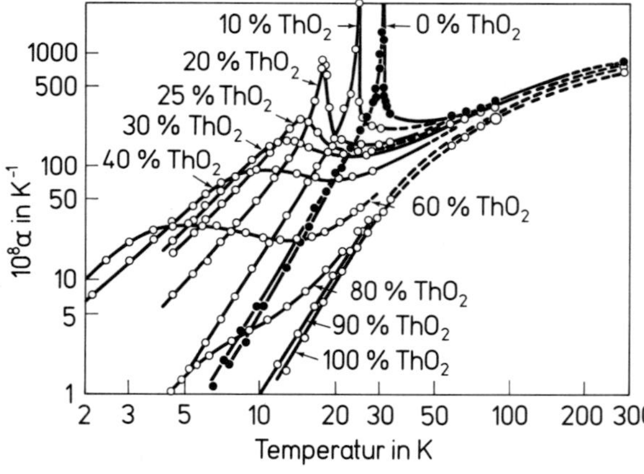

Fig. 3-33

Thermischer Ausdehnungskoeffizient von UO_2, ThO_2 und UO_2/ThO_2-Mischkristallen im Temperaturbereich 2 K$\leq$T$\leq$300 K [25].

(t in °C) folgt, wird in [26] folgende Änderung des mittleren linearen Ausdehnungskoeffizienten $\bar{\alpha}=\Delta a/a_o \cdot \Delta t$ in Abhängigkeit von der Temperatur berechnet:

$$\bar{\alpha}=8.1950\times10^{-6}+1.121\times10^{-9}t.$$

Daraus berechnet sich für ThO_2 im Temperaturbereich 26 °C bis 800 °C ein $\alpha=9.96\times10^{-6}K^{-1}$, im Vergleich zu z.B. $9.92\times10^{-6}K^{-1}$ bei 25 °C bis 800 °C nach [30], wobei in [30] folgende Temperaturabhängigkeit für 298 K $\leq$T $\leq$1073 K angegeben wird:

Für den linearen Ausdehnungskoeffizienten

$$\alpha=0.6216\times10^{-5}+3.541\times10^{-9}T-0.1125\ T^{-2}$$

und für den Volumenausdehnungskoeffizienten

$$\alpha_V=1.865\times10^{-5}+10.96\times10^{-9}T-0.3375\ T^{-2}$$

Literatur zu 3.3.2.1 s.S. 113/4

Die in [18] aufgeführten, aus Dilatometermessungen an ThO_2 mit einer Dichte von 6.44 g/cm^3 erhaltenen linearen Ausdehnungskoeffizienten bei vorgegebenen Temperaturen betragen:

t in °C	100	200	300	400	500	600	700	800	900	1000
α in 10^{-6}K^{-1}	6.35	10.00	9.85	9.80	9.80	9.80	10.30	10.75	11.15	11.30

Mittlere lineare thermische Ausdehnungskoeffizienten für ThO_2 sind nach [31] (t in °Fahrenheit):

Temperaturbereich in °F	75 bis 1000	1000 bis 2000	2000 bis 3000	3000 bis 4000	4000 bis 4500	75 bis 4500
α in 10^{-6} °F^{-1}	4.97	5.50	6.15	6.85	7.40	6.05

Im Temperaturbereich 850 °C$\leq$t$\leq$2100 °C ergibt sich nach [28] ein mittlerer linearer Ausdehnungskoeffizient von 11.2×10^{-6}K^{-1}.

Weitere Werte für lineare Ausdehnungskoeffizienten bei 300 K sind 7.1×10^{-6}K^{-1} [29], 7.3×10^{-6}K^{-1} [10], 7.2×10^{-6}K^{-1} [25] und 8.2×10^{-6}K^{-1} [33], d.h. Werte, die z.B. auch im Vergleich zu den anderen Angaben um bis zu 20% verschieden sind.

Fig. 3-**34** zeigt, wie sehr die linearen thermischen Ausdehnungskoeffizienten von ThO_2, besonders wenn sie nach verschiedenen Methoden bestimmt werden, schwanken können. Dies gilt speziell dann, wenn auch berechnete Werte (über Enthalpiefunktionen ermittelt) mit berücksichtigt werden [24].

Für die Änderung der Gitterkonstanten von ThO_2 (Reinheit 99.99%) für 25 °C$\leqq$t$\leqq$1782 °C wird in [70] folgende Beziehung

$$\Delta a/a = 7.589\times10^{-6}\,(T-298) + 1.552\times10^{-9}\,(T-298)^2$$ angegeben.

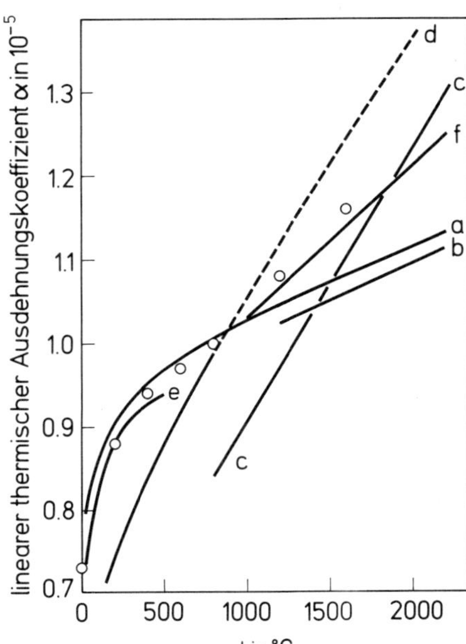

Fig. 3-34

Linearer thermischer Ausdehnungskoeffizient von ThO_2 [24]. a: Berechnet aus thermodynamischen Daten [24]. b bis f: Experimentell ermittelte Werte, b nach [35], c nach [20], d nach [30], e nach [26] und f nach [31].

Literatur zu 3.3.2.1 s.S. 113/4

Debye Temperature

Debye-Temperatur

Aus Neutronenbeugungsuntersuchungen an ThO_2 wird eine charakteristische Temperatur von $\theta = 393$ K abgeleitet [3]. Dieser Wert liegt innerhalb der Grenze der in [36] über ESR-Messungen an ThO_2-Einkristallen erhaltenen Ober- und Untergrenzen von

$\theta = (360 \pm 10)$ K für Fe-dotiertes ThO_2 und
$\theta = (560 \pm 30)$ K für ^{155}Gd- bzw. ^{157}Gd-dotiertes ThO_2.

Aus den Werten von [3] wird unter Verwendung von Debye- und Einstein-Modell für die Schwingungen der Th-Atome $\theta_D = 268$ K und für die Schwingungen der 0-Atome $\theta_E = 508$ K (mit Berücksichtigung der Relaxation) berechnet [46]. Abschätzungen von θ_D über thermodynamische Daten bzw. elastische Konstanten führen zu den nicht sehr genauen Werten 259 K bzw. 290 K [46]. Aus Röntgenbeugungsuntersuchungen an polykristallinem ThO_2 wird ein Wert von $\theta_D = (245 \pm 12)$ K (und $\theta = 398$ K) berechnet, der mit den anderen Angaben relativ gut übereinstimmt [47].

Structure of the ThO_2 Molecule

Struktur des ThO_2-Moleküls

Massenspektrometrische Untersuchungen an ThO_2^+ (gas) zeigen, daß ein polares, d.h. ein geknicktes Molekül vorliegt [64]. Infrarotspektroskopische Studien an matrixisoliertem ThO_2 (Argon-Matrix) ließen sich unter Annahme eines Bindungswinkels von 122.5 $\pm 2°$ für $Th^{16,18}O_2$ interpretieren [65], wobei dieser Wert höher ist als der aus älteren analogen Studien abgeleitete Wert von 106° [25, 66]. Das ThO_2-Spektrum [65] wurde erhalten, indem aus einer Wolframzelle bei 2300 °C verdampftes ThO_2 unter Argon bei 15 K niedergeschlagen wurde. Berechnungen zur Bildungsentropie von ThO_2 sind dem experimentellen Wert am nächsten, wenn ein Bindungswinkel von 174° angenommen wird, d.h. man geht hier von einem nahezu linear gebauten ThO_2 aus [4]. Für ThO_2(gas) wird ein interatomarer Abstand Th-O von 1.9 A geschätzt [63].

Radiation Effects

Strahlungseffekte

Da ^{232}Th ein langlebiges Thoriumisotop ist, sind innerhalb möglicher Beobachtungszeiten noch keine Eigenstrahlungseffekte in ThO_2 beobachtet worden. Es erscheint allerdings nicht ausgeschlossen, daß die unterschiedlichen Gitterkonstanten von ThO_2 verschiedener Autoren nicht doch partiell auf Strahlenschädigung zurückzuführen sind, besonders wenn die ThO_2-Probe lange gelagert wurde und ein merklicher Teil der radioaktiven Folgeprodukte des ^{232}Th-Zerfalls entstanden war und möglicherweise partiell in das ThO_2-Gitter eingebaut wurde. Zusammenfassende Arbeiten über Strahlendefekte in Actinidendioxiden s. [39, 40].

Bemerkenswerte Eigenstrahlungseffekte treten dann auf, wenn man in $^{232}ThO_2$ ein Teil des ^{232}Th durch das im Vergleich zu ^{232}Th ($t_{1/2} = 1.4 \times 10^{10}$a) relativ kurzlebige Isotop ^{228}Th ($t_{1/2} = 1.9$a) ersetzt, wobei zu bemerken ist, daß ^{228}Th ein Folgeprodukt des ^{232}Th-Zerfalls ist [9]. Die Gitterkonstante dieses ThO_2 nimmt bei vorgegebener Lagerzeit mit der eingebauten Menge an ^{228}Th zu (**Fig. 3-35**); die relative Änderung $\Delta a/a$ läßt sich nach einer Lagerzeit von acht Monaten bei Raumtemperatur durch die Beziehung

$$\Delta a/a = 3.5 \times 10^{-3}(1 - \exp(1.7\,R))$$

ausdrücken, wobei R den Gehalt an ^{228}Th in mCi/g angibt. Durch Tempern bei 500 °C läßt sich der Strahlenschaden wieder ausheilen, die Gitterkonstanten von $^{228,232}ThO_2$ zeigen den normalen Wert, unabhängig von der eingebauten Menge ^{228}Th [9].

Literatur zu 3.3.2.1 s.S. 113/4

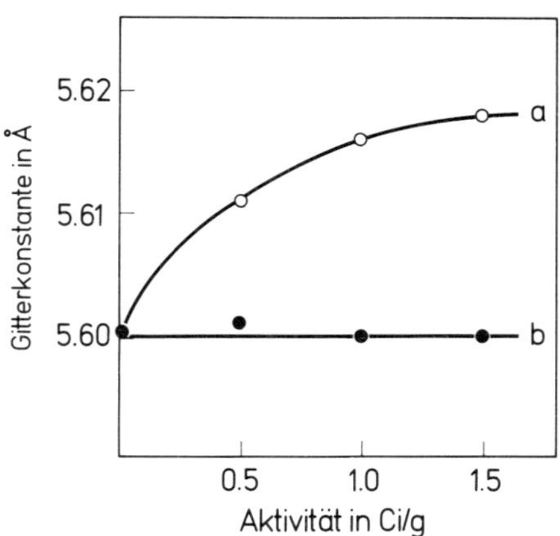

Fig. 3-35

Änderung der Gitterkonstanten von ThO_2, in das verschiedene Mengen ^{228}Th eingebaut wurden, nach acht Monaten Lagerzeit (a). Die Werte für (b) gelten für die gleichen Proben nach Tempern bei 500 °C [9].

Eine Bestrahlung von dünnen ThO_2-Schichten mit 5.5 MeV-α-Teilchen bei einer Dosis von ca. 10^{15} α-Teilchen/cm^2 bewirkt nur Punktdefektagglomerationen, die bei Untersuchungen mittels Transmisssions-Elektronenmikroskopie als kleine schwarze Flecken zu erkennen waren [41]. Beim Erhitzen auf 1500 °C bildeten sich daraus Loops von 50 Å bis 100 Å Durchmesser, aber z.B. keine Blasen oder Poren [41]. Bei Bestrahlung mit einer Dosis von 6.0×10^{17} α-Teilchen/cm^2 einer Energie von 5 MeV zerplatzten die ThO_2-Mikrokristallite, bei der geringeren Dosis von 9.4×10^{16} α-Teilchen/cm^2 trat dies weder bei der Bestrahlung noch beim nachfolgenden Tempern auf [42]. Für die letztgenannte Probe änderte sich die Gitterkonstante um $\Delta a/a = 0.43\%$ bei Bestrahlung bei ca. 160 °C. Beim Tempern bei erhöhter Temperatur (Dauer jeweils ca. 1 h) wurde bei 750 °C ca. 80% der Gitterdilatation beseitigt (**Fig.** 3-**36**); eine weitgehend vollständige Beseitigung erfordert Temperaturen oberhalb 1600 °C [42]. Das Zerplatzen der ThO_2-Mikrokristallite wird nicht durch He-Blasen bewirkt, zumindest nicht durch solche mit einem Durchmesser von >30 µm. Es erscheint sicher, daß das Zerplatzen durch Spannung an der Grenze zwischen strahlengeschädigtem Material (Eindringtiefe von 5 MeV-α-Teilchen in ThO_2 ca. 15 µm) und nicht geschädigtem ThO_2 bedingt ist. Zu bemerken ist, daß die Strahlenschädigung an der Oberfläche des bestrahlten Materials größer ist als im Innern der Probe, was wegen der Abbremsung, d.h. Energieabgabe beim Durchsetzen der ThO_2-Schicht auch erwartet werden kann. Zur Abbremsung von α-Teilchen mit 1 MeV $\leq E_\alpha \leq$ 9 MeV s. [50]. Angegeben wird hierbei dE/dx, ermittelt durch α-Spektroskopie und in Beziehung gesetzt zu z.B. der Selbstdiffusion in ThO_2.

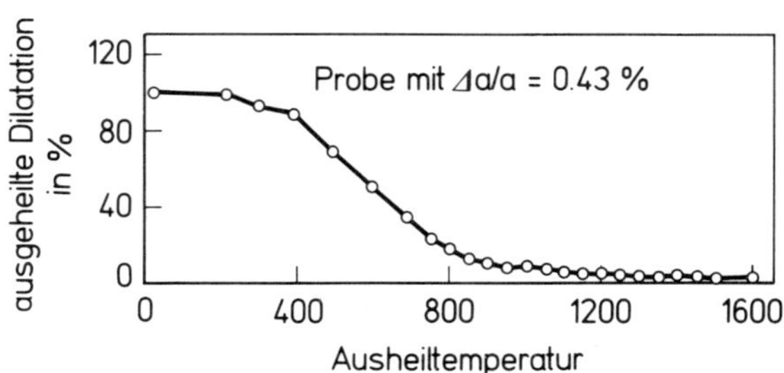

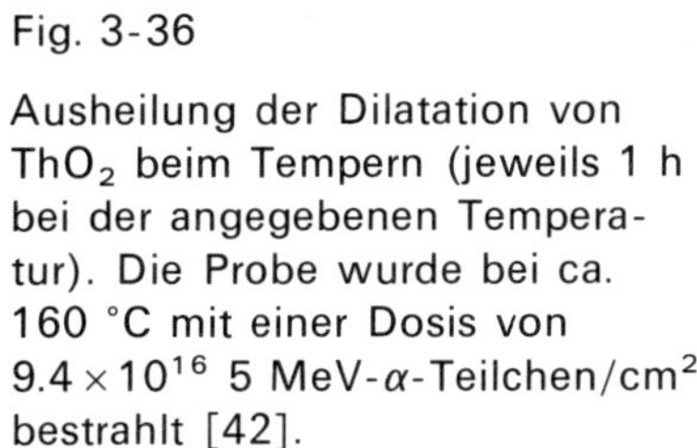
Fig. 3-36

Ausheilung der Dilatation von ThO_2 beim Tempern (jeweils 1 h bei der angegebenen Temperatur). Die Probe wurde bei ca. 160 °C mit einer Dosis von 9.4×10^{16} 5 MeV-α-Teilchen/cm^2 bestrahlt [42].

Literatur zu 3.3.2.1 s.S. 113/4

Für die Energieabhängigkeit des Energieverlustes beim Durchgang von α-Teilchen mit 1 MeV$\leq E_\alpha \leq$9 MeV durch ThO_2, UO_2 und ($U_{0.8}$, $ThO_{0.2}$)O_2 gelten folgende Beziehungen

Material	in MeV/μm	in $MeV/mg \cdot cm^{-2}$
ThO_2	$\frac{dE}{dx}=\frac{1}{0.348E+1.46}$	$\frac{dE}{dx}=\frac{1.018}{0.348E+1.46}$
UO_2	$\frac{dE}{dx}=\frac{1}{0.358E+1.20}$	$\frac{dE}{dx}=\frac{0.912}{0.358E+1.20}$
$(U_{0.8}Pu_{0.2})O_2$	$\frac{dE}{dx}=\frac{1}{0.362E+1.15}$	$\frac{dE}{dx}=\frac{0.904}{0.362E+1.15}$

Die Eindringtiefen x von α-Strahlen der Anfangsenergie E_o für diese Substanzen ergeben sich aus den Beziehungen

Material	in μm	in mg/cm^2
ThO_2	$x=0.174(E_0^2-E^2)+1.46(E_0-E)$	$x=0.171(E_0^2-E^2)+1.43(E_0-E)$
UO_2	$x=0.179(E_0^2-E^2)+1.20(E_0-E)$	$x=0.196(E_0^2-E^2)+1.32(E_0-E)$
$(U_{0..8}Pu_{0.2})O_2$	$x=0.181(E_0^2-E^2)+1.15(E_0-E)$	$x=0.200(E_0^2-E^2)+1.27(E_0-E)$

Hierbei bedeutet E die Energie der α-Teilchen nach Durchsetzen der absorbierenden Schicht.

Aus „channeling"-Untersuchungen an ThO_2 mit 6.5 MeV-$^3He^{2+}$-Teilchen ergibt sich, daß die „channeling"-Parameter beim ThO_2 mehr für ein perfektes Fluoritgitter sprechen als z.B. beim isostrukturellen UO_2. Es wird allerdings geschlossen, daß das ThO_2-Gitter keine geordnetere Struktur aufweist als das UO_2-Gitter, was eher auf eine atypische Oberflächenstruktur des UO_2 oder im UO_2-Gitter eingelagerte Sauerstoffatome zurückzuführen ist [51]. Für die Achsenrichtungen <110> und <111> werden folgende kritischen „channeling"-Winkel $\psi_{1/2}$ angegeben [51]:

Richtung	Subgitter	$\psi_{1/2}$ (in °)	$\psi_{1/2}$ (berechnet)
<110>	Th	0.63	0.80
	O	0.24	0.28
<111>	Th	0.45	0.55
	O	0.42	0.55

Die Bestrahlung von ThO_2-Einkristallen mit 40 keV-Xe- oder Kr-Ionen bis zu Flüssen von 2×10^{16} Ionen/cm^2 führt zu keiner besonderen Beeinflussung des Röntgendiagramms der betrachteten Probe [52], allerdings werden die Diffusionseigenschaften beeinflußt [54]. Eine solche Beeinflussung durch Gitterschädigung wird auch für die Krypton- und Xenon-Diffusion beobachtet, wenn Kr oder Xe durch Bestrahlung mit Neutronen oder mittels Tesla-Entladung in das ThO_2-Gitter eingebaut werden [55].

Über neutroneninduzierte Bestrahlungseffekte in thermionischen Isolatormaterialien bei hohen Temperaturen und bis zu Flüssen von 10^{22} Ionen/cm^2 s. [53].

Bezüglich einer möglichen Strahlenschädigung in Nd-dotierten ThO_2-Y_2O_3-Keramiken, die in „Q-switched" Festkörperlasersystemen eingesetzt werden (können), s. [43]. Vor allem wurden Oberflächeneffekte beobachtet.

Literatur zu 3.3.2.1:

[1] R.C. Anderson (in: A.M. Alper, High Temperature Oxides, Tl. II, Academic Press, New York 1970, S. 1/97). – [2] B.T. Willis (Proc. Roy. Soc. [London] **274** [1963] 122/33). – [3] B.T. Willis (Proc. Roy. Soc. [London] **274** [1963] 134/44). – [4] R.B. Roof, G.P. Arnold, K.A. Gschneider (Acta Cryst. **15** [1962] 351). – [5] H. Weitzel, C. Keller (J. Solid State Chem. **13** [1975] 136/41).

[6] W. Rüdorff, H. Valet (Z. Anorg. Allgem. Chem. **271** [1953] 257). – [7] L.N. Grossman, R.M. Fulrath (J. Am. Ceram. Soc. **44** [1961] 567/71). – [8] M.A. Hepworth, J. Rutherford (Trans. Brit. Ceram. Soc. **63** [1964] 725/30). – [9] M. Beaumont, B. Claudel, B. Mentzen (J. Inorg. Nucl. Chem. **32** [1970] 1165/72). – [10] J.A. Marples (in: H. Blank, R. Lindner, Plutonium and other Actinides, North Holland Publ. Comp., Amsterdam 1976, S. 353/9).

[11] S.M. Lang, F.P. Knudsen (J. Am. Ceram. Soc. **39** [1956] 415/24). – [12] H.D. Leigh, E.R. McCarthy (J. Am. Ceram. Soc. **57** [1974] 192). – [13] S. Peterson, C.E. Curtis (ORNL-4503 (Bd. 1) [1970] 74 S.). – [14] H.E. Swanson, E. Tatze (Natl. Bur. Std. [U.S.] Circ. Nr. 539 [1953] Nachdruck 1962, 95 S.). – [15] R.E. Vogel, C.P. Kempter (LA-2317 [1959] 30 S.; C.A. **54** [1960] 16087).

[16] W.B. Campbell, V.J. Hurst, W.E. Moody (J. Am. Ceram. Soc. **42** [1959] 262). – [17] O.S. Povarennikh (Dopovidi Akad. Nauk Ukr. RSR **1963** 805/8; C.A. **59** [1963] 13411). – [18] N.H. Brett, L.E. Russell (Plutonium 1960 Proc. 2nd Intern. Conf. Plutonium Met., Grenoble 1960 [1961], S. 397/410). – [19] C.P. Kempter, R.O. Elliot (J. Chem. Phys. **30** [1959] 1524). – [20] H. Hoch, A.C. Mom (High Temp. High Pressures **1** [1969] 401/7).

[21] C.F. Grain, W.J. Campbell (U.S. Bur. Mines Rept. Invest. Nr. 5982 [1962] 21 S.; C.A. **57** [1962] 2940). – [22] J. Valentich (Instr. Contr. Syst. **42** [1969] 91/4). – [23] J.B. Wachtman, T.G. Sanders, G.W. Cleek (J. Am. Ceram. Soc. **45** [1962] 319/23). – [24] G.H. Winslow (High Temp. Sci. **3** [1971] 361/80). – [25] G.K. White, F.W. Sheard (J. Low Temp. Phys. **14** [1974] 445/57).

[26] C.P. Kempter, R.O. Elliott (J. Chem. Phys. **30** [1959] 1526/57). – [27] H. Chang, Y. Wang (Ts'ai Liao K'o Hsuch **7** [1975] 113/30; C.A. **85** 1976] Nr. 85759). – [28] S. Aronson, E. Cisney, K.A. Gingerich (J. Am. Chem. Soc. **50** [1967] 248/52). – [29] O.J. Whittemore, N.N. Ault (J. Am. Ceram. Soc. **39** [1956] 443/4). – [30] B.J. Skinner (Am. Mineralogist **42** [1957] 39/54).

[31] B. Ohnysty, F.K. Rose (J. Am. Ceram. Soc. **47** [1964] 398/400). – [32] I.E. Campbell (High Temperature Technology, John Wiley, New York, S. 50 laut [22]). – [33] J.A. Fahey, R.P. Turcotte, T.D. Chicalla (Inorg. Nucl. Chem. Letters **10** [1974] 459). – [34] R.F. Geller, P.J. Yakorsky (J. Res. Natl. Bur. Std. **35** [1945] 87). – [35] P.J. Baldock, W.E. Spindler, T. Baker (AERE-R-5674; C.A. **71** [1969] Nr. 85539).

[36] S.A. Marshall, S.V. Nistor (Magn. Resonance Relat. Phenomena Proc. 17th Conf. AMPERE, Turku, Finland, 1972 [1973], S. 241/3; C.A. **81** [1974] Nr. 30654). – [37] K. Lonsdale, K.El Sayed (Acta Cryst. **19** [1965] 487/8). – [38] A. Gillert (Phil. Mag. [8] **12** [1965] 139/44). – [39] Hg. Matzke (in: H. Blank, R. Lindner, Plutonium and other Actinides, North Holland Publ. Comp., Amsterdam 1976, S. 801/30). – [40] R.P.

Turcotte (in: H. Blank, R. Linder, Plutonium and other Actinides, North Holland Publ. Comp., Amsterdam 1976, S. 851/8).

[41] D.L. Douglass, S.E. Bronisz (J. Am. Ceram. Soc. **54** [1971] 158/61). – [42] F.W. Clinard, D.L. Douglass, C.C. Land (J. Am. Ceram. Soc. **54** [1971] 9). – [43] A. Feldman, D. Horowitz, R.M. Waxler (U.S. Natl. Tech. Inform. Serv. AD Nr. 776337/8GA [1974] 17 S.; C.A. **81** [1974] Nr. 70845). – [44] G.H. Winslow, R.J. Thorn (High Temp. Sci. **1** [1969] 128/62). – [45] O.H. Krikorian (UCRL-6132 [1960] 7 S.; C.A. **55** [1961] 4078).

[46] M. Ali, P. Nagels (Phys. Status Solidi **21** [1967] 113/6). – [47] S. Aronson, A. Ingraham (J. Nucl. Mater. **24** [1967] 74/9). – [48] G.S. Tint (Diss. Temple Univ., Philadelphia 1970; Diss. Abstr. Intern. B **31** [1971] 6207). – [49] H. Hashimoto, A. Kumao, K. Hino, H. Yotsumoto, A. Ono (Japan. J. Appl. Phys. **10** [1971] 1115/6). – [50] V. Nitzki, Hg. Matzke (Phys. Rev. B [3] **8** [1973] 1894/900).

[51] F.W. Clinard, W.M. Sanders (J. Appl. Phys. **43** [1972] 4937/42). – [52] Hg. Matzke, J.L. Whitton (Can. J. Phys. **44** [1966] 995/1010). – [53] J.T. Mayer (NASA Tech. Note TN D-4414 [1968] 34 S.; C.A. **69** [1968] Nr. 71391). – [54] R. Kelly, Hg. Matzke (J. Nucl. Mater. **17** [1965] 179/91). – [55] M.C. Naik, A.R. Paul, K.N.G. Kaimal, M.D. Karkhanavala (Radiat. Eff. **28** [1976] 235/9).

[56] H. Tagawa, T. Fujino, J. Tateno (JAERI-M-6180 [1975]; INIS-7701-281013). – [57] F. Hunt, G. Niessen (Z. Electrochem. **56** [1952] 972). – [58] C. Frondel (Am. Mineralogist **40** [1955] 876). – [59] I.F. Ferguson, R.S.S. Street, R.W.M. D'Eye (AERE-R-3344 [1960]). – [60] J. Roth (NUMEC-2389-4 [1964]).

[61] S.M. Lang, F.P. Knudsen (J. Am. Ceram. Soc. **39** [1956] 415). – [62] W.H. Zachariasen (Phys. Rev. [2] **73** [1948] 1104). – [63] R.J. Ackermann, E.J. Rauh, R.J. Thorn, M.C. Cannon (J. Phys. Chem. **67** [1963] 762). – [64] M. Kaufman, J. Muenter, W. Klemperer (J. Chem. Phys. **47** [1967] 3365/6). – [65] S.D. Gabelnick, G.T. Reedy, M.G. Chasanov (J. Chem. Phys. **60** [1974] 1167/74).

[66] M.J. Linevsky (WADD-TR-60-646 (Tl. IV) [1963]; AD-611856 [1963], laut [65]). – [67] R.J. Ackermann, G. Rauh (J. Inorg. Nucl. Chem. **35** [1973] 8787/94). – [68] S.C. Carniglia, S.D. Brown, T.F. Schroeder (J. Am. Ceram. Soc. **54** [1971] 14/7). – [69] J.W. Edington, M.J. Klein (J. Appl. Phys. **37** [1966] 3906/8). – [70] K. Hirata, K.H. Moroya, Y. Waseda (J. Mater. Sci. **12** [1977] 838/9).

[71] F.A. Mauer, L.H. Bolz (PB-136066 [1959]; C.A. **54** [1960] 10727). – [72] F. Trombe (Bull. Soc. Franc. Ceram. Nr. 3 [1949] 18/26).

Thermodynamic Properties

3.3.2.2. Thermodynamische Eigenschaften

Condensed ThO_2

Kondensiertes ThO_2

Über die thermodynamischen Eigenschaften des ThO_2 liegen mehrere zusammenfassende Arbeiten vor [1 bis 12, 38, 52], die z.T. Verbindungen gleicher Art auch der anderen Actiniden vergleichend behandeln. Daneben existiert eine Reihe z.T. sehr sorgfältiger Messungen spezieller thermodynamischer Daten [13 bis 16], die ein relativ gutes Bild über die Thermodynamik des ThO_2 zu gewinnen gestatten.

Enthalpy of Formation. Heat Capacity. Enthalpy Function Entropy.

Bildungsenthalpie. Wärmekapazität. Enthalpiefunktion. Entropie

Thoriumdioxid ist das einzige thermodynamisch stabile Oxid des Thoriums im kondensierten Zustand. Die über die Verbrennung von Thoriummetall (mit 0.12% Sauerstoff,

Literatur zu 3.3.2.2 s. S. 123/4

0.01% Kohlenstoff und <0.01% Eisen als Hauptverunreinigungen) calorimetrisch in einer Sauerstoffbombe bestimmte Bildungsenthalpie von ThO_2 beträgt

$$\Delta H_f^\circ\ (298.15\,K) = -(293.2 \pm 0.4\ kcal/mol\ (oder\ -(1226 \pm 1.5)kJ/mol)$$

[21], in guter Übereinstimmung mit dem älteren Wert in [27], der mit $\Delta H_f^\circ = -(292.6 \pm 1.4)$kcal/mol angegeben wurde. Für 0 K wird eine Bildungsenthalpie von −270 kcal/mol berechnet [46]. Unter Verwendung dieses ΔH_f°-Wertes für ThO_2 werden die in Tabelle 3/11 aufgeführten ΔH- und ΔG-Werte für 298.15 K ≤ T ≤ 3000 K berechnet [3].

Tabelle 3/11
Bildungsenthalpie und freie Bildungsenthalpie von ThO_2 [3].

Temperatur in K	$-\Delta H_f$ in kcal/mol	$-\Delta H_f$ in kJ/mol	$-\Delta G_f$ in kcal/mol	$-\Delta G_f$ in kJ/mol
298.15	293.2	1227	279.4	1169
400	293.0	1226	274.7	1149
500	292.8	1225	270.2	1131
600	292.6	1224	265.7	1112
700	292.4	1223	261.2	1093
800	292.2	1223	256.8	1074
900	292.0	1222	252.4	1056
1000	291.8	1221	248.0	1038
1100	291.7	1220	243.6	1019
1200	291.6	1220	239.0	1000
1300	291.4	1219	234.9	983
1400	291.3	1219	230.6	965
1500	291.2	1218	226.0	946
1600	291.1	1218	221.9	928
1700	291.7	1220	217.5	910
1800	291.6	1220	213.2	892
1900	291.6	1220	208.8	874
2000	296.0	1238	204.3	855
2500	295.4	1236	181.5	759
3000	294.2	1231	158.8	664

Für die molare freie Bildungsenthalpie von ThO_2 wurden folgende Beziehungen ausgewählt [4]:

Für die Reaktion Th(fest) + O_2(gas) → ThO_2(fest) bei 298 K ≤ T ≤ 2023 K:

$$\Delta G_f = -291\,930 + 43.50\,T \quad (in\ cal/mol)$$

und für die Reaktion Th(fl) + O_2(gas) → ThO_2(fest) bei 2023 K ≤ T ≤ 3000 K

$$\Delta G_f = -292\,590 + 43.66\,T \quad (in\ cal/mol).$$

Die unter Verwendung dieser Beziehungen erhaltenen ΔG_f-Werte sind mit in die Tabelle in [4] aufgenommen. Unter Verwendung der in [28, 29] erhaltenen Potentiale der (ThO_2 + C)-Elektrode gegenüber der Cl_2-Elektrode in $ThCl_4$-haltiger LiCl-KCl-Schmelze eutektischer Zusammensetzung und den bekannten ΔG-Werten für $ThCl_4$ und CO_2 wird die Beziehung

$$\Delta G_f^\circ = -334\,000 + 82.9\,T \quad (in\ cal/mol)$$

Literatur zu 3.3.2.2 s. S. 123/4

für 928 K≤T≤1233 K abgeleitet. Diese Werte unterscheiden sich von den kalorischen Daten um +5 kcal/mol bis −5 kcal/mol. Die aus entsprechender NaCl-KCl-Schmelze abgeleiteten Daten sind um fast 20 kcal/mol zu negativ [4]. Für festes ThO_2 im Bereich 2000 K≤T≤3000 K wird die Beziehung

$$\Delta G_f^\circ = -296000 + 46.38\ T \qquad \text{angegeben } (\Delta G_f^\circ \text{ in cal/mol}).$$

Gut übereinstimmende Daten liegen zur spezifischen Wärme von kondensiertem ThO_2, von niedrigen bis zu hohen Temperaturen vor.

Aus **Fig.** 3-**37** ist zu erkennen, daß die spezifische Wärme von ThO_2 im Gegensatz zu UO_2 und NpO_2 keine Anomalie zeigt [23]. Zahlenwerte der spezifischen Wärme für Temperaturen von 10 K≤T≤298.16 K sind zusammen mit Angaben über thermodynamische Funktionen in Tabelle 3/12 aufgeführt.

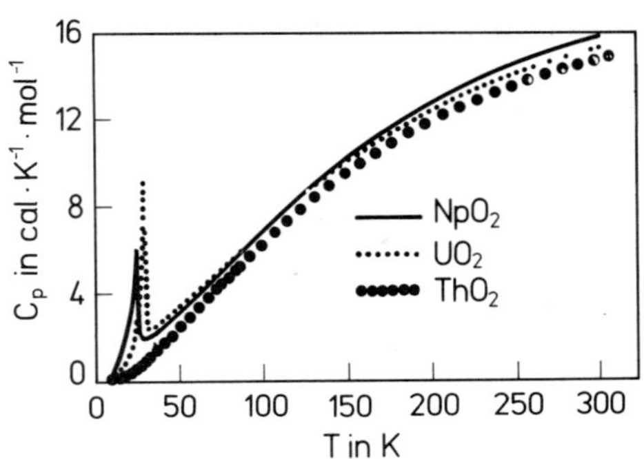

Fig. 3-37

Spezifische Wärme von ThO_2, UO_2 und NpO_2 bei tiefen Temperaturen [23].

Für den Bereich 298.15 K≤T≤1200 K wird in [20] die Beziehung

$$C_p^\circ = 17.057 + 18.06 \times 10^{-4} \cdot T - 2.5166 \times 10^5 \cdot T^{-2}$$

aufgeführt, deren Werte mit der „drop"-Methode und einem Bunsenkalorimeter bestimmt wurden. Es wird angegeben, daß diese Beziehung die experimentellen Werte innerhalb 0.3% bis 0.5% richtig wiedergibt. Entsprechende Zahlenwerte s. Tabelle im Original [20]. Die Werte für Temperaturen oberhalb Raumtemperatur wurden in [16] benutzt, um die Temperaturabhängigkeit der spezifischen Wärme C_p (in cal · K^{-1} · mol^{-1}) für den Bereich 298 K≤T≤3000 K durch die Beziehung

$$C_p = 16.56 + 2.232 \times 10^{-3} T - 2.195 \times 10^5 T^{-2} \qquad (\text{in cal} \cdot K^{-1} \cdot mol^{-1})$$

in Gleichungsform zu erfassen. Die daraus erhaltenen Daten sind mit in Tabelle 3/12 aufgeführt.

Über die Abnahme der Intensität von Röntgenbeugungsaufnahmen des ThO_2 mit der Temperatur wurde die charakteristische Temperatur des ThO_2 bestimmt und daraus die Entropie dieser Verbindung [25]. Es wurden folgende Werte erhalten:

$$S^\circ = 19.7\ \text{cal} \cdot K^{-1} \cdot (\text{g-Atom Th})^{-1},$$

nach dem „Mittlere-Massen-Modell" berechnet und

$$S^\circ = 14.2\ (\text{bzw. } 15.2)\ \text{cal} \cdot K^{-1} \cdot (\text{g-Atom Th})^{-1},$$

nach dem „Schwere-Massen-Modell" berechnet.

Literatur zu 3.3.2.2 s. S. 123/4

Tabelle 3/12
Thermodynamische Eigenschaften von ThO_2 bei tiefen Temperaturen [23].

T in K	C_p in $cal \cdot K^{-1} \cdot mol^{-1}$	H°_T-H°_0 in cal/mol	S° in $cal \cdot K^{-1} \cdot mol^{-1}$	$(G^\circ - H^\circ_0)/T$ in $cal \cdot K^{-1} \cdot mol^{-1}$
10	0.032	0.08	0.011	0.003
15	0.096			
20	0.240			
25	0.492			
30	0.827			
40	1.614			
50	2.430	38.60	1.068	0.296
60	3.226			
70	4.006			
80	4.767			
90	5.525			
100	6.246	257.3	3.948	1.375
110	6.960			
120	7.649			
130	8.315			
140	8.951			
150	9.546	655.1	7.129	2.762
160	10.10			
170	10.62			
180	11.10			
190	11.55			
200	11.97	1196.5	10.227	4.244
210	12.35			
220	12.71			
230	13.04			
240	13.35			
250	13.64	1839.1	13.088	5.732
260	13.90			
270	14.15			
280	14.38			
290	14.60			
300	14.80	2551.6	15.683	7.159
298.16	14.76	2524.4	15.593	7.126
	$\pm$0.015	$\pm$3	$\pm$0.002	$\pm$0.01

Diese Werte sind vergleichbar mit den Werten $S^\circ = 15.6$ cal $\cdot K^{-1}$(g-Atom Th)$^{-1}$ nach [30], $S^\circ_{298} = 14.76$ cal $\cdot K^{-1} \cdot mol^{-1}$ (nach der Beziehung in [16]), $S^\circ_{298.15} = (65.24 \pm 0.08)$ $J \cdot K^{-1} \cdot mol^{-1}$ nach [23]. Wie nach dem magnetischen Verhalten von PuO_2 zu erwarten ist, besitzen ThO_2 und PuO_2 ($S^\circ_{298.15} = 66.13 \pm 0.26$ $J \cdot K^{-1} \cdot mol^{-1}$ für PuO_2) nahezu identische Entropiewerte, bei T = 200 K sind die Entropiewerte mit $S^\circ_{200} = 42.8$ $J \cdot K^{-1} \cdot mol^{-1}$ gleich [22]. Dagegen sind erwartungsgemäß die Entropiewerte von UO_2 ($S^\circ_{298.15} = 77.0$ $J \cdot K^{-1} \cdot mol^{-1}$) und NpO_2 ($S^\circ_{298.15} = 80.3$ $J \cdot K^{-1} \cdot mol^{-1}$) beträchtlich höher, was durch magnetische Entropieanteile bedingt ist [22].

Literatur zu 3.3.2.2 s. S. 123/4

Für den Bereich 1200 °C≤t≤2400 °C graphisch ermittelte Daten für die spezifische Wärme von ThO_2, die aus Enthalpiewerten ($H_t^\circ = 0.06269 \cdot t + 4.70 \times 10^{-6}\ t^2$, t in °C, H in cal/g) ermittelt wurden, sind in [19] wiedergegeben. Beim Vergleich dieser Werte mit älteren Daten [17, 18] erkennt man, daß die Abweichungen im allgemeinen unter 1% liegen (**Fig.** 3-**38**). Die Werte nach [15] wurden durch Verdampfung von ThO_2 aus Tantaltiegeln ermittelt. Obwohl in [31] das frühere Ergebnis [32] bestätigt wurde, daß die Verdampfung von ThO_2 kongruent erfolgt (die Zusammensetzung des Rückstandes ist $ThO_{1.99}$), sind die Versuche in [19] mit etwas Vorsicht zu interpretieren, da Bildung von ThO (gas) durch Reaktion von ThO_2 mit Tantal nicht auszuschließen ist, wenngleich in festem Zustand nach [19] nur eine schwache Reaktion zwischen Tantal und ThO_2 beobachtet wurde.

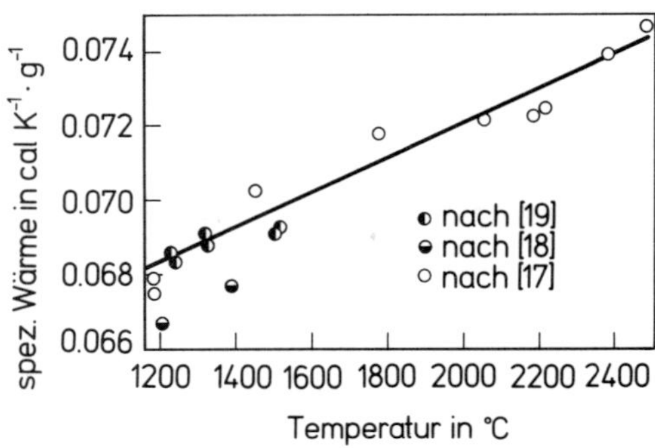

Fig. 3-38

Spezifische Wärme von ThO_2 bei hohen Temperaturen [19].

Eine Auflistung sorgfältig ausgewählter thermodynamischer Funktionen für kondensiertes ThO_2 ist in Tabelle 3/13 gegeben [3], wobei die Zahlenwerte der spezifischen Wärme C_p, der Enthalpie (H_T°-H_0°), der Entropie S° und von (G°-H_0°)/T sowohl in cal/mol bzw. cal · K^{-1} · mol^{-1} als auch in J/mol bzw. J · K^{-1} · mol^{-1} dargestellt sind.

Von der „Codata task group on key values for thermodynamics" wurden im Jahr 1976 für ThO_2 folgende Werte empfohlen: $\Delta_f H^\circ_{298.15} = -1226.4 \pm 3.5$ kJ/mol; $S^\circ_{298.15} = 65.23 \pm 0.20$ J · mol^{-1} · K^{-1}; $\Delta H^\circ_{298.15} - H^\circ_0 = 10.560 \pm 0.20$ kJ/mol [54], s. [55].

Heat of Fusion

Schmelzwärme

Unter Annahme von 3 R als Schmelzentropie wird ein Wert von 21.4 kcal/mol für die Schmelzwärme des ThO_2 abgeleitet [33].

Heat of Vaporization

Verdampfungswärme

Bei Ermittlung der Verdampfungswärme von ThO_2 über die Temperaturabhängigkeit des Dampfdrucks ist zu berücksichtigen, daß in der Gasphase das ThO_2 partiell zu ThO (gas) + O_2(gas) dissoziiert. Für die Reaktion ThO_2(fest)→ThO_2(gas) wird für die freie molare Verdampfungsenthalpie die Beziehung

$$\Delta G = 160\,700 - 36.5\ T$$

angegeben, mit ΔG in cal/mol und T in K (2023 K≤T≤3000 K) [4].

Unter Verwendung des dritten Hauptsatzes und der Annahme verschiedener geometrischer Strukturen von gasförmigem ThO_2 wurden die in Tabelle 3/14 aufgeführten Verdamp-

Literatur zu 3.3.2.2 s. S. 123/4

fungsenthalpien berechnet [4]. Das Modell, das ein nahezu linear gebautes ThO_2(gas) annimmt (Winkel O–Th–O=174 °), weist die beste Konsistenz auf. Ein elektronischer Anteil an der Verteilungsfunktion ist bei den Berechnungen nicht berücksichtigt.

Tabelle 3/13
Thermodynamische Funktionen von ThO_2 [3].

Temperatur in K	C_p° in cal · K⁻¹ · mol⁻¹	C_p° in J · K⁻¹ · mol⁻¹	$H^\circ-H_0^\circ$ in cal/mol	$H^\circ-H_0^\circ$ in J/mol	S° in cal · K⁻¹ · mol⁻¹	S° in J · K⁻¹ · mol⁻¹	$-(G^\circ-H_0^\circ)/T$ in cal · K⁻¹ · mol⁻¹	$-(G^\circ-H_0^\circ)/T$ in J · K⁻¹ · mol⁻¹
10.00	0.032	0.134	0.08	0.33	0.011	0.046	0.003	0.013
50.00	2.430	10.167	38.60	161.5	1.068	4.469	0.296	1.238
100.00	6.246	26.133	257.3	1076.5	3.948	16.518	1.375	5.753
150.00	9.546	39.94	655.1	2740.9	7.129	29.828	2.762	11.556
200.00	11.97	50.08	1196.5	5006.2	10.227	42.790	4.244	17.757
250.00	13.64	57.07	1839.1	7694.8	13.088	54.760	5.732	23.98
298.15	14.76	61.76	2524.4	10562	15.593	65.241	7.126	29.82
300.00	14.79	61.88	2551	10673	15.68	65.605	7.18	30.04
400.00	16.08	67.28	4103	17167	20.14	84.27	9.88	41.34
500.00	16.80	70.29	5750	24058	23.81	99.62	12.31	51.51
600.00	17.29	72.34	7456	31196	26.92	112.63	14.49	60.63
700.00	17.68	73.97	9205	38514	29.61	123.89	16.46	68.87
800.00	18.01	75.35	10990	45982	32.00	133.89	18.26	76.40
900.00	18.30	76.56	12806	53580	34.13	142.80	19.91	83.30
1000.00	18.58	77.74	14650	61296	36.08	150.96	21.43	89.66
1100.00	18.84	78.83	16521	69124	37.86	158.41	22.85	95.60
1200.00	19.09	79.9	18417	77057	39.51	165.31	24.17	101.13
1300.00	19.34	80.9	20338	85094	41.05	171.75	25.40	106.27
1400.00	19.58	81.9	22284	93236	42.49	177.78	26.58	111.21
1500.00	19.81	82.9	24254	101479	43.85	183.47	27.68	115.81
1600.00	20.05	83.9	26247	109817	45.13	188.82	28.73	120.21
1700.00	20.28	84.9	28264	118257	46.36	193.97	29.74	124.43
1800.00	20.51	85.8	30304	126792	47.52	198.82	30.69	128.41
1900.00	20.74	86.8	32366	135419	48.64	203.51	31.60	132.21
2000.00	20.97	87.7	34452	144147	49.71	207.99	32.48	135.90
2100.00	21.20	88.7	36561	152971	50.74	212.30	33.33	139.45
2200.00	21.43	89.7	38693	161892	51.73	216.44	34.14	142.84
2300.00	21.66	90.6	40847	170904	52.69	220.45	34.92	146.11
2400.00	21.88	91.5	43024	180012	53.61	224.30	35.69	149.33
2500.00	22.11	92.5	45224	189217	54.51	228.07	36.42	152.38
2600.00	22.34	93.5	47446	198514	55.38	231.71	37.13	155.35
2700.00	22.56	94.4	49691	207907	56.23	235.27	37.83	158.28
2800.00	22.79	95.4	51958	217392	57.05	238.70	38.50	161.08
2900.00	23.01	96.3	54248	226974	57.86	242.09	39.19	163.97
3000.00	23.24	97.2	56560	236647	58.64	245.35	39.79	166.48

Folgende Verdampfungsenthalpien (Sublimationsenthalpien) werden in der Literatur aufgeführt: $\Delta H_{subl} = 158.7 \pm 2.5$ kcal/mol [32], 171 kcal/mol [34], 170.3 kcal/mol (nach [19], auf 30 °C korrigiert), 184 kcal/mol [19] sowie $\Delta H_{subl} = 156 \pm 11$ kcal/mol (bei ThO: $ThO_2 \approx 0.1$ für 2300 K $\leq T \leq$ 2400 K) als „bester" Wert. Wegen einer möglichen zusätzlichen

Literatur zu 3.3.2.2 s. S. 123/4

Bildung von ThO(gas) durch Reaktion von ThO_2 mit dem Tantaltiegel sind die Werte nach [19] mit Vorbehalt zu beurteilen.

Tabelle 3/14
Zur Berechnung der Verdampfungswärme von ThO_2 [4].

Modell [a])	Bindungswinkel O-Th-O in ThO_2 (gas) in °	Wellenzahlen in cm^{-1} ν_1	ν_2	ν_3	Abstand O-Th in Å	Nach dem 3. Hauptsatz ΔH_{298} in kcal/mol aus ΔG_{2200}	aus ΔG_{2800}	Nach dem 2. Hauptsatz ΔH_{298} in kcal/mol	ΔS_{2500} (ber.) in $cal \cdot K^{-1} \cdot mol^{-1}$
1	122.5	787.4	120	735.35	1.90	185.8	189.2	173.7	42.1
2	122.5	787.4	250	735.35	1.85	182.3	184.7	173.8	40.5
3	174	787.4	250	735.35	1.90	173.6	173.6	173.8	36.5
									36.5[b])

[a]) Ohne elektronischen Beitrag zu den Verteilungsfunktionen. – [b]) Experimentell.

Lattice Energy. Surface Energy

Gitterenergie. Oberflächenenergie

Unter Verwendung von Daten mechanischer Eigenschaften des ThO_2 werden eine Gitterenergie von 2246 kcal/mol (nach Daten für pulverförmiges ThO_2) bzw. 2203 kcal/mol (nach Daten für ThO_2-Einkristalle) sowie Ionisationspotentiale von 57.27 eV bzw. 55.42 eV berechnet [39]. Die in [38] und [36] angegebenen Werte sind mit 2485 kcal/mol bzw. 2444 kcal/mol um ca. 10% höher, was durch unterschiedliche Annahmen bei den Berechnungen bedingt ist. Ein Vergleich der Gitterenergien U aller Actinidendioxide zeigt, daß U erwartungsgemäß mit abnehmendem Ionenradius zunimmt [36]:

Verbindung	Gitterkonstante in Å	Gitterenergie-$U_{ber.}$ in kcal/mol
ThO_2	5.597	2485
PaO_2	5.505	2527
UO_2	5.468	2544
NpO_2	5.436	2529
PuO_2	5.396	2578
AmO_2	5.389	2591
CmO_2	5.372	2589

Allgemeine Aussagen zur Bindungsenergie von Oxiden s. [35]. Für die Kohäsiv-Energie (Gitterenergie) χ wird bei 0 K ein Wert von $\chi_0 = -2397.8$ kcal/mol berechnet nach der Beziehung

$$\chi = \Phi + \Sigma U_0 (1+\varphi)^{-\gamma}$$

mit U_0 = Nullpunktenergie des Oszillators bei $\varphi = 0$, γ = Grüneisen-Konstante und

$$\Phi = -A(1+\varphi)^{-1/3} - B(1+\varphi)^{-2} - C(1+\varphi)^{-8/3} + D \exp[b(1-(1+\varphi)^{1/3})].$$

Hierin ist $A = 8222.585 \cdot V^{-1/3}$ der Madelung-Term bei 0 K und $b = 2.359217 \cdot V^{1/3}$.

Dieser χ-Wert stimmt mit dem Wert −2373 kcal/mol nach [4] gut überein und weicht auch von dem älteren Wert in [46] nur geringfügig ab.

Literatur zu 3.3.2.2 s. S. 123/4

Für die Oberflächenenergie von ThO_2 bei 0 K wird in [49] ein Wert von 530 erg/cm^2($\pm$20%) angegeben, der wesentlich niedriger ist als die in [47] nach zwei verschiedenen Verfahren berechneten Werte von 810 erg/cm^2 (bei Benutzung der für Al_2O_3 abgeleiteten Wachtman-Beziehung [50]) bzw. 1150 erg/cm^2 (nach dem Born-Haber-Zyklus $U = \Delta H - L - D + 2\Sigma I_i$, wobei U = Kohäsiv-Energie, ΔH = Bildungsenthalpie der kristallinen Substanz, L = Verdampfungsenthalpie des Metalls, A = Affinität des Sauerstoffatoms für zwei Elektronen und ΣI_i = Summe der Ionisationspotentiale ($Th \rightarrow Th^{4+} + 4e$) des Metalls bedeuten). Der letztgenannte Wert wird in [47] für wahrscheinlicher gehalten. In [37] wird für die „freie Oberflächenenergie" von ThO_2 bei Raumtemperatur ein Wert von 2741 erg/cm^2 genannt, der über Ultraschallmessungen erhalten wurde.

Grüneisen-Konstante

Grüneisen Constant

Für die Grüneisen-Konstante $\gamma = V \cdot \alpha \cdot K/C_v$ mit α = Volumenkoeffizient der thermischen Ausdehnung, V = Molvolumen, C_v = spezifische Wärme bei konstantem Volumen, K = Bulk-Modul wird ein Wert von $\gamma = 1.78$ für polykristallines ThO_2 abgeleitet [51].

Flüssiges ThO_2

Liquid ThO_2

Für das flüssige ThO_2 wird ein Siedepunkt von 4400 °C abgeschätzt [33].

Gasförmiges ThO_2

Gaseous ThO_2

Im Gegensatz zu ThO(gas) liegen über ThO_2(gas) nur wenige thermodynamische Angaben vor. Dies dürfte hauptsächlich daher rühren, daß ThO_2(gas) thermodynamisch bedeutend instabiler ist als das gasförmige Monoxid.

Bildungsenthalpie

Enthalpy of Formation

Für die Reaktion Th(gas) + ThO_2(gas) = 2 ThO(gas) wird eine Reaktionsenthalpie von $\Delta H_{r(298.15)} = -163$ kJ/mol erhalten. Daraus ergibt sich für ThO_2(gas) eine Bildungsenthalpie von $\Delta H^\circ_{298.15} = -443 \pm 25$ kJ/mol ($= -106 \pm 6$ kcal/mol) [42]. Im Vergleich dazu gilt für ThO_2(s): $\Delta H^\circ_{298.15} = -293.2 \pm 0.4$ kcal/mol.

Für die freie Bildungsenthalpie ΔG° (in cal/mol) von ThO_2(gas) gemäß Th(fl) + O_2(gas) $\rightarrow$ ThO_2(gas) wird die Funktion $\Delta G^\circ = -138\,600 + 11.4\,T$ angegeben (2000 K $\leq T \leq$ 3000 K) [32].

Die Beziehung $\Delta G = -137\,300 \pm 11.1\,T$ der gleichen Autoren ist nicht sehr verschieden [44]. Die Bildungsentropie in diesem Temperaturbereich wird auf $\Delta S = -11.4$ cal · K^{-1} · mol^{-1} geschätzt. Einige abgeleitete thermodynamische Funktionen sind nachfolgend aufgeführt [32]:

Temperatur in K	$H^\circ_T - H^\circ_0$ in kcal/mol	$-(G_T - H^\circ_0)$ in kcal/mol
2000	26.8	145.2
2200	29.8	162.5
2400	32.8	180.1
2600	35.8	198.0
2800	38.7	216.1
3000	41.7	234.4

Literatur zu 3.3.2.2 s. S. 123/4

In einer neueren Arbeit [31] wird für die Temperaturabhängigkeit (2400 K$\leq$T$\leq$2800 K) der freien Bildungsenthalpie die Beziehung

ΔG_0° (in cal/mol) $= -132120 + 7.23$ T angegeben.

Aus diesen Werten abgeleitete thermodynamische Funktionen s. Tabelle 3/15 [1], berechnete Werte nach [14] s. Tabelle 3/16.

Unter Benutzung der Verdampfungsgeschwindigkeit für ThO_2(s) wird die Funktion

ΔG (in cal/mol) $= -130690 + 6.66$ T für 2023 K $\leq$ T $\leq$ 3000 K berechnet.

Weitere Angaben über die Dissoziation von gasförmigem ThO_2 s. [48, 53].

Tabelle 3/15
Thermodynamische Funktionen für ThO_2(gas). Werte in cal $\cdot$ K^{-1} $\cdot$ mol^{-1}, in Auswahl [1].

T in K	$(G-H_0)/T$	$(H-H_0)/T$	S	C_p
298.15	−59.1581	9.9545	69.1126	11.3457
500	−64.5163	10.8108	75.3871	12.6309
1000	−72.438	12.0101	84.4481	13.5331
1500	−77.4236	12.5582	89.9618	13.7371
2000	−81.0819	12.8636	93.9454	13.8118
2500	−83.9745	13.0571	97.0316	13.8469
3000	−86.3676	13.1905	99.5581	13.8662
3500	−88.4086	13.2879	101.697	13.8776
4000	−90.188	13.3622	103.55	13.8854
4500	−91.7653	13.4206	105.186	13.8906
5000	−93.1819	13.4678	106.65	13.8944
5500	−94.4674	13.5067	107.974	13.8971
6000	−95.644	13.5393	109.183	13.8992

Tabelle 3/16
Über ein „harmonisches Oszillator"-Modell berechnete thermodynamische Funktionen für ThO_2 im idealen Gaszustand bei einem Druck von 1 atm [14]. Werte in cal $\cdot$ K^{-1} $\cdot$ mol^{-1}, in Auswahl. H_0° = Energie für ideales ThO_2-Gas bei 0 K.

T in K	$(H_T-H_0^\circ)/T$	$-(G_0-H_0^\circ)/T$	S°	C_p°
500	10.7	65.8	76.5	12.6
1000	12.0	73.0	85.6	13.5
1500	12.5	78.6	91.1	13.7
2000	12.8	82.2	95.0	13.8
3000	13.2	87.5	100.7	13.9
4000	13.4	91.6	105.0	13.9
5000	13.5	94.1	107.6	13.9

Ionization Energy

Ionisierungsenergie

Über eine Elektronenstoßmethode wurde unter Verwendung von Hg als Referenzsubstanz die Ionisierungsenergie IP von ThO_2(gas) gemäß $ThO_2(gas) = ThO_2^+(gas) + e^-$ zu

IP=8.7±0.15 eV ermittelt [31, 41]. Dieser Wert liegt auch innerhalb des Fehlerbereichs von 8±1 eV, der in [42] über Austauschreaktionen im Gaszustand abgeschätzt wurde. Der in [43] aufgeführte Wert von 10.9 eV dürfte jedoch merklich zu groß sein.

Vergleich der Ionisierungspotentiale von Actinidenoxiden und der Metalle s. **Fig. 3-39** [41].

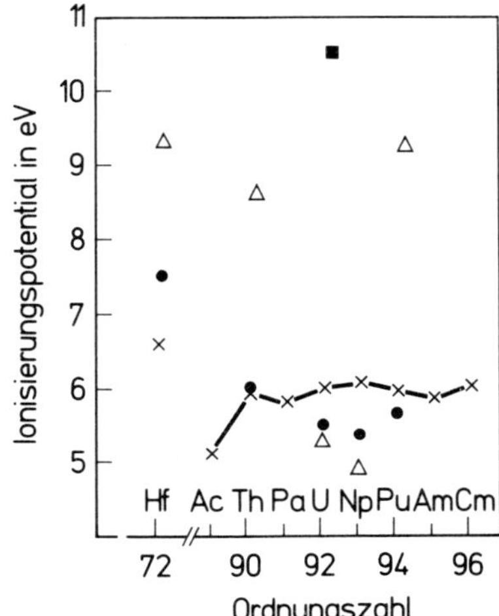

Fig. 3-39

Vergleich der Ionisierungspotentiale von Hf- und Actinidenverbindungen [41].
× Metall, ● Monoxide MO,
△ Dioxide MO_2, ■ Trioxide MO_3.

Für die Dissoziationsenergie von ThO_2(gas) wird ein Wert von D_0° (ThO_2) = 1532±30 kJ/mol (=15.9±0.3 eV) abgeleitet [42]. Für die Dissoziation von ThO_2(gas) in →Th(gas) +2 O(gas) wird D_0°=370±15 kcal/mol (=16.1±0.6 eV) angegeben [24]. Aus den spärlichen thermodynamischen Daten für ThO_2(gas) kann man folgern, daß die erste Bindung in ThO_2(gas) merklich schwächer ist als die zweite; es gilt

$$D_0^\circ(\mathrm{Th-O}) - D(\mathrm{OTh-O}) \approx 163\ \mathrm{kJ/mol} \quad [42].$$

$D_0^\circ \approx$16.3 eV für 0 K [32].

Literatur zu 3.3.2.2:

[1] S. Abramowitz (AD-A008438 [1975] 30 S.; C.A. **83** [1975] Nr. 169243). – [2] R.C. Anderson (in: A.M. Alper, High Temperature Oxides, Tl. II, Academic Press, New York 1970, S. 1/97). – [3] S. Peterson, C.E. Curtis (ORNL-4503 (Bd. 1) [1970] 74 S.). – [4] M.H. Rand (in: O. Kubaschewski, Thorium: Physico-chemical Properties of its Compounds and Alloys, At. Energy Rev. Spec. Issue Nr. 5 [1975] 7/85). – [5] C.E. Curtis (Progr. Nucl. Energy V **2** [1959] 223/36).

[6] A.J. Moskvin (Soviet Radiochem. **15** [1973] 356/63). – [7] R.J. Ackermann, M.S. Chandrasekharaiah (Thermodyn. Nucl. Mater. Proc. 4th Symp., Vienna 1974 [1975], S. 3/26). – [8] B.B. Cunningham (Proc. Intern. Conf. Peaceful Uses At. Energy, Geneva 1955 [1956], Bd. 7, S. 225/30). – [9] R.J. Ackermann, R.J. Thorn (Proc. 2nd U.N. Intern. Conf. Peaceful Uses At. Energy, Geneva 1958, Bd. 28, S. 180/3). – [10] M. Olette, M.I. Ancey-Moret (Rev. Met. [Paris] **60** [1963] 569/82).

[11] R.J. Ackermann, R.J. Thorn (Thermodynamics Proc. Symp., Vienna 1965 [1966], Bd. 1, S. 243/69). – [12] D.D. Wagman (AD-467028 [1965] 149/60; C.A. **67** [1967] Nr. 15488). – [13] G.H. Winslow, R.J. Thorn (High Temp. Sci. **1** [1969] 128/62). – [14] G. Nagarajan (Z. Physik. Chem. [Leipzig] **234** [1967] 408/18). – [15] R.F. Voitovich, E.I. Golovko (Zh. Fiz. Khim. **41** [1967] 489/91).

[16] T.G. Godfrey, J.A. Woolley, J.M. Leitnaker (ORNL-TM-1596 [1966] 23 S.; C.A. **66** [1967] Nr. 90648). – [17] J.C. Southard (J. Am. Chem. Soc. **63** [1941] 3142/6). – [18] F.M. Jaeger, W.A. Veenstra (Proc. Koninkl. Ned. Akad. Wetenschap. **37** [1934] 327/32). – [19] M. Hoch, H.L. Johnston (J. Phys. Chem. **65** [1961] 1184/5). – [20] A.C. Victor, Th.B. Douglas (J. Res. Natl. Bur. Std. A **65** [1961] 105/11).

[21] E.J. Huber, C.E. Holley, E.H. Meierkord (J. Am. Chem. Soc. **74** [1952] 3406/8). – [22] H.E. Flotow, D.W. Osborne, S.M. Fried, J.G. Malm (J. Chem. Phys. **65** [1976] 1124/9). – [23] D.W. Osborne, E.F. Westrum (J. Chem. Phys. **21** [1953] 1884/7). – [24] L. Brewer, G.M. Rosenblatt (Chem. Rev. **61** [1961] 257/63). – [25] S. Aronson, A. Ingraham (J. Nucl. Mater. **24** [1967] 74/9).

[26] V.N. Chebotin (Tr. Inst. Elektrokhim. Akad. Nauk SSSR Ural'sk. Filial Nr. 7 [1965] 115/29; C.A. **65** [1966] 6403). – [27] W.A. Roth, G. Becker (Z. Physik. Chem. A **159** [1932] 1/39). – [28] M.V. Smirnov, L.E. Ivanovskii (Zh. Neorgan. Khim. **2** [1957] 238). – [29] M.V. Smirnov, L.E. Ivanovskii (Dokl. Akad. Nauk SSSR **110** [1956] 812). – [30] O. Kubaschewski, E.L. Evans (Metallurgical Chemistry, Pergamon Press, London 1956, S. 274).

[31] R.J. Ackermann, E.G. Rauh (High Temp. Sci. **5** [1973] 463/73). – [32] R.J. Ackermann, E.G., Rauh, R.J. Thorn, M.C. Cannon (J. Phys. Chem. **67** [1963] 762/9). – [33] W.R. Mott (Trans. Am. Electrochem. Soc. **34** [1918] 255/95, laut [3]). – [34] E. Shapiro (J. Am. Chem. Soc. **74** [1952] 5233/5). – [35] A.A. Appen, V.B. Glushkova, S.S. Kayalova (Izv. Akad. Nauk SSSR Neorgan. Materialy **1** [1965] 576/82).

[36] M.F.C. Ladd, W.H. Lee (J. Inorg. Nucl. Chem. **23** [1961] 199/205). – [37] H.H. Wawra (Radex Rundschau **1973** 602/21). – [38] L. Zagar (Sprechsaal **93** [1960] 153/4). – [39] R. Hanna (J. Phys. Chem. **69** [1965] 2971/3). – [40] A. Kapustinsky, B. Weselowsky (Z. Physik. Chem. B **22** [1952] 261).

[41] E.G. Rauh, R.J. Ackermann (J. Chem. Phys. **60** [1974] 1396/400). – [42] D.L. Hildenbrand, E. Murad (J. Chem. Phys. **61** [1974] 1232/7). – [43] G.G. Il'ina, Y.S. Rutgaizer, G.A. Semenov (Pribory i Tekhn. Eksperim. **12** Nr. 1 [1967] 151/3). – [44] R.J. Ackermann, R.J. Thorn (Thermodyn. Nucl. Mater. Proc. Symp., Vienna 1962 [1963], S. 445/62). – [45] N.M. Voronov, A.S. Danilin, I.T. Kovalev (Thermodyn. Nucl. Mater. Proc. Symp., Vienna 1962 [1963], S. 789).

[46] B.G. Childs (AECL-680 [1958] 22 S.; C.A. **53** [1959] 4842). – [47] G.C. Benson, P.I. Freeman, E. Dempsey (J. Am. Ceram. Soc. **46** [1963] 43/7). – [48] J.S. Kulikov (Protsessy Vosstanov. Plav. Zheleza **1965** 11/6; C.A. **64** [1966] 16658). – [49] D.T. Livey, P. Murray (J. Am. Ceram. Soc. **39** [1956] 363/72). – [50] J.B. Wachtman (Thesis Univ. of Maryland 1961, laut [47]).

[51] J.B. Wachtman, W.E. Tefft, D.G. Lam, C.S. Apstein (Phys. Rev. [2] **122** [1961] 1754/9). – [52] K. Schwabe (Angew. Chem. Intern. Ed. Engl. **5** [1966] 185/97). – [53] D.L. Hildenbrand (AD-A-025661 [1976]; ERDA Energy Res. Abstr. **2** [1977] 14307). – [54] J. Chem. Thermodyn. **9** [1977] 705/6). – [55] CODATA [Comm. Data Sci. Technol.] Nr. 28 [1978].

3.3.2.3 Thermische Eigenschaften. Diffusion

Thermal Properties. Diffusion

Dieses Kapitel enthält Abschnitte über Dampfdruck und Verdampfungsgeschwindigkeit, über den Schmelzpunkt, die thermische Leitfähigkeit und die Temperaturleitfähigkeit sowie über die Diffusion.

Die spezifische Wärme ist gemeinsam mit den thermodynamischen Funktionen in Abschnitt 3.3.2.2 (ab S. 118) behandelt, die thermische Ausdehnung ist in den Zusammenhang der strukturellen Eigenschaften (Abschnitt 3.3.2.1, ab S. 105) hineingenommen worden.

Thermal Properties. Diffusion

This chapter contains sections on vapor pressure, rate of vaporization, the melting point, thermal conductivity, and diffusion. The specific heat is discussed with the thermodynamic functions in section 3.3.2.2 beginning on p. 118; the thermal expansion, with the structural properties in section 3.3.2.1 beginning on p. 105.

Dampfdruck, Verdampfungsgeschwindigkeit

Vapor Pressure. Rate of Vaporization

ThO_2 besitzt einen sehr niedrigen Dampfdruck, was bei seinem hohen Schmelzpunkt von ca. 3300 °C auch nicht überrascht [1 bis 9, 36 bis 43, 45, 46]. Bei der Verdampfung von ThO_2 dissoziiert dieses partiell in ThO (gas) + O_2 (gas), daher setzen Zusätze von Th-Metall die Verdampfungsgeschwindigkeit von ThO_2 infolge ThO (gas)-Bildung stark herauf.

Der Dampfdruck von ThO_2 über festem ThO_2 läßt sich durch die allgemeine Beziehung lg p = A − B/T wiedergeben. Zahlenwerte für die Größen A und B sind:

Temperaturbereich	A	−B	Lit.
–	7.20	3.16×10^4	[5]
–	7.98	34890	[36]
2000 K ≤ T ≤ 3000 K	8.26 ± 0.13	$(3.55 \pm 0.03) \times 10^4$	[6] a)
2050 K ≤ T ≤ 2250 K	11.53	3.71×10^4	[7]
2400 K ≤ T ≤ 2800 K	7.96	35070	[9] b)
1984 K ≤ T ≤ 2564 K	8.16 ± 0.47	35500 ± 1100	[42]
–	8.00	35710	[38] b)

a) Hier ist der Gesamtdruck über ThO_2(fest) angegeben. – b) Hier ist der Partialdruck ThO_2(gas) über ThO_2(fest) angegeben, der Gesamtdruck p (total) ergibt sich nach p (total) = p (ThO_2) + $(264.1/248.1)^{1/2}$ · p (ThO).

Die Mehrzahl der Untersuchungen über die Verdampfung von ThO_2 wurde mit einer Knudsen-Zelle durchgeführt, bei neueren Arbeiten unter Hinzunahme eines Massenspektrometers. Dieses Verfahren erlaubt, den Gesamtdruck auf die einzelnen Species im Gasraum aufzuteilen, wie **Fig. 3-40**, S. 126, für stöchiometrisches ThO_2 zeigt [9]. Die Beziehungen für den Gesamtdruck (p in atm)

$$\lg p(\text{total}) = 8.26 - 3.55 \times 10^4/T$$

bzw. für den p(ThO_2)-Partialdruck

$$\lg p(ThO_2,\ \text{gas}) = 7.96 - 3.507 \times 10^4/T$$

Literatur zu 3.3.2.3 s. S. 136/8

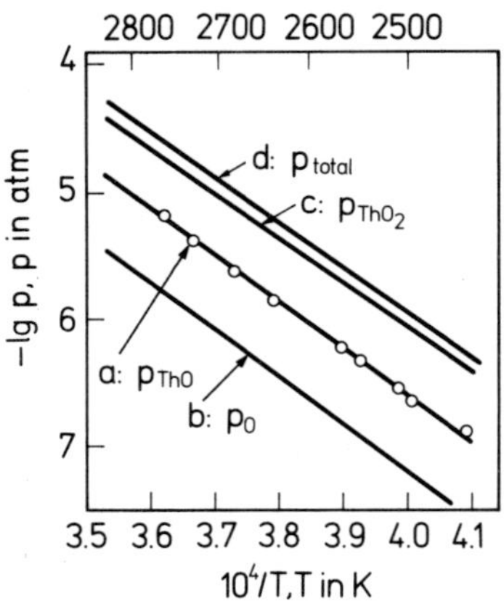

Fig. 3-40

Dampfdruck über stöchiometrischem ThO_2 [9]. a = ThO-Partialdruck, b = Sauerstoffpartialdruck, c = ThO_2-Partialdruck, d = Gesamtdruck.

dürften die zuverlässigsten Werte ergeben. Eine graphische Darstellung der von verschiedenen Autoren ermittelten Beziehungen für den Dampfdruck über ThO_2(fest) ist in **Fig. 3-41** gegeben.

Aus **Fig. 3-42** ergibt sich die Verdampfungsgeschwindigkeit von ThO_2 im Bereich 1500 °C ≤ t ≤ 2000 °C [40]. Man erkennt, daß besonders bei niedrigen Temperaturen ThO_2 merklich rascher verdampft als ZrO_2.

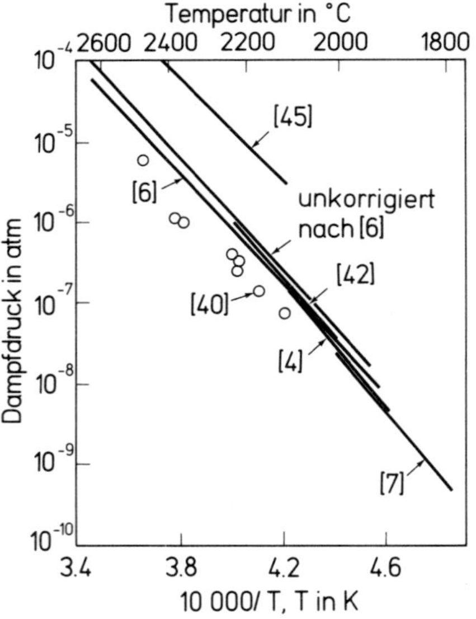

Fig. 3-41

Dampfdruck über ThO_2 (Zusammenstellung nach [1]).

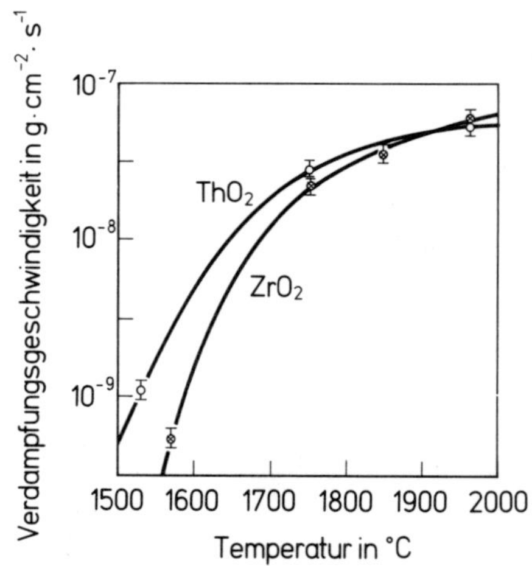

Fig. 3-42

Verdampfungsgeschwindigkeiten von ThO_2 und HfO_2 [40].

Sauerstoff-Gleichgewichtspartialdrücke über festem ThO_2 [81]:

Temperatur in °C	2000	3000	4000
$p(O_2)$ in atm	10^{-20}	10^{-10}	10^{-5}

Literatur zu 3.3.2.3 s. S. 136/8

Schmelzpunkt

Melting Point

ThO_2 hat den höchsten Schmelzpunkt von allen bekannten Oxiden [90 bis 93]. Für eine Probe mit 99.99% ThO_2 wurde ein Schmelzpunkt von 3300 ± 100 °C bestimmt [94], ein Wert, der heute zumeist benutzt wird. In [95] wird der geringfügig höhere Wert von 3390 °C angegeben. Andere etwas niedrigere Werte, z.B. 3323 K [96] oder 3570 K [97] könnten durch geringere Reinheit des ThO_2 hervorgerufen worden sein.

In [98, 99] wird ein Ofen beschrieben, in welchem Schmelzpunkte hochschmelzender Substanzen wie ThO_2 bestimmt werden können. Beim Lichtbogenschmelzen von ThO_2 bilden sich dünne ThO-Blättchen [100].

Thermische Leitfähigkeit, Temperaturleitfähigkeit

Thermal Conductivity. Thermal Diffusivity

Über die thermische Leitfähigkeit von ThO_2, die in der Mehrzahl über die Messung der Temperaturleitfähigkeit (thermal diffusivity) erhalten wurde, wird in [10 bis 35, 44, 82 bis 84] berichtet, eine zusammenfassende Darstellung ist in [1] enthalten.

Die bisher publizierten Daten über die thermische Leitfähigkeit von ThO_2 streuen sehr stark. Dies ist auch nicht ganz überraschend, da die thermische Leitfähigkeit sehr stark von der Porosität (z.B. Porengröße und Porenform sowie Größenverteilung) abhängt. Die gemessenen Zahlenwerte der thermischen Leitfähigkeit werden daher häufig auf Zahlenwerte der thermischen Leitfähigkeit bei der theoretischen Dichte, λ_{TD}, umgerechnet, wobei häufig die Beziehung

$$\lambda = \lambda_{TD}(1-P)(1+\beta P)$$ benutzt wird.

Hierbei gibt P die Porosität an, während β ein empirischer Faktor ist, der von den Herstellungsbedingungen, z.B. der durch diese bedingten Porenform, abhängt und nach [27] für bei 120 °C gemessene Proben Werte von 0.5 bis über 3 annehmen soll. In [28] wird ein Wert von $\beta = 1.3$ für ein durch thermische Zersetzung von Thoriumoxalat gewonnenes Präparat und ein Wert von $\beta = 6.5$ für eine über den Sol-Gel-Prozeß erhaltene Probe aufgeführt. In [29] wird für die Korrektur der thermischen Leitfähigkeit die Beziehung

Tabelle 3/17
Thermische Leitfähigkeit von ThO_2 verschiedener Herstellung [28].

Herstellung	Dichte in g/cm^3	Sinterbedingungen	thermische Leitfähigkeit in $W \cdot cm^{-1} \cdot K^{-1}$ 30 °C	70 °C	120 °C
Sol-Gel-Prozeß	9.046	H_2/1750 °C	0.0828	0.0702	0.0596
Sol-Gel-Prozeß	9.046	Luft/1650 °C	0.0817	0.0692	0.0509
thermische Zersetzung von Th-Oxalat	9.525	Luft/1650 °C	0.1260	0.1100	0.0958
thermische Zersetzung von Th-Oxalat	8.582	Luft/1650 °C	0.0934	0.0800	0.0683
thermische Zersetzung von Th-Oxalat	8.116	Luft/1650 °C	0.0593	0.0523	0.0480

Literatur zu 3.3.2.3 s. S. 136/8

$\lambda = (1-P)/(1+1.49\,P)\ (0.79+0.0185\cdot T)$ benutzt, wobei die Temperaturabhängigkeit der thermischen Leitfähigkeit mit eingebaut wurde.

Daß die experimentelle Probendichte, d.h. die Porosität, die Zahlenwerte der thermischen Leitfähigkeit stark beeinflußt, zeigt Tabelle 3/17, S. 127, für ThO_2 unterschiedlicher Dichte, das über die thermische Zersetzung von Thoriumoxalat unter sonst gleichen Bedingungen erhalten wurde. Man erkennt die starke Abnahme der thermischen Leitfähigkeit mit abnehmender Probendichte, d.h. zunehmender Porosität. Die unterschiedliche Leitfähigkeit der Proben der Tabelle 3/17 bei gleichen Sinterbedingungen erklärt sich dadurch, daß das aus Th-Oxalat erhaltene ThO_2 viele kleine Poren in einem sonst homogenen Medium aufweist. Dagegen enthält das über einen Sol-Gel-Prozeß gewonnene ThO_2 wenige große Poren in einem grobkörnigen Material [28]. Ein Einfluß des Sintergases auf die thermische Leitfähigkeit ist nach Tabelle 3/18 für das über den Sol-Gel-Prozeß hergestellte Präparat nicht zu erkennen. Dieser Befund ergibt sich auch aus [22]; hier konnte kein Einfluß von He, N_2 bzw. He+50% N_2 bei jeweils ca. 765 Torr auf die thermische Leitfähigkeit von ThO_2 (75% der theoretischen Dichte) festgestellt werden. Allerdings lag für Vakuum die thermische Leitfähigkeit mit ca. 0.005 $W\cdot cm^{-1}\cdot K^{-1}$ (für 400 °C$\leq t \leq$750 °C) wesentlich unter dem Wert im Schutzgas mit 0.0125 $W\cdot cm^{-1}\cdot K^{-1}$ bis 0.015 $W\cdot cm^{-1}\cdot K^{-1}$ (für 400 °C$\leq t \leq$1200 °C), was auf eine „Entgasung" der Poren zurückgeführt wird.

Vergleicht man jedoch die Daten in **Fig. 3-43** und in Tabelle 3/18, so erkennt man deutlich unterschiedliche thermische Leitfähigkeit, wenn man Helium gegen Argon als Schutzgas austauscht. Dieser Effekt dürfte auf die unterschiedliche Wärmeleitfähigkeit der beiden Gase, die die Poren füllen, zurückzuführen sein. **Fig. 3-44** zeigt, daß die Wärmeleitfähigkeit von vibrationsverdichteten ThO_2-Mikrokügelchen mit dem angelegten Gasdruck ansteigt.

Fig. 3-43

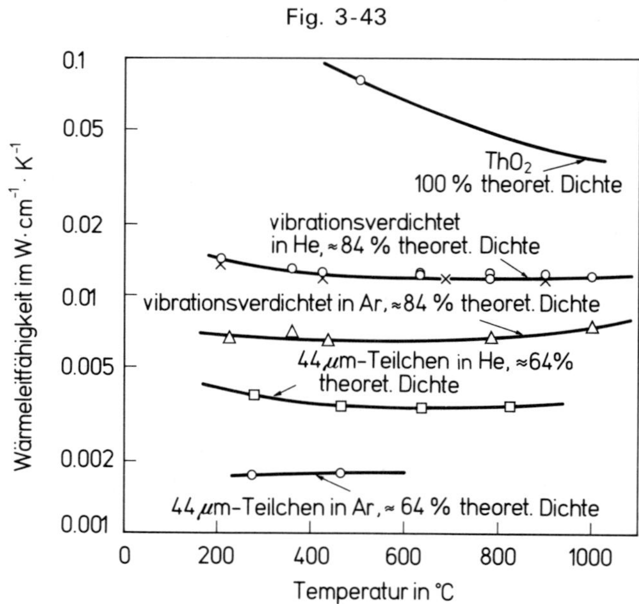

Wärmeleitfähigkeit von vibrationsverdichteten ThO_2-Mikrokügelchen in verschiedenen Gasen unter Normaldruck [30].

Literatur zu 3.3.2.3 s. S. 136/8

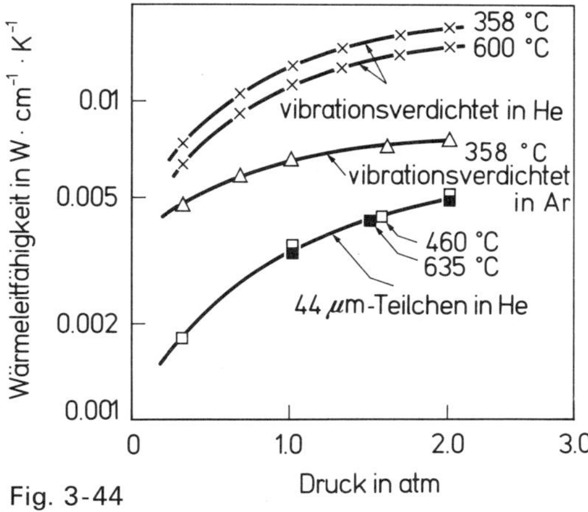

Fig. 3-44

Wärmeleitfähigkeit von vibrationsverdichteten ThO_2-Mikrokügelchen bei verschiedenen Gasdrücken. Vibrationsverdichtet: 84% theoretische Dichte, 44-μm-Teilchen: 64% theoretische Dichte [30].

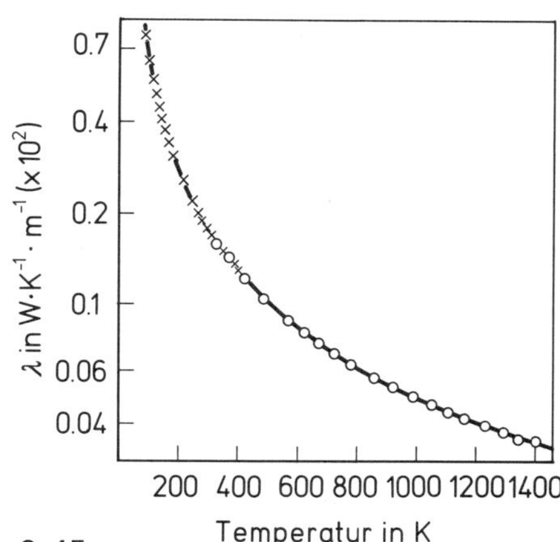

Fig. 3-45

Wärmeleitfähigkeit von ThO_2 mit 93.7% theoretischer Dichte für 100 K$\leq$T$\leq$1400 K [30].

Tabelle 3/18
Thermische Leitfähigkeit λ von ThO_2 (75% theoretische Dichte) im Vakuum (ca. 0.035 Torr) und unter verschiedenen Gasen bei 1 atm [22, 28].

Temperatur in °C	λ in $W \cdot cm^{-1} \cdot K^{-1}$				
	He	He-50% N_2	N_2	Ar	Vakuum
400	0.0128	0.0130	0.0122	0.0107	0.004
500	0.0122	0.0122	0.0118	0.0101	0.0043
600	0.0119	0.0116	0.0107	0.0100	0.0047
700	0.0118	0.0113	0.0104	0.0105	0.005
800	0.0118	0.0113	0.0103	0.0125	
900	0.0122	0.0117	0.0106		
1000	0.0128	0.0122			
1100	0.0137	0.0132			
1200	0.0150	0.0146			

Die in **Fig. 3-45** wiedergegebene Temperaturabhängigkeit der Wärmeleitfähigkeit für eine ThO_2-Probe mit 93.7% der theoretischen Dichte läßt sich über die Beziehungen

$$1/\lambda = 0.01935 \cdot T - 0.1550 \qquad \text{für } 200\ K \leq T \leq 400\ K$$

und

$$1/\lambda = 0.02141 \cdot T - 0.9800 \qquad \text{für } 400\ K \leq T \leq 1400\ K$$

ausdrücken. Dabei ist bemerkenswert, daß die nach zwei verschiedenen Verfahren erhaltenen Werte sehr gut miteinander übereinstimmen. Die Genauigkeit der erhaltenen Werte wird auf $\pm 1.5\%$ geschätzt.

In zahlreichen Arbeiten über die thermische Leitfähigkeit wird die in [17] entwickelte und später (vgl. [19]) modifizierte Beziehung $\lambda = \lambda_0(1 - \beta P)$ benutzt (λ_0, λ sind die Werte

Literatur zu 3.3.2.3 s. S. 136/8

bei der Porosität null bzw. P). In [19] wird gezeigt, daß diese Beziehung Meßwerte an ThO_2 mit 5 bis 10% Porosität nicht richtig wiedergibt. Daher wurde anstelle der wahren Porosität P eine „effektive" Porosität $P_f = 1-(1-P)^n$ eingeführt.

Aus den Messungen in [19], die für ThO_2 mit einer Porosität von null bei 20 °C eine thermische Leitfähigkeit von 0.0407 $cal \cdot s^{-1} \cdot cm^{-1} \cdot K^{-1}$ erbrachten, ergab sich für den Exponenten n ein Wert von $n \approx 2.4$. Ein Wert $n > 1$ bedeutet, daß keine einheitliche Porenstruktur vorliegt und daß das „effektive" Porenvolumen für den Wärmetransport groß ist. Die in [19] abgeleitete Beziehung für die Berücksichtigung des effektiven Porenvolumens geht letztlich auf das in [32] entwickelte Modell zurück.

Aus **Fig.** 3-**46** geht hervor, daß die Werte für die thermische Leitfähigkeit von ThO_2 aus verschiedenen Arbeiten stark streuen und bei Raumtemperatur Werte zwischen 0.04 $W \cdot cm^{-1} \cdot K^{-1}$ und 0.14 $W \cdot cm^{-1} \cdot K^{-1}$ annehmen.

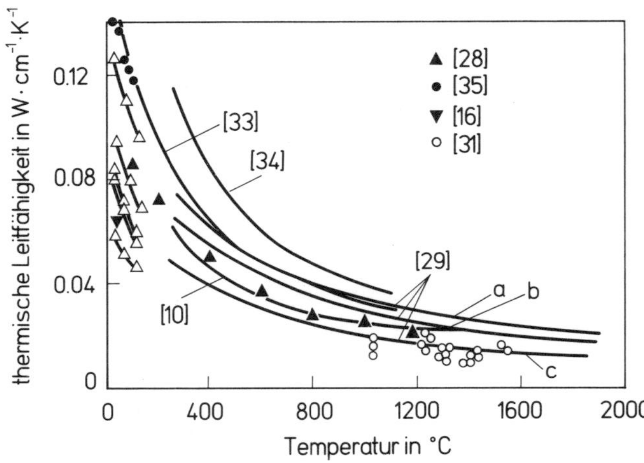

Fig. 3-46

Thermische Leitfähigkeit von ThO_2 [1]. Folgende Daten zu den einzelnen Proben wurden angegeben: [10]: gegossen, 8.07 g/cm^3; [15, 33]: käufliche Probe, 9.37 g/cm^3; [29]: gesintert (1750 °C/H_2); a: 9.30 g/cm^3; b: 8.66 g/cm^3; c: 7.36 g/cm^3. [28]: vgl. Tabelle 3/18; [35]: heiß gepreßt (1800 °C), 9.58 g/cm^3; [31]: käufliche Probe, 9.00 g/cm^3; [16]: gesintert (1900 °C), 8.5 g/cm^3.

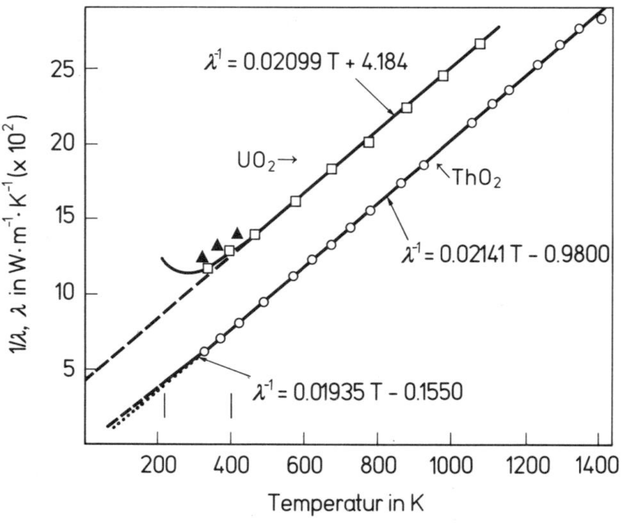

Fig. 3-47

Reziproke Wärmeleitfähigkeit für UO_2 und ThO_2 [30].

Literatur zu 3.3.2.3 s. S. 136/8

Über eine „flash"-Methode wurde die Temperaturleitfähigkeit D für einen Bereich von 900 °C≤t≤2500 °C zu $D^{-1}=(12\pm2)+(47\pm1)\times10^{-3}\cdot T$ (für T in K) bzw. $D^{-1}=26+0.048\cdot T$ (für t in °C) bestimmt [18]. Eingesetzt wurde polykristallines ThO_2 mit 97.3% theoretischer Dichte unter CO/CO_2- bzw. Ar-Gas. Da $\lambda=D\cdot\rho\cdot C_p$ ist, gilt entsprechend für die Wärmeleitfähigkeit

$$\lambda^{-1} = (5.1\pm0.9) + (15\pm1.6)\times10^{-3}\cdot T \quad \text{(für T in K)}.$$

Die Wärmeleitfähigkeit des ThO_2 wird dabei nahezu vollständig durch den Gitterterm (Phononen) bestimmt und nicht durch elektronische oder Strahlungsbeiträge [18].

Werte zur Wärmeleitfähigkeit des ThO_2 bei tiefen Temperaturen sind in Tabelle 3/19 enthalten [33]. Bezüglich des Einflusses der elastischen Anisotropie von ThO_2-Einkristallen auf die Wärmeleitfähigkeit von ThO_2 s. [14].

ThO_2 hat eine merklich höhere Wärmeleitfähigkeit als UO_2, wie z.B. **Fig. 3-47** [30] zeigt.

Tabelle 3/19
Wärmeleitfähigkeit von ThO_2 bei tiefen Temperaturen [33].

Temperatur in K	Temperatur in °C	Wärmeleitfähigkeit in $W\cdot cm^{-1}\cdot K^{-1}$
90	−183	0.614
100	−173	0.544
150	−123	0.333
200	−73	0.234
250	−23	0.186
300	27	0.154
350	77	0.131

Diffusion

Diffusion

Neben der Selbstdiffusion der das ThO_2-Gitter aufbauenden Ionen Th^{4+} und O^{2-} wurde das Diffusionsverhalten anderer Actiniden-Ionen (U^{4+}, ^{233}Pa) sowie einiger Spaltprodukte und Edelgase im ThO_2-Gitter untersucht [47 bis 70, 78 bis 80, 85 bis 87]. Kritische Beschreibung von Diffusionsstudien an Verbindungen mit Fluoritstruktur s. [57]. Über Anwendung der „α-energy degradation method" s. [71, 72]. Eine kritische Auswertung der Diffusionsdaten von Actinidenoxiden läßt erkennen, daß in einer Reihe von Arbeiten Werte ermittelt wurden, die einer kritischen Beurteilung nicht standhalten, weitgehend allein aus experimentellen Gründen.

Im Fall des ThO_2 wurden für Selbstdiffusionsuntersuchungen des Th^{4+} entweder ^{230}Th [55] oder ^{228}Th [59, 65] benutzt. Für Th in polykristallinem ThO_2 wird im Temperaturbereich 1600 °C≤t≤2100 °C ein Diffusionskoeffizient von $D=1.25\times10^{-7}$ exp (−58800/RT) cm^2/s ermittelt mit einer Aktivierungsenergie für die Diffusion von $E_A=59\pm3$ kcal/mol. Dabei wurde festgestellt, daß im Bereich 10^{-20} atm $\lessapprox p(O_2) \lessapprox 10^{-0.70}$ atm keine Abhängigkeit vom Sauerstoffpartialdruck existiert [55]. Auch wurde hier keine Korngrenzendiffusion beobachtet.

Für 24 h bis 48 h auf 1750 °C/H_2 erhitztes hochdichtes ThO_2 wurde für den Bereich 1560 °C≤t≤2500 °C ein Diffusionskoeffizient von $D=5.21\times10^9$ exp(−141900 ±17200)/RT) ermittelt [78].

Literatur zu 3.3.2.3 s. S. 136/8

Etwas zuverlässiger, weil an ThO_2-Einkristallen untersucht, erscheinen die Diffusionsdaten von [59, 65], in denen für den relativ engen Temperaturbereich 1846 °C ≤ t ≤ 2045 °C ein „scheinbarer Volumendiffusionskoeffizient" von Th^{4+} in ThO_2 von $D_v = 0.35 \exp(-149500/RT)$ cm^2/s erhalten wurde. Aus Untersuchungen über das isotherme Sintern und das Kornwachstum von ThO_2 wird eine Beziehung $D = 0.13 \exp(-9300/RT)$ gewonnen [58]. Bemerkenswert sind die sehr großen Unterschiede in der Aktivierungsenergie, die von $E_A = 59$ kcal/mol [55] über 93 kcal/mol [58] bis zu ca. 150 kcal/mol [59, 65] reicht; zum Vergleich: $E_A = 112$ kcal/mol aus Kriechstudien an ThO_2 [73]. Es ist sehr wahrscheinlich, daß diese unterschiedlichen Werte durch unterschiedliche Verunreinigungen im benutzten ThO_2 hervorgerufen werden, denn in [58] wird gezeigt, daß ein CaO-Zusatz zu ThO_2 eine starke Abnahme der Aktivierungsenergie bewirkt – eine Folge der Bildung von Anionenleerstellen, die die Kationenwanderung erleichtert.

Für die Selbstdiffusion von Sauerstoff in plasmageschmolzenem ThO_2 wird für 900 °C ≤ t ≤ 1500 °C ein Diffusionskoeffizient $D = 4.4 \exp(-65.8 \times 10^3/RT)$ cm^2/s angegeben [64], wobei die Sauerstoffdiffusion als „intrinsic diffusion" behandelt wird. Unter Verwendung einer ^{18}O-Gasaustauschtechnik wird für niedrige Temperaturen, im Bereich 845 °C ≤ t ≤ 1200 °C, die Beziehung $D = 1.00 \times 10^{-6} \exp(-17600/RT)$ cm^2/s abgeleitet, für höhere Temperaturen 1200 °C ≤ t ≤ 1646 °C die Beziehung $D = 5.73 \times 10^{-2} \exp(-49900/RT)$ cm^2/s [47].

Da diese Untersuchungen an reinen (>99.99%) ThO_2-Einkristallen durchgeführt wurden, erscheinen diese Daten sehr zuverlässig. Selbstdiffusionskoeffizienten von Kationen und Sauerstoff-Ionen in Actinidendioxiden sind in **Fig.** 3-**48** zusammengestellt [47].

Untersuchungen über die Permeabilität von Sauerstoff durch reines ThO_2 s. [48, 56, 63]. Für ein ThO_2 mit 0.5% ZrO_2 als Hauptverunreinigung sowie 5% Porosität (Dichte=

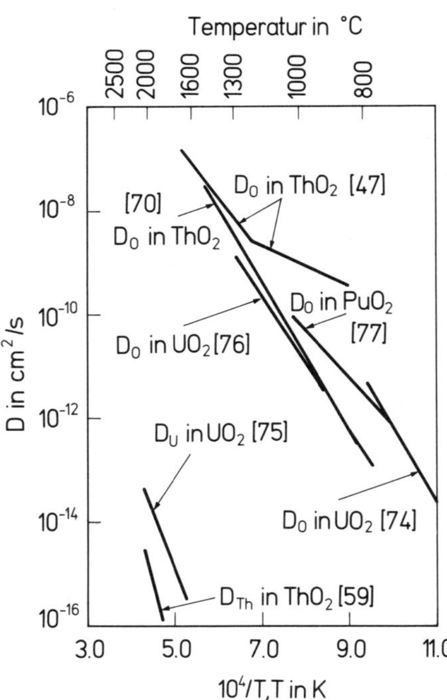

Fig. 3-48

Selbstdiffusionskoeffizienten von Kationen und Sauerstoff-Ionen in Actinidendioxiden [47].

Literatur zu 3.3.2.3 s. S. 136/8

9.12 g/cm³) wurde für die Permeabilitätskonstante P · l (= Permeabilitätskonstante mal Dicke l der Probe) die Beziehnung

$$P \cdot l = 4.0 \times 10^{-3} \exp(-46100/RT)\ \text{cm}^2/\text{s} \quad (\text{bei } p(O_2) \approx 25 \text{ Torr})$$

ermittelt [56]. Die Permeabilität zeigt eine variable Abhängigkeit vom Sauerstoffpartialdruck, im Gegensatz zu ZrO_2 und HfO_2, für die eine Abhängigkeit von $p(O_2)^{1/4}$ ermittelt wurde [56]. Nach [63] erfolgt der Sauerstofftransport durch ThO_2 mit einer geringeren Aktivierungsenergie als beim ZrO_2, was auch in [56] festgestellt wurde: $E_A \approx 46$ kcal/mol für ThO_2 im Vergleich zu z.B. ≈55 kcal/mol für $(Zr_{0.92}, Ca_{0.08})O_{1.92}$. Für den Bereich 800 °C ≤ t ≤ 1400 °C ergibt sich folgende Temperaturabhängigkeit der Permeabilität:

$$\pi = \pi_0 \exp(-E/kT),$$

allerdings werden nur Zahlenwerte für CaO- bzw. $YO_{1.5}$-dotiertes ThO_2 angegeben [63].

Für die Diffusion von Pa und U in polykristallinem gesintertem ThO_2 (mit >98% Dichte) werden folgende Diffusionskoeffizienten aufgeführt [51, 60]: ((D′ = Koeffizient der Korngrenzendiffusion, 2a = Korngrenzenbreite). Diese Daten wurden durch Bestimmung der Tracerdiffusion mit ^{233}Pa und ^{237}U erhalten).

diffundierte Spezies	Diffusionsart	Diffusionskoeffizient	Aktivierungsenergie in kcal/mol
Pa	Gitterdiffusion	$D = 2.91 \times 10^{-5}$	75.4
	Korngrenzendiffusion	$D' \cdot 2a = 6.66 \times 10^{-11}$	30.6
U	Gitterdiffusion	$D = 1.10 \times 10^{-4}$	76.4
	Korngrenzendiffusion	$D' \cdot 2a = 2.35 \times 10^{-9}$	47.9

Für die Diffusion von Uran in „reactor grade" ThO_2 werden folgende Diffusionskoeffizienten angegeben [68]: 2×10^{-14} cm²/s bei 1400 °C und 3×10^{-13} cm²/s bei 1550 °C. Vergleicht man die Diffusionskoeffizienten von Uran in dotiertem ThO_2, so erkennt man, daß erwartungsgemäß die Diffusion in ThO_2, das mit 0.1 (0.5) mol-% Y_2O_5 dotiert wurde, merklich geringer ist als in einem mit 0.1 mol-% Nb_2O_5 dotiertem ThO_2. Folgende Quotienten der Urandiffusionskoeffizienten (D(dotiert)/D(undotiert)) wurden ermittelt [68]:

Substanz	1400 °C	1425 °C	1550 °C
$ThO_2 + Y_2O_3$	0.25	–	0.04
$ThO_2 + Nb_2O_5$	340	290	205

Über die Diffusion von Edelgasen (Kr, Xe, Rn) in ThO_2 liegen mehrere Arbeiten vor. Im Fall der ^{222}Rn-Diffusion wurde so vorgegangen, daß bei der Herstellung des ThO_2 eine geringe Menge ^{226}Ra mit in das Fluoritgitter eingebaut wurde, bei dessen Zerfall dann ^{222}Rn entsteht [49, 52, 54]. Für den Einbau von Kr und Xe (sowie von ^{131}I, [52]) wurden verschiedene Techniken benutzt. Z.B. wurden Spaltedelgase (^{85}Kr, ^{133}Xe sowie ^{131}I) untersucht, die im ThO_2 durch Spaltung von ^{232}Th mit schnellen Neutronen „in situ" erzeugt wurden [52, 53, 62]. Diffusionsverhalten von ^{85m}Kr, das mittels einer Tesla-Entladung in ThO_2-Einkristalle eingebaut wurde, s. [62]. Kr- und Xe-Ionen wurden für die Diffusionsversuche durch Ionenbeschuß in das ThO_2-Gitter eingelagert [67, 68]. Bei der Erzeugung der Spaltprodukte durch Neutronenbestrahlung wie auch bei der Ionenimplantation ist mit einer z.T. erheblichen Schädigung des Kristallgitters zu rechnen, wodurch das Diffusionsverhalten natürlich sehr beeinflußt wird – dies gilt auch für den

Literatur zu 3.3.2.3 s. S. 136/8

Fall, daß sich beim kubischen ThO_2 auch nach intensiverem Ionenbeschuß (bis zu 2×10^{16} Ionen/cm^2 mit E = 40 keV) röntgenographisch keine Gitteränderungen, z.B. Metamiktisierung (Zerstörung des Kristallgitters, ohne daß sich die äußere Kristallform ändert) erkennen ließen. Dies geht z.B. aus **Fig.** 3-**49** deutlich hervor [68]: Polykristallines „reactor grade" ThO_2 gibt bei Temperaturerhöhung langsamer Xenon ab, wenn die Proben eine höhere Bestrahlungsdosis erhalten haben. Dies wird damit erklärt, daß das Xe in Gitterdefekten („traps") gefangen wird, die während der Bestrahlung gebildet werden und einen Durchmesser von 440 Å bis 870 Å haben. Eine entsprechende Änderung der Xenonabgabe wird auch für dotiertes ThO_2 und für UO_2 gefunden [68]. Bei kleinen Bestrahlungsdosen diffundiert das Xe wahrscheinlich nicht über Leerstellen im Kationen- oder Anionenteilgitter, sondern über Zwischengitterplätze bzw. Leerstellenagglomerationen konstanter Größe. In [62] werden nach der Kinetik der Gasabgabe von ThO_2 als geschwindigkeitsbestimmender Schritt Sprünge von Gasatomen (Kr, Xe) angenommen, wobei für die Aktivierungsenergie ein „Spektrum" vorliegen soll.

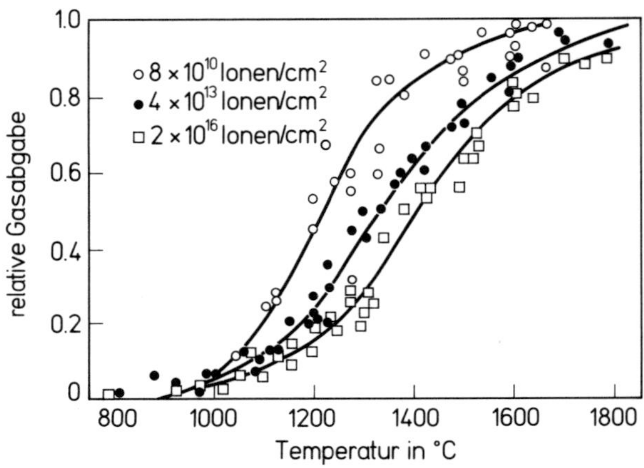

Fig. 3-49

Fraktionierte Xenonabgabe von Xe-bombardiertem polykristallinen ThO_2 („reactor grade"). Die Proben wurden jeweils 5 min auf die angegebenen Temperaturen erhitzt [68].

Neuere Untersuchungen zeigen, daß man das Diffusionsverhalten von Edelgasen in gitter- oder strahlengeschädigten Proben sinnvoll durch einen Stufenprozeß beschreiben kann, ähnlich wie z.B. auch die Messungen des elektrischen Wiederstands an bestrahlten Oxiden bei der Ausheilung einen Stufenprozeß erkennen lassen. Drei Stufen werden diskutiert (z.B. [61]):

Stufe I: „damage"-Diffusion; diese tritt bei tiefen Temperaturen bzw. niedrigen Bestrahlungsdosen auf und folgt Zeit- und Temperaturbeziehungen, die sich mit einem Aktivierungsenergie-Spektrum beschreiben lassen.

Stufe II: „normale" Diffusion, die das Ficksche Gesetz befolgt.

Stufe III: „bubble"-Diffusion; diese erfolgt bei hohen Temperaturen und hohen Bestrahlungsdosen und dürfte auch das Ficksche Gesetz befolgen.

Vergleicht man die in Tabelle 3/20 zusammengestellten Daten der Edelgasdiffusion in ThO_2, so lassen sich schon aus den Daten der Aktivierungsenergien die Stufen I und II teilweise gut erkennen, Stufe III erfordert üblicherweise sehr hohe Dosen, wie sie z.B. in bestrahlten Kernbrennstoffen vorliegen. Der Stufe I kommen die niedrigen Werte von E_A zu, Stufe II weist die hohen E_A-Werte auf. Im Fall von Kr/ThO_2 trägt die Stufe I nur 5 bis 10% zur Edelgasfreisetzung bei, was sich auch aus der Freisetzungskurve von **Fig.** 3-**50** ergibt [61]. Beide Prozesse sind an den einzeln abgeleiteten Aktivierungsenergien gut zu erkennen [62].

Literatur zu 3.3.2.3 s. S. 136/8

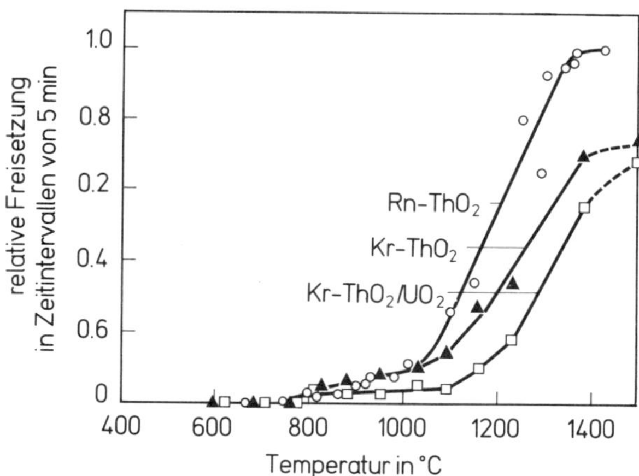

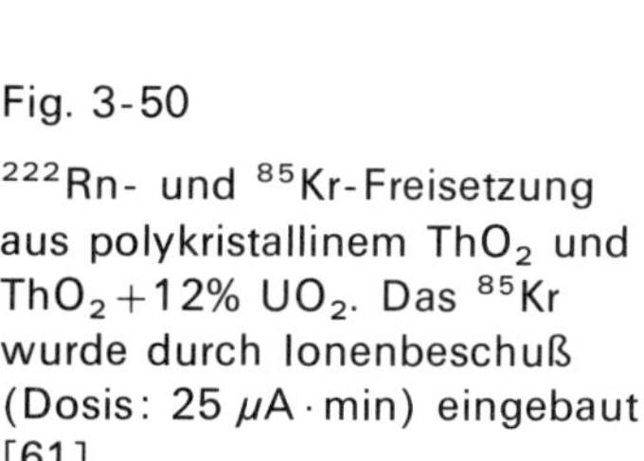

Fig. 3-50

^{222}Rn- und ^{85}Kr-Freisetzung aus polykristallinem ThO_2 und $ThO_2+12\%\ UO_2$. Das ^{85}Kr wurde durch Ionenbeschuß (Dosis: 25 μA · min) eingebaut [61].

Obwohl zur Diffusion von Edelgasen in ThO_2 und anderen keramischen Substanzen sehr viele Arbeiten vorliegen, ist noch kein klares Bild über diesen Prozeß bzw. die möglichen und wirklichen Teilschritte vorhanden.

Tabelle 3/20

Daten für die Diffusion von Edelgasen und ^{131}I in ThO_2. Die Werte beziehen sich auf die Beziehung $D = D_0 \exp(-E_A/RT)$ cm^2/s.

Diffundiertes Gas	Art des Einbaus	ThO_2-Probe	lg D_0 D_0 in cm^2/s	E_A in kcal/mol	Lit.
^{85}Kr	Bestrahlung mit schnellen Neutronen	polykristallin, mittlere Korngröße ≈ 0.09 µm	9.6 ± 0.2	32.3 ± 0.8	[53]
	Ionenbeschuß	gesintert	(normal)	104 ± 6	[61]
^{85m}Kr	Bestrahlung mit Neutronen bzw. Tesla-Entladung	polykristallin bzw. Einkristall		48 bzw. 103	[62]
^{133}Xe	Bestrahlung mit schnellen Neutronen	polykristallin	≈ 10	30; 32	[49, 52]
^{125}Xe	Bestrahlung mit schnellen Neutronen	polykristallin		49 bzw. 106	[62]
^{131}I	Bestrahlung mit schnellen Neutronen	polykristallin		ca. 30	[52]
^{222}Rn	Einbau von ^{226}Ra in ThO_2-Gitter	polykristallin		59 [51]	[52, 54]
	Einbau von ^{226}Ra in ThO_2-Gitter	polykristallin	(normal)	93 ± 6	[61]

Literatur zu 3.3.2.3 s. S. 136/8

Literatur zu 3.3.2.3:

[1] S. Peterson, C.E. Curtis (ORNL-4503 (Vol. 1) [1970] 1/6). – [2] R.C. Anderson (in: A.M. Alper, High Temperature Oxides, Tl. II, Academic Press, New York 1970, S. 1/97). – [3] M.G. Inghram, W.A. Chupka, J. Berkowitz (Mem. Soc. Roy. Sci. Liège [4] **17** [1956] 513/35). – [4] E.G. Wolff, C.B. Alcock (Trans. Brit. Ceram. Soc. **61** [1962] 667/87). – [5] R.J. Ackermann, R.J. Thorn, P.W. Gillies (J. Am. Chem. Soc. **78** [1956] 1767).

[6] R.J. Ackermann, E.G. Rauh, R.J. Thorn, M.C. Cannon (J. Phys. Chem. **67** [1963] 762/9). – [7] E. Shapiro (J. Am. Chem. Soc. **74** [1952] 5233/5). – [8] I. Krivy (UJV-1738 [1967] 23 S.; C.A. **68** [1968] Nr. 35069). – [9] R.J. Ackermann, E.G. Rauh (High Temp. Sci. **5** [1973] 463/73). – [10] M. Adams (J. Am. Ceram. Soc. **37** [1954] 74/9).

[11] M.A. Hepworth, J. Rutherford (Trans. Brit. Ceram. Soc. **63** [1964] 725/30). – [12] M. Faucher, F. Cabannes, A.M. Anthony, B. Pirion, J. Simonato (Rev. Intern. Hautes Temp. Refract. **7** [1970] 290/307). – [13] Y. Takahashi, M. Murabayashi (J. Nucl. Sci. Technol. [Tokyo] **12** [1975] 133/44). – [14] C.O. Leiber (Planseeber. Pulvermet. **19** [1971] 228/48). – [15] W.D. Kingery, J. Francl, R.L. Coble, T. Vasilos (J. Am. Ceram. Soc. **37** [1954] 107/10).

[16] G. Jaeger, W. Koehler, F. Stapelfeldt (Ber. Deut. Keram. Ges. **27** [1950] 202/5). – [17] A.L. Loeb (J. Am. Ceram. Soc. **37** [1954] 96). – [18] J.C. Weilbacher (High Temp.-High Pressures **4** [1972] 431/8). – [19] M. Murabayashi, Y. Takahashi, T. Mukaibo (J. Nucl. Sci. Technol. [Tokyo] **6** [1969] 657/62). – [20] R.M. Berman, T.S. Tully, J. Belle, I. Goldberg (WAPD-TM-908 [1973] 53 S.; C.A. **79** [1973] Nr. 12544).

[21] P.H. Ki, S. Namba, M. Uenaka (Rika Gaku Kenkyusho Hokoku **44** [1968] 191/6; C.A. **70** [1969] Nr. 108828). – [22] A. Feith (Natl. Bur. Std. [U.S.] Spec. Publ. Nr. 302 [1968] 703/9). – [23] D.C. Jacobs (WAPD-TM-758 [1969] 62 S.; C.A. **72** [1970] Nr. 27398). – [24] N.S. Choudbury (Diss. Iowa State Univ. 1971 97 S. Diss. Abstr. Intern. B **32** [1971] 2272). – [25] W.D. Kingery (J. Ceram. Soc. **38**[1955] 251).

[26] „General Properties of Materials" in „Reactor Handbook" (AECO-3647, laut [1]). – [27] R.M. Berman, W.F. Bourgeois, R.C. Daniel (WAPD-TM-586 [1967] 996). – [28] J.P. Moore, T.G. Kollie, R.S. Graves, D.L. McElroy (ORNL-4121 [1967] 44 S.). – [29] J.R. Springer (BMI-X-10210 [1967]). – [30] D.L. McElroy, J.P. Moore, P.H. Spindler (ORNL-4429 [1969] 121/32).

[31] (ASD-TDR-765 [1963], laut [1] – [32] A.D. Brailsford, K.G. Major (Brit. J. Appl. Phys. **15** [1964] 313). – [33] J.P. Moore, D.L. McElroy, laut [1]. – [34] W.R. DeBoskey (TID-7650 (Vol. 2) [1962] 630/42, laut [1]). – [35] J.H. Koenig (AD-13154 [1953], laut [1]).

[36] R.J. Ackermann, R.J. Thorn (Thermodyn. Nucl. Mater. Proc. Symp., Vienna 1962 [1963], S. 445/62). – [37] C.B. Alcock (Bull. Soc. Franc. Ceram. Nr. 72 [1966] 25/36). – [38] M.H. Rand (in: O. Kubaschewski, Thorium: Physico-chemical Properties of its Compounds and Alloys, At. Energy Rev. Spec. Issue Nr. 5 [1975] 7/85). – [39] S.A. Shchukarev, G.A. Semenov (Issled. v. Oblasti Khim. Silikatov i Okislov Akad. Nauk SSSR Sb. Statei **1965** 208/14; C.A. **65** [1966] 6888). – [40] N.M. Voronov, A.S. Danilin, I.T. Kovalev (Thermodyn. Nucl. Mater. Proc. Symp., Vienna 1962 [1963], S. 789/800).

[41] A. Hasapis, M.B. Panish, C. Rosen (PB-171413 [1960] 73 S.; C.A. **57** [1962] 16161). – [42] A.J. Darnell, W.A. MacCollum (NAA-SR-6498 [1961] 18 S.; C.A. **56** [1962] 32). – [43] C.B. Alcock, M. Peleg (Trans. Brit. Ceram. Soc. **66** [1967] 217/32). –

[44] F. Trombe, H. Folx (Bull Soc. Chim. France **1965** 1070/81). – [45] M. Hoch, H.L. Johnston (J. Am. Chem. Soc. **76** [1956] 4833/5).

[46] C.A. Alexander, J.S. Ogden, G.W. Cunningham (BMI-1789 [1967]). – [47] K. Ondo, Y. Oishi, Y. Hidaka (J. Chem. Phys. **65** [1976] 2751/5). – [48] E.W. Roberts, J.P. Roberts (Bull. Soc. Franc. Ceram. Nr. 77 [1967] 2/13). – [49] R. Lindner, Hj. Matzke, F. Schmitz (Z. Elektrochem. **64** [1960] 1042/7). – [50] C.S. Morgan, C.S. Yust (J. Nucl. Mater. **10** [1963] 182/90).

[51] H. Furuya, S. Yajima (J. Nucl. Mater. **25** [1968] 38/44). – [52] Hj. Matzke, R. Lindner (Z. Naturforsch. **15a** [1960] 647/8). – [53] Hj. Matzke (Z. Naturforsch. **16a** [1961] 1255/7). – [54] R. Lindner, Hj. Matzke (Z. Naturforsch. **15a** [1960] 1082/6). – [55] R.J. Hawkins, C.B. Alcock (J. Nucl. Mater. **26** [1968] 112/22).

[56] A.W. Smith, F.W. Meszaros, C.D. Amata (J. Am. Ceram. Soc. **49** [1966] 240/4). – [57] Hj. Matzke (in: H. Blank, R. Lindner, Plutonium and other Actinides, North Holland Publ. Comp., Amsterdam 1976, S. 801/30). – [58] S.M. Laha, A.R. Das (J. Nucl. Mater. **39** [1971] 285/91). – [59] A.D. King (J. Nucl. Mater. **38** [1971] 347/9). – [60] H. Furuya (J. Nucl. Mater **26** [1968] 123/8).

[61] R. Kelly, Hj. Matzke (J. Nucl. Mater. **17** [1965] 179/91). – [62] M.C. Naik, A.R. Paul, K.N.G. Kaimal, M.D. Karkhanavala (Radiat. Eff. **28** [1976] 235/9). – [63] H. Ullmann (Z. Physik. Chem. [Leipzig] **237** [1968] 71/80). – [64] H.S. Edwards, A.G. Rosenberg, J.T. Bittel (N-63-20007 [1963] 146 S.; C.A. **60** [1964] 7774). – [65] A.D. King (AECL-3655 [1970] 32 S.; C.A. **73** [1970] Nr. 124405).

[66] M.C. Naik, A.R. Paul, K.N.G. Kaimal, M.D. Karkhanavala (BARC-718 [1973] 9 S.; C.A. **82** [1975] Nr. 104578). – [67] Hj. Matzke, J.L. Whitton (Can. J. Phys. **44** [1966] 995/1010). – [68] Hj. Matzke (J. Nucl. Mater. **21** [1967] 190/8). – [69] C.S. Morgan, C.E. Poteat (ORNL-4370 [1968] 31/3). – [70] H.S. Edwards, A.G. Rosenberg, J.T. Bittel (ASD-TDR-63-635 [1963], laut [57]).

[71] F. Schmitz, R. Lindner (J. Nucl. Mater. **17** [1965] 259/69). – [72] V. Nitzke, Hj. Matzke (Phys. Rev. B [3] **8** [1973] 1894/900). – [73] C.E. Poteat, C.S. Yust (J. Am. Ceram. Soc. **49** [1966] 410/4). – [74] A.B. Auskern, J. Belle (J. Nucl. Mater. **3** [1961] 267/76). – [75] D.K. Reimann, T.S. Lundy (J. Am. Ceram. Soc. **52** [1969] 511/2).

[76] J.F. Marin, P. Contamin (J. Nucl. Mater. **30** [1969] 16/25). – [77] R.L. Deaton, C.J. Wiedenheft (J. Inorg. Nucl. Chem. **35** [1973] 649/50). – [78] R.M. Berman (WAPD-TM-843 [1969]). – [79] F. Felix, T. Lagervall, P. Schmeling, K.E. Zimen (Proc. 3rd. Intern. Conf. Peaceful Uses At. Energy, Geneva 1964 [1965], Bd. 11, S. 363/9). – [80] G. Long, W.P. Stanaway, D. Davies (AERE-M-1251 [1964]).

[81] E. Ryshkewitch (Oxide Ceramics, Academic Press, New York 1960, S. 407/28). – [82] M. Faucher, F. Cabannes, A.M. Anthony, B. Pirion, J. Simonato (J. Am. Ceram. Soc. **58** [1975] 368/71). – [83] M.L. Minges (Intern. J. Heat Mass Transfer **17** [1974] 1365/82). – [84] S. Susman (PB-161415 [1959] 77 S.; C.A. **56** [1962] 6895). – [85] T. Reetz, B. Aikher, G.Yu. Baier (JINR-P12-8096 [1974] 17 S.; C.A. **83** [1975] Nr. 17384).

[86] Y. Saito (Funtai Oyobi Funmatsuyakin **17** [1971] 300/6; C.A. **76** [1972] Nr. 147881). – [87] F.W. Felix (HMI-B-93 [1970] 130 S.). – [88] E.G. Wolff, C.B. Alcock (Trans. Brit. Ceram. Soc. **61** [1962] 667/87). – [89] F. Trombe, M. Foex (Compt. Rend. **238** [1954] 1419/20). – [90] C.E. Curtis (Progr. Nucl. Energy V **2** [1959] 223/36).

[91] S. Peterson, C.E. Curtis (ORNL-4503 (Vol. 1) [1970] 1/65). – [92] R.C. Anderson (in: A.M. Alper, High Temperature Oxides, Tl. II, Academic Press, New York 1970, S. 1/97). – [93] T.D. Chikalla, C.E. McNeilly, J.L. Bates, J.J. Rasmussen (Colloq. Intern. Centre Natl. Rech. Sci. [Paris] Nr. 205 [1972] 351/60). – [94] W.A. Lambertson, M.H. Muetler, F.H. Gunzel (J.Am. Ceram. Soc. **36** [1953] 397/9). – [95] R. Benz (J. Nucl. Mater. **29** [1969] 43/9).

[96] F.D. Rossini, D.D. Wagman, W.H. Evans, S. Levine, I. Jaffe (Natl. Bur.Std. [U.S.] Circ. Nr. 500 [1952]) – [97] K.E. Ryschkewitch (Oxide Ceramics, Academic Press, New York 1960, S. 407/28). – [98] C. Bonet, F. Sibieude, M. Foex (J. Phys. E **5** [1972] 749/50). – [99] F. Sibieude, C. Bonet (Colloq. Intern. Centre Natl. Rech. Sci. [Paris] Nr. 205 [1972] 53/6). – [100] C.M. van der Walt, H.N.J. Louw (Acta Met. **16** [1968] 777/9).

Mechanical Properties

3.3.2.4 Mechanische Eigenschaften

Die mechanischen Eigenschaften von ThO_2 hängen sehr stark von der Art der Herstellung ab. Porosität, Korngröße und deren jeweilige Verteilung sowie die Sintertemperatur beeinflussen die mechanischen Eigenschaften der ThO_2-Sinterkörper sehr, so daß die Mehrzahl der in der Literatur angegebenen Daten über diese Eigenschaften mehr repräsentativ als allgemein charakteristisch sind. Auch werden die mechanischen Eigenschaften sehr stark durch Verunreinigung im ThO_2 beeinflußt, was besonders bei der Beurteilung älterer Zahlenwerte zu berücksichtigen ist [1 bis 3, 8, 10, 16, 27, 29, 30, 33, 39, 41].

Mechanical Properties

The mechanical properties of ThO_2 are strongly influenced by the method of preparation. Distribution of particle sizes, sinter temperature, sample density, and porosity influence the mechanical properties. The data for each property present a range of values. Impurities in thorium dioxide also affect mechanical properties strongly. In this regard evaluation of older literature requires care.

Hardness

Härte

Die Vickers-Härte von ThO_2 mit 97.5% theoretischer Dichte nimmt (bei 1143 g Beladung) ab von 110 bis 120 kg/mm^2 bei 1000 °C über 60 bis 65 kg/mm^2 bei 1400 °C auf 44 kg/mm^2 bei 1800 °C [37]. Ein deutlicher Knick in der Härte-Temperatur-Kurve wurde hier bei ca. 1400 °C festgestellt – ein etwas ungewöhnliches Verhalten, da diese Änderung bei der Mehrzahl keramischer Verbindungen bei einer Temperatur liegt, die dem halben Wert der Schmelztemperatur (in K) entspricht. Diese Änderung ist durch einen Wechsel im Mechanismus bedingt; bei dieser Temperatur geht der Gleitprozeß in den diffusionskontrollierten Prozeß über. Der „Knick" in der Härtekurve ist in **Fig. 3-51** deutlich zu erkennen, in der neben den Daten von [37] auch Werte für die Härte von ThO_2 nach [38] für <1000 °C eingetragen sind. Beide Meßkurven gehen relativ gut ineinander über, besonders wenn man bedenkt, daß das in [38] untersuchte ThO_2 nur 95% der theoretischen Dichte aufwies.

Untersuchungen über die Kerbhärte von ThO_2 ergaben, daß im Temperaturbereich 1000 °C $\leq t \leq$ 2000 °C die Probe mit größerer Korngröße eine geringere Härte besitzt als eine analoge Probe mit ThO_2-Körnern geringerer Größe [38]. Ausgewählte Werte der Kerbhärte sind in Tabelle 3/21 zusammengestellt. Für eine Probe ThO_2 mit 0.5 Gew.-% CaO der Dichte 9.70±0.03 g/cm^3 wird eine Knoop-Härte von K_{500}=640±45 bei einer Beladung mit 500 g angegeben [9].

Literatur zu 3.3.2.4 s. S. 151/2

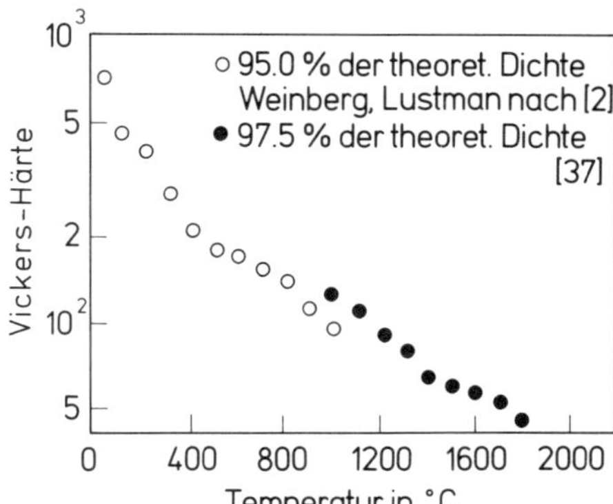

Fig. 3-51

Härte von ThO_2 bei verschiedenen Temperaturen [2].

Tabelle 3/21
Kerbhärte von ThO_2 [38].

Probe	Temperatur in °C	Beladung in lb	Kerbdurchmesser in mm	Meyer-Härte in kg/mm^2
97.0% theoretische Dichte	1010	32.8	0.53	76.5
Korngröße ASTM: 7.3	1010	32.6	0.63	47.5
Zylinder: 0.167 in ∅	1010	52.5	0.70	62.0
0.375 in hoch	1010	52.5	0.74	55.4
	1010	63.5	0.73	68.8
	1240	33.3	6.70	39.2
	1255	81.7	0.97	50.1
	1520	32.6	0.79	30.2
	1520	53.1	1.00	30.7
	1810	52.7	1.03	28.7
	2000	32.2	1.17	13.6
	2005	52.5	1.43	14.9
96.5% theoretische Dichte	1000	42.7	0.57	75.9
Korngröße ASTM: 9.1	1000	72.2	0.73	78.2
Zylinder: 0.167 in ∅	1250	32.7	0.685	40.3
0.250 in hoch	1250	82.5	0.985	49.1
	1515	28.4	0.765	28.0
	1515	48.4	0.93	32.3
	1800	52.6	1.00	30.4
	1800	82.5	1.30	28.2
	2000	32.7	0.985	19.5
	2000	47.5	1.14	21.1
	2000	53.3	1.27	19.1
	2000	91.1	1.60	20.7

Kerbschlagzähigkeit

Notch Impact Strength

Für ThO_2-Proben mit 0.5% CaO von 5.5 × 1.0 × 1.0 cm Größe, die bei 2.1×10^7 N/m^2 (= 3000 lb/in^2) und anschließend hydrostatisch bei 2.1×10^8 N/m^2 gepreßt wurden, bevor

Literatur zu 3.3.2.4 s. S. 151/2

sie langsam auf 1800 °C erhitzt wurden, wird eine mittlere Kerbschlagzähigkeit von 3.3 kg · cm/cm² (=1.53 ft · lb/in²) angegeben [8].

Tensile Strength

Zugfestigkeit

Für ThO_2-Stäbe mit 2 mm ∅ und 8% Porosität, die bei 1950 °C in oxidierender Atmosphäre erhitzt werden, wird eine Zugfestigkeit (tensile strength) von knapp 1000 kg/cm² angegeben [8].

$ThO_{2.00}$ hat eine wesentlich geringere Zugfestigkeit (8.4×10^3 lb/in²) als einphasiges substöchiometrisches $ThO_{1.998}$ (10.5×10^3 lb/in²) [25].

Bending Strength. Breaking Strength

Biegefestigkeit, Bruchfestigkeit

Die Biegefestigkeit (strength in bending) von polykristallinen keramischen Materialien läßt sich durch die Beziehung $S = k \cdot G^{-a} \cdot e^{-b \cdot P}$ ausdrücken [19]. Hierin bedeuten S = Druckfestigkeit, k = Konstante (für ThO_2 k = 69700, für S in lb/in² bzw. $k = 4.8 \times 10^8$, für S in N/m²), G = Korngröße (mittlerer Korndurchmesser)
a, b = Exponenten. Für das in [19] untersuchte ThO_2 ist

a = 0.39 und
b = 5.5 für bei 1650 °C gesinterte Proben
b = 4.7 für bei 1725 °C gesinterte Proben
b = 3.8 für bei 1800 °C gesinterte Proben
b = 3.7 für bei 1850 °C gesinterte Proben

P = Porosität (Verhältnis Porenvolumen/Gesamtvolumen).

Tabelle 3/22
Bruchfestigkeit von ThO_2 bei Raumtemperatur [19].

Sinter-temperatur	Porosität in %	Korngröße in µm	Bruchmodul in lb/in² exper.	Bruchmodul in lb/in² ber.	Unterschied in %
1850 °C	5.3	53.1	12400	12068	−2.7
	8.6	17.4	15800	16549	+4.7
	19.7	5.6	15500	17141	+10.6
	29.2	9.3	10600	9897	−6.6
	30.8	36.2	5600	5476	−2.2
1800 °C	6.7	25.1	16000	15249	−4.7
	8.6	16.4	18700	16760	−10.4
	23.2	6.1	13700	14159	+3.4
	31.3	9.4	9200	8776	−4.6
	31.1	42.9	4600	4876	+6.0
1725 °C	6.1	34.8	14500	12995	−10.4
	8.3	15.8	16600	15962	−3.8
	25.0	5.1	10500	11320	+7.8
	30.8	9.9	6500	6640	+2.2
	31.3	38.5	4000	3808	−4.8
1650 °C	7.2	24.7	10700	13308	+24.4
	8.7	11.8	16300	16366	+0.4
	28.7	5.0	8800	7592	−13.7
	31.3	35.6	2800	3045	+8.8

Literatur zu 3.3.2.4 s. S. 151/2

Die Biegefestigkeit (flexural strength) von einphasigem substöchiometrischem $ThO_{1.998}$ ist mit 20.4×10^3 lb/in² merklich höher als die von reoxidiertem $ThO_{2.000}$ ($=17.1 \times 10^3$ lb/in²) [25].

Tabelle 3/22 gibt Zahlenwerte für den Bruchmodul (modulus of rupture) für Raumtemperatur; Werte für 1000 °C s. Tabelle 3/23 [19]. Werte für reines ThO_2 (Probe mit Teilchen von 33 µm bis 660 µm, 3 h/1700 °C/H_2 erhitzt) [28] (1 lb/in² $=7 \times 10^{-4}$ kg/mm²):

Temperatur in °C	20	400	800	1000
Bruchmodul in lb/in² . .	11300 ± 2000	11250 ± 1170	11350 ± 1075	8950 ± 830

Tabelle 3/23
Bruchfestigkeit von ThO_2 (bei 1800 °C gesintert) bei 1000 °C [19].

Porosität in %	Korngröße in µm	Bruchmodul in lb/in² exper.	Bruchmodul in lb/in² ber.	Unterschied in %
6.7	25.1	16900	16180	−4.3
8.6	16.4	17200	17355	+1.4
23.2	6.1	9700	10640	+9.7
31.3	9.4	5700	5109	−10.4
31.1	42.9	2400	2543	+6.0

Die Abhängigkeit des Bruchmoduls von der Teilchengröße in Tabelle 3/24 zeigt, daß mit zunehmender Teilchengröße der Bruchmodul, d.h. die Festigkeit des ThO_2-Sinterkörpers, abnimmt [28].

Die Abriebgeschwindigkeit von ThO_2-Pellets ($^1/_8$ in hoch, $^1/_8$ in Durchmesser) der Dichte 9.59 g/cm³ (hergestellt bei 1800 °C) wurde zu 0.20%·h^{-1} ermittelt. Hierbei wurden 200 g-Proben in einer $5^1/_4$ in-Eisenkugelmühle bei 68 Umdrehungen pro Minute behandelt. Für die gleichen Pellets wurde beim Zerdrücken eine Festigkeit (crushing strength) von 2×10^4 lb/in² festgestellt, allerdings mit großer Schwankungsbreite für die einzelnen Pellets [13].

Tabelle 3/24
Bruchmodul von ThO_2 in Abhängigkeit von der Korngröße der ThO_2-Körner [28].

Korngröße in µm	Porosität in %	Bruchmodul in lb/in²	Standardabweichung in lb/in²
5	3.0	32100	1420
10	3.0	30100	1100
15	4.0	29100	4500
33 bis 53	2 bis 7.0	25500	2190
53 bis 63	3.0	22300	1850
104 bis 124	3 bis 4.5	20100	1245
210 bis 250	3 bis 5	18400	1870
300 bis 350	3 bis 7	14300	3520
350 bis 400	2 bis 3	16600	2540
500 bis 600	2 bis 5	15200	2470

Literatur zu 3.3.2.4 s.S. 151/2

Compressive Strength

Druckfestigkeit

Für die Druckfestigkeit S (compressive strength) von ThO_2 (bei Raumtemperatur für die bei 1800 °C gesinterte Probe) wird die Beziehung $S = 1.666 \times 10^6 \cdot G^{-0.50} \cdot e^{-6.6P}$ abgeleitet [19]. Zahlenwerte für die Druckfestigkeit bei Raumtemperatur sind in Tabelle 3/25 aufgeführt, eine Darstellung der Temperaturabhängigkeit ist in **Fig.** 3-**52** enthalten [2]. Für 99.5% reines ThO_2 mit 8% Porosität, das in oxidierender Atmosphäre bei 1950 °C gesintert wurde, wird eine Druckfestigkeit von 214×10^3 lb/in² (14.8×10^8 N/m²) angegeben [8].

Durch angelegten Zug (strain) wird die Druckfestigkeit von ThO_2-Sinterkörpern merklich beeinflußt [23, 31, 40, 46, 49, 50]. Dies geht z.B. aus **Fig.** 3-**53** und 3-**54** deutlich hervor [40].

Tabelle 3/25
Druckfestigkeit von ThO_2 (bei 1800 °C gesintert) bei Raumtemperatur [19].

Porosität in %	Korngröße in µm	Druckfestigkeit in lb/in² exper.	ber.
6.7	25.1	220000	212160
8.6	16.4	227000	231950
23.2	6.1	139000	145820
31.3	9.4	73300	68850
31.1	42.9	31600	32530

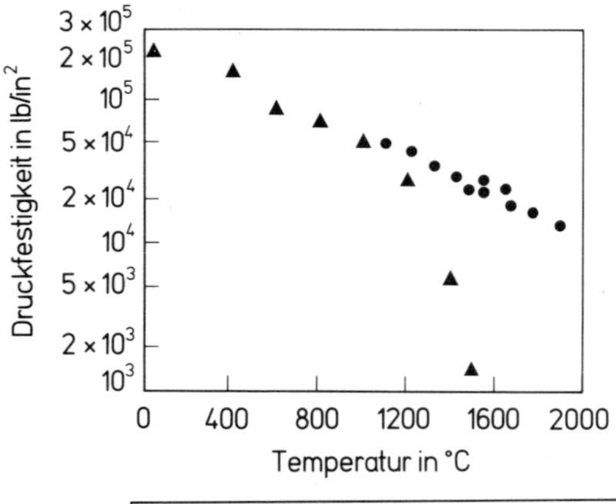

Fig. 3-52

Druckfestigkeit von ThO_2 [2]. ▲ für 99.5% reines ThO_2 mit 8% Porosität, bei 1950 °C in oxidierender Atmosphäre erhitzt [8]. ● für ThO_2 mit 97.5% der theoret. Dichte und mittlerer Korngröße von 10 µm, 2 h bei 1800 °C gesintert [39] (1 lb/in² = 6895 N/m²).

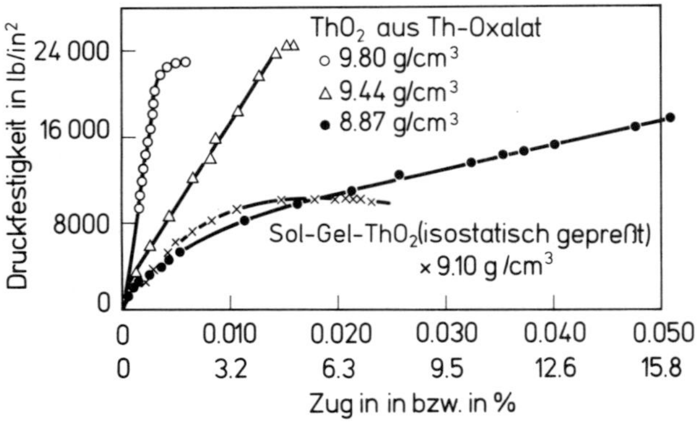

Fig. 3-53

Druck-Zug-Beziehung für Sol-Gel-ThO_2 einer Dichte von 9.1 g/cm³ bei konstanter Zuggeschwindigkeit von 7×10^{-4} in/min [40]. Weitere Angaben für ThO_2 aus Th-Oxalat.

Literatur zu 3.3.2.4 s. S. 151/2

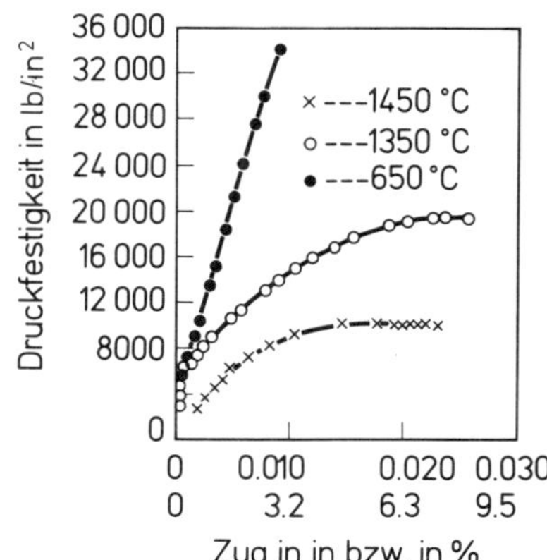

Fig. 3-54

Einfluß der Temperatur auf die Druck-Zug-Beziehung von ThO_2 [40].

Substöchiometrisches ThO_{2-x} (und ZrO_{2-x}) scheint gegen eine thermische Schockbehandlung widerstandsfähiger zu sein als die stöchiometrische Verbindung [48]. Dies wird auf die Anwesenheit einer Metallphase zurückgeführt, die die einzelnen Oxidkörner zusammenhält.

Kriechen

Creeping

Obwohl die Kriechgeschwindigkeit keramischer Sinterkörper wesentlich geringer ist als die von Metallen, ist sie bei speziellen Anwendungen, z.B. in der Kerntechnik, von Interesse [36]. Dabei scheint für Metalle und Keramik der gleiche Mechanismus zu gelten.

Über das Kriechen von ThO_2 wird in [11, 17, 26, 34, 40, 42, 45, 46, 49] detailliert berichtet. Für ca. 98% reines ThO_2 wird eine Kriechgeschwindigkeit von $2.06 \times 10^{-6} h^{-1}$ angegeben, wobei die Messungen bei 1100 °C unter einer Beladung von 1200 lb/in² ($=8.3 \times 10^6$ N/m²) durchgeführt wurden. Das bedeutet, daß ThO_2 im Gegensatz zu ZrO_2 oberhalb 1000 °C wenig plastisch ist [17]. Die Abhängigkeit der Kriechgeschwindigkeit bei konstanter Beladung (4000, 7500 und 11 000 lb/in²) von der Temperatur im Bereich von 1400 °C $\leq t \leq$ 1800 °C ist in **Fig. 3-55** dargestellt [11]. Man erkennt eine

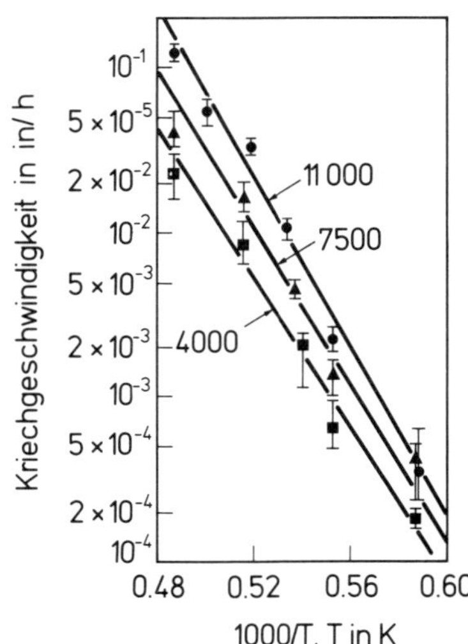

Fig. 3-55

Temperaturabhängigkeit der Kriechgeschwindigkeit von ThO_2 mit 97.5% der theoretischen Dichte und einer Reinheit von 99.99% bei verschiedener Beladung. Mittlere Korngröße 10 µm [11]. Angaben an den Kurven in lb/in².

Literatur zu 3.3.2.4 s. S. 151/2

Proportionalität zwischen der Kriechgeschwindigkeit und der Temperatur, woraus sich eine Aktivierungsenergie für das Kriechen von 112 ± 7 kcal/mol berechnen läßt. Der für das Kriechen notwendige Materialtransport dürfte nach [11] ein Diffusionstransport sein.

Neben dem angewandten Druck oder Zug, z.B. durch Belastung der zu untersuchenden Probe hervorgerufen, hat auch die Korngröße einen merklichen Einfluß auf die Kriechgeschwindigkeit, wie aus **Fig.** 3-**56** abzuleiten ist [38]. **Fig.** 3-**57** zeigt das Kriechverhalten von drei verschiedenen ThO_2-Proben mit 97% bis 98% Dichte. Es ist allerdings nicht zu ermitteln, warum die drei ähnlich hergestellten Proben ein so verschiedenes Verhalten zeigen [26]. Ein Zusatz von z.B. CaO erhöht die Kriechgeschwindigkeit von ThO_2 beträchtlich [26].

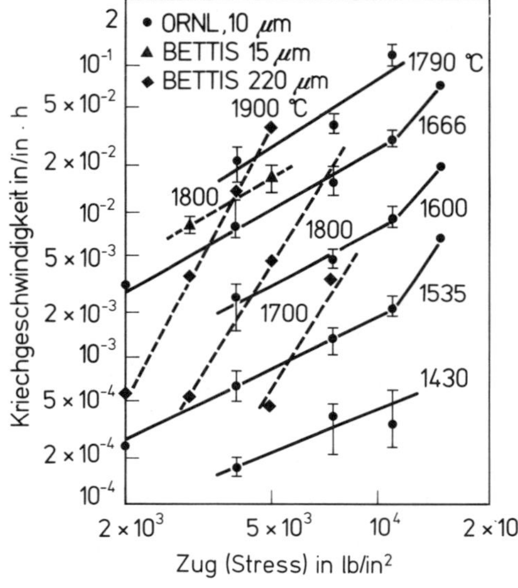

Fig. 3-56

Einfluß von Streß und Korngröße auf das Kriechverhalten von ThO_2 [38].

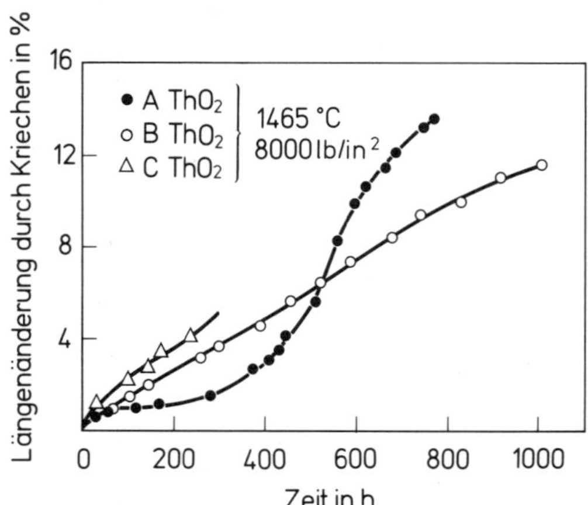

Fig. 3-57

Kriechkurven von drei ThO_2-Proben bei 1465 °C und einem angelegten Druck von 8000 lb/in^2 [26].

Literatur zu 3.3.2.4 s. S. 151/2

Aus **Fig. 3-58** ist deutlich zu erkennen, daß unterschiedliche Dichte das Kriechverhalten von ThO_2-Proben merklich beeinflußt [40]. Dabei überrascht, daß die weniger dichte Probe bei geringerer Beanspruchung zu Beginn des Versuchs ein wesentlich stärkeres Kriechen zeigt.

Fig. 3-58

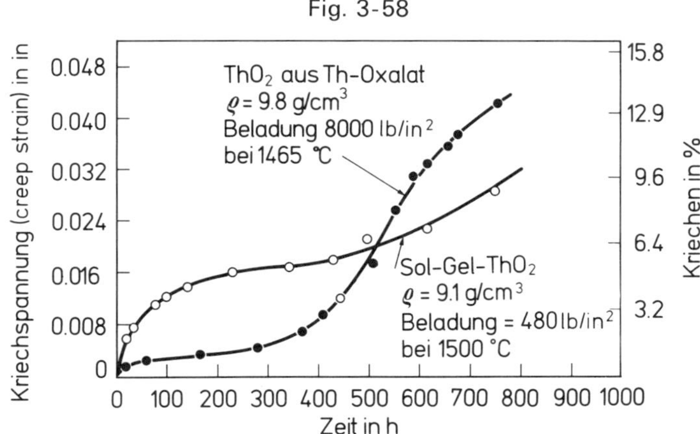

Kriechkurven von ThO_2-Proben, die nach zwei verschiedenen Verfahren hergestellt wurden und verschiedene Dichten aufweisen [40].

Von fünf experimentell untersuchten Verbindungen zeigt Al_2O_3 die geringste und ThO_2 die höchste Kriechrate, während BeO, MgO und ZrO_2 dazwischen liegende Werte haben [46]. Detaillierte Studien über den Kriechmechanismus von ThO_2 als Funktion des angelegten Zugs s. z.B. [45].

Young-Modul

Young Modulus

Wie zahlreiche andere Eigenschaften hängen die elastischen Konstanten von ThO_2 stark von der Porosität und der Mikrostruktur der zu untersuchenden Probe ab. Sind genaue Angaben hierzu nicht vorhanden, so lassen sich mit den Zahlenwerten keine sinnvollen Vergleiche anstellen.

Detaillierte Untersuchungen über den Einfluß der Porosität auf den Young-Modul s. [22]. Hier wurden ThO_2-Proben mit Porositäten (definiert als $P = 1 - \rho_s/\rho_0$, P = Porosität, ρ_0 = theoretische Dichte von ThO_2, ρ_s = Probendichte, jeweils in g/cm³) zwischen 3.73% und 39.44% untersucht; dabei wurden drei verschiedene Probenarten untersucht:

Gruppe I: Ausgangsmaterial ThO_2 mit 0 bis 2 μm Teilchengröße
Gruppe II: Ausgangsmaterial ThO_2 mit 2 bis 4 μm Teilchengröße

Diesen beiden Proben wurden wechselnde Mengen sulfongruppenfreies Polystyrol (250 bis 325 mesh) beigefügt, das sich beim Erhitzen zersetzte und die Poren lieferte. Bei den höchsten Dichten wurde allerdings auf dieses porenbildende Füllmaterial verzichtet.

Gruppe III: Ausgangsmaterial war grobkörniges ThO_2, dem kein porenbildendes Füllmaterial zugesetzt wurde.

Alle Proben wurden hydrostatisch kalt gepreßt und 17 h bei 1750 °C getempert. Im eingesetzten ThO_2 wurden folgende Verunreinigungen nachgewiesen: ≈0.01% Al, <0.01% Si, ≲0.005% Mg, Ni, <0.001% Fe und <0.005% Sn.

Literatur zu 3.3.2.4 s. S. 151/2

Die Beziehung zwischen dem Young-Modul Y (in kbar) und der Porosität P wird ausgedrückt durch die Beziehungen $Y=3437\,P^2-6978\,P+2606$ für die Proben der Gruppe II und $Y=4036\,P^2-8762\,P+2621$ für die Proben der Gruppe I. Daraus ergibt sich für ThO_2 mit 100% der theoretischen Dichte 10 ein Young-Modul von Y=2610 kbar [22]. Für die Proben der Gruppe III ergaben sich Werte, die etwa denen der Gruppe II entsprachen (**Fig.** 3-**59**). Zahlenwerte für den Young- und den Schermodul der untersuchten Proben zeigt Tabelle 3/26 [21].

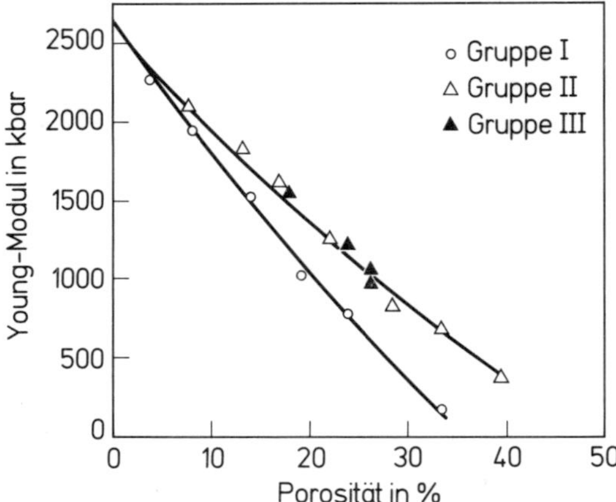

Fig. 3-59

Young-Modul für Proben verschiedener Dichte [22].

Tabelle 3/26
Elastische Eigenschaften für ThO_2-Proben verschiedener Porosität [21].

Porosität in %	Young-Modul in kbar	Schermodul in kbar	Porosität in %	Young-Modul in kbar	Schermodul in kbar	Porosität in %	Young-Modul in kbar	Schermodul in kbar
6.95	2135	835.8	3.73	2290	893.9	17.05	1573	626.6
12.31	1834	720.5	7.87	2021	794.2	23.61	1196	483.3
12.23	1841	723.7	13.41	1583	623.7	26.23	1033	419.0
16.42	1606	634.7	18.95	1067	474.5	26.09	996.2	405.7
22.00	1245	506.6	23.5	819.8	378.1			
28.71	795.2	342.4	32.8	186.7	125.3			
33.33	697.1	294.2						
39.37	425.0	197.0						

Als mögliche Ursache für die unterschiedlichen Beziehungen, die bei gleicher Porosität zu verschiedenen Zahlenwerten des Young-Moduls führen, werden Abweichungen von der sphärischen Gestalt der Poren in den Proben der Gruppe I angeführt, wobei diese Poren dann auch nicht als isoliert anzusehen sind, sondern zumindest teilweise zu einer Art „Kanalnetz" verbunden sind [22].

Für die Abhängigkeit des Young-Moduls von der Porosität wird die lineare Beziehung $Y=2491\,(1-2.21\cdot P)$ angegeben. Von dieser Beziehung weichen allerdings die Werte für Proben der Gruppe I nach [22] stark ab. Mit Y=2491 kbar liefert sie einen um ca. 5% niedrigeren Young-Modul für ThO_2 der Porosität P=0 als in [22] aufgeführt;

Literatur zu 3.3.2.4 s. S. 151/2

sie gibt jedoch die Werte der Gruppen II und III sowie die Daten von [24, 32, 43] gut wieder. Der genannte Y-Wert für Material mit 100% der theoretischen Dichte wurde aus ThO_2-Einkristall-Untersuchungen [32] abgeleitet und dürfte daher sehr zuverlässig sein [38].

Untersuchungen über die Temperaturabhängigkeit des Young-Moduls im Bereich 25 °C ≤ t ≤ 1300 °C zeigen, daß die relative Abnahme des Moduls für alle untersuchten Porositäten bis ca. 800 °C unabhängig von der Porosität ist [21]. Bei höheren Temperaturen nimmt jedoch der Young-Modul für die Proben höherer Porosität stärker ab als für die Proben geringerer Porosität (vgl. **Fig. 3-60**) [21].

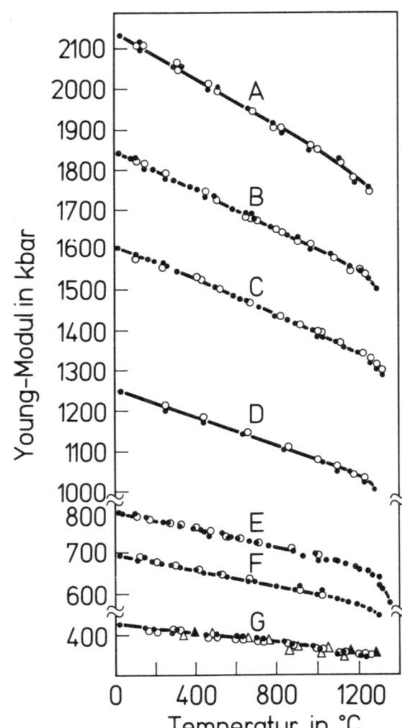

Fig. 3-60

Young-Modul ausgewählter Proben als Funktion der Temperatur [21]. A 6.95% Porosität, B 12.23% Porosität, C 16.42% Porosität, D 22.00% Porosität, E 28.71% Porosität, F 33.33% Porosität, G 39.37% Porosität.

Für die Temperaturabhängigkeit des Young-Moduls oxidischer Substanzen gilt die Beziehung

$$Y = Y_0 - BT\exp(-T_0/T),$$

hierbei sind: Y der Young-Modul bei der Temperatur T (in K), Y_0 der Young-Modul bei 0 K, T_0 ein experimenteller Parameter, B ist der Grenzwert, den dY/dT bei Zunahme von T erreicht [24]. Für ThO_2 mit 9.3% Porosität werden folgende Werte gefunden: $T_0 = 181 \pm 3$ K, $Y_0/Y_r = 1.0223 \pm 0.0002$ und $B/Y_r = (1.367 \pm 0.004) \times 10^{-4} \cdot T^{-1}$ (T in K) mit Y_r = Young-Modul bei der Referenztemperatur 25 °C.

Aus den Werten in [21] ergeben sich mit

$Y_0/Y_r = 1.0230 \pm 0.002$ und
$B/Y_r = (1.405 \pm 0.006) \times 10^{-4} \cdot T^{-1}$ (T in K)

Literatur zu 3.3.2.4 s. S. 151/2

Tabelle 3/27
Zusammenhang zwischen B/Y_r und der Porosität. T in K.

Porosität in %	B/Y_r ($\times 10^{-4}$/T)	Lit.	Porosität in %	B/Y_r ($\times 10^{-4}$/T)	Lit.
9.3	1.367 ± 0.004	[24]	22.00, 23.50, 23.61, 26.09, 26.23, 28.71	1.400 ± 0.016	[21]
3.73 bis 39.37	1.405 ± 0.006	[21]	32.80, 33.33, 39.37	1.412 ± 0.011	[21]
3.73, 6.95, 7.87	1.394 ± 0.017	[21]			
12.23, 12.31, 13.41, 16.42, 17.05, 18.95	1.398 ± 0.008	[21]			

sehr ähnliche Werte, wobei allerdings aus Tabelle 3/27 zu erkennen ist, daß B/Y_r von der Porosität geringfügig abhängt, allerdings nicht von der Art der Herstellung (Gruppen I/II/III). Damit ergibt sich folgende Beziehung für die Temperaturabhängigkeit von Y:

$$Y/Y_r = 1.0230 - 1.405 \times 10^{-4} \cdot T \exp(-181/T).$$

In [38] wird folgende lineare Beziehung abgeleitet:

$$Y/Y_r = 1.003 - 1.405 \times 10^{-4} (T - 298).$$

Folgende weitere Einzelwerte für den Young-Modul werden aufgeführt:

$Y = 19.8$ lb/in² ($\triangleq 1.37 \times 10^{11}$ N/m²) für eine Probe mit 8% Porosität, die bei 1950 °C unter oxidierenden Bedingungen erhalten wurde [8]

$Y = 29.0 \times 10^6$ lb/in² ($\triangleq 2.00 \times 10^{11}$ N/m²) für eine Probe mit 9.3% Porosität [24]

$Y = 7.3 \times 10^6$ lb/in² ($\triangleq 0.50 \times 10^{11}$ N/m²) für eine 2 h/1400 °C/Luft gesinterte Probe mit 46.9% Porosität [13]

$Y = 12.8 \times 10^6$ lb/in² ($\triangleq 0.88 \times 10^{11}$ N/m²) für eine 2 h/1600 °C/Luft gesinterte Probe mit 27.8% Porosität [13]

$Y = 19.6 \times 10^6$ lb/in² ($\triangleq 1.35 \times 10^{11}$ N/m²) für eine 2 h/1800 °C/Luft gesinterte Probe mit 17.6% Porosität [13].

Der Young-Modul scheint auch von der Stöchiometrie des ThO_2 abzuhängen. So wird für einphasiges $ThO_{1.998}$ $Y = 26.4 \times 10^6$ lb/in² angegeben, für reoxidiertes $ThO_{2.00}$ dagegen $Y = 28.8 \times 10^6$ lb/in² [2].

Alle diese Werte sowie weitere Angaben in z.B. [12, 14, 15, 20, 35] und die Daten der **Fig. 3-61** [2] gelten für polykristallines ThO_2. Vorläufige Daten für ThO_2-Einkristalle werden in [32] aufgeführt. Hier wird gezeigt, daß der Young-Modul in der (100)-Richtung ein Maximum und in der (111)-Richtung ein Minimum aufweist.

Literatur zu 3.3.2.4 s. S. 151/2

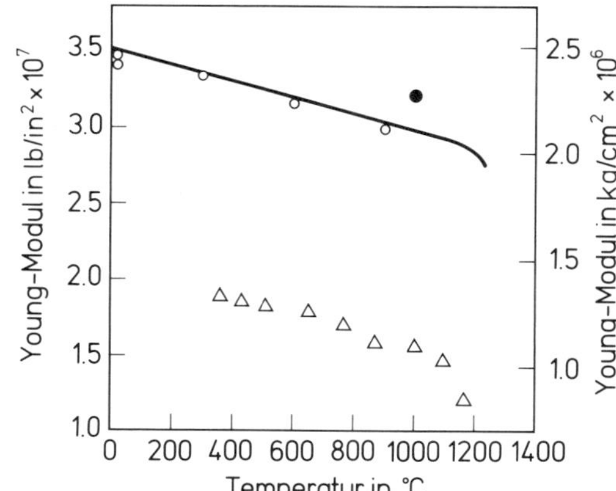

Fig. 3-61

Abhängigkeit des Young-Moduls von der Temperatur. Daten nach [15]: ——; nach [18]: △; nach [9]: ● und ○. Zusammengestellt nach [2]).

Scher-Modul

Shear Modulus

Untersuchungen über die Abhängigkeit des Schermoduls G von der Porosität des eingesetzten ThO_2 s. [22], wurden mit den gleichen Proben (Gruppe I, II, III) durchgeführt, die auch zur Bestimmung des Young-Moduls Verwendung fanden. Für Raumtemperatur wurden Zahlenwerte für den Schermodul (vgl. Tabelle 3/26) gemessen, die sich durch die Beziehungen $G = 693.3\,P^2 - 2885\,P + 1001$ für die Proben der Gruppe I und $G = 1155\,P^2 - 2540\,P + 1008$ für die Proben der Gruppe II ausdrücken lassen.

Auch hier lassen sich die Ergebnisse für die Proben der Gruppe III relativ gut durch die für die Gruppe II geltende Beziehung darstellen (**Fig. 3-62**) [22]. Für ThO_2 mit 100% der theoretischen Dichte berechnet sich danach ein Schermodul von G = 1006 kbar.

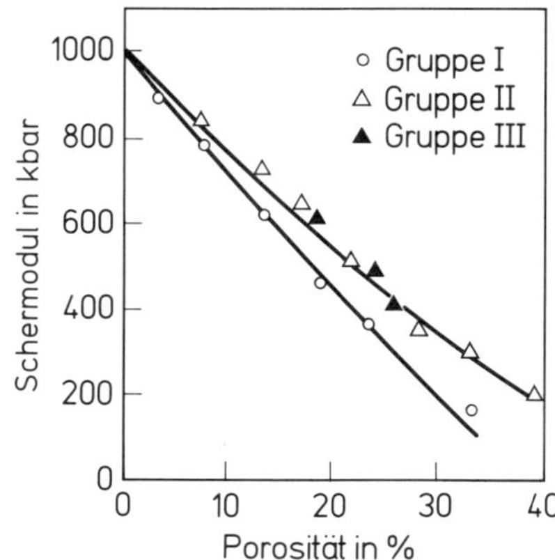

Fig. 3-62

Schermodul für Proben verschiedener Dichte [22].

Für den Schermodul (**Fig. 3-63**, S. 150) wird rein phänomenologisch dieselbe Temperaturabhängigkeit beobachtet wie für den Young-Modul [2]. Die relative Abnahme des Schermoduls ist bis ca. 800 °C von der Porosität nahezu unabhängig, erst bei höheren Temperaturen macht sich größere Porosität in einem stärkeren Abfall des Schermoduls bemerkbar.

Literatur zu 3.3.2.4 s. S. 151/2

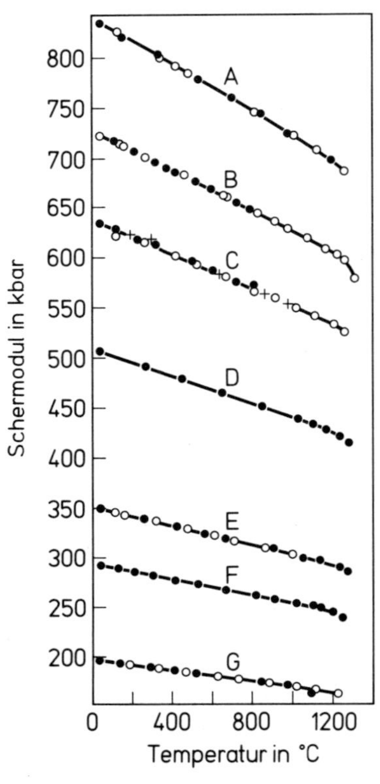

Fig. 3-63

Schermodul ausgewählter Proben als Funktion der Temperatur [21] (Bezeichnung der Proben wie bei Fig. 3-60, S. 147).

Für die Abhängigkeit des Schermoduls von der Porosität wird die lineare Beziehung $G = 969(1 - 2.12\,P)$ abgeleitet, wobei auch hier wieder die Werte der Proben von Gruppe I nach [22] stärker abweichen [38].

Weitere Zahlenwerte für den Schermodul sind:

$$\left.\begin{array}{l} G = 1.0 \times 10^6\ \text{kg/cm}^2 \text{ bei } 20\ ^\circ\text{C} \\ = 0.87 \times 10^6\ \text{kg/cm}^2 \text{ bei } 500\ ^\circ\text{C} \\ = 0.68 \times 10^6\ \text{kg/cm}^2 \text{ bei } 1000\ ^\circ\text{C} \\ = 0.33 \times 10^6\ \text{kg/cm}^2 \text{ bei } 1250\ ^\circ\text{C} \end{array}\right\} \begin{array}{l} \text{für 98\% reines } ThO_2 \\ \text{mit 1.7\% Porosität} \\ \text{nach Sinterung bei} \\ 1850\ ^\circ\text{C ([44] nach [8])} \end{array}$$

$= 0.61 \times 10^6$ kg/cm² $(0.58 \times 10^6$ kg/cm²$)$ für „high grade purity" ThO_2 [18].

Diese Werte gelten für pulverförmiges ThO_2. Für ThO_2-Einkristalle bei 25 °C ergab sich $G = 0.972 \times 10^{11}$ N/m² $(= 972$ kbar$)$ [32], ein Wert, der als zuverlässig gelten darf [38].

Über eine theoretische Behandlung des Schermoduls s. [47].

Poisson-Verhältnis, Bulk-Modul

Poisson Ratio. Bulk Modulus

Zwischen dem Young-Modul Y, dem Schermodul G, dem Bulk-Modul (Volumen-Modul) K und dem Poisson-Verhältnis μ bestehen für isotrope Körper folgende Zusammenhänge, die eine gegenseitige Umrechnung erlauben:

$$\mu = \frac{Y}{2G} - 1; \qquad K = \frac{Y}{3(1-2\mu)}; \qquad Y = \frac{9\,KG}{3K+G}.$$

Damit berechnet sich z.B. für ThO_2 mit 100% der theoretischen Dichte ein Poisson-Verhältnis von $\mu=0.297$ [22]. Dieses Verhältnis gilt jedoch nicht für alle Porositäten, da μ mit der Porosität stark abnimmt (**Fig.** 3-**64**).

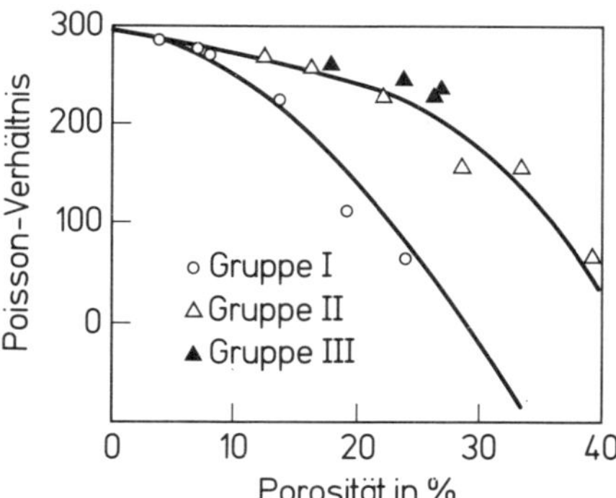

Fig. 3-64

Poisson-Verhältnis von ThO_2 für Proben verschiedener Dichte [22].

Berücksichtigung der Porosität der ThO_2-Proben führt zur Beziehung

$$\mu=\frac{Y_s(1-2.21\,P)}{2G_s(1-2.12\,P)}-1,$$

wobei Y_s und G_s die Young- und Scher-Module für 100% dichtes ThO_2 sind [38].

Für einen ThO_2-Einkristall wurde ein Bulk-Modul von $K=1930$ kbar und ein Poisson-Verhältnis von $\mu=0.284$ abgeleitet [32]. Diese Werte dürften als zuverlässig gelten [38].

Literatur zu 3.3.2.4:

[1] C.E. Curtis (Progr. Nucl. Energy V **2** [1959] 223/36). – [2] S. Peterson, C.E. Curtis (ORNL-4503 (Vol. 1) [1970] 1/65). – [3] R.C. Anderson (in: A.M. Alper, High Temperature Oxides, Tl. II, Academic Press, New York 1970, S. 1/97). – [4] T.D. Chikalla, C.E. McNeilly, J.L. Bates, J.J. Rasmussen (Colloq. Intern. Centre Natl. Rech. Sci. [Paris] Nr. 205 [1972], S. 351/60). – [5] W.A. Lambertson, M.H. Mueller, F.H. Gunzel (J. Am. Ceram. Soc. **36** [1953] 397/9).

[6] R. Benz (J. Nucl. Mater. **29** [1969] 43/9). – [7] F.D. Rossini, D.D. Wagman, W.H. Evans, S. Levine, I. Jaffe (Natl. Bur. Std. [U.S.] Circ. Nr. 500 [1952]). – [8] K.E. Ryschkewitch (Oxide Ceramics, Academic Press, New York 1960, S. 407/28). – [9] S.M. Lang, F.P. Knudsen (J. Am. Ceram. Soc. **39** [1956] 415/24). – [10] Hj. Matzke (in: H. Blank, R. Lindner, Plutonium and other Actinides, North Holland Publ. Comp., Amsterdam 1976, S. 801/30).

[11] L.E. Poteat, C.S. Yust (J. Am. Ceram. Soc. **49** [1966] 410/4). – [12] G.H. Winslow, R.J. Thorn (High Temp. Sci. **1** [1969]128/62). – [13] C.E. Curtis, J.R. Johnson (J. Am. Ceram. Soc. **40** [1957] 63/8). – [14] C.O. Leiber (Planseeber. Pulvermet. **19** [1971] 228/49). – [15] J.B. Wachtman, D.G. Lam (J. Am. Ceram. Soc. **42** [1959] 254/62).

[16] D.T. Livey, P. Murray (J. Am. Ceram. Soc. **39** [1956] 363/72). – [17] J.F. Wygant (J. Am. Ceram. Soc. **34** [1951] 374/80). – [18] E. Ryshkewitch (J. Am. Ceram. Soc. **34** [1951] 322/6). – [19] F.P. Knudsen (J. Am. Ceram. Soc. **42** [1959] 376/87). – [20] M. Ali, P. Nagels (Phys. Status Solidi **21** [1967] 113/6).

[21] S. Spinner, L. Stone, F.P. Knudsen (J. Res. Natl. Bur. Std. C **67** [1963] 93/100). – [22] S. Spinner, L. Stone, F.P. Knudsen (J. Res. Natl. Bur. Std. C **67** [1963] 39/46). – [23] D. Lewis, M.W. Lindley (J. Nucl. Mater. **17** [1965] 347/9). – [24] J.B. Wachtman, W.E. Tefft, D.G. Tam, C.S. Apstein (Phys. Rev. [2] **122** [1961] 1754/9). – [25] S.C. Carniglia, S.D. Brown, T.F. Schroeder (J. Am. Ceram. Soc. **54** [1971] 13/7).

[26] C.S. Morgan, L.L. Hall (Proc. Brit. Ceram. Soc. **6** [1966] 233/8). – [27] G.C. Benson, P.I. Freeman, E. Dempsey (J. Am. Ceram. Soc. **46** [1963] 43/7). – [28] K. Veevers, W.B. Rotsey (J. Mater. Sci. **1** [1966] 346/53). – [29] M.A. Matveev, G.M. Matveev, F.Y. Kharitonov (Inorg. Materials [USSR] **2** [1966] 339/45). – [30] M.A. Hepworth, J. Rutherford (Trans. Brit. Ceram. Soc. **63** [1964] 725/31).

[31] L.N. Grossman, R.M. Fulbrath (J. Am. Ceram. Soc. **44** [1961] 567/71). – [32] P.M. Macedo, W. Capps, J.B. Wachtman (J. Am. Ceram. Soc. **47** [1964] 651). – [33] L.E. Poteat (Diss. Univ. of North Carolina 1966; Diss. Abstr. B **27** [1966] 1905). – [34] L.E. Poteat, C.S. Yust (ORNL-P-2371 [1966] 16 S.; C.A. **67** [1967] Nr. 46699). – [35] R.M. Spriggs (Natl. Bur. Std. Spec. Publ. Nr. 303 [1969] 189/200; C.A. **71** [1969] Nr. 41768).

[36] M.S. Seltzer, J.S. Perrin, A.H. Clauer, B.A. Wilcox (BMI-1906 [1971] 72 S.; C.A. **76** [1972] Nr. 66941). – [37] R.D. Koester, D.E. Price, D.P. Moack (BMI-X-447 [1967] 27 S.). – [38] R.A. Wolfe, S.F. Kaufman (WAPD-TM-587 [1967] 132 S.). – [39] C.S. Yust, L.E. Poteat (ORNL-3870 [1965] 41/2). – [40] C.S. Morgan, L.L. Hall, A.R. Olsen (ORNL-4429 [1967/68] 132/6).

[41] C.S. Morgan, L.L. Hall (ORNL-4170 [1967] 36). – [42] S.F. Kaufman (WAPD-TM-751 [1969]). – [43] O.J. Whittemore, laut [38]. – [44] E. Ryshkewitch (Ber. Deut. Keram. Ges. **23** [1942] 243/60). – [45] L.E. Poteat, C.S. Yust (Ceram. Microstruct. Proc. 3rd Intern. Mater. Symp., Berkeley, Calif., 1966 [1968], S. 646/56; C.A. **70** [1969] Nr. 40386).

[46] T. Vasilos, E.M. Passmore (Ceram. Microstruct. Proc. 3rd Intern. Mater. Symp., Berkeley, Calif., 1966 [1968], S. 406/30; C.A. **70** [1969] Nr. 22577). – [47] S.V. Nemilov (Zh. Fiz. Khim. **42** [1968] 1391/6). – [48] T.F. Schroeder, S.C. Carnigla, S.D. Brown (AD-671690 [1968] 46 S.; C.A. **70** [1969] Nr. 40367). – [49] P.S. Nicholson, D.J. Lloyd (J. Am. Ceram. Soc. **53** [1970] 578/9). – [50] J.S. Wygant (J. Am. Ceram. Soc. **34** [1951] 374/80).

Optical Properties

3.3.2.5 Optische Eigenschaften

Es liegen Untersuchungen vor über: Raman-Spektren, optische Spektren, Lumineszenz- und Phosphoreszenz-Spektren, Photoelektronen (XPS)-Spektren, Mößbauer-Spektren etc.

Auf dünnen Graphitfilmen niedergeschlagene einzelne ThO_2-Moleküle wurden durch Dunkelfeld-Elektronenmikroskopie sichtbar gemacht [16].

Bei der Untersuchung von ThO_2-Kristallen im Elektronenmikroskop werden – im Gegensatz zu vielen anderen keramischen Materialien – die Ecken nicht angegriffen, es bilden sich vielmehr über einen nicht bekannten Mechanismus Löcher durch den Kristall [82].

Optical Properties

Spectroscopic studies of diverse kinds are available for ThO_2, e.g. Mössbauer, Raman, optical, luminescence, phosphorescence, and photoelectron (PE).

Literatur zu 3.3.2.5 s. S. 162/4

Brechungsindex

Refractive Index

Für einen ThO_2-Einkristall (angegebene Zusammensetzung: $ThO_{2.15 \pm 0.15}$, allerdings dürfte O:Th > 2.00 sehr unwahrscheinlich sein, da auch die Verunreinigungen zu < 73 ppm angegeben werden) wurden über eine Immersionstechnik folgende Brechungsindices bestimmt (±0.005) [79]:

Wellenlänge in Å . . .	5893	5641	4358
Brechungsindex	2.105	2.110	2.135

Für dünne ThO_2-Schichten werden Brechungsindices angegeben, die sich von den zuvor aufgeführten Werten merklich unterscheiden – und zwar nach kleineren Werten hin. Diese Werte wurden allerdings nicht direkt bestimmt, sondern über Reflexions- und Transmissionsmessungen ermittelt. Folgende Werte werden aufgeführt, wobei die angegebenen Dicken für homogene Filme optimierter Dicke gelten [24]:

Für 95.2 nm Dicke:		Für 74.3 nm Dicke:	
Wellenlänge in nm	Brechungsindex	Wellenlänge in nm	Brechungsindex
215	2.102	215	2.032
225	2.063	225	2.008
250	1.994	250	1.963
300	1.917	300	1.910
350	1.876	350	1.881
400	1.852	400	1.864
450	1.836	450	1.852
502	1.825	502	1.844
546	1.818	546	1.838
633	1.808	633	1.831

Brechungsindex für ThO_2-Filme, die durch Hochvakuumverdampfung unter Verwendung von Elektronenbeschuß erhalten wurden, s. **Fig. 3-65** [88]. Diese Brechungsindices sind niedriger als diejenigen, die für ein Material erhalten wurden, das aus einer organischen Lösung abgeschieden wurde [89].

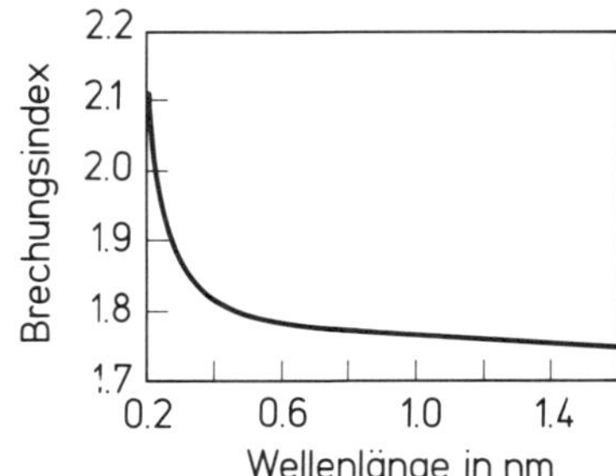

Fig. 3-65

Brechungsindex von ThO_2, das durch Verdampfung abgeschieden wurde [88].

Raman-Spektren

Raman Spectra

Untersuchungen über Raman-Spektren von ThO_2 finden sich in [4 bis 6, 23]. Unter Benutzung eines Argonlasers wurde für einen transparenten ThO_2-Einkristall bei Raumtemperatur eine einzige scharfe Linie ($T_{2g}(\Gamma_{25}^{+})$-mode) bei 466 cm^{-1} gefunden. Zum Ver-

Literatur zu 3.3.2.5 s. S. 162/4

gleich: 467 cm^{-1} für UO_2 und 465 cm^{-1} für CeO_2. Für die Metall-Sauerstoff-Bindung in ThO_2 wird eine Kraftkonstante von 0.496 mdyn/Å berechnet. In einer neueren Arbeit [5] ergab sich mit 465 cm^{-1} (Linienbreite: 8.5 cm^{-1}) bei Raumtemperatur ein nahezu identischer Wert, bei 30 K liegt die Ramanfrequenz bei etwas höheren Wellenzahlen (468.4 cm^{-1}), wobei die Linie allerdings erheblich schmaler ist (Linienbreite 4.5 cm^{-1}). Ramanlinie bei 464 ± 1 cm^{-1} [23], bei 469 cm^{-1} [22].

Raman-Spektren 2. Ordnung an ThO_2-Einkristallen wurden ebenfalls durch Argonlaser-Anregung aufgenommen [6]. **Fig.** 3-**66** zeigt das Raman-Spektrum 2. Ordnung bei Raumtemperatur; in ihm sind sowohl die Summations- als auch die Differenzbanden zu erkennen, während bei 77 K nur die Summationsbanden auftreten – allerdings verbunden mit einer kleinen Verschiebung der Ramanbanden nach höheren Frequenzen. Eine detaillierte Diskussion dieser Spektren ist in [6] zu finden.

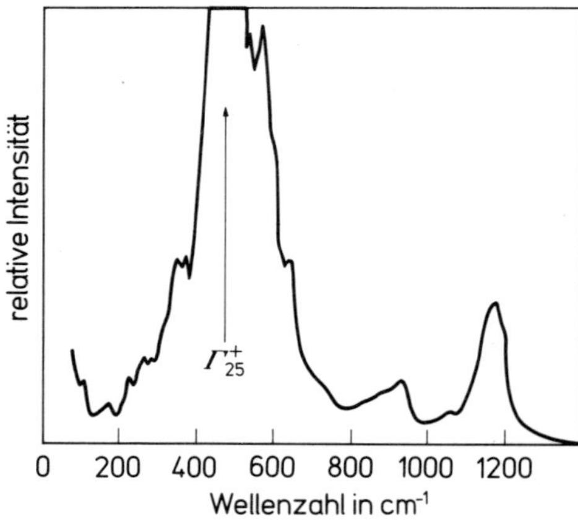

Fig. 3-66

Raman-Spektrum 2. Ordnung eines ThO_2-Einkristalls bei Raumtemperatur [6].

Optical Spectra

Optische Spektren

Über optische Spektren von ThO_2 liegen zahlreiche Untersuchungen vor [17 bis 44, 87], dabei befassen sich diejenigen in [17 bis 19] mit IR-Spektren von matrixisoliertem ThO_2.

Fig. 3-**67** zeigt das Infrarotspektrum einer Th-O-Species, die nach Verdampfung bei 2300 °C aus einer W-Knudsenzelle in einer Argon-Matrix bei ca. 15 K niedergeschlagen

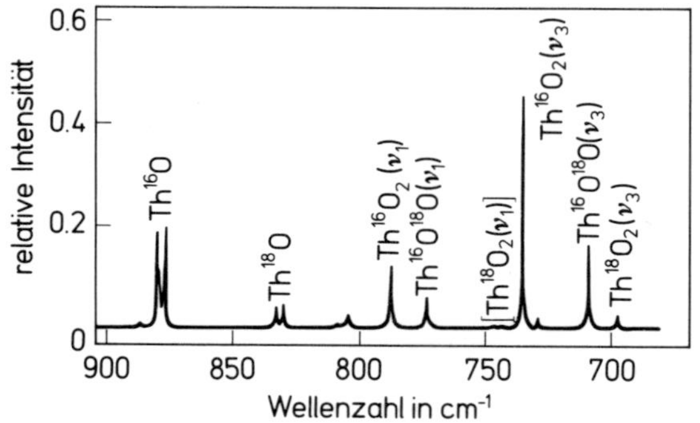

Fig. 3-67

IR-Spektren von ThO_x-Species, die nach Verdampfung aus einer W-Knudsenzelle bei 2300 °C in einer Argonmatrix bei ca. 15 K niedergeschlagen wurden [17].

Literatur zu 3.3.2.5 s. S. 162/4

wurde [17]. Man erkennt deutlich neben den Banden des Dioxids $Th^{16,18}O_2$ auch noch die Banden des Monoxids. Für das ThO_2-Molekül berechnet sich aus diesem Spektrum ein Bindungswinkel von 122.5°±2° [17], im Vergleich zu dem Winkel von 106° [18].

Die optischen Eigenschaften von polykristallinem ThO_2 hängen stark von seiner Reinheit und der Stöchiometrie ab. So zeigt im Vakuum auf 2800 K erhitztes ThO_2 (Zusammensetzung $ThO_{1.998}$) eine graue Farbe, die beim Erhitzen in Luft auf 1200 K wieder in weiß übergeht [44]. Entsprechend wird an 99.9% reinem ThO_2, das im Vakuum auf 1800 °C erhitzt wurde, bei 0.4 µm eine Absorptionsbande beobachtet (**Fig.** 3-**68**). Diese wird auf das Vorliegen von isolierten Sauerstoffleerstellen zurückgeführt. Tiefschwarzes, im Bereich von 0.2 µm bis 2 µm opakes ThO_2 entsteht beim raschen Abschrecken des ThO_2. Weder für das graue noch für das schwarze ThO_2 wurde eine Photoleitfähigkeit beobachtet. Für die (vermutlich) stöchiometrischen Proben wird eine Absorptionskante bei 3700 Å beobachtet, die sich für die substöchiometrischen Proben auf 3200 Å verschiebt [33].

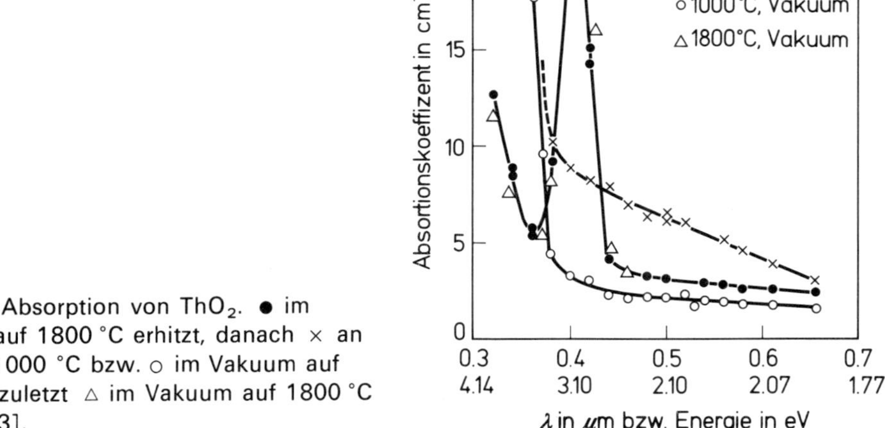

Fig. 3-68

Optische Absorption von ThO_2. ● im Vakuum auf 1800 °C erhitzt, danach × an Luft auf 1000 °C bzw. ○ im Vakuum auf 1000 °C, zuletzt △ im Vakuum auf 1800 °C erhitzt [33].

Untersuchungen zur Durchlässigkeit dünner ThO_2-Schichten (Dicke 2000 bis 4000 Å) im Bereich von 200 nm bis 400 nm zeigen, daß die Vorbehandlung (Tempern bei unterschiedlichen Temperaturen) die optischen Eigenschaften stark beeinflußt [36]. Die höchste Durchlässigkeit erzielten auf Quarz niedergeschlagene Schichten (aus alkoholischen Th-Nitratlösungen erzeugt), wenn die Abscheidung bei 700 °C getempert wurde; Tempern bei niedrigeren Temperaturen vermindert wie bei HfO_2 und ZrO_2 die Durchlässigkeit. Durch geeignete Kombination dünner Schichten aus ZrO_2, HfO_2 und ThO_2 lassen sich dünne Multikomponentenfilme für Spiegel, Filter oder Polarisatoren erzeugen [36, 86]. So ist es möglich, eine >99%ige Polarisation mit einer Durchlässigkeit von 40% bei ca. 300 bis 400 µm und ≈35 bis 40% bei 250 bis 300 µm durch alternierende ThO_2- und SiO_2-Schichten auf Quarz zu erzielen [35]. NO_3^- – und Cl^--Verunreinigungen – durch die Herstellung bedingt – beeinflussen die optischen Eigenschaften dieser Schichten z.T. merklich.

Literatur zu 3.3.2.5 s. S. 162/4

Das Infrarot-Absorptionsspektrum von ThO_2 im Bereich 200 cm^{-1} bis über 3000 cm^{-1} ist in **Fig.** 3-**69** wiedergegeben [20]. Man erkennt die starke Absorptionsbande bei 365 cm^{-1}, woraus sich eine Kraftkonstante von 0.827 mdyn/Å berechnet. Dieser Wert für die IR-F_{1u}-Schwingung befindet sich in Übereinstimmung mit dem Wert $\nu_1 = 350 \pm 5$ cm^{-1} (in einer 99% CsI + 1% ThO_2-Matrix), aus dem eine Kraftkonstante von $K = 0.76 \pm 0.002$ mdyn/Å für die Th-O-Bindung berechnet wird.

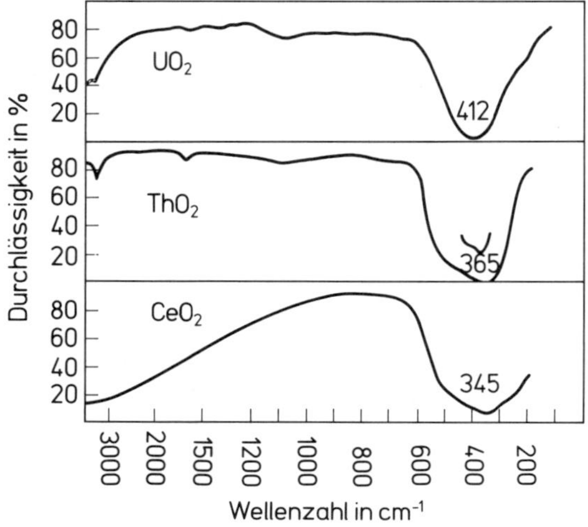

Fig. 3-69

IR-Spektren von polykristallinem UO_2, CeO_2 und ThO_2 in Polyäthylen-Matrix (0.2 g Polyäthylen + 1.5 g ThO_2 in 0.2 mm dickem Film) [20].

Bei merklich niedrigeren Wellenzahlen liegt der Wert von 310 cm^{-1} [22]. Ein Einbau von $\approx 10^{-5}$ Teilen ^{228}Th in das $^{232}ThO_2$-Gitter verschiebt die Absorptionsbande von $\nu_1 = 350$ cm^{-1} um 20 cm^{-1} auf $\nu_1 = 330$ cm^{-1} (entsprechend einer Kraftkonstanten von $K' = 0.65 \pm 0.02$ mdyn/Å), verursacht durch eine Änderung des Th-O-Abstands von ca. 3%.

Der Einfluß der Reinheit von Einkristall-ThO_2 auf das Absorptionsverhalten im UV-Bereich ist aus **Fig.** 3-**70** zu erkennen: je reiner das ThO_2, desto größer ist die Durchlässigkeit im Bereich von 28000 cm^{-1} bis 38000 cm^{-1} (UV-Kante) [21].

Im Absorptionsspektrum von lichtbogengeschmolzenem ThO_2 sehr hoher Reinheit (20 ppm Al, 10 ppm Si und Fe sowie <10 ppm Seltenerdelemente bei <100 ppm Gesamtverunreinigungen) liegt die Absorptionskante bei wesentlich höherer Energie (im Bereich von ca. 5.9 eV) als bisher für weniger reines ThO_2 angegeben wurde [27]. Diese „schein-

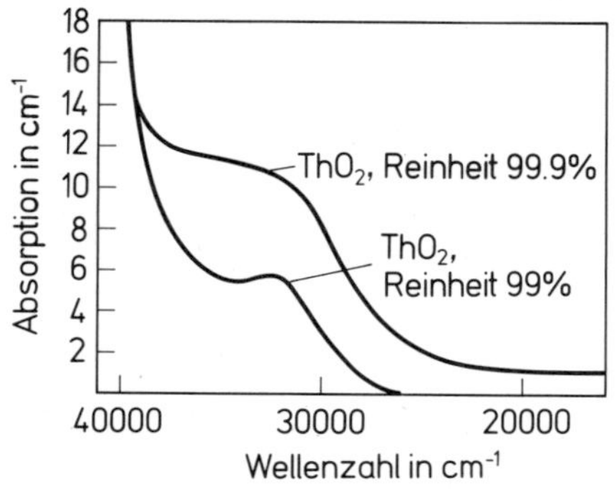

Fig. 3-70

Absorption von verschiedenen reinem ThO_2 im UV-Bereich [21].

Literatur zu 3.3.2.5 s. S. 162/4

bare" Absorptionskante setzt sich aus einer Reihe mehr oder weniger ausgeprägter Einzelbanden zusammen [27]. Insgesamt wurden 31 verschiedene Absorptionsbanden im Bereich von 0.50 eV bis 5.62 eV nachgewiesen, die – mit möglicher Ausnahme der ε-, θ- und ι-Banden – nicht mit Verunreinigungen des ThO_2 korreliert werden konnten. Die Banden sind in Tabelle 3/28 zusammengestellt [27]. Für den Absorptionskoeffizienten μ der Hochenergiekante gilt für die Abhängigkeit von der Photonenenergie E (in eV) die Beziehung $\mu=6.45\times10^{-35}\exp(14.32\ E)$ bei 295 K bzw. $\mu=1.25\times10^{-30}\exp(12.46\ E)$ bei 77 K.

Tabelle 3/28
Optische Absorptionsbanden für lichtbogengeschmolzenes ThO_2 [27]. Standardabweichungen in Klammern.

Bande	Energie in eV	Halbwertsbreite in eV	Bande	Energie in eV	Halbwertsbreite in eV
α'	5.624(0.056)	0.251(0.087)	μ	2.330(0.023)	0.239(0.038)
α	5.455(0.023)	0.347(0.048)	ν	2.202(0.026)	0.227(0.044)
β	5.323(0.023)	0.281(0.046)	ξ	2.095(0.030)	0.219(0.052)
γ	5.190(0.041)	0.283(0.076)	o	1.991(0.026)	0.224(0.043)
δ	4.906(0.048)	0.267(0.094)	π'	1.834(0.038)	0.216(0.054)
ε	4.485(0.028)	0.379(0.074)	π	1.701(0.030)	0.224(0.058)
ζ'	4.254(0.016)	0.304(0.044)	ρ	1.525(0.035)	0.244(0.051)
ζ	4.067(0.020)	0.320(0.049)	σ	1.328(0.046)	0.233(0.047)
η'	3.856(0.017)	0.298(0.045)	τ'	1.142(0.024)	0.193(0.054)
η	3.638(0.021)	0.279(0.042)	τ	0.975(0.019)	0.190(0.063)
θ'	3.445(0.031)	0.248(0.052)	ϕ	0.820(0.025)	0.179(0.045)
θ	3.225(0.038)	0.225(0.066)	χ'	0.720(0.017)	0.155(0.027)
ι	3.056(0.033)	0.224(0.045)	χ	0.626(0.013)	0.123(0.031)
κ	2.826(0.036)	0.248(0.073)	ω'	0.571(0.016)	0.070(0.022)
λ'	2.657(0.023)	0.223(0.081)	ω	0.498(0.019)	0.087(0.026)
λ	2.475(0.033)	0.246(0.054)			

Daß Verunreinigungen das optische Absorptionsverhalten von ThO_2 sehr stark beeinflussen, zeigen vergleichende Untersuchungen an hochreinem und speziell dotierten ThO_2 [34]. Überraschend dabei ist, daß sich schon Tempern in unterschiedlicher Atmosphäre (Argon bzw. Luft) bei „nur" 1400 °C/1 h stark auf die Absorptionskante des ThO_2 auswirkt. So findet sich bei unter Argon getempertem ThO_2 eine Bande bei ca. 300 nm und die „scheinbare" Absorptionskante bei 246 nm. Letztere verschiebt sich beim oxidierenden Tempern auf 213 nm und läßt die 300 nm-Bande verschwinden. Bei dotiertem ThO_2 (0.28 mol-% Ca bzw. $YO_{1.5}$) ist ein solcher Effekt nicht festzustellen [34]. Hydroxylgruppen an der Oberfläche des ThO_2 beeinflussen das Absorptionsverhalten ebenfalls deutlich [39 bis 42, 85].

Im optischen Reflexionsspektrum eines ThO_2-Einkristalls findet sich ein deutlich ausgeprägtes Maximum bei 1540 Å (ca. 8.05 eV), das einer Schulter im UO_2-Spektrum bei der gleichen Energie entspricht. Nach einem schwach ausgeprägten Minimum bei 1460 Å (ca. 8.49 eV) nimmt die Reflexionskurve des ThO_2 stetig zu [41].

Einfluß von γ- und Protonen-Bestrahlung auf die optischen Eigenschaften von Einkristallen aus reinstem ThO_2 s. [56].

Der „optical gap" zwischen dem Valenzband und dem Leitfähigkeitsband-Minimum liegt bei ca. 6 eV [81].

Literatur zu 3.3.2.5 s. S. 162/4

Phosphorescence and Luminescence Spectra

Phosphoreszenz- und Lumineszenzspektren

Über dieses Gebiet liegen zahlreiche Arbeiten vor, vor allem über Thermolumineszenz [45 bis 54, 57 bis 62, 91], Photolumineszenz [63, 64, 84] und Adsorbolumineszenz [64 bis 73].

Diese Spektrenarten lassen sich nicht klar voneinander abgrenzen, auch ergeben sich z.T. Überschneidungen mit den optischen Spektren. Da die Adsorption von Gasen etc. auf der ThO_2-Oberfläche die spektralen Eigenschaften des ThO_2 z.T. sehr stark verändert, wird hier auch auf das Kapitel „Adsorption von Gasen etc.", S. 190, hingewiesen.

Die Abnahme der Phosphoreszenz von ThO_2, die durch Bestrahlung mit ^{210}Po-α-Strahlen erzeugt wurde, zeigt **Fig. 3-71** [15]. Man erkennt, daß die α-induzierte Phosphoreszenz schnell abklingt und durch eine natürliche Lumineszenz überlagert ist.

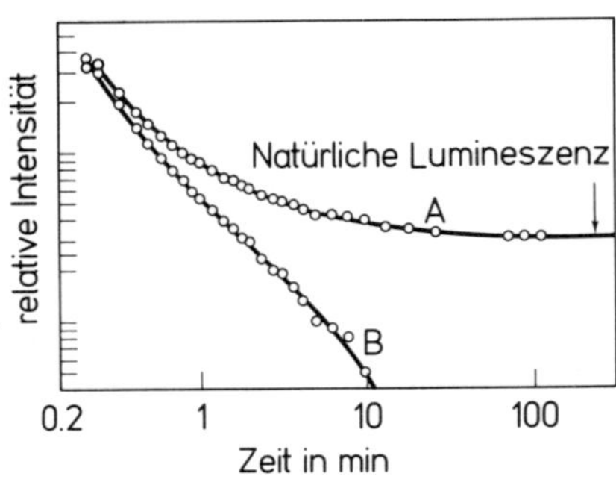

Fig. 3-71

Zeitliche Abnahme der Phosphoreszenz von ThO_2, das mit den α-Strahlen von ^{210}Po (15 m Ci) ca. 5 min bestrahlt wurde [15]. A: Phosphoreszenz + Lumineszenz. B: Phosphoreszenz allein.

Nach UV-Anregung von pulverfeinem hochreinem bzw. dotiertem ThO_2 wurden im Fluoreszenzspektrum Banden bei 395.4 nm, 434.6 nm und 464.0 nm beobachtet, die Absorptionsbanden in reinem ThO_2 von 228.9 nm, 237.3 nm und 252.8 nm entsprechen [34].

Die Interpretation von Thermolumineszenzspektren und ihren Profilen kann ohne eine detaillierte Kenntnis von Temperbedingungen, Abkühlgeschwindigkeit, Reinheit etc. nicht zu eindeutigen Resultaten führen [45]. Es spielt auch eine bedeutende Rolle, ob das ThO_2 zuvor bestrahlt wurde. So wird zusätzlich zu dem „Glühpeak" bei 195 ± 5 °C in unbehandeltem ThO_2 (ohne nähere Spezifikation) nach Bestrahlung mit 10^3 röntgen ^{60}Co-γ-Strahlung ein zusätzlicher „Glühpeak" mit geringer Intensität bei 65 ± 5 °C beobachtet [47]. Dabei nimmt die Intensität des 195 °C-Peaks mit der Strahlendosis bei über 10^6 röntgen zu, während der 65 °C-Peak bei etwa 4×10^4 röntgen eine Sättigung erreicht.

Detaillierte Untersuchungen zur Elektronenstruktur von ThO_2, speziell von SE-dotiertem ThO_2, über UV-angeregte Thermolumineszenz finden sich in [52]. In [46] wird eine ausführliche Diskussion der Candolumineszenz (= narrow band thermoluminescence) von ThO_2 (dotiert) gegeben, die von Bedeutung ist für die Deutung der Eigenschaften der Glühstrümpfe nach Carl Auer von Welsbach.

Das Photolumineszenzspektrum von ThO_2 hängt sehr stark vom Ausgangsmaterial ab [63]. Besonders auffällig ist hierbei die Feinstruktur des ThO_2-Spektrums bei 77 K, wenn das Oxid durch Zersetzung des Nitrats erhalten wurde (**Fig. 3-72**). Eine solche Feinstruktur ist in ThO_2, das aus Th-Oxalat hergestellt wurde, nicht zu beobachten; sie verschwindet für ThO_2 aus Nitrat auch nach einer reduktiv-oxidativen Behandlung (H_2, danach O_2). Eine Deutung für diesen Effekt ist nicht zu geben, besonders da auch keine näheren Einzelheiten für die Herstellungsbedingungen des ThO_2 aufgeführt werden. Unterschiede bei den ThO_2-Proben sind auch im diffusen Reflexionsspektrum zu finden

Literatur zu 3.3.2.5 s. S. 162/4

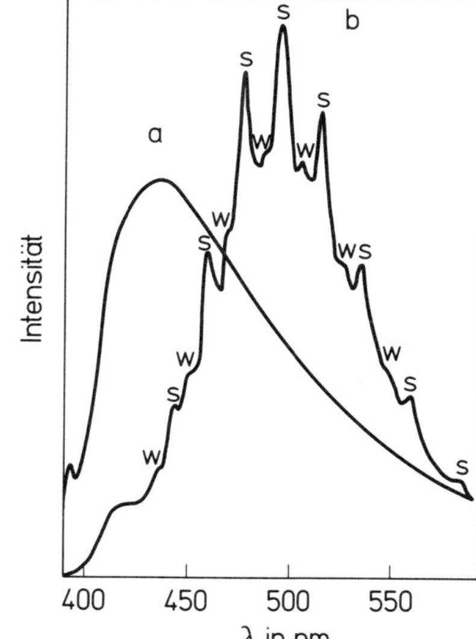

Fig. 3-72

Photolumineszenzspektrum von ThO_2, das aus Th-Nitrat hergestellt wurde, bei 298 K(a) und 77 K(b) [63].

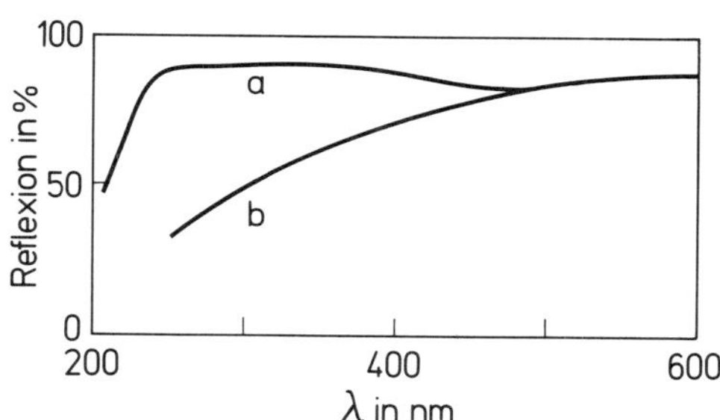

Fig. 3-73

Diffuses Reflexionsspektrum von ThO_2, das aus Th-Oxalat (a) bzw. Th-Nitrat (b) erzeugt wurde [63].

(**Fig.** 3-**73**): das ThO_2 aus Oxalat zeigt eine starke Absorption bei 210 nm, aber ein praktisch konstantes Plateau bei größeren Wellenlängen. Nitrat-ThO_2 zeigt eine kontinuierlich ansteigende Absorption von 20 nm bis 550 nm ohne definierte Banden [63].

Da das Photolumineszenzspektrum von ThO_2 und das O_2-Adsorbolumineszenzspektrum verschieden sind, ist anzunehmen, daß die Lumineszenzübergänge verschieden sind [64]. Allerdings existieren über das Phänomen Adsorbolumineszenz unterschiedliche Vorstellungen ([67 bis 69] im Vergleich zu [70 bis 73]), die besonders das Spektrum und seine Zeitabhängigkeit und Intensität betreffen [65].

ESR-Spektren

ESR Spectra

Untersuchungen über ESR-Spektren an ThO_2 liegen in [55, 74 bis 78, 90, 92] vor. Dabei überrascht, daß das aus Th-Nitrat erhaltene ThO_2 kein ESR-Signal zeigt, während für ThO_2 aus Th-Oxalat bzw. Th-Hydroxid ESR-Spektren erhalten wurden [74]. Diese Spektren lassen sich durch unterschiedliche Defekte erklären, die z.T. auf Verunreinigungen, auf die Beschaffenheit der Oberfläche (Adsorption von Fremdsubstanzen) oder auf Fehlstellen im Gitter zurückgeführt werden können.

Literatur zu 3.3.2.5 s. S. 162/4

Da im ThO_2 durch Bestrahlung Fehlstellen erzeugt werden, überrascht nicht, daß mit Elektronen bzw. γ-Strahlen bestrahlte ThO_2-Einkristalle diskrete ESR-Spektren ergeben [55, 76]. Allerdings sollen in reinen farblosen ThO_2-Kristallen nach γ-Bestrahlung keine Veränderungen festzustellen sein [76]. Im gelblichen ThO_2 wurden dagegen nach γ-Bestrahlung bei der Temperatur von flüssigem N_2 zwei paramagnetische Zentren beobachtet [76], die folgende Charakteristika aufweisen:

Zentrum	$g_{\parallel}$	$g_{\perp}$	Spin	Symmetrie	thermische Stabilität	assoziierte Ladung
α	1.8541	1.8821	1/2	axial$\langle 111 \rangle$	instabil bei 77 °C	-e
β	1.8633	1.8888	1/2	axial$\langle 111 \rangle$	stabil bei RT	-e

Das eingefangene Elektron befindet sich in der Nähe einer O^{2-}-Leerstelle im Gitter. Das nach Bestrahlung von reinen ThO_2-Kristallen erhaltene Signal ist nicht auf Wertigkeitsänderungen der den Kristall aufbauenden Atome zurückzuführen, sondern auf Defekte mit lokaler tetraedischer Symmetrie, die entlang der Raumdiagonale schwach verzerrt ist. Bei Raumtemperatur wurden folgende g-Werte ermittelt: $g_{\parallel} = 1.9739$ und $g_{\perp} = 1.9644$. Die Linienbreite des Signals nimmt dabei von 32 G bei Raumtemperatur auf 1.5 G nahe 4.2 K ab. Die detaillierte Auswertung dieser Daten läßt sich mit der Existenz eines F-Centers in ThO_2 gut in Übereinstimmung bringen [55].

γ-Bestrahlung der ursprünglich farblosen ThO_2-Einkristalle führt dazu, daß diese Kristalle dunkelgelb werden, allerdings blaßt die Farbe relativ schnell (in Minuten) aus [55]. Für die bestrahlten Kristalle beobachtet man einen anomalen Absorptionspeak bei 4300 Å und eine Absorptionskante bei 3400 Å [55].

Einfluß von UV-Bestrahlung auf das ESR-Spektrum von ThO_2, das Sauerstoff adsorbiert enthält, s. [77].

ESR-Spektrum von verschieden hergestellten ThO_2-Proben s. [92]. Das durch Zersetzung von Th-Oxalat bei 350 °C erhaltene Produkt zeigt ein Spektrum mit einem g-Wert von 1.967. Bemerkenswert ist der starke Einfluß von H_2O.

Photoelectron and X-ray Spectra

Photoelektronenspektren, Röntgenspektren

Photoelektronenspektroskopische Untersuchungen ergaben für Thorium in ThO_2 folgende 4f-Ionisierungsenergien: $4f_{5/2}$: 352.0 eV und $4f_{7/2}$: 342.65 eV, entsprechend einer Differenz von 9.35 eV. Diese Differenz wurde auch für Thorium in ThF_4 und in einigen Fluoritphasen mit U, Ce, Pr und Eu beobachtet [8, 10].

Nach Untersuchungen des XPS-Spektrums (X-ray photoelectron spectrum) von Uran, Thorium und ihren Dioxiden [6] sind die elektronischen Strukturen von ThO_2 und UO_2 sehr ähnlich, mit der Ausnahme der nahe dem Fermi-Niveau liegenden 5f-Elektronen in UO_2 (Th^{4+} besitzt keine 5f-Elektronen). Aus dem XPS-Spektrum (**Fig. 3-74**) ist zu entnehmen, daß die „Bindungs"-Bande – die den 6d- und 7s-Elektronen des Metalls und den 2p-Elektronen des Sauerstoffs zugeordnet ist – etwa 6 eV unterhalb des Fermi-Niveaus E_F zentriert ist. Der Abstand $O(2p) - O(2s_{1/2})$ mit 16 eV entspricht dem Wert in zahlreichen Übergangsmetalloxiden. Die Th-Dubletts $6p_{3/2}$ und $6p_{1/2}$ liegen bei 17.3 eV bzw. bei 26 eV, das $6s_{1/2}$-Spektrum bei 43 eV unterhalb des Fermi-Niveaus (das allerdings in [6] für den Isolator ThO_2 nicht gemessen werden konnte; da dünne Oxidschichten auf dem Metall untersucht wurden, ist eine spektrale Verschiebung durch Ladungs-Akkumulation nicht beobachtet worden). Über die O(1s)-Bindungsenergie in verschiedenen Oxiden (auch ThO_2) im Zusammenhang mit Säure-Basen-Eigenschaften s. [9].

Literatur zu 3.3.2.5 s. S. 162/4

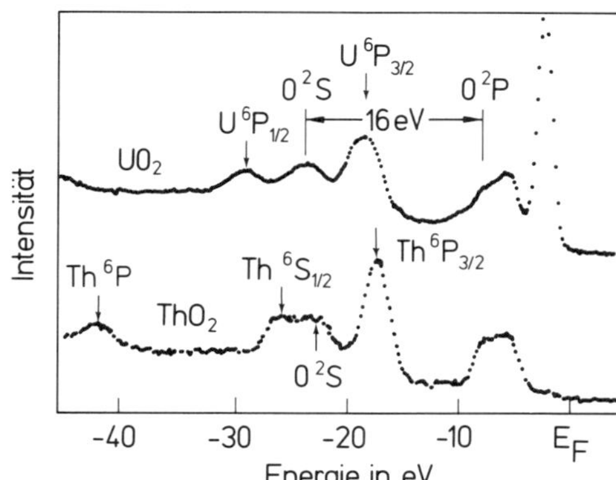

Fig. 3-74

XPS-Spektren von UO_2 und ThO_2 bis zu einer Energie von 45 eV unterhalb des Fermi-Niveaus E_F [7].

Die Energie der $Th(5d_{5/2})$-Linie in zahlreichen Thoriumverbindungen nimmt in der Folge der Anionen NO_3^-, $F^- > C_2O_4^{2-} > PO_4^{3-} > Cl^- > O^{2-}$ ab [11].

Aus Untersuchungen der M-Röntgenspektren wird der Schluß gezogen, daß in den Strukturen der angeregten 5f-Niveaus von Th^{4+} in ThO_2 und $Th(NO_3)_4$ nur geringe Unterschiede bestehen, wobei allerdings der ionische Bindungsanteil in ThO_2 etwas geringer sein soll als in $Th(NO_3)_4$ [12]. Einfluß der Linienbreite und Lage der K-Banden des Sauerstoffs in einer Reihe von Metalloxiden s. [13]. Für ThO_2 wurde $\lambda = 23.606$ eV mit 4.3 eV Halbwertsbreite gefunden. Ähnliche Untersuchungen für K-Röntgenspektren s. [83].

Berechnete Massenabsorptionskoeffizienten μ/D für Röntgenstrahlen in oxidischen Verbindungen nach [14] für ThO_2:

Wellenlänge in Å	0.010	0.012	0.015	0.020	0.025
μ/D	0.04981	0.05697	0.06929	0.09436	0.1289

Wellenlänge in Å	0.030	0.040	0.050	0.060	0.080	0.100
μ/D	0.1753	0.3121	0.5188	0.8075	1.651	2.861

Intensität von Th- und O-Röntgenlinien bei Elektronenstrahl-angeregten Mikrobenuntersuchungen an ThO_2 s. [93].

Mößbauer-Spektren

Mössbauer Spectra

Mößbauer-Untersuchungen an ^{232}Th wurden mittels Coulomb-Anregung durch α-Teilchen durchgeführt [1, 2], wobei die γ-Übergänge des ersten Anregungsniveaus von ^{232}Th in Th-Metall und ThC benutzt wurden. Bei Verwendung von Th-Metall als Target und ThO_2 als Absorber wurde bei ≈ 25 K eine Isomerieverschiebung von $+0.08 \pm 0.09$ mm/s festgestellt. Die zu 9.6 ± 0.4 mm/s korrigierte Halbwertsbreite (bei Absorberdicke null) zeigt, daß nur sehr breite Resonanzlinien zu erhalten sind [1]. Aus diesen Werten wird eine Debye-Temperatur von 121 ± 13 K abgeleitet.

ThO_2 wird als besonders gutes Wirtsgitter angesehen, das eine einzige schmale Emissionslinie hervorruft, z.B. beim Einbau von ^{241}Am in ThO_2 [3].

Literatur zu 3.3.2.5 s. S. 162/4

Literatur zu 3.3.2.5:

[1] P. Durkee, N. Hershkowitz (Phys. Rev. B [3] **3** [1971] 3607/15). – [2] N. Hershkowitz, C.G. Jacobs, K.A. Murphy (Phys. Letters B **27** [1968] 563). – [3] V.M. Filips, V.I. Goldanskii, V.S. Nefedov (Soviet Radiochem. **18** [1976] 155/60). – [4] V.G. Keramides, W.B. White (J. Chem. Phys. **59** [1973] 1561/2). – [5] S. Kern, Ch. She (Chem. Phys. Letters **25** [1974] 287/9).

[6] M. Ishigame, M. Kojima (J. Phys. Soc. Japan **41** [1976] 202/310). – [7] B.V. Veal, D.J. Lam (Phys. Rev. B [3] **10** [1974] 4902/8). – [8] C.K. Jørgensen (Theoret. Chim. Acta **24** [1972] 241/50). – [9] V.I. Nefedov, D. Gati, B.F. Dzhurinskii, N.P. Sergushin, Y.V. Salyn (Russ. J. Inorg. Chem. **20** [1975] 1279/83). – [10] C.K. Jørgensen, H. Berthou (Kgl. Danske Videnskab. Selskab Mat. Fys. Medd. **38** Nr. 15 [1972] 93 S.).

[11] V.I. Nefedov, A.K. Molodkin, Y.V. Salin, O.M. Ivanova, M.A. Porai-Koshits, T.A. Balakaeva, Z.V. Belyakova (Zh. Neorgan. Khim. **19** [1974] 2628/31). – [12] R.L. Barinskii (Bull. Acad. Sci. USSR Phys. Ser. **20** [1956] 120/2). – [13] D.W. Fischer (J. Chem. Phys. **42** [1965] 3814/21). – [14] G.F. Brewster (J. Am. Ceram. Soc. **35** [1952] 194/7). – [15] C.E. Mandelville, H.O. Albrecht (Phys. Rev. **90** [1953] 992/3).

[16] H. Hashimoto, A. Kumao, K. Hino, H. Endoh, H. Yotsumoto, A. Ono (J. Electronmicroscopy [Tokyo] **22** [1973] 123/34). – [17] S.D. Gabelnick, G.T. Reedy, M.G. Chasanov (J. Chem. Phys. **60** [1974] 1167/71). – [18] M.J. Linevsky (WADD-TR-60-646 (Pt. IV) [1963]; AD-611856 [1963], laut [17]). – [19] M.J. Linevsky (Proc. 1st Meeting Interagency Chem. Rocket Propulsion Group Thermochem., New York 1963 [1964], Bd. 1, S. 11/20; C.A. **62** [1965] 2370). – [20] M. Terada, M. Tsuboi (Bull. Chem. Soc. Japan **37** [1964] 1080/1).

[21] R.C. Linares (J. Phys. Chem. Solids **28** [1967] 1285/91). – [22] I.R. Beattie, T.R. Gilson (J. Chem. Soc. A **1969** 2322/7). – [23] M. Beaumont, B. Claudel, B. Mentzen (J. Inorg. Nucl. Chem. **32** [1970] 1165/72). – [24] H.M. Lidell (J. Phys. D **7** [1974] 1588/96). – [25] F. Vratny, M. Dilling, F. Gugliotta, C.N.R. Rao (J. Sci. Ind. Res. [India] B **20** [1961] 590/3).

[26] J.D. Axe, G.D. Pettit (Phys. Rev. [2] **151** [1966] 676/80). – [27] B.G. Childs, P.J. Harvey, J.B. Hallett (J. Am. Ceram. Soc. **55** [1972] 544/7). – [28] J.L. Bates (BNWL-457 [1967] 16 S.). – [29] L. Manes, J. Naegele (in: H. Blank, R. Lindner, Plutonium and other Actinides, North-Holland Publ. Comp., Amsterdam 1976, S. 361/81). – [30] A.I. Sviridova, N.V. Suivoskaya (Opt. i Spektroskopiya **22** [1967] 940/5).

[31] R.C. Lineares (AD-465909 [1965] 69 S.; C.A. **67** [1967] Nr. 36976). – [32] R.Ch. Anderson (Deut. Offenlegungsschrift 2008919 [1970]; C.A. **74** [1971] Nr. 6176). – [33] O.A. Weinreich, W.E. Danford (Phys. Rev. [2] **88** [1952] 952/4). – [34] P.J. Harvey, B.G. Childs, J. Moerman (J. Am. Ceram. Soc. **56** [1953] 134/6). – [35] R.S. Sokolova, T.N. Krylova (Opt. i Spektrokopiya **14** [1963] 401/5).

[36] R.S. Sokolova (Soviet J. Opt. Technol. **41** [1974] 454/7). – [37] A.E. Stanevich, N.G. Yaroslavskii (Inzh. Fiz. Zh. Akad. Nauk Belorussk. SSR **1** Nr. 7 [1958] 49/53; C.A. **54** [1960] 6305). – [38] F.H. Chapple, F.S. Stone (Proc. Brit. Ceram. Soc. Nr. 1 [1964] 45/58). – [39] A.A. Tsyganenko, V.N. Filimonov (Spectry. Letters **5** [1972] 477/87). – [40] P.A. Agron (ORNL-5111 [1976] 122/4).

[41] TUSR-21 [1976] 78/9. – [42] A.A. Tsyganenko, V.N. Filimonov (Usp. Fotoniki **4** [1974] 51/74; C.A. **81** [1974] Nr. 113032). – [43] A.A. Tsyganenko, V.N. Filimonov (J. Mol. Struct. **19** [1973] 579/89). – [44] G.H. Winslow, R.J. Thorn (High Temp. Sci. **1** [1969] 128/62). – [45] P.J. Harvey, J.B. Hallett (J. Lumin. **14** [1976] 131/46).

[46] C.K. Jørgensen (Struct. Bonding [Berlin] **25** [1976] 1/21). – [47] E.H. Greener, W.M. Hirthe, E. Angino (J. Chem. Phys. **36** [1962] 1105/6). – [48] E.E. Angino (AED-CONF-65-151-13 [1965] 19 S.; C.A. **66** [1967] Nr. 70652). – [49] J.K. Ricke (J. Phys. Chem. **61** [1957] 633/5). – [50] J.C. Richmond (Natl. Bur. Std. [U.S.] Spec. Publ. Nr. 303 [1969] 125/37).

[51] E.T. Rodine (Diss. Univ. of Nebraska 1970 140 S.; Diss. Abstr. Intern. B **31** [1971] 4944). – [52] E.T. Rodine (Phys. Rev. B [3] **4** [1971] 2701/24). – [53] G. Mesnard, R. Uzan (Vide **5** [1950] 844/52). – [54] J.C. Hedge (Progr. Astronaut. Aeron. **18** [1966] 33/46; C.A. **69** [1968] Nr. 14473). – [55] V.J. Neely, J.B. Gruber, W.J. Gray (Phys. Rev. [2] **158** [1967] 809/13).

[56] B.G. Childs, P.J. Harvey, J.B. Hallett (J. Am. Ceram. Soc. **53** [1970] 431/5). – [57] A.R. Shul'man, I.D. Yaroshetskii (Zh. Tekhn. Fiz. **24** [1954] 845/7). – [58] Y.K. Shalabutov, Y.A. Maltsev (Tr. Leningr. Politekhn. Inst. Nr. 181 [1955] 175/9; C.A. **51** [1957] Nr. 16089). – [59] M. Michaud (4e Congr. Intern. Chauffage Ind., Paris 1952, preprint; Nr. 159, 11 S.; C.A. **48** [1954] 3653). – [60] P.J. Harvey, J.B. Hallett (Proc. 4th Intern. Conf. Lumin. Dosim., Krakow 1974, Bd. 2, S. 489/505; C.A. **83** [1973] Nr. 68492).

[61] M. Pirani (J. Sci. Instr. **16** [1939] 372/8). – [62] B.D. Saksena, L.M. Pant (J. Sci. Ind. Res. [India] B **15** [1956] 222/5). – [63] B. Claudel, H. Sautereau, R.J.J. Williams (J. Lumin. **10** [1975] 177/83). – [64] R. Bressat, M. Breysse, B. Claudel, H. Sautereau, R.J.J. Williams (J. Lumin. **10** [1975] 171/6). – [65] Th. Wolkenstein, B. Claudel (Compt. Rend. C **280** [1975] 81/4).

[66] M. Breysse, B. Claudel, M. Guenin, L. Faure (Chem. Phys. Letters **30** [1975] 149/51). – [67] M. Breysse, L. Faure, B. Claudel, J. Veron (Vide **28** [1973] 72/3). – [68] M. Breysse, L. Faure, B. Claudel, H. Latreille (Photo-Effects in Adsorbed Species, Cambridge 1974, laut [65]). – [69] M. Breysse, L. Faure, B. Claudel, J. Veron (Progr. Vac. Microbalance Tech. **3** [1973] 229, laut [65]). – [70] S.Z. Roginskii (Phénomènes Electroniques dans la Chimisorption et la Catalyse sur les Semi-conducteurs, Verlag Walter de Gruyter, Berlin 1969, S. 212, laut [65]).

[71] S.Z. Roginskii, Y.N. Rufov (Kinetika i Kataliz **11** [1970] 383). – [72] T.T. Wolkenstein, V.A. Sokolov, G.A. Peka, V.V. Styrov, V.V. Malakhov (Izv. Akad. Nauk SSSR Ser. Fiz. **37** [1973] 855). – [73] T.T. Wolkenstein, V.A. Sokolov, L.P. Popov, V.V. Stylov (Kinetika i Kataliz **15** [1974] 1250). – [74] W.S. Brey, R.B. Gammage, Y.P. Virmani (Phys. Electron. Ceram. Proc. Electron. Phenomena Ceram. Conf., Gainesville, Fla., 1969 [1971], Tl. A, S. 413/47; C.A. **78** [1973] Nr. 64918). – [75] G.R. Wagner, J. Murphy, D. Feldman (AD-744516 [1972] 81 S.; C.A. **77** [1972] Nr. 158406).

[76] I. Ursu, S.V. Nistor, S.A. Marshall (Magn. Resonance Relat. Phenomena Proc. 18th Congr. AMPERE, Nottingham, Engl., 1974 [1975], Bd. 2, S. 491/2; C.A. **83** [1975] Nr. 155296). – [77] Z. Garra, N. Kaufherr, M. Stemberg (Israel J. Chem. **12** [1974] 1075/6). – [78] K.D. Lawson (Diss. Univ. of Florida, Gainesville, Fla., 1964, 176 S.; Diss. Abstr. **25** [1964] 130). – [79] W.P. Ellis, R.M. Lindström (Opt. Acta **11** [1964] 287/94). – [80] O.A. Weinreich (J. Appl. Phys. **21** [1950] 1272/5).

[81] A.A. Sviridova, N.V. Suikovskaya (Opt. Spectry. [USSR] **22** [1967] 509/12, laut [7]). – [82] V.K. Pirogov (Izv. Sibirsk. Otd. Akad. Nauk SSSR Ser. Tekhn. Nauk **1964** 130/1; C.A. **61** [1964] 8964). – [83] D.W. Fischer (J. Chem. Phys. **42** [1965] 3814/21). – [84] A.K. Trofimov (Izv. Akad. Nauk SSSR. Ser. Fiz. **21** [1957] 757/60; C.A. **52** [1958] 1714). – [85] A.A. Tsyganenko, V.N. Filimonov (Spectry. Letters **5** [1972] 477/87).

[86] L.Y. Kurtts, E.M. Bak (Opt. Mekh. Prom. **36** Nr. 6 [1969] 57/9; C.A. **71** [1969] Nr. 86506). – [87] J.H. Bodine, F.B. Thiess (Phys. Rev. [2] **98** [1952] 1532). – [88] J.T. Cox, H. Hass, J.B. Ramsey (J. Phys. [Paris] **25** [1964] 250/4). – [89] H. Schroeder (J. Opt. Soc. Am. **39** [1949] 532). – [90] W.S. Brey, B.W. Martin, B.H. Davis, R.B. Gammage (ACS Symp. Ser. **34** [1976] 216/32; C.A. **85** [1976] Nr. 19878).

[91] W.C. Tripp, E.T. Rodine, J.E. Stroud (AD-739862 [1971] 254 S.; C.A. **77** [1972] Nr. 104753). – [92] W.S. Brey, R.B. Gammage, Y.P. Virmani (Physics of Electronic Ceramics, Tl. A, Kapitel 16, Marcel Dekker Co, New York 1971, S. 413/47). – [93] D.E. Fornwalt, A.V. Manzione (Norelco Reptr. **13** Nr. 2 [1966] 39/44, 63; C.A. **65** [1966] Nr. 11542).

Electrical and Magnetic Properties

3.3.2.6 Elektrische und magnetische Eigenschaften

Über die elektrischen Eigenschaften des ThO_2 liegen zahlreiche Untersuchungen vor, die sich in der Mehrzahl mit der elektrischen Leitfähigkeit befassen. Da speziell mit Y_2O_3 dotiertes ThO_2 ein hervorragender Sauerstoffionenleiter bei sehr hohen Temperaturen ist, ist die Mehrzahl der Arbeiten diesen Mischoxiden ThO_2-Y_2O_3 gewidmet, die hier nicht behandelt werden sollen, da sie in [1] detailliert beschrieben wurden. In diesem Abschnitt wird nur auf die elektrischen Eigenschaften des reinen, nicht dotierten ThO_2 eingegangen [2 bis 65]. Allerdings ist bei der Beurteilung der einzelnen Ergebnisse der Reinheit des eingesetzten ThO_2 besondere Beachtung zu schenken, da schon geringe Mengen an Verunreinigungen die Leitfähigkeitswerte merklich beeinflussen, und zwar speziell, wenn diese Verunreinigungen eine andere Stöchiometrie als O : M = 2.00 aufweisen (vgl. **Fig. 3-75**).

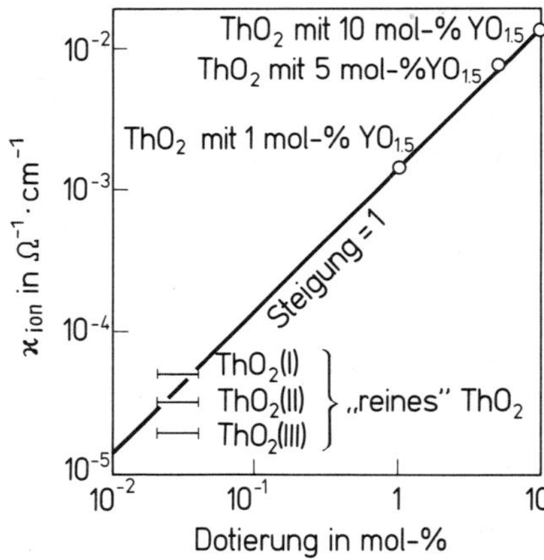

Fig. 3-75

Abhängigkeit der Ionenleitfähigkeit χ_{ion} von der Dotierung. Die Werte für „reines" ThO_2 entsprechen einer Konzentration von 0.02 bis 0.04 mol-% an Verunreinigung durch dreiwertige Elemente [70].

Über Thermionenemissionen von ThO_2 s. [39, 46, 47]. Hierbei wird ThO_2 (als $LaB_6 \cdot ThO_2$) als effektiver Emitter angesehen, auf dessen Emission Cs-Dampf keinen Einfluß hat [46] (vgl. auch den Abschnitt über die Verwendung von ThO_2 in Kathodenmaterialien).

Untersuchungen über die Elektrolyse von ThO_2-Kristallen zeigen, daß beim Durchgang von Strom durch den Kristall Sauerstoff freigesetzt wird, wobei zwischen Freisetzungsgeschwindigkeit r und der angelegten Spannung V bei der Potentialdifferenz ΔV die Beziehung $\Delta \lg r/\Delta V = 6.9\ V^{-1}$ besteht [27]. Der Durchgang von elektrischem Strom durch einen ThO_2-Kristall (z.B. bei 100 mA/cm^2 und 1300 °C) führt zu einer Farbvertiefung

Literatur zu 3.3.2.6 s. S. 173/5

(darkening) an der Kathode, welche mit einer Geschwindigkeit von etwa 1 mm/s zur Anode wandert [28]. Polarisationsstudien beim Durchgang von elektrischem Strom durch einen ThO_2-Kristall s. [29, 40, 71].

Die Oberflächenleitfähigkeit von ThO_2 ist auf eine Ionisation der Hydroxylgruppen zurückzuführen, wie Untersuchungen der elektrischen Doppelschicht an der ThO_2-H_2O-Zwischenschicht zeigen [72, 73].

Electrical and Magnetic Properties

The electrical properties of ThO_2 have been measured frequently. Most data are available for the conductivity. The greatest part of this effort has been aimed at the mixed oxide ThO_2-Y_2O_3. ThO_2 doped with Y_2O_3 is an excellent solid ionic conductor at high temperature. Since the mixed oxide is thoroughly discussed in [1], there is no further discussion here. This section is restricted to the electrical properties of pure thorium dioxide.

Unfortunately not all samples used in electrical studies were pure enough. A very small concentration of impurity can noticeably change conductivity, especially if an oxide impurity has stoichiometry different from MO_2 (cf. Fig. 3-75).

Dielektrizitätskonstante

Dielectric Constant

Untersuchungen zu den dielektrischen Eigenschaften s. [30, 33, 35, 42, 52]. In einer älteren Arbeit [52] wird ein Wert der DK von 10.6 angegeben. Neuere Untersuchungen

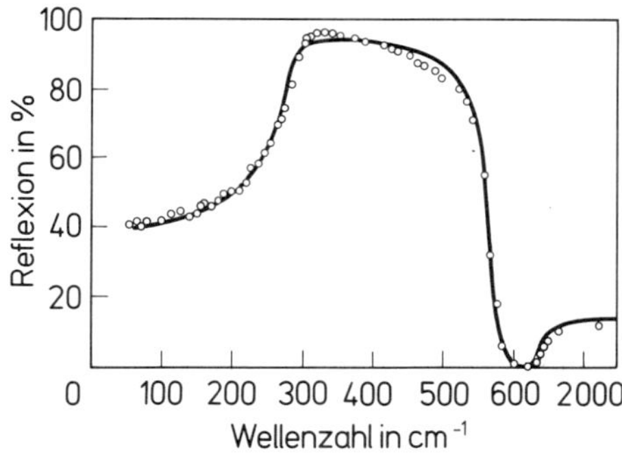

Fig. 3-76

Infrarot-Reflexionsspektrum von ThO_2. Vergleich der Meßpunkte (○) und der berechneten Werte (ausgezeichnete Kurve) [30].

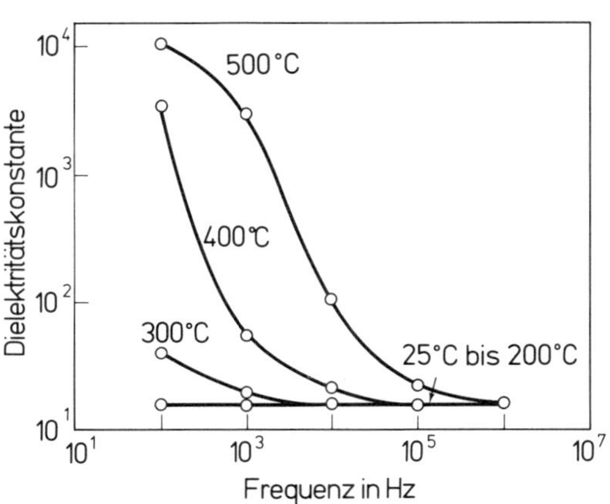

Fig. 3-77

Dielektrizitätskonstante von ThO_2-Keramik (mit geringen Anteilen Mg, Pb, Zn und Spuren Ca, Cu, Fe und Si) der Dichte 8.77 g/cm^3 [33].

Literatur zu 3.3.2.6 s. S. 173/5

bei der niedrigen Frequenz von 0.3 MHz an gut charakterisierten ThO_2-Einkristallen hoher Reinheit führten zu einer Dielektrizitätskonstanten von $\varepsilon_0 = 18.9 \pm 0.4$ [30]. Dieser Wert dürfte sehr genau sein, wie man aus **Fig. 3-76**, S. 165, erkennen kann, in der die experimentell ermittelte Reflexion von ThO_2 im Infrarot der nach der Beziehung

$$\varepsilon(\omega) - n^2 = (\varepsilon_0 - n^2)\,\omega_0^2/(\omega_0^2 - \omega^2 + i\bar{\gamma}\omega)$$

ermittelten Kurve gegenüber gestellt ist (ε_0 = statische Dielektrizitätskonstante, n = Dielektrizitätskonstante oberhalb den Gitterfrequenzen mit $n^2 = 4.30 \pm 0.05$ nach [63], $\bar{\gamma}$ = „damping" Term (= 16.2 cm^{-1}), ω = Frequenz). Dielektrizitätskonstante von ThO_2-Keramik [33] s. **Fig. 3-77**, S. 165.

Dielektrischer Verlustwinkel von polykristallinem ThO_2 s. [35].

Thermoelectric Properties

Thermoelektrische Eigenschaften

Angaben über den Seebeck-Effekt von ThO_2 finden sich in [12, 24, 36, 54, 64]. Wird pulverförmiges ThO_2 zwischen zwei Metallplatten gepreßt, die auf unterschiedlichen Temperaturen gehalten werden, so beobachtet man zwischen den beiden Metallplatten eine EMK, wobei bei „trockenem" Oxid die heißere Elektrode der positive Pol ist (bei „feuchtem" Oxid ist es meist umgekehrt) [36].

Bei $p(O_2) = 370$ Torr steigt die Thermospannung von ca. 1.1 mV/°C bei 610 °C auf einen Maximalwert von 1.7 mV/°C bei 790 °C und fällt dann wieder auf 1.2 mV/°C bei 1060 °C. Dieses Maximum wurde in [12, 24] bestätigt. Seine genaue Lage hängt allerdings stark vom angelegten Sauerstoffpartialdruck ab, wie aus **Fig. 3-78** abzuleiten ist. Für sehr reines ThO_2 wird bei 1000 °C $\alpha = 1.2 \pm 0.1$ mV/°C bei $p(O_2) = 0.1$ atm angegeben.

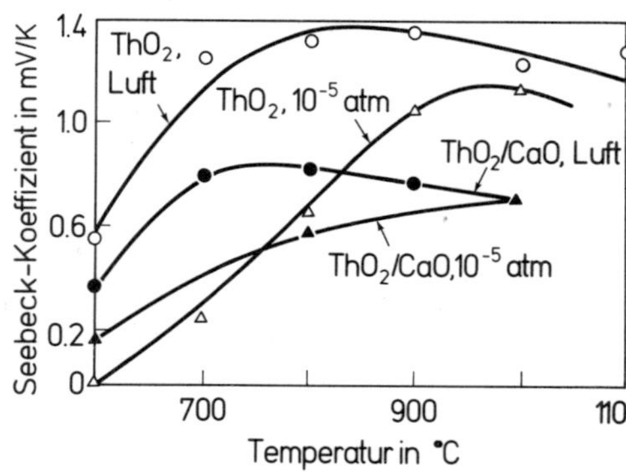

Fig. 3-78

Seebeck-Koeffizient α von „nominell" reinem ThO_2 und mit 7 mol-% CaO dotiertem ThO_2 [24].

Electrical Conductivity

Elektrische Leitfähigkeit

Die elektrische Leitfähigkeit von ThO_2 ist stark von den äußeren Bedingungen abhängig. In oxidierender Atmosphäre [56] wurde ein um mehrere Größenordnungen höherer elektrischer Widerstand gefunden als bei Messungen unter Stickstoff bzw. im Vakuum [58]. Dieser Einfluß sowie die meist nicht genau bekannte Reinheit des ThO_2 erklären, daß die älteren Angaben über die Leitfähigkeit des ThO_2 sich sehr stark unterscheiden, z.B. [8 bis 10]. Für Messungen im Vakuum wird bei 1000 K ein elektrischer Widerstand von 10 $\Omega \cdot$cm und bei 1900 K ein solcher von 1 $\Omega \cdot$cm bei Aktivierungsenergien zwischen 0.58 eV und 3.2 eV gefunden [8]. Die elektrische Leitfähigkeit unter Wasserstoff soll dabei relativ „stabil" sein, allerdings ist sie mit einer Verfärbung der Probe verbunden.

Keine sichtbaren Abscheidungen, aber eine Abhängigkeit der Leitfähigkeit von der Stromstärke beobachtet man unter Sauerstoff, woraus geschlossen wird, daß ein p-Leiter vorliegt [37].

Nach Untersuchungen an einem vermutlich sehr reinen ThO_2 (aus $Th(NO_3)_4$ über mehrere Peroxidumfällungen erzeugt und bei 1500 °C $\leq t \leq$ 1600 °C gesintert) kann im Bereich 1135 K $\leq T \leq$ 1770 K die Abhängigkeit der elektrischen Leitfähigkeit des ThO_2 durch die Beziehung $\sigma \sim p(O_2)^{1/x}$ ausgedrückt werden, wobei $x \approx 5.5$ ist s. (**Fig.** 3-**79**) [54]. Diese Abhängigkeit $\sigma \sim p(O_2)^{1/5}$ wurde für 10^{-4} atm $\lesssim p(O_2) \lesssim 1$ atm bestätigt; beobachtet wurde hier bei 1000 °C (Frequenz 100 kHz) $\sigma \sim p(O_2)^{0.206 \pm 0.002}$ [12]. Eingesetzt wurde hier ein hochreines ThO_2 (99.999% ThO_2 mit <75 ppm metallischen und <15 ppm nichtmetallischen Verunreinigungen), das an Luft bei 1800 °C/4 h zu Tabletten mit 96% theoretischer Dichte gesintert wurde. Angabe von Meßfrequenz und Dichte der zu untersuchenden Probe ist bei der Beurteilung der Meßergebnisse wichtig, da sowohl geringe Änderungen der Dichte der eingesetzten ThO_2-Proben (**Fig.** 3-**80**) [17] als auch unter-

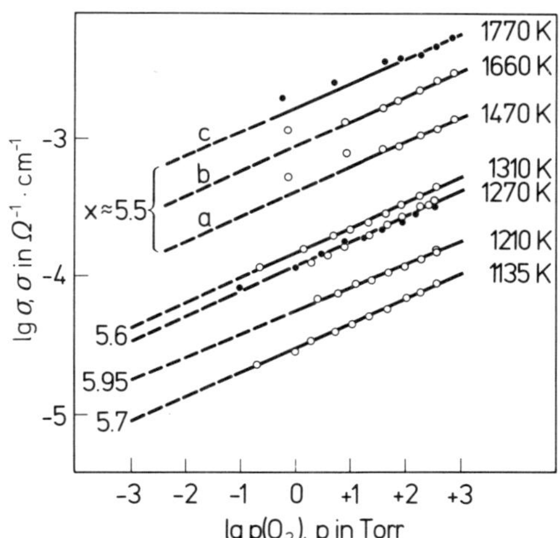

Fig. 3-79

Elektrische Leitfähigkeit von ThO_2 bei verschiedenen Temperaturen als Funktion des Sauerstoffpartialdrucks [54].

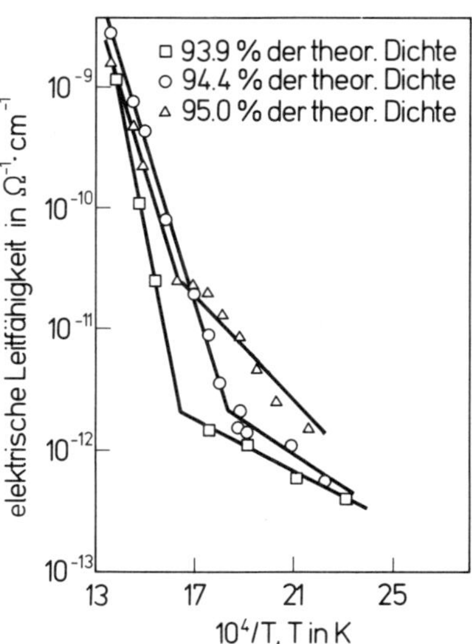

Fig. 3-80

Elektrische Leitfähigkeit von ThO_2 unterschiedlicher experimenteller Dichte als Funktion der Temperatur [17].

Literatur zu 3.3.2.6 s. S. 173/5

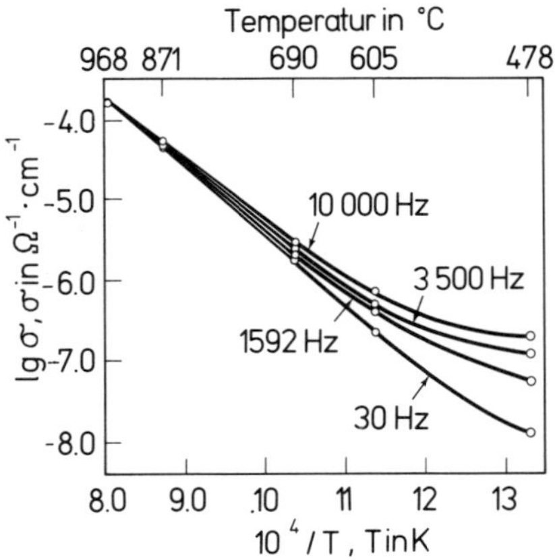

Fig. 3-81

Einfluß der Meßfrequenz auf die Temperaturabhängigkeit der elektrischen Leitfähigkeit von ThO_2 [19].

schiedliche Meßfrequenzen, speziell bei niedrigen Temperaturen (**Fig.** 3-**81**) [19], unter sonst gleichen Bedingungen zu verschiedenen Zahlenwerten der elektrischen Leitfähigkeit führen. Die Frequenzabhängigkeit scheint dabei eine Folge von Polarisationseffekten zu sein [64]. Nach [21] wäre die in [54] aufgeführte $\sigma \sim p(O_2)^{1/5.6}$-Abhängigkeit jedoch besser durch eine $p(O_2)^{1/4}$-Funktion zu ersetzen, wie aus **Fig. 3-82** hervorgeht, in der die Ergebnisse von [21, 54, 61] miteinander verglichen sind.

Fig. 3-82

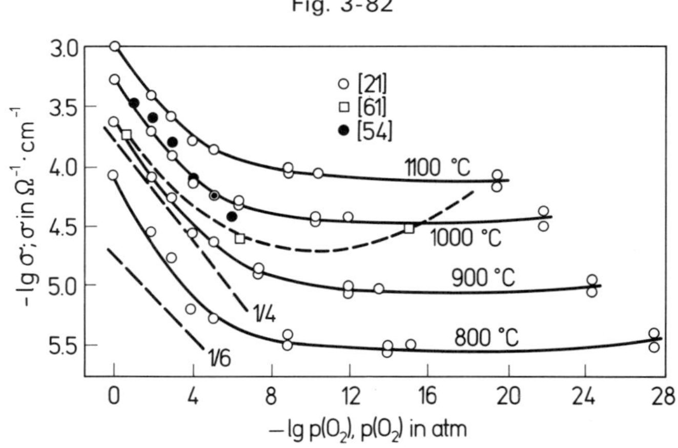

Elektrische Leitfähigkeit von ThO_2 für verschiedene Temperaturen in Abhängigkeit vom Sauerstoffpartialdruck [21].

Unter Verwendung von reinem ThO_2 (Spezifikation in [22] angegeben) wird für die Leitfähigkeit von ThO_2 eine $p(O_2)^{1/4}$-Abhängigkeit ermittelt (für $p(O_2) \gtrsim 10^{-3}$ atm), allerdings könnte bei Annahme eines etwas unterschiedlichen Mechanismus die Potenz von p auch etwas kleiner sein. Bei ziemlich hohen Sauerstoffpartialdrücken $p(O_2) \gtrsim 10^{-3}$ atm ist die elektrische Leitfähigkeit von reinem ThO_2 (und $YO_{1.5}$-dotiertem ThO_2) durch positive Löcher bedingt, die über die Reaktion

$$1/2\ O_2 + V_{O^{2-}} \rightleftharpoons O^{2-} + 2\ h$$

Literatur zu 3.3.2.6 s. S. 173/5

gebildet werden ($V_{O^{2-}}$ = Sauerstoffleerstelle, h = positives Loch). Über das Massenwirkungsgesetz führt dies zu der Beziehung

$$n_h = K \cdot n_V \cdot p(O_2)^{1/4}$$

(n_h und n_V = Konzentration von Löchern und Leerstellen). Da ferner $\sigma \approx n_V$, ergibt sich für die Leitfähigkeit des ThO_2

$$\sigma_{total} = \sigma_{ion} + \sigma_{elektr.} \cdot p(O_2)^{1/4},$$

wobei σ_{ion} die auf Leerstellen zurückzuführende ionische Teilleitfähigkeit ist (die durch Dotierung von ThO_2 mit z.B. $YO_{1.5}$ stark zu beeinflussen ist infolge Erhöhung von Anionenleerstellen) und $\sigma_{elektr.}$ die elektronische Teilleitfähigkeit bedeutet. In reinem ThO_2 ist die Zahl der vorhandenen Leerstellen vermutlich durch die Anwesenheit geringster Mengen kationischer Verunreinigungen auch in reinstem ThO_2 bedingt (vgl. Fig. 3-75, S. 164). Die Zahl der Löcher ist jedoch stets um mindestens eine Größenordnung geringer als die Zahl der Leerstellen, für „reines" ThO_2 nach [22] soll gelten $n_V \leq 10^{19}\ cm^{-3}$ und $n_h \leq 10^{18}\ cm^3$ [22]. Für das „reine" ThO_2 nach [22] entspricht die Leitfähigkeit einem Gehalt von 0.02 bis 0.04% an Verunreinigungen.

Nach [45] lassen sich dabei zwei Arten von Verunreinigungen unterscheiden: solche, die während der Untersuchungen ihren Oxidationszustand nicht verändern und solche, deren jeweiliger Oxidationszustand abhängig ist von der Untersuchungstemperatur und dem Sauerstoffpartialdruck.

Fig. 3-83 zeigt für ThO_2 mit 99.999% theoretischer Reinheit mit spezifiziert angegebenen Verunreinigungen und 96%iger Dichte die Temperatur- und $p(O_2)$-Abhängigkeit der elektrischen Leitfähigkeit [12]. Bei relativ hohen Sauerstoffpartialdrucken liegt eine p-Typ-Leitfähigkeit vor mit einer Aktivierungsenergie von 0.89 eV (<1200 °C) bzw. 1.17 eV (>1200 °C), bei hohen Temperaturen und niedrigem $p(O_2)$ (T>1400 °C, $p(O_2) \leq 10^{-10}$ atm) eine n-Typ-Leitfähigkeit mit $\sigma \sim p(O_2)^{1/6}$.

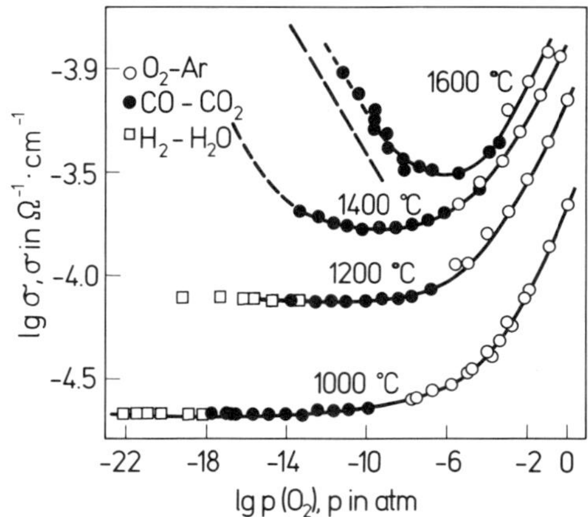

Fig. 3-83

Elektrische Leitfähigkeit von 99.999% reinem ThO_2 bei verschiedenen Temperaturen als Funktion des Sauerstoffpartialdrucks [49].

Im Bereich der druckunabhängigen elektrischen Leitfähigkeit liegt reine Ionenleitfähigkeit vor, wobei die Ionenüberführungszahl = 1 ist [12, 21]. Dieser Druckbereich nimmt mit steigender Temperatur an Breite ab, bedingt besonders durch das Auftreten der n-Typ-Leitfähigkeit. Aus Leitfähigkeits- und EMF-Werten ergibt sich für die Beweglich-

Literatur zu 3.3.2.6 s. S. 173/5

keit der Elektronenlöcher im ThO_2 ein unterer Wert von 6 $cm^2/V \cdot s$ [12]. Die in [12] gezeigte Druck- und Temperaturabhängigkeit der elektrischen Leitfähigkeit von ThO_2 wird in [13] bestätigt (**Fig.** 3-**84**).

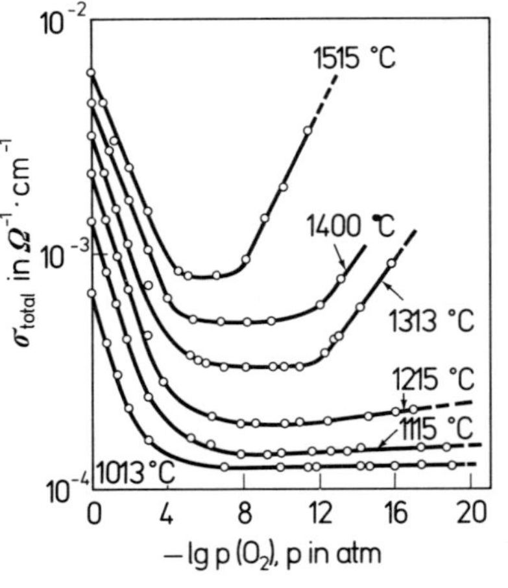

Fig. 3-84

Elektrische Leitfähigkeit von ThO_2 bei verschiedenen Temperaturen in Abhängigkeit vom Sauerstoffpartialdruck [13].

$p(O_2)$-Drucke $p_\oplus$ bzw. $p_\ominus$, bei denen Ionen- und p-Typ- bzw. Ionen- und n-Typ-Leitfähigkeit gleich sind [18]: $\lg p_\oplus = -4.5$ für 800 °C $\leq t \leq$ 1200 °C und $\lg p_\ominus \approx 23.3 + 60.5 \times 10^3/t$ für 1000 °C $\leq t \leq$ 1600 °C.

Daten für 99.94% reines ThO_2 und 800 °C $\leq t \leq$ 1100 °C [25]

Probe I: $\lg p_\ominus$: 12.7 bis 220.2 $\times$ $10^3/4.575$ T;
$\lg p_\oplus$: −1.0 bis 31.4 $\times$ $10^3/4.575$ T

Probe II: $\lg p_\ominus$: 11.2 bis 219.7 $\times$ $10^3/4.575$ T;
$\lg p_\oplus$: 0.6 bis 40.4 $\times$ $10^3/4.575$ T

Fig. 3-85

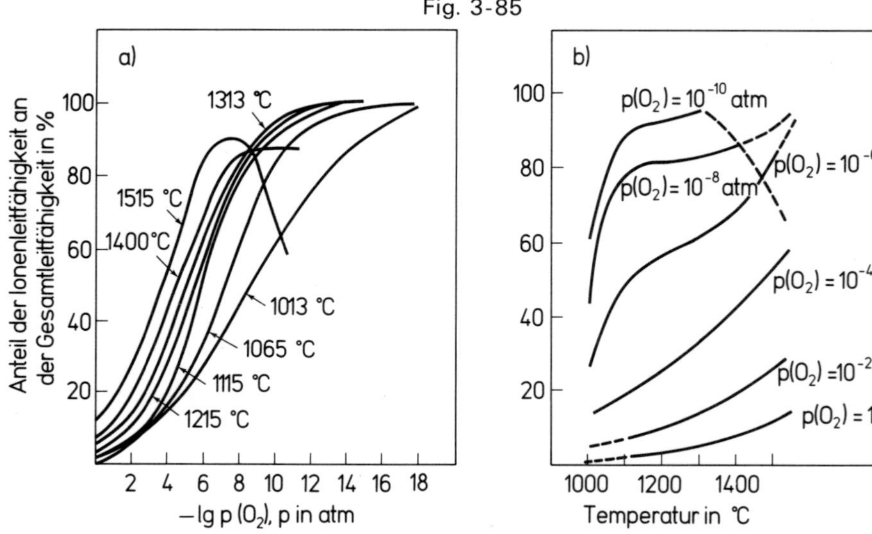

Anteil der Ionenleitfähigkeit an der elektrischen Gesamtleitfähigkeit des ThO_2 in Abhängigkeit von Sauerstoffpartialdruck (a) bzw. der Temperatur (b) [45].

Literatur zu 3.3.2.6 s. S. 173/5

Im Original werden keine Angaben über die Unterschiede der Proben I und II gemacht. Ein charakteristischer Unterschied zwischen den Daten in [18] und [25] liegt darin, daß nach [18] lg $p_{\oplus}$ temperaturunabhängig ist, nach [25] dagegen nicht.

Für die Ionenleitfähigkeit des ThO_2 (bestimmt bei 1592 Hz) gilt für die Temperaturabhängigkeit (T in K):

Probe I: $\lg \sigma = 1.9$ bis $44.3 \times 10^3/4.575\ T$;
Probe II: $\lg \sigma = 1.7$ bis $41.6 \times 10^3/4.575\ T$

Der für verschiedene Temperaturen und Sauerstoffpartialdrücke ermittelte Anteil der Ionenleitfähigkeit von ThO_2 mit über 4500 ppm Verunreinigungen (davon 3000 ppm Si, 1000 ppm Al, 850 ppm Ca, 250 ppm Fe und 200 ppm Ce als Hauptbestandteile) für 1000 °C$\leq$t$\leq$1500 °C ist in **Fig. 3-85** dargestellt [45]. Entsprechende Werte für die Ionenüberführungszahl von ThO_2 für 600 °C$\leq$t$\leq$1000 °C, s. **Fig. 3-86** [24].

Der auf die Elektronenleitfähigkeit zurückzuführende Leitfähigkeitsanteil $\sigma_{el} = \sigma_{total} - \sigma_{ion}$ (σ_{ion} aus Fig. 3-85) nimmt, wie **Fig. 3-87** erkennen läßt, – mit Ausnahme der Werte für

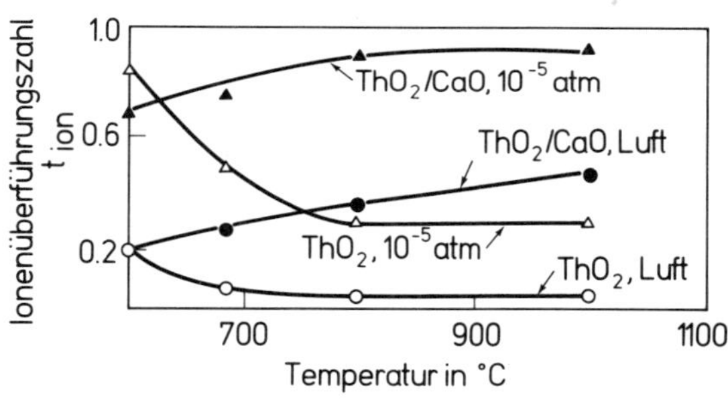

Fig. 3-86

Ionenüberführungszahl für ThO_2 und ThO_2+7 mol-% CaO in Luft und bei $p(O_2) = 10^{-5}$ atm in Abhängigkeit von der Temperatur [24].

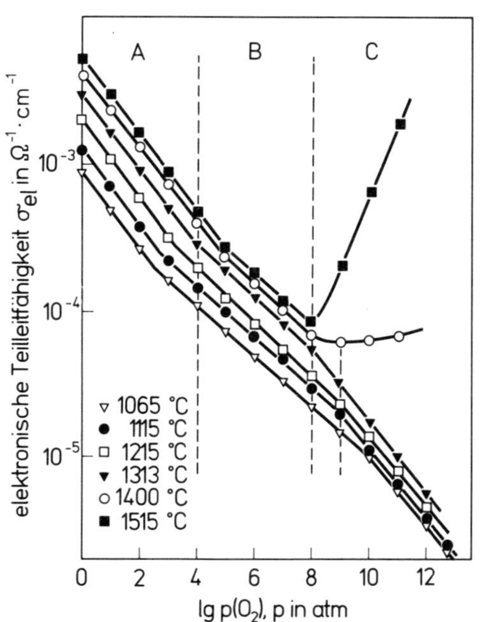

Fig. 3-87

Abhängigkeit der elektronischen Teilleitfähigkeit von ThO_2 vom Sauerstoffpartialdruck bei verschiedenen Temperaturen [45].

Literatur zu 3.3.2.6 s. S. 173/5

1400 °C und $p(O_2) \leq 10^{-8}$ atm – mit sinkendem O_2-Partialdruck ab. Anhand der Beziehung $\sigma_{el} = K \cdot p(O_2)^{1/x}$ lassen sich folgende Bereiche unterscheiden [45]:

Bereich	$p(O_2)$ in atm	Wert von x für				
		1115 °C	1215 °C	1313 °C	1400 °C	1500 °C
A	$10^{-4} < p(O_2) < 1$	3.7	3.9	4.0	4.0	4.0
B	$10^{-9} < p(O_2) < 10^{-4}$	5.7	5.1	5		
C	$p(O_2) < 10^{-9}$	≈4	≈4			

Für 10^{-6} atm $\lesssim p(O_2) \lesssim 1$ atm wurde für σ_{el} eine Aktivierungsenergie um 0.8 ± 0.1 eV berechnet [45].

Bei entsprechender Auftragung erhält man für die reine Ionenleitfähigkeit σ_{ion} von ThO_2 ebenfalls die drei Bereiche A, B, C; hierbei bleibt in den Bereichen A und C der Anteil der Ionenleitfähigkeit im reinen ThO_2 etwa konstant, im Bereich B dagegen steigt er mit abnehmendem $p(O_2)$ an (**Fig.** 3-**88**). Für die Aktivierungsenergie der Ionenleitfähigkeit ergeben sich [45]:

$-\lg p(O_2)$ in atm	0	2	4	6	8	10
E_A in eV	1.69	1.70	1.58	1.26	1.13	1.0

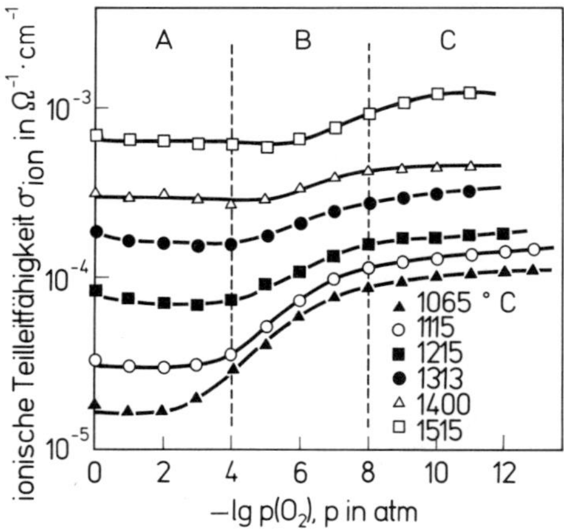

Fig. 3-88

Abhängigkeit der Ionen-Teilleitfähigkeit von ThO_2 vom Sauerstoffpartialdruck bei verschiedenen Temperaturen [45].

Einzelwerte der elektrischen Leitfähigkeit bzw. des elektrischen Widerstands von ThO_2-Proben finden sich auch in [11, 14, 16, 20, 31, 32, 34, 49, 51, 61, 68, 69]. Zwei Zusammenstellungen über die elektrische Leitfähigkeit [13] und den elektrischen Widerstand [5] zeigen die Schwankungsbreite in den einzelnen Messungen, s. **Fig.** 3-**89**.

Neutronenbestrahlung im Kernreaktor (in-pile) bis zu einer Dosis von etwa 10^{18} n/cm^2 führt zu erhöhter elektrischer Leitfähigkeit des ThO_2 [17, 41, 74], wobei nach einer Bestrahlungszeit von ca. 30 min eine Art Sättigungseffekt erzielt wird. Nimmt man die ThO_2-Probe wieder aus dem Neutronenfeld, so sinkt die elektrische Leitfähigkeit stark und erreicht nach einiger Zeit den Wert vor der Bestrahlung. Es scheint, daß dieser Effekt auf Ionisations- und elektronische Anregungsprozesse zurückzuführen ist, während die Neutronen nur eine vernachlässigbare Wirkung ausüben [17]. Auch in einem γ-Strah-

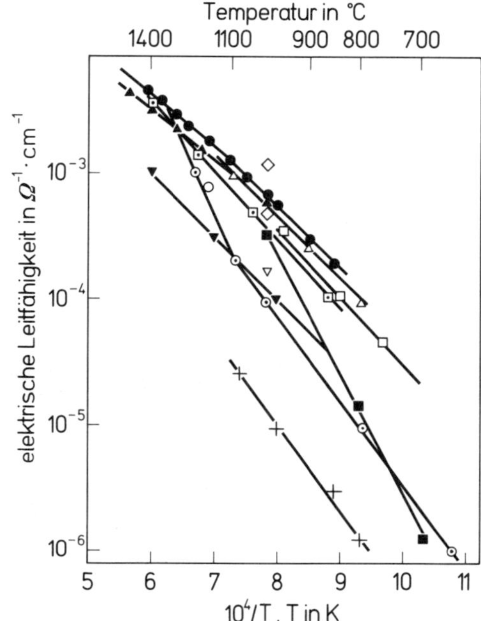

Fig. 3-89

Vergleich verschiedener Messungen der elektrischen Leitfähigkeit von ThO_2 [13]. ○ [9], ⊙ [32], □ [8], ⊡ [54], ■ [65], ▼ [66], ▽ [61], ◇ [22], △ [21], ▲ [67], + [51], ● [13].

lenfeld wird erhöhte elektrische Leitfähigkeit von ThO_2 beobachtet [41]. Auch ein Einbau geringer Mengen an ^{228}Th (1 mCi/g) in das Gitter des $^{232}ThO_2$ führt zu einem Anstieg der elektrischen Leitfähigkeit, allerdings nur bis zu einer Temperatur von ca. 460 °C. Bei höheren Temperaturen ist kein Unterschied zwischen $^{228,232}ThO_2$ und $^{232}ThO_2$ festzustellen, vermutlich weil entstandene Gitterdefekte wieder ausgeheilt wurden [26].

Beim Vergleich zwischen elektrischen und katalytischen Eigenschaften von ThO_2 zeigt sich je nach Behandlung eine gewisse Parallelität zwischen den Änderungen der elektrischen Leitfähigkeit und bestimmten katalytischen Eigenschaften [7, 15].

Für geschmolzenes ThO_2 bei 3050 °C (Dichte 7.28 g/cm^3) wird eine Äquivalenzleitfähigkeit von 73 $\Omega^{-1}\cdot cm^{-2}$ und eine Leitfähigkeit von 8 $\Omega^{-1}\cdot cm^{-1}$ angegeben. Wegen des niedrigen Schmelzpunkts (reines ThO_2 schmilzt bei 3300 °C) ist jedoch anzunehmen, daß das eingesetzte ThO_2 nicht sehr rein war [23].

Magnetismus

Magnetism

ThO_2 zeigt (wie auch Th-Carbide, -Nitride, -Phosphide, -Sulfide) im Bereich 77 K $\leq T \leq$ 300 K einen schwachen temperaturunabhängigen Paramagnetismus [48]. In [53] wird für die magnetische Suszeptibilität $(-26.3 \pm 0.3) \times 10^{-6}$ cm^3/mol angegeben.

Literatur zu 3.3.2.6:

[1] Ternäre und Polynäre Oxide des Thoriums, „Thorium" C 2. – [2] E. Ryshkewitch (Oxide Ceramics, Academic Press, New York 1960, S. 407/28). – [3] L. Manes, J. Naegele (in: M. Blank, R. Lindner, Plutonium and other Actinides, North Holland Publ. Comp., Amsterdam 1976, S. 361/81). – [4] R.C. Anderson (in: A.M. Alper, High Temperature Oxides, Academic Press, New York 1970, S. 1/97). – [5] S. Peterson, C.E. Curtis (ORNL-4503 (Vol. 1) [1970] 1/74).

[6] M.A. Hepworth, J. Rutherford (Trans. Brit. Ceram. Soc. **63** [1964] 725/31). – [7] B. Claudel, J. Veron (Compt. Rend. C **267** [1968] 1195/7). – [8] W.E. Danforth, F.H. Morgan (Phys. Rev. [2] **79** [1950] 142/4). – [9] M. Foëx (Compt. Rend. **215** [1942] 534/6). – [10] D.A. Wright (Proc. Phys. Soc. [London] B **62** [1949] 188/203).

[11] E. Schouler, A. Hammon, M. Kleitz (Mater. Res. Bull. **11** [1976] 1137/46). – [12] J. Bransky, M.M. Tallan (J. Am. Ceram. Soc. **53** [1970] 625/9). – [13] A. Hammon, Ch.H. Déportes, G. Robert (J. Chim. Phys. **68** [1971] 1162/9). – [14] G. Mesnard, R. Uzan (Vide **6** [1951] 1091/7). – [15] B. Claudel (Ind. Chim. Belge **39** [1974] 149/159).

[16] G. Mesnard, R. Uzan (Vide **6** [1951] 1052/62). – [17] A.M. George, M.D. Karkhanavala (Indian J. Pure Appl. Phys. **11** [1973] 904/7). – [18] T.H. Etsell (Z. Naturforsch. **27a** [1972] 1138/49). – [19] C.E. McGinley, P. Hancock (J. Mater. Sci. **6** [1971] 260/1). – [20] A.K. Mehrotra, M.S. Maiti, E.C. Subbarao (Mater. Res. Bull. **8** [1973] 899/908).

[21] M.F. Lasker, R.A. Rapp (Z. Physik. Chem. [Frankfurt] **49** [1966] 198/22). – [22] J.E. Bauerle (J. Chem. Phys. **45** [1966] 4162/6). – [23] A.E. van Arkel, E.A. Flood, M.F.H. Bright (Can. J. Chem. **31** [1953] 1009/19). – [24] H.S. Maiti, E.C. Subburao (J. Electrochem. Soc. **123** [1976] 1057/8). – [25] N.S. Choudhury, J.W. Patterson (J. Am. Ceram. Soc. **57** [1974] 90/4).

[26] M. Beaumont, B. Claudel, B. Mentzen (J. Inorg. Nucl. Chem. **32** [1970] 1165/72). – [27] D.L. Goldwater (Phys. Chem. Solids **18** [1961] 259/60). – [28] W.E. Danforth (Phys. Rev. **86** [1952] 416). – [29] W.E. Danforth (J. Chem. Phys. **23** [1955] 591/2). – [30] J.D. Axe, G.D. Pettit (Phys. Rev. [2] **151** [1966] 676/80).

[31] D.V. Vecher, A.A. Vecher (Vestsi Akad. Navuk Belarusk. SSR Ser. Khim. Navuk **1970** Nr. 1, S. 113/5; C.A. **73** [1970] Nr. 19487). – [32] F. Hund (Z. Anorg. Allgem. Chem. **274** [1953] 105/13). – [33] W.B. Westphal (NP-13431 [1963] 86 S.; C.A. **61** [1964] 12753). – [34] G. Mesnard (Compt. Rend. **232** [1951] 1744/6). – [35] S. Nagasawa (J. Electrochem. Soc. Japan **18** [1950] 158/60; C.A. **45** [1951] 8309).

[36] M. Perrot, G. Peri (Compt. Rend. **239** [1954] 537/9). – [37] O.A. Weinreich, W.E. Danforth (Phys. Rev. **91** [1953] 231). – [38] R.M. Horton (Diss. Univ. of Utah, Salt Lake City 1961, 80 S.; C.A. **57** [1962] 5340). – [39] B.V. Bondarenko (Nauchn. Dokl. Vysshei Shkoly Radiotekhn. i Elektron. **1959** Nr. 2, S. 330/5; C.A. **55** [1961] 4153). – [40] W.E. Danforth (J. Franklin Inst. **266** [1958] 483/91).

[41] J.L. Bates, R.R. Schemmel (BNWL-1671 [1972] 56 S.; N.S.A. **27** [1973] Nr. 4340). – [42] M.M. Nekrasov, J.A. Stoyanov (Izv. Vysshikh Uchebn. Zavedenii Fiz. **15** [1972] 158/9; C.A. **77** [1972] Nr. 119531). – [43] E.C. Subbarao, C.B. Chaudhary, A.K. Mehrotra, R.N. Patil (Dep. At. Energy [Rep.] INIS-mf-18 [1970] 7 S.; C.A. **75** [1971] Nr. 92280). – [44] A.M. George, M.D. Karkhanavala (India At. Energy Comm. Bhabha At. Res. Center Rept. BARC-436 [1969] 5 S.; C.A. **73** [1970] Nr. 81797). – [45] A. Hammou, Ch. Reportes (J. Chim. Phys. **71** [1974] 1071/80).

[46] B.S. Kulvarskaya, A.J. Rekov, V.E. Serebrennikova, V.A. Nikolaeva, K.S. Kan, A.B. Ivanov (Mater. Kanala MGD [Magnitogidrodinamicheskogo]-Generatora **1969** 205/18; C.A. **73** [1970] Nr. 81887). – [47] A.R. Shulman, V.V. Korablev, Y.U. Morozov (Izv. Akad. Nauk SSSR Ser. Fiz. **35** [1971] 1060/3). – [48] H. Adachi, S. Imoto (Technol. Rept. Osaka Univ. **23** [1973] 425/9; C.A. **81** [1974] Nr. 43068). – [49] V.N. Chebotin (in: A.N. Baraboshkin, G.F. Pal'guev, Electrochemistry of Molten and Solid Electrolytes,

Bd. 4, Consultants Bureau, New York 1967, S. 109/22). – [50] A.W. Smith, F.W. Meszaros, C.D. Amata (J. Am. Ceram. Soc. **49** [1966] 240).

[51] H. Ullmann (Z. Physik. Chem. [Leipzig] **237** [1968] 71/80). – [52] A. Güntherschulze, F. Keller (Z. Physik **75** [1932] 78/83). – [53] H.M. Smith, G.W. Clark (ORNL-4370 [1968] 4, laut [5]). – [54] J. Rudolph (Z. Naturforsch. **14a** [1959] 727/37). – [55] GEMP-334A [1965] 126/8.

[56] H. Rögener (Z. Elektrochem. **46** [1940] 27/7). – [57] ASD-TDR-62-765 [1963]; N.S.A. **17** [1963] Nr. 16636. – [58] E. Podszus (Z. Elektrochem. **39** [1933] 75/81). – [59] R.M. Horton, M.A. Cook, M.E. Wachworth (Univ. of Utah Report XIII [1961], laut [5]). – [60] GEMP-400A [1966] 263/4.

[61] B.C.H. Steele, C.B. Alcock (Trans. AIME **233** [1965] 1359/67). – [62] J.L. Bates (BNWL-473 [1967] 4.7). – [63] W.P. Ellis (J. Opt. Soc. Am. **54** [1964] 265). – [64] C.E. McGinley (Thesis Glasgow Univ. 1964 laut [19]). – [65] S.F. Pal'guev, A.D. Neuimin (Electrochemistry of Molten and Solids Electrolytes, Bd. 1, Consultants Bureau, New York 1961, S. 90/6, laut [18]).

[66] C. Kawashima, S. Saito, O. Fukunaga (J. Ceram. Assoc. Japan **71** [1963] 49, laut [13]). – [67] G. Robert (Diss. Univ. of Grenoble 1967, laut [18]). – [68] S.F. Pal'guev, A.D. Neuimin, Z.S. Volchenkova, L.D. Yushina (Silikaty i Okisly v Khim. Vysokikh Temp. Akad. Nauk SSSR Inst. Khim. Silikatov Vses. Khim. Obshchestvo im D.I. Mendeleeva **1963** 118/34; C.A. **62** [1965] 14302). – [69] F.K. McTaggert (Nature **199** [1963] 339/41). – [70] W.L. Worrell (Am. Ceram. Soc. Bull. **53** [1974] 425/33).

[71] W.E. Danforth, J.H. Bodine (J. Franklin Inst. **260** [1955] 467/83). – [72] S.M. Ahmed (J. Phys. Chem. **73** [1969] 3546/55). – [73] H.F. Holmes, Ch.S. Shoup, C.H. Secoy (J. Phys. Chem. **69** [1965] 3148/55). – [74] D.J. O'Connor (Chem. Ind. [London] **1956** 1348/50).

3.3.3 Chemisches Verhalten

Chemical Reactions

ThO_2 wird trotz seiner hohen chemischen und thermodynamischen Stabilität sehr häufig als Ausgangsmaterial für die Darstellung anderer Verbindungen des Thoriums benutzt, z.B. für die Darstellung der Carbide durch Umsetzung mit Kohlenstoff bei hohen Temperaturen gemäß $ThO_2+(3+x)C \rightarrow ThC_{1+x}+2CO$ oder der Tetrahalogenide durch Umsetzung mit geeigneten Halogenierungsmitteln entsprechend $ThO_2+4HF \rightarrow ThF_4+2H_2O$.

Diese Reaktionen, bei denen ThO_2 allein als Ausgangsmaterial für die Herstellung anderer Th-Verbindungen dient, sollen hier nicht besprochen werden. In diesem Kapitel wird nur auf das chemische Verhalten des ThO_2 eingegangen, d.h. die Reaktionen mit z.B. Kohlenstoff oder Fluorwasserstoff sollen hier nur besprochen werden, wenn nicht die Darstellung von ThC_{1+x} oder ThF_4 im Vordergrund steht, sondern die Stabilität von ThO_2 gegenüber diesen Agentien.

Chemical Reactions

This chapter covers the chemical behavior of ThO_2 and in particular its chemical stability towards reactants such as carbon or hydrogen fluoride. However, ThO_2 is frequently used as starting material for preparing thorium compounds in spite of its great chemical stability. For example, reaction with carbon gives carbides, $ThO_2+(3+x)C \rightarrow ThC_{1+x}+2CO$, and reaction with halogenating agents can give halides, $ThO_2+4HF \rightarrow ThF_4+2H_2O$. But such syntheses are not the topic of this chapter and instead are found in the chapters on the respective compounds.

Reactions with Nonmetals and Nonmetal Compounds

3.3.3.1 Verhalten gegenüber Nichtmetallen und Nichtmetallverbindungen

ThO_2 wird als thermodynamisch sehr stabiles Oxid durch Erhitzen unter H_2, N_2, O_2 oder Halogenen (mit Ausnahme des Fluors) nicht verändert. Der gelegentlich in ThO_2-Proben gefundene N-Gehalt könnte dabei wie folgt zustande kommen: im Vakuum bzw. unter H_2 auf >2000 °C erhitztes ThO_2 geht in ThO_{2-x} über, das beim Abkühlen in ThO_2+Th disproportioniert. Unter N_2 geht Th bei erhöhter Temperatur in ThN_{1+x} über, das dann mit ThO_2 einen – sehr stabilen – Mischkristall bildet. Bezüglich der Adsorption von Gasen s. Abschnitt 3.3.3.5, S. 190.

Gegenüber Kohlenstoff ist ThO_2 nicht beständig, ebensowenig gegenüber zahlreichen Halogenierungsmitteln wie HF(gas), SF_6, CCl_4, $SOCl_2$ oder BrF_3.

Reactions with Nonmetals

Verhalten gegenüber Nichtmetallen

ThO_2 ist auch unter sehr extremen Bedingungen ("catastrophic oxidation") bis über 2000 °C stabil gegen Sauerstoff [4]. Allerdings findet zwischen ThO_2 und gasförmigem Sauerstoff ein Isotopenaustausch statt, wie Untersuchungen mit $^{18}O_2$ zeigten. Die Aktivierungsenergie für den ^{18}O-Austausch zwischen ThO_2 und $^{18}O_2$(gas) beträgt im Temperaturbereich 440 °C$\leq t \leq$540 °C $E_A=27\pm0.5$ kcal/mol [5 bis 7]. Auch zwischen $H_2{}^{18}O$ und ThO_2 erfolgt ein ^{18}O-Isotopenaustausch [8]. Bei beiden Austauschreaktionen folgt auf eine schnelle Anfangsreaktion die relativ langsame Weiterreaktion.

ThO_2 reagiert mit Kohlenstoff je nach Reaktionsbedingungen unter Bildung von „ThC" und ThC_2 sowie CO [1 bis 3, 32 bis 35]. Dementsprechend sollten ThO_2-Keramiken in Gegenwart von Kohlenstoff oder auch von Carbiden nicht benutzt werden. Die ThO_2-C-Reaktion setzt im Vakuum bei 1380 °C ein [9], in He-Atmosphäre vermutlich erst bei höheren Temperaturen [10]. Für kompakte Stücke aus Graphit und ThO_2 scheint allerdings eine Mindesttemperatur von 2000 °C nötig zu sein [11].

Reactions with Nonmetal Compounds

Verhalten gegenüber Nichtmetallverbindungen

ThO_2 reagiert mit HF-Gas schon bei relativ niedrigen Temperaturen (oberhalb ca. 200 °C) unter Bildung von ThF_4, da die Reaktionsenthalpie der Reaktion

$$ThO_2(\text{fest}) + 4HF(\text{gas}) \rightarrow ThF_4(\text{fest}) + 2H_2O(\text{gas})$$

mit $\Delta H_r(550\ °C)=42.7$ kcal/mol sehr hoch ist [12]. Auf ThO_2-Einkristallen bildet sich hierbei eine ThF_4-Schicht, deren Wachstum diffusionskontrolliert ist mit einer Geschwindigkeitskonstanten $\beta=7.0\times10^{12}(\exp(-6630/RT))$ (in Å/$cm^{1/2}\cdot(p(HF)^{1/2}$) und einer Aktivierungsenergie von $E_A\approx280$ cal/mol. Die entstehenden ThF_4-Schichten sind isotrop und einheitlich gefärbt [12]. Bei höheren Reaktionstemperaturen reagiert HF mit ThO_2 entsprechend schneller [13, 14]. Durch BrF_3 wird ThO_2 relativ langsam und unvollständig angegriffen [15], verhältnismäßig schnell dagegen durch SF_6, besonders bei erhöhter Temperatur [26].

Auch gegenüber verschiedenen Chlorierungsmitteln ist ThO_2 bei erhöhter Temperatur nicht stabil. Es entsteht überwiegend $ThCl_4$. So wirkt $CHCl_3$ oberhalb 500 °C auf ThO_2 ein [16], $SOCl_2$ [17] und S_2Cl_2 [20] schon bei wesentlich tieferen Temperaturen, speziell in einem abgeschlossenen System. Phosgen $COCl_2$ reagiert unter sonst gleichen Bedingungen stärker mit ThO_2 [23, 25] als CCl_4 oder $(C+Cl_2)$ [19, 21 bis 23], auch in Salzschmelzen [28, 29]. Derartige chlorierende ThO_2-Aufschlüsse werden auch vorgeschlagen, um

ThO_2 und $(U,Th)O_2$-Kernbrennstoffe aufzuarbeiten, s. z.B. [18, 24], oder zur Aufarbeitung von Monazit [24].

Oberhalb ca. 600 °C reagiert H_2S-Gas mit ThO_2 unter Bildung von Thoriumsulfiden, wobei in den Reaktionsprodukten auch ThOS nachgewiesen wurde [30]. ThOS allein ist dagegen das Reaktionsprodukt der Einwirkung von Schwefeldampf auf ThO_2 bei 1100 °C [31].

Die Korrosion von ThO_2 in O_2-haltigem Wasser (5 ppm O_2) bei 360 °C und pH 7 bis 10 (mit NH_3 eingestellt) ist sehr schwach [36].

Literatur zu 3.3.3.1:

[1] A. Pialoux, J. Zang (J. Nucl. Mater. **61** [1976] 131/48). – [2] J.R. Hollahan, M.W. Gregory (J. Phys. Chem. **68** [1964] 2346/51). – [3] K.L. Komarek, A. Coucoulas, M. Klinger (J. Electrochem. Soc. **110** [1963] 783/91). – [4] L.C. Lang, J.R. Joiner (AD-651435 [1967] 39 S.; C.A. **68** [1968] Nr. 32799). – [5] E.R.S. Winter (Discussions Faraday Soc. Nr. 8 [1950] 231/4; C.A. **45** [1951] 9989).

[6] E.R.S. Winter, G. Houghton (Mass Spectrom. **1950** 127/40; C.A. **46** [1952] 9972). – [7] E.R.S. Winter (J. Chem. Soc. **1950** 1170/5). – [8] E. Whalley, E.R.S. Winter (J. Chem. Soc. **1950** 1175/7). – [9] W. Kroll, W.A. Schlechton (J. Electrochem. Soc. **93** [1948] 247/58). – [10] M.R. Nadler, C.P. Kempter (Rev. Sci. Instr. **32** [1961] 43/7).

[11] P.N. Johnson (J. Am. Ceram. Soc. **33** [1950] 168/71). – [12] R.M. Lindstrom, W.P. Ellis (J. Chem. Phys. **43** [1965] 994/7). – [13] M.S. Correa, E.C. Costa (IEA-185 [1969] 26 S.; C.A. **75** [1971] Nr. 65666). – [14] A.S. Newton, M. Lipkind, W.H. Keller, J.E. Iliff (TID-5223 [1952] 419/27; C.A. **51** [1957] 17676). – [15] H.J. Emeléus, A.A. Woolf (J. Chem. Soc. **1950** 164/8).

[16] Ya.I. Ivashentsev, T.F. Goltseva, M.P. Bezgreshnaya (Zh. Prikl. Khim. **48** [1975] 2543; J. Appl. Chem. USSR **48** [1975] 2623/4). – [17] H. Hecht, G. Jander, M. Schlapman (Z. Anorg. Allgem. Chem. **254** [1947] 255/64). – [18] D.D. Sood, A.V. Hariharan (BARC-397 [1969] 28 S.; C.A. **72** [1970] Nr. 85366). – [19] A.P. Buntin, Y.I. Ivashentsev (Uch. Zap. Tomsk. Gos. Univ. Nr. 34 [1958] 111/28; C.A. **55** [1961] 7128). – [20] H. Funk, K.M. Berndt, G. Henze (Wiss. Z. Martin-Luther-Univ. Halle-Wittenberg **6** [1957] 815/22; C.A. **54** [1960] 12860).

[21] A.R. Gibson, J.M. Buddery, J.R. Chalkley, R.P. Marshall (Proc. 2nd U.N. Intern. Conf. Peaceful Uses At. Energy, Geneva 1958, Bd. 4, S. 237/42). – [22] Y.I. Ivashentsev (Dokl. 7th Nauchn. Konf. Posvyashchen. 40-letiyu Velikoi Oktyabr. Sots. Revolyutsii, Tomsk Univ. 1957, Nr. 2, S. 157/9; C.A. **54** [1960] 10721). – [23] A.N. Ketov, N.A. Mal'tsev, A.S. Shligerskii (Izv. Vysshikh Uchebn. Zavedenii Tsvetn. Met. **13** Nr. 1 [1970] 94/100). – [24] T.A. Gens (Chem. Eng. Progr. Symp. Ser. **60** Nr. 47 [1964] 37/47; C.A. **62** [1965] 4869). – [25] D.T. Peterson, D.J. Sundquist (IS-917 [1964] 30 S.; C.A. **62** [1965] 2281).

[26] G. Kaiser, M. Laser, E. Merz, H.J. Riedel (Bull. Soc. Franc. Ceram. Nr. 77 [1967] 67/73). – [27] J. Tanabe, S. Takase, H. Konno (Denki Kagaku **29** [1961] 461/5; C.A. **62** [1965] 3684). – [28] A.R. Gibson (B.P. 856462 [1960]; C.A. **55** [1961] 18398). – [29] M.V. Smirnov, L.E. Ivanovskiv (Zh. Neorgan. Khim. **2** [1957] 238/43). – [30] G.V. Samsonov, G.M. Dubrovskaya (Zh. Prikl. Khim. **36** [1963] 1615/8).

[31] R. Heindl, J. Loriers (Bull. Soc. Chim. France **1974** 377/8). – [32] M. Djemal, M. Dodé (Rev. Intern. Hautes Temp. Refract. **11** [1974] 29/33). – [33] B. Blanc (Vide

Nr. 95 [1961] 257/8). – [34] A. Heiss, M. Djemal (Rev. Intern. Hautes Temp. Refract. **8** [1971] 287/90). – [35] M. Kanno, S. Ozaki, F. Matsuda, S. Kokuba, T. Mukaiba (J. Nucl. Sci. Technol. [Tokyo] **9** [1972] 97/102).

[36] J.M. Markowitz, J.C. Clayton (WAPD-TM-909 [1970] 56 S.; C.A. **74** [1971] Nr. 48738).

Reactions with Water

3.3.3.1.1 Verhalten gegenüber Wasser

Bringt man ThO_2 in Kontakt mit flüssigem Wasser, so beobachtet man eine von der Art der Probe abhängige, z.Tl. sehr große Wärmeentwicklung, die sog. Immersionswärme [1 bis 5]. Bei dieser Immersion lassen sich drei Reaktionsstufen unterscheiden [4]:

a) Die Bildung von Wasserbrücken (bis ca. 100 °C)

H_2O H_2O H_2O H_2O / OH OH OH OH —(25 bis 100 °C)→ H_2O H_2O / OH OH OH OH

b) Die Dehydratationsstufe (bis zu 300 °C)

H_2O H_2O / OH OH OH OH —(100 bis 300 °C)→ OH OH OH OH

c) Die Dehydroxylierungsstufe (>300 °C bis ca. 1000 °C)

OH OH OH OH —(300 bis 1000 °C)→ O O

Die Immersionsenthalpie hängt, wie zu erwarten ist, in sehr starkem Maße von der Vorbehandlung der Probe ab, z.B. von Herstellungstemperatur, spezifischer Oberfläche, Teilchengröße oder vom vorhergehenden Ausgasen im Vakuum [2, 3], so daß sich keine allgemein gültigen Schlüsse ziehen lassen.

Literatur zu 3.3.3.1.1:

[1] J.A. Taylor (Soc. Chem. Ind. [London] Monogr. Nr. 25 [1967] 380/93). – [2] H.F. Holmes, C.H. Secoy (J. Phys. Chem. **69** [1965] 151/8). – [3] H.F. Holmes, E.L. Fuller, Jun., C.H. Secoy (J. Phys. Chem. **70** [1966] 436/44). – [4] E.L. Fuller, Jun., H.F. Holmes, C.H. Secoy, J.E. Stuck (J. Phys. Chem. **72** [1968] 573/7). – [5] H.F. Holmes (J. Colloid Interface Sci. **54** [1976] 456/9).

Reactions with Metals and Metal Compounds

3.3.3.2 Verhalten gegenüber Metallen und Metallverbindungen

Trotz seiner großen Stabilität reagiert ThO_2 besonders bei hohen Temperaturen mit zahlreichen Metallen. Dies ist z.B. von Bedeutung, wenn ThO_2 als Tiegelmaterial benutzt wird. In speziellen Fällen wird das reaktive Verhalten des ThO_2 stark von anderen äußeren Bedingungen beeinflußt, z.B. der Reinheit der Reaktionspartner oder dem Sauerstoffpotential in der umgebenden Gasatmosphäre. Bei der Mehrzahl der Reaktionen des ThO_2 mit Metallen ist festzustellen, daß geschmolzene Metalle weitaus korrosiver wirken als pulverförmige oder kompakte Metalle.

Literatur zu 3.3.3.2 s. S. 183/5

Verhalten gegenüber Alkalimetallen

Reactions with Alkali Metals

Durch reines, flüssiges Lithium wird ThO_2 bei 610 °C nicht zum Metall reduziert, im Gegensatz zu den anderen keramischen Oxiden TiO_2 und ZrO_2 [1, 2]. Nach thermodynamischen Berechnungen ist dies auch zu erwarten [1]. Allerdings wird bei der genannten Reaktion der kristalline Charakter des ThO_2 beeinflußt. Das eingesetzte ThO_2 mit relativ breiten Röntgenbeugungsreflexen zeigte nach der Behandlung mit Lithium scharfe Beugungsreflexe – ein Verhalten, das auch nach Behandlung mit flüssigem Natrium bzw. nach Festkörperreaktionen mit Li_2O, Li_2CO_3 und LiOH zu beobachten war (ternäre Oxide im System Li_2O-ThO_2 sind nicht bekannt). Eine Reaktion von Lithium mit ThO_2 erfolgt bei 580 °C $\leq t \leq$ 630 °C jedoch dann, wenn handelsübliches Lithium mit hohem Stickstoffgehalt eingesetzt wird. Hierbei wird ThO_2 in ThN und/oder Li_2ThN_2 übergeführt, wobei der Anteil des ternären Nitrids mit steigendem H-Gehalt im Lithium zunimmt.

ThO_2 ist beständig gegenüber flüssigem Natrium bei 850 °C/5 h, 925 °C/168 h bzw. beim Siedepunkt (1 h) [5, 6, 8, 55]. Dies gilt auch gegenüber oxidgesättigtem Natrium bei 560 °C/302 h für ThO_2 mit $\leq$20 mol-% $YO_{1.5}$ bzw. $\leq$14 mol-% CaO [7]. Dies ist in der Kernreaktorpraxis von Bedeutung, da dotiertes ThO_2 als ionenleitender Festelektrolyt zur Bestimmung des Sauerstoffgehalts von flüssigem Natrium in z.B. den Na-gekühlten „schnellen Brutreaktoren" Verwendung findet. Es überrascht allerdings, daß ThO_2, welches gleichzeitig mit z.B. je 10 mol-% CaO und $YO_{1.5}$ dotiert wurde, nach der Behandlung mit flüssigem Natrium durch Salpetersäure stark angegriffen wird [7]. Der Angriff des Natriums erfolgt dabei überwiegend an den Korngrenzen. Die Na-Behandlung beeinflußt die Brucheigenschaften des ThO_2. Während unbehandeltes, dotiertes ThO_2 vorwiegend transkristallinen Bruch zeigt, zeigen Tabletten von dotiertem ThO_2 nach Einsatz in flüssigem Natrium an den Randbezirken interkristallinen, im Kern transkristallinen Bruch [7].

Durch gasförmiges Caesium (1235 °C, p(Cs) = 20 Torr) wird ThO_2 angegriffen [9]. Nach den knappen Angaben im Original erscheint es allerdings wahrscheinlich, daß die Instabilität des ThO_2 gegenüber Cs-Dampf auf Wechselwirkungen mit Verunreinigungen im ThO_2 beruht [9]. Nach Angaben in [71] dagegen tritt bis 1600 °C keine Wechselwirkung von Cs-Dampf (4 Torr, 300 h) mit ThO_2 ein.

Verhalten gegenüber Erdalkalimetallen

Reactions with Alkaline Earth Metals

Während in [10, 11] aufgeführt wird, daß zwischen ThO_2 und Be bei $\leq$1400 °C (15 min) keine Reaktion stattfindet, ist den Angaben in [12, 13] zu entnehmen, daß Dispersionen von ThO_2 und Be oberhalb 750 °C unter Bildung von $ThBe_{13}$ reagieren. Diese Reaktion verläuft unter beträchtlicher Schwellung der zu Tabletten geformten eingesetzten Cermets.

Aufschlämmungen von ThO_2 in flüssigem Wismut bzw. Blei sind stabil. Reaktion findet statt, wenn die Schmelze mehr als ca. 0.5 Gew.-% Mg enthält, während ein Zusatz von 0.1% Mg anscheinend keinen Einfluß zeigt [14]. Dabei entstehen die intermetallischen Phasen $ThBi_2$ und $ThPb_3$, die aus der Schmelze ausscheiden. Folgender Reaktionsmechanismus wird angenommen: das Mg reduziert bei ca. 550 °C ThO_2 zu Th gemäß $ThO_2 + 2\,Mg \rightarrow 2\,MgO + Th$, wobei das Th-Metall bei ca. 400 °C weiterreagiert gemäß $Th + 2\,Bi \rightarrow ThBi_2$ bzw. $Th + 3\,Pb \rightarrow ThPb_3$.

Experimente, bei denen die Schmelze laufend zirkuliert wurde, werden hier tabellarisch wiedergegeben:

Literatur zu 3.3.3.2 s.S. 183/5

Schmelze	Temperatur/Zeit	Ergebnis
Bi-5% ThO_2-0.1% Mg-0.025% Zr	460 bis 550 °C/1376 h	keine Beeinflussung der Zirkulation
Bi-5% ThO_2-0.54% Mg-0.025% Zr	430 bis 550 °C/152 h	Verstopfung durch $ThBi_2$, Ausscheidung an kühler Stelle
Pb-5% ThO_2-0.1% Mg-0.01% Zr	500 bis 550 °C/78 h	keine Beeinflussung der Zirkulation
Pb-5% ThO_2-2.2% Mg-0.01% Zr	360 bis 550 °C/89 h	Verstopfung durch $ThPb_3$, Ausscheidung an kühler Stelle
Pb-44.5% Bi-5% ThO_2-0.1% Mg-0.01% Zr	330 bis 550 °C/2136 h	Ausfällung von ThO_2, sonst keine Reaktion

Geschmolzene Zn-5% Mg-Legierungen wirken bei 750 °C$\leq$t$\leq$850 °C reduzierend auf ThO_2 unter Bildung von Th-Metall [40]. Diese Reduktion zum Metall bewirken auch Lösungen von Mg und/oder Ca in geschmolzenem Wismut [41].

Da metallisches Thorium durch Ca-Metall zwischen 1000 °C und 1200 °C desoxidiert wird [15], ist zu erwarten, daß ThO_2 durch Ca-Metall zu Th-Metall reduziert wird. Für die Reaktion

$$ThO_2(\text{fest}) + 2\,Ca\ (\text{flüssig}) \rightarrow Th(\text{fest}) + 2\,CaO(\text{fest})$$

werden folgende ΔG-Werte berechnet: −2.0 kcal/mol bei 1200 °C, −2.5 kcal/mol bei 1100 °C und −3.4 kcal/mol bei 1000 °C [15]. Weitere Werte siehe auch [16]. Durch diese Ca-Behandlung gelingt es, die maximale Löslichkeit von O in Th beträchtlich herabzusetzen [15]:

Temperatur in °C	Löslichkeitsgrenze in ppm	Gleichgewichtsgehalt in ppm
1000	35	16
1100	52	26
1200	90	72

Weitere Angaben über die Reduktion von ThO_2 durch Ca s. [74 bis 77].

Reactions with Other Metals

Verhalten gegenüber anderen Metallen

Metallisches Aluminium reduziert ThO_2, wobei je nach eingesetztem ThO_2:Al-Verhältnis entweder Th-Schwamm [18] oder die Intermetallphase $ThAl_3$ [17] gebildet wird. Diese Reduktion findet auch in LiF-Schmelze statt [17].

Silicium greift ThO_2 bei 1400 °C/0.25 h geringfügig an; bei 1600 °C ist die Wechselwirkung bedeutend stärker [11].

Bleischmelzen greifen bis ca. 550 °C in der Schmelze suspendiertes ThO_2 nicht an [14]. Dies läßt sich auch aus thermodynamischen Berechnungen ableiten [20]. Auch geschmolzenes Wismut greift ThO_2 chemisch nicht an [5, 14, 19]; durch einen Zusatz von UH_3 zur Bi-Schmelze läßt sich die Benetzbarkeit von ThO_2 erhöhen [20]. Eine elektromagnetisch umgepumpte Bi/ThO_2-Aufschlämmung bewirkt gegenüber Stahl bei 500 bis 600 °C/2370 h weder Erosion noch Korrosion [14].

Literatur zu 3.3.3.2 s. S. 183/5

Tabelle 3/29 gibt Daten über die Reaktion von Metallen der Nebengruppen mit ThO_2. Die Mehrzahl der Metalle greift auch in flüssigem Zustand ThO_2 nicht an, d.h. ThO_2 ist beständig gegenüber diesen Metallen. Nach einer Zusammenstellung in [3] wird ThO_2 benetzt durch flüssiges Al(≥900 °C), Be(>Schmelzpunkt), Bi(>800 °C), Cd(≥800 °C), Ca(>Schmelzpunkt), Ce(>Schmelzpunkt), Cu(≥1250 °C), Co(1930 bis 2130 °C), Fe(>1800 °C), La(950 bis 1200 °C), Pb(>1000 °C), Mg(>Schmelzpunkt), Mo-40% Re(2500 bis 2750 °C), Pt(1770 bis 2240 °C), Rh(1990 bis 2250 °C), Si(>Schmelzpunkt), Ag(≥1000 °C), Na(>400 °C), Sn(>1200 °C), V(>1970 °C), Zr(>Schmelzpunkt) und nicht benetzt durch flüssiges Bi(<1100 °C)(?), Fe(<1800 °C), Ni(1500 °C), Rh(1940 °C), U(Schmelzpunkt), U-4% Mo(Schmelzpunkt), U-4.6% Ru(Schmelzpunkt) (unter Benetzung wird dabei verstanden, daß der Kontaktwinkel unter 90° liegt).

Tabelle 3/29
Reaktion von Metallen der Nebengruppen mit ThO_2.

Metall	Reaktionsbedingungen	beobachtete Reaktion	Lit.
Lanthan	950 bis 1200 °C	flüssiges Lanthan dringt zwischen Korngrenzen, ThO_2 wird durch flüssiges La benetzt, allerdings geringer als BeO, Al_2O_2 und ZrO_2	[24]
Cer	810 bis 1000 °C	ähnlich wie für Lanthan	[24]
Thorium	>1800 °C	Reaktion zu ThO(gas), vgl. bei der Bildung von ThO, S. 51.	[37, 42]
Uran	1175 bis 1300 °C	Bildung einer 8 mm dicken dunkel gefärbten Zone in 1 h	[23]
		Bildung eines in Bezug auf O unterstöchiometrischen Oxids	[44]
Titan	oberhalb Schmelzpunkt, 90 min	Reduktion von ThO_2, Aufnahme des Sauerstoffs durch Titan	[11, 27, 78]
		ThO_2 als Schutzschicht für geschmolzenes Titan	[25]
		Kein Angriff durch flüssiges Titan	[30]
		ThO_2-Tiegel nicht für Ti-Schmelzen geeignet	[69]
	1400 bis 1800 °C/15 min	geringe Reaktion	[11]
		keine Reduktion von ThO_2 beim Schmelzen einer Ti/ThO_2-Legierung	[72]
Zirkonium	1800 °C/15 min	geringe Korrosion, ebenso für Nb-1% Zr	[11]
Niob	1540 °C/1000 h	keine Reaktion	[33]
	1800 °C/15 min	geringe Reaktion	[11]
	2135 °C	keine Reaktion bei raschem Aufheizen	[32]
Tantal	1540 °C/1000 h	keine Reaktion	[33]
	2500 °C	nur sehr geringe Reaktion bei raschem Aufheizen	[34]

Literatur zu 3.3.3.2 s. S. 183/5

Tabelle 3/29 [Fortsetzung]

Metall	Reaktionsbedingungen	beobachtete Reaktion	Lit.
	2795 °C	keine Reaktion bei raschem Aufheizen	[35]
	2550 °C	keine Reaktion in Kapsel, bei 2600 °C starke Reaktion	[36]
Molybdän	1800 °C/15 min	keine Reaktion	[11]
	1900 °C/4 min	sichtbare, aber nur geringe Reaktion bis 2300 °C	[22]
	2155 °C	Reaktion bei raschem Aufheizen	[32]
Wolfram	2300 °C/2 min, 2400 °C	keine Reaktion	[35, 37, 38]
	2200 °C/4 bis 8 min	sichtbare, aber nur geringe Reaktion	[22]
	1900 bis 2600 °C	nach längerem Erhitzen wird ThO_2 in W-Tiegeln kontaminiert	[39]
	1800 bis 2300 °C/ Vakuum	ThO_2 verfärbt sich wegen Verunreinigung durch W	[31]
Rhenium	2350 °C/2 h/Vakuum	keine Reaktion, ebenso für Mo-40% Re und W-5 (26)% Re	[33, 35]
	1350 °C	Beginn einer Reaktion bei raschem Aufheizen, aber keine weitere Reaktion bis 2280 °C	[32]
Nickel	1800 °C/15 min	keine Reaktion	[11]
Kobalt	1930 bis 2130 °C/ 30 min	keine Reaktion, Co(fl) dringt aber in ThO_2 ein	[28]
Iridium/ Platin		ThO_2-Tiegel widerstehen mehreren Ir(Pt)-Schmelzen	[29]

ThO_2 ist unter normalen Reaktionsbedingungen beständig gegen Platin und Iridium. Diese Metalle lassen sich in ThO_2-Tiegeln schmelzen. Das Verhalten von ThO_2 gegenüber Platin sowie auch gegenüber Rhodium und Palladium ändert sich jedoch drastisch, wenn die Reaktionspartner in einer Atmosphäre mit extrem niedrigem Sauerstoffpartialdruck, z.B. in sehr gereinigtem Wasserstoff miteinander in Kontakt kommen [45 bis 47]. Hier findet dann eine sog. gekoppelte Reduktion statt, z.B.

$$ThO_2 + 5\,Pt \xrightarrow[\approx 1200\,°C]{H_2} ThPt_5 + 2\,H_2O$$

Je nach Reaktionsbedingungen werden die edelmetallreichen Phasen $ThPt_5$, $ThPt_3$, $ThPd_4$ und $ThRh_3$ gebildet. Dies bedeutet, daß ThO_2 und die genannten Edelmetalle bei sehr niedrigem Sauerstoffpotential nicht in Kontakt gebracht werden dürfen, z.B. bei der Verwendung von ThO_2 als sauerstoffionenleitender Festelektrolyt und Pt als Zuleitung. Hier sollte man dann auf W- oder Mo-Draht ausweichen, um unverfälschte Resultate für die zu messenden Sauerstoffpotentiale zu erhalten.

Verhalten gegenüber Metallverbindungen

Reactions with Metal Compounds

ThO_2 ist wie Ag, Pt, Zr und Al_2O_3 ein geeignetes Behältermaterial, um im Temperaturbereich 320 °C ≤t≤580 °C NaOH zu schmelzen [48]. Bei 400 °C sind Tiegel aus ThO_2 gegenüber NaOH- und KOH-Schmelzen am widerstandsfähigsten, die Löslichkeit von ThO_2 in diesen Schmelzen ist in Luft bei ≤50 Vol.-% Wasserdampf mit ≤8 µg ThO_2/g MOH sehr gering [51]. Mit SiC reagiert ThO_2 bis 2000 °C nicht [49]. Mit TiC reagiert ThO_2 bei 1500 °C ≤t≤2200 °C schwach, auf der Oberfläche von TiC/ThO_2-Pellets läßt sich nach der thermischen Behandlung röntgenographisch in einigen Fällen ThC nachweisen [50]. Mit W_2C reagiert ThO_2 bei ≥2000 °C gemäß $ThO_2+2W_2C \rightarrow Th+4W+2CO$ [70], Schmelzen tritt bei ca. 2400 °C ein [67]. Kaltgepreßte ThO_2-HfB_2-Pellets schmelzen bei Erhitzen in trockenem Wasserstoff bei 2500 °C und 2700 °C; ThO_2-ZrB_2-Pellets schmelzen erst bei höheren Temperaturen [68]. Bei 2400 °C bildet sich in feuchtem Wasserstoff ein glasiges Reaktionsprodukt, wie auch bei ThO_2-TiB_2-Pellets bei 2600 °C [68]. Bei 1150 °C reagiert ThO_2 mit CeF_3 unter Bildung einer Oxidfluoridphase der Zusammensetzung $(Th^{4+}_{4-x}, Ce^{3+}_{4x})(F^-_{12x}, O^{2-}_{8-8x})$ [52]. Reaktion von ThO_2 großer Oberfläche mit VCl_4 s. [53], Verhalten von Verunreinigungen in einer ThO_2-Matrix bei spektrochemischen Untersuchungen s. [54].

Bei Festkörperreaktionen von ThO_2 mit ThN, z.Tl. unter erhöhtem Stickstoffdruck, bildet sich das Oxidnitrid des Thoriums, Th_2N_2O. Dieses Th_2N_2O mit der hexagonalen Kristallstruktur des Th_3N_4 [56] bildet mit ThO_2 eine Mischkristallreihe $ThN_{4/3-2z/3}O_z$ (0≤z≤2) [57], wie auch aus dem Phasendiagramm des Systems Th-N-O zu erkennen ist [58]. Das Eutektikum des Systems ThO_2-ThN liegt bei 15 mol-% ThO_2 [59]. Beim Erhitzen von ThO_2 mit 30 Vol-% UN auf 600 °C ≤t≤1100 °C/25 h erfolgt keine Reaktion [66].

Verhalten gegenüber Salzschmelzen

Reactions with Fused Salts

In einer Kryolithschmelze löst sich ThO_2 auf, nähere Angaben werden in [60, 61, 79] allerdings nicht gemacht, außer der, daß der Schmelzpunkt der Kryolithschmelze herabgesetzt wird. ThO_2 soll in „ionisierter" Form in Lösung gehen [61]. Die Zersetzungsspannung von ThO_2, gelöst in geschmolzenem Kryolith, soll bei 1.07±0.01 V liegen [62]. Aktivität des in geschmolzenem Kryolith gelösten ThO_2 s. [63].

In geschmolzenen Eutektika LiCl-KCl und NaCl-$MgCl_2$ reagiert ThO_2 mit $ThCl_4$ unter Bildung des Oxidchlorids $ThOCl_2$ [64, 73]. Detaillierte Untersuchungen wurden angestellt, um aus den Salzschmelzen (z.B. 72 mol-% LiF, 16 mol-% BeF_2 und 12 mol-% ThF_4) von Salzschmelzenreaktoren das erbrütete ^{233}Pa abzutrennen (vgl. Gmelin Handbuch „Protactinium"). Dies ist z.B. möglich durch einen Zusatz von ThO_2 zu dieser Schmelze, in der dann folgende Reaktion abläuft [65]:

$$ThO_2(\text{fest}) + PaF_4(\text{gelöst}) \rightarrow ThF_4(\text{gelöst}) + PaO_2(\text{fest}).$$

Literatur zu 3.3.3.2:

[1] M.G. Barker, I.C. Alexander, J. Bentham (J. Less-Common Metals **42** [1975] 241/7). – [2] W.H. Cook (ORNL-2391 [1960] 26 S.; C.A. **54** [1960] 20129). – [3] S. Peterson, C.E. Curtis (ORNL-4503 (Vol. 1) [1970] 1/74). – [4] G. Petit (Compt. Rend **234** [1952] 1281/3). – [5] E.I. Reed (J. Am. Ceram. Soc. **37** [1954] 146/53).

[6] J.K. Fink, J.J. Heiberger, R. Kumar, R.A. Blomquist, L. Leibowitz, E.S. Sowa, J.R. Pavlik, L. Baker (ANL-75-74 [1976] 43 S.; ERDA Energy Res. Abstr. **1** [1976] Nr. 26143). – [7] H.J. Lang, H. Ullmann (ZfK-294 [1975] 48/9). – [8] J.K. Fink, J.J.

Heiberger, R. Kumar, R.A. Blomquist, L. Leibowitz (ANL/RAS-76-6 [1976]; ERDA Energy Res. Abstr. **1** [1976] Nr. 16714). – [9] P. Wagner, S.R. Coriell (Rev. Sci. Instr. **30** [1959] 937/8). – [10] G. Economos (Ind. Eng. Chem. **45** [1953] 458/9).

[11] G. Economos, W.D. Kingery (J. Am. Ceram. Soc. **36** [1953] 403/9). – [12] C.R. Watts (Intern. J. Powder Met. **4** [1968] 49/53). – [13] G.L. Hanna (Inst. Metals Monograph Rept. Ser. Nr. 28 [1963] 350/4; C.A. **60** [1964] 10315). – [14] G.H. Broomfield, J.M. Matthews, A. Bartlett (J. Nucl. Energy B **1** [1959/61] 221/8). – [15] D.T. Peterson (Trans. AIME **221** [1961] 924/6).

[16] Y.I. Zarembo (At. Energ. [USSR] **11** [1961] 185/6). – [17] D.O. Raleigh (J. Electrochem. Soc. **109** [1962] 521/5). – [18] J.D.T. Capocchi (Metalurgia [Sao Paulo] **27** [1971] 745/9; C.A. **79** [1973] Nr. 44594). – [19] T.A. Coultas (NAA-SR-192 [1956] 23 S.; C.A. **54** [1960] 21691). – [20] A.M. Novikov (Fiz. Khim. Osnovy Keram. Sb. **1956** 441/7; C.A. **53** [1959] 15513).

[21] J.K. Davidson, W.L. Robb, O.N. Salmon (U.S.P. 2961390 [1960]; C.A. **55** [1961] 20714). – [22] P.D. Johnson (J. Am. Ceram. Soc. **33** [1950] 168/71). – [23] H.M. Feder, N.R. Chellew, C.L. Rosen (ANL-5765 [1957] 21 S.; C.A. **51** [1957] 17702). – [24] G.R. Pulliam, E.S. Fitzsimmons (ISC-659 [1956] 59 S.; C.A. **51** [1957] 5490). – [25] W.J. Kramers, J.R. Smith (16e Congr. Intern. Chim. Pure Appl., Paris 1957 [1958], S. 659/66; C.A. **54** [1960] 10256).

[26] A.S. Darling, G.L. Lehman, R. Rushforth (Platinum Metals Rev. **14** [1970] 95/102). – [27] W.J. Kramers, J.R. Smith (Trans. Brit. Ceram. Soc. **56** [1957] 590/607). – [28] A. von Grosse, G.M. Krieg (NYO-2082-18 [1968], laut [3]). – [29] F. Henning, A.T. Wessel (Bur. Std. J. Res. **10** [1933] 809/21). – [30] P.M. Brace (J. Electrochem. Soc. **94** [1948] 170/6).

[31] A.A. Hasapis, M.B. Panish, C. Rosen (RAD-SR-16-60-28 [1960] 41 S.; N.S.A. **15** [1961] Nr. 11596). – [32] J.M. Kerr (ORNL-2839 [1959] 292/4, laut [3]). – [33] D.E. Fornwalt, G.B. Gourtey, A.V. Manzione (CNLM-5942 [1964] 26 S.; N.S.A. **19** [1965] Nr. 7851). – [34] M. Hoch, H.L. Johnston (J. Phys. Chem. **65** [1961] 1184/5). – [35] A.T. Jeffs (AECL-2768 [1967], laut [3]).

[36] D.H. Wood, E.M. Cramer, P.L. Wallace, W.J. Ramsey (J. Nucl. Mater. **32** [1969] 197/9). – [37] M. Hoch, H.L. Johnston (J. Am. Chem. Soc. **76** [1956] 4833/5). – [38] H. Furuya (J. Nucl. Mater. **26** [1968] 123/8). – [39] G.R. Stull, C.R. Sinko (J. Am. Ceram. Soc. **36** [1953] 397/9). – [40] A.V. Harihan, J.B. Knighton, R.K. Steunenberg (ANL-7058 [1965], laut [3]).

[41] A. Brown, A. Chitty (J. Nucl. Energy B **1** [1956/61] 145/52). – [42] ANL-8096 [1974] 94/9; N.S.A. **31** [1975] Nr. 151. – [43] Th.P. Whaley (U.S.P. 2926082 [1960]; C.A. **54** [1960] 10799). – [44] C.L. Rosen, M.R. Chellew, H.M. Feder (Nucl. Sci. Eng. **6** [1959] 504/10). – [45] B. Erdmann, C. Keller (J. Solid State Chem. **7** [1973] 40/8).

[46] B. Erdmann (KFK-1444 [1971] 150 S.; N.S.A. **26** [1972] Nr. 23287). – [47] C. Keller, B. Erdmann (J. Inorg. Nucl. Chem. Suppl. **1976** 65/8). – [48] J.M. Gregory, M. Hodge, J.V.G. Iredale (AERE-C-M-272 [1956] 9 S.; C.A. **50** [1956] 15397). – [49] A.L. Burykina, L.V. Strashinskaya, T.M. Ertushok (Fiz. Khim. Mekh. Mater. **4** [1968] 301/5; C.A. **70** [1969] Nr. 31353). – [50] A.I. Avgustinik, L.V. Kozlovskii, G.M. Klimashin (Izv. Vysshikh Uchebn. Zavedenii Khim. i Khim. Tekhnol. **9** [1966] 528/32; C.A. **66** [1967] Nr. 40376).

[51] H. Lux, E. Renauer, E. Betz (Z. Anorg. Allgem. Chem. **310** [1961] 305/9). – [52] J.P. Besse, M. Capestan (Bull. Soc. Chim. France **1967** 4680/5). – [53] B.W. Martin,

(Diss. Univ. of Florida 1973, 105 S.; Diss. Abstr. Intern. B **34** [1974] 4900/1). – [54] R. Avni (NRCN-262 [1970] 146 S.; C.A. **80** [1974] Nr. 51664). – [55] W.H. Cook (in: C.E. Curtis, Progr. Nucl. Energy Ser. V **2** [1959] 223/36).

[56] R. Benz (Acta Cryst. **21** [1966] 838/40). – [57] R. Benz (J. Am. Chem. Soc. **89** [1967] 197/9). – [58] R. Benz (J. Nucl. Mater **43** [1972] 1/7). – [59] P. Blum, P. Guinet (Compt. Rend. **253** [1961] 1053/5). – [60] P. Mergault (Compt. Rend. **239** [1954] 1215/7).

[61] E. Darmois, G. Petit (Compt. Rend. **233** [1951] 1555/6). – [62] P. Mergault (Ann. Phys. [Paris] [13] **3** [1958] 179/229). – [63] M. Rolin, A. Ducouret (Bull. Soc. Chim. France **1964** 794/7). – [64] P. Chiotti, M.C. Jha, M.J. Tschetter (J. Less-Common Metals **42** [1975] 141/161). – [65] C.E. Bamberger, R.G. Ross, C.F. Baes (Natl. Bur. Std. [U.S.] Spec. Publ. Nr. 364 [1972] 331/41).

[66] H. Kleykamp, P. Korogiannakis, C. Politis, F. Thuemmler, H. Wedemeyer (KFK-771 [1968] 66 S.; N.S.A. **22** [1968] Nr. 48849). – [67] J.E. Cummings, C.G. Hoffmann, S.A. Daily (J. Nucl. Mater. **32** [1969] 171/3). – [68] H.S. Edwards, A.F. Rosenberg, J.T. Bittel (ASD-TDR-63-635 [1963] 142 S.; N.S.A. **17** [1963] Nr. 32564). – [69] B.C. Weber, W.M. Thompson, H.O. Bielstein, M.A. Schwarz (J. Am. Ceram. Soc. **40** [1957] 363/73). – [70] H.J. Boos (Metall **16** [1962] 668/71).

[71] L.M. Grossman, A.I. Kaznoff (Proc. Conf. Nucl. Appl. Nonfissionable Ceram., Washington, D.C., 1966, S. 421/3, laut [3]). – [72] L.G. Ripley (R-218 [1970] 13 S.; C.A. **74** [1971] Nr. 34066). – [73] M.V. Smirnov, L.E. Ivanovskii (Zh. Neorgan. Khim. **1** [1956] 1843/9). – [74] G.A. Meerson, A.F. Islankina, Y.J. Zarembo (Issled. v Oblasti Geol. Khim. i. Met. Sb. **1955** 113/4; C.A. **52** [1958] 204, 209). – [75] P.F. Taylor (U.S.P. 3791815 [1974] 3 S.; C.A. **80** [1974] Nr. 136114).

[76] S. Takeuchi, T. Honma, T. Satow, K. Koyama (Nippon Kinzoku Gakkaishi **81** [1967] 486/91; C.A. **67** [1967] Nr. 56278). – [77] R. Maillet (F.P. 958230 [1950]; C.A. **45** [1951] 10524). – [78] W.J. Kramers, J.R. Smith (Trans. Brit. Ceram. Soc. **56** [1957] 590/607).

3.3.3.3 Löseprozesse für ThO_2

Dissolving Processes for ThO_2

Das Löseverhalten von ThO_2 hängt in sehr starkem Maße von der Vorbehandlung des Präparats ab. So geht aus wäßriger Lösung ausgefälltes und bei ca. 100 °C getrocknetes ThO_2($ThO_2 \cdot aq$) in halbkonzentrierter Salzsäure oder Salpetersäure relativ rasch in Lösung, besonders beim Erwärmen [3]. Auf 550 bis 600 °C erhitztes ThO_2 löst sich noch relativ zufriedenstellend in 8 bis 16 M HNO_3, besonders wenn geringe Mengen an Fluorid-Ionen anwesend sind [1]. Wird das ThO_2 bei 1000 °C geglüht, so geht es selbst bei 100 °C und Zusatz von 0.03 M HF sehr langsam in Lösung. Beim Erhitzen unter Rückfluß geht sowohl bestrahltes als auch unbestrahltes ThO_2 in 13 M HNO_3+0.05 M HF in 1 bis 8 h in Lösung [2]. Einfluß verschiedener Paramter auf die Lösegeschwindigkeit des ThO_2 s. [4 bis 6]. Einbau von 1% MgO in das ThO_2 erhöht die Auflösegeschwindigkeit von ThO_2 unter sonst gleichen Bedingungen um den Faktor 3 bis 6 [7]. Kleine ThO_2-Proben können auch in Ampullen mit 36%igem HCl bzw. mit konz. $HClO_4$ bei 310 °C in Lösung gebracht werden [8]. Von HCl/HF-Mischungen wird hochgeglühtes ThO_2 nicht gelöst [17].

Wie zuvor erwähnt, erhöht ein Zusatz von Flußsäure zu Salpetersäure die Auflösegeschwindigkeit von ThO_2 beträchtlich [9 bis 16, 19, 20]. Es wird dabei angenommen, daß in der ersten Stufe dieser Reaktion F-Ionen an der ThO_2-Oberfläche absorbiert werden

Literatur zu 3.3.3.3 s. S. 186/7

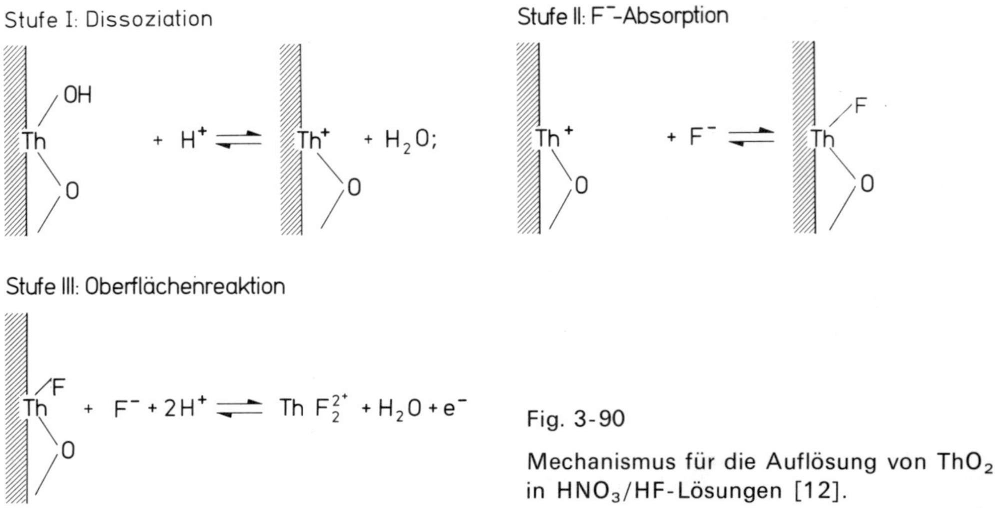

Stufe I: Dissoziation

Stufe II: F^--Absorption

$$\text{Th(OH)(O)} + H^+ \rightleftharpoons \text{Th}^+\text{(O)} + H_2O; \qquad \text{Th}^+\text{(O)} + F^- \rightleftharpoons \text{Th(F)(O)}$$

Stufe III: Oberflächenreaktion

$$\text{Th(F)(O)} + F^- + 2H^+ \rightleftharpoons \text{Th}\,F_2^{2+} + H_2O + e^-$$

Fig. 3-90

Mechanismus für die Auflösung von ThO_2 in HNO_3/HF-Lösungen [12].

und in einer 2. Stufe F-Ionen der Lösung mit diesen Stellen reagieren [11], wobei der in **Fig. 3-90** gezeigte Mechanismus gelten soll [12]. Die Auflösegeschwindigkeit von ThO_2 in HNO_3/HF-Lösungen wird dabei durch die Beziehung

$$-\frac{d[ThO_2]}{dt} = K \cdot a_{F_s^-} \cdot a_{H^+}^2 \cdot [F^-]_{sf} (\exp - (E_A/RT))$$

wiedergegeben, mit K = Konstante, $a_{F_s^-}$ = Aktivität der F-Ionen in Lösung, a_{H^+} = Aktivität der H^+-Ionen in Lösung, $[F^-]_{sf}$ = Konzentration von adsorbierten F-Ionen an der ThO_2-Oberfläche. Die Aktivierungsenergie E_A wurde zu 18 kcal/mol bestimmt [12], in Übereinstimmung mit dem älteren Wert $E_A \approx 19$ kcal/mol [14]. Dieser Mechanismus, in dem das F-Ion das reaktive Agenz bei der Auflösung des ThO_2 durch HNO_3/HF-Gemisch ist, konnte unter Verwendung von F-spezifischen Ionenelektroden bestätigt werden [9, 10].

Hochgeglühtes ThO_2 kann durch Schmelzen mit $NaHSO_4$ und $Na_2S_2O_7$, durch Erhitzen mit NH_4HSO_4 [18] oder durch Abrauchen mit konzentrierter Schwefelsäure in das wasserlösliche Th-Sulfat überführt werden [17]. Diese Verfahren werden in der analytischen Chemie des ThO_2 immer dann eingesetzt, wenn ein Zusatz von F-Ionen vermieden werden muß.

Ein Brennelement aus $UO_2 + ThO_2$ läßt sich durch Behandeln mit flüssigen Alkalieelementen, z.B. Na bei 500 °C unter Argon, aufschließen. Das entstandene Metall wird anschließend in 12 M HNO_3 + 0.0016 M H_2SiF_6 aufgelöst [21].

Die Temperaturabhängigkeit der Löslichkeit S von u.a. ThO_2 in Säuren befolgt die Beziehung lg S = −(A/T) + B, wobei T in K [22]. Angaben zum Verhalten von ThO_2 gegenüber z.B. Blutplasma oder Magensaft s. [23].

Literatur zu 3.3.3.3:

[1] R.Z. Bachman, C.V. Banks („Thorium", Kapitel 3 in TID-21384 [1964] 296). – [2] W.M. Bishop, C.J. Baroch (BAW-3809-3 [1968] 16 S.; N.S.A. **22** [1968] Nr. 47702). – [3] R. Prasad (Rev. Chim. Minerale **5** [1968] 1191/8). – [4] M.L. Hyder,

W.E. Prout, E.R. Russell (DP-1044 [1966] 15 S.; C.A. **66** [1967] Nr. 81550). – [5] E.M. Shrank (TID-7540 [1957] 155/63; C.A. **58** [1963] 13388).

[6] J.F. Phillips, H.D. Huber (BMWL-SA-1154 [1967] 17 S.; CONF-670620-3; N.S.A. **21** [1967] Nr. 32137). – [7] E.R. Russell, M.L. Hyder, W.E. Prout, C.B. Goodlett (Nucl. Sci. Eng. **30** [1967] 20/4). – [8] C.F. Metz, G.R. Waterbury (LA-3554 [1966] 20 S.; N.S.A. **21** [1967] Nr. 6801). – [9] T. Takeuchi, K. Kawamura (J. Inorg. Nucl. Chem. **34** [1972] 2497/503). – [10] T. Takeuchi, C.K. Hanson, M.E. Wadsworth (J. Inorg. Nucl. Chem. **33** [1971] 1089/98).

[11] M.E. Shying, T.M. Florence, D.J. Carswell (J. Inorg. Nucl. Chem. **32** [1970] 3493/508). – [12] M.E. Shying, T.M. Florence, D.J. Carswell (J. Inorg. Nucl. Chem. **34** [1972] 213/20). – [13] W.D. Bond (ORNL-2519 [1958] 19 S.; N.S.A. **13** [1959] Nr. 2059). – [14] M.S. Farrell, S.R. Isaacs (AAEC/E-143 [1965] 24 S.; N.S.A. **20** [1966] Nr. 18819). – [15] R.E. Blanco, L.M. Ferris, J.R. Flanary, F.G. Kitts, R.H. Rainey, J.J. Roberts (TID-7583 [1959] 234).

[16] L.M. Ferris, A.M. Kibbey (ORNL-3143 [1961] 19 S.; N.S.A. **15** [1961] Nr. 27699). – [17] S. Peterson, C.E. Curtis (ORNL-4503 (Vol. 1) [1970] 1/74). – [18] G.W.C. Milner (Analyst **92** [1967] 239/46). – [19] W.W. Schulz (ARH-SA-107 [1972] 42 S.; N.S.A. **27** [1973] Nr. 2464). – [20] H. Kubata, R.F. Apple (TID-7655 [1962] 473/80; C.A. **60** [1964] 5029).

[21] R.P. Larson, R.C. Vogel (U.S.P. 2900230 [1959]; C.A. **53** [1959] 19617). – [22] A.M. Egerov, Z.K. Odinets (Sb. Tr. Gos. Nauchn. Issled. Inst. Tsevtn. Metal Nr. 19 [1962] 308/13; C.A. **60** [1964] 1175). – [23] G.B. Bokova (Gigiena Truda i Prof. Zabolevaniya **4** Nr. 1 [1960] 49/50; C.A. **55** [1961] 24859).

3.3.3.4 Adsorption von Metall-Ionen. Verhalten als Ionenaustauscher

Adsorption of Metal Ions. Ion Exchange Properties

An der Oberfläche von polykristallinem ThO_2 werden zahlreiche Metall-Ionen fixiert, besonders wenn nicht hochgeglühtes ThO_2 eingesetzt wird, sondern wenn durch Fällung aus wäßriger Lösung gewonnenes $ThO_2 \cdot aq$ auf nicht zu hohe Temperaturen (möglichst $\lesssim 200\ °C$) erhitzt wird [1 bis 37]. Ob es sich bei dieser Fixierung der Ionen um eine reine Oberflächenadsorption handelt oder um ein echtes Ionenaustauschverhalten, ist häufig nicht geklärt. Allerdings ist bekannt, daß speziell hergestelltes ThO_2 reversibel sowohl Anionen als auch Kationen fixieren kann, sich also amphoter verhält [2], was auf austauschfähige OH-Gruppen an der Oberfläche des mikrokristallinen $ThO_2 \cdot aq$ zurückgeführt wird:

$$\rangle Th\text{-}X \xleftarrow{X^-} \rangle Th\text{-}OH \xrightarrow{M^+} \rangle Th\text{-}O\text{-}M$$

Bei derartigen Untersuchungen zeigte sich, daß mit einem Überschuß an Alkalihydroxid ausgefälltes $ThO_2 \cdot aq$ bevorzugt Kationen adsorbiert und z.B. folgende Reihenfolge zunehmender Fixierung zu beobachten ist:

$$Cu^{2+} > Ag^+ > C_2O_4^{2-} > [Fe(CN)_6]^{4-}$$

Mit Alkaliunterschuß gefälltes $ThO_2 \cdot aq$ zeigt in seinem Ionenaustauschverhalten dagegen die umgekehrte Reihenfolge:

$$[Fe(CN)_6]^{4-} > C_2O_4^{2-} > Ag^+ > Cu^{2+}$$

Die aus der Temperaturabhängigkeit dieser Adsorption berechneten Adsorptionswärmen sind allerdings mit Vorsicht aufzunehmen [2]. Ob für dieses verschiedene Adsorptionsver-

Literatur zu 3.3.3.4 s. S. 189/90

halten die in [1] aufgefundenen zwei unterschiedlichen Adsorptionsprozesse mitverantwortlich sind, ist nicht zu erkennen. Diese beiden pH-abhängigen Adsorptions-(oder Dissoziations)-prozesse lassen sich durch Langmuir-Isothermen mit pK-Werten von 2.9 bzw. 11.1 beschreiben. In [1] wurde bei Messungen des Zeta-Potentials von $ThO_2 \cdot aq$-Suspensionen beobachtet, daß ThO_2 leichter Anionen als Kationen adsorbiert – was möglicherweise mit den Herstellungsbedingungen zusammenhängt (eingesetzt wurde ThO_2, das durch thermische Zersetzung von gefälltem $Th(C_2O_4)_2 \cdot aq$ bei 900 °C erhalten wurde).

Die Adsorption von Kationen und Anionen ist um so schwächer, je höhere Temperaturen bei der Herstellung des ThO_2 angewandt wurden. Eingesetzt wurde durch Einleiten von NH_3 in $Th(NO_3)_4$-Lösung ausgefälltes $ThO_2 \cdot aq$, bei dem durch Behandlung mit Cs_2SO_4-Lösung ein Gleichgewicht der Adsorption von Cs^+ und SO_4^{2-} bewirkt worden war. Man erkennt, daß an diesem $ThO_2 \cdot aq$ das Anion (SO_4^{2-}) stärker fixiert wird als das Kation (Cs^+). Die Kapazität des ThO_2 hängt dabei stark von seiner Vorbehandlung ab: bei 50 bis 100 °C bzw. 135 °C getrocknetes $ThO_2 \cdot aq$ hat eine Aufnahmekapazität von 10^{-3} bzw. 4×10^{-4} Äquivalenten/g Substanz (**Fig.** 3-**91**) [4], bei 900 bis 1000 °C erhitztes ThO_2 nur eine von ca. 10^{-6} Äquivalenten/g [1, 4, 6, 36]. Unter hydrothermalen Bedingungen werden bei 100 °C$\leq t \leq$290 °C aus Na_2SO_4- bzw. $KHSO_4$-Lösungen Sulfat-Ionen durch ThO_2 als HSO_4^--Ionen gebunden mit einer Aktivierungsenergie von 10 kcal/mol. Ein Maximum der Adsorption als Funktion der Temperatur wurde bei 205 °C festgestellt.

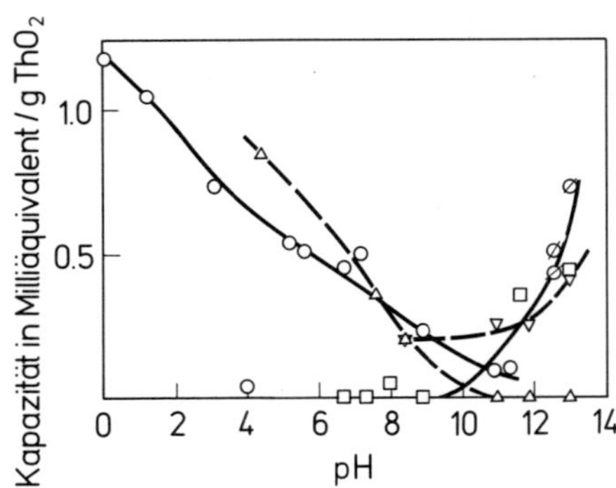

Fig. 3-91

Ionenaustauschkapazität von ZrO_2 und ThO_2 [4]. ZrO_2-Austauscher: ○ Kapazität für Cl^--Ionen, □ Kapazität für Na^+-Ionen, ⌀ Kapazität für Cs^+-Ionen. ThO_2-Austauscher: △ Kapazität für Cl^--Ionen, ▽ Kapazität für Na^+-Ionen

Im Vergleich zu ZrO_2 und TiO_2 zeigt ThO_2 ein schlechteres Adsorptionsverhalten, da die mechanische Stabilität der ThO_2-Teilchen zu wünschen übrig läßt, die Austauschkapazität gering und die Austauschgeschwindigkeit niedrig ist [4, 7]. Für einen ThO_2-Austauscher wurde ein effektiver Diffusionskoeffizient von etwa (4 bis 15) $\times 10^{-8}$ cm^2/s für H^+ und Na^+ gemessen [8]. Zum Vergleich für Cu^{2+} in NaCl-Lösung: $D = 6.1 \times 10^{-7}$ cm^2/min bei 46 °C [7]. Mit NaOH ausgefälltes $ThO_2 \cdot aq$ besitzt eine größere Porosität und damit eine größere Austauschgeschwindigkeit als das mit NH_3 ausgefällte $ThO_2 \cdot aq$ [32].

Die Kinetik der Sorption von Phosphat-Ionen an ThO_2 und ZrO_2 läßt sich durch eine Beziehung wiedergeben [10, 25, 37], in der zwei charakteristische Größen enthalten sind: ein linearer Term, der die Abnahme der „freien" Oberfläche des ThO_2 für die Phosphat-Sorption angibt und ein exponentieller Term, der die jeweilige Oberflächenbedekkung ausdrückt. Die Aktivierungsenergie für die Phosphatsorption durch ThO_2 bei einer Beladung Null beträgt 3.0$\pm$0.3 kcal/mol, was einen diffusionskontrollierten Mechanismus wahrscheinlich macht [10]. Ob bei dieser Phosphatbehandlung das $ThO_2 \cdot aq$ in Th-Phosphat übergeführt wird, wie es analog für ZrO_2 bekannt ist [4], wird nicht angegeben [10].

Bei papierchromatographischen Untersuchungen mit Filterpapier (Whatman Nr. 1), das zuvor mit Metalloxiden imprägniert worden war, ergab sich, daß der R_F-Wert der wandernden Anionen mit abnehmender Basizität des $MO_2 \cdot aq$ zunimmt [3]. Für ein mit ThO_2 imprägniertes Ionenaustauschpapier gilt, daß mit konzentrischer NH_3-Lösung als Laufmittel

$R_F = 0$ für VO_3^-, IO_4^-, PO_4^{3-}, AsO_4^{3-}, AsO_2^-, SeO_3^{2-}, TeO_4^{2-}, TeO_3^{2-}, $[Fe(CN)_6]^{4-}$, MoO_4^{2-}, CrO_4^{2-}, IO_3^-,

$R_F = >0.4$ für ReO_4^-, ClO_3^-, I^-, Br^-, BrO_4^-, Cl^-, CNS^-, NO_2^-, BrO_3^-, $[Fe(CN)_6]^{3-}$

und

$R_F \approx 0.1$ für $S_2O_3^{2-}$ [3].

Eine analytische Anwendung von ThO_2-imprägniertem Austauschpapier ist nicht bekannt.

Dagegen werden in der Literatur anorganische Ionenaustauschermembranen auf ThO_2-Basis häufiger besprochen [9, 11, 16, 21, 22, 24, 26 bis 30]. Hierbei wird das hydratisierte ThO_2 in Polyvinylchlorid, Polystyrol oder Celluloseacetat als Binder gegeben. Aus diesen Materialien lassen sich durch Gießen und Walzen dünne Folien herstellen, die allerdings nur eine sehr niedrige elektrische Leitfähigkeit aufweisen [11]. Folgendes spezielles Verfahren wird zur Herstellung einer ThO_2-Austauschermembran benutzt: 10 Gew.-Teile $Th(NO_3)_4$ werden in 10 Teilen Dimethylformamid gelöst; dazu werden 15 Teile einer 20%igen Lösung von Polyvinylidenfluorid in Dimethylacetamid gegeben. Die Aufschlämmung wird danach zu einem Film gegossen und mit 10%iger NH_3-Lösung ins Gleichgewicht gebracht. Unter Verwendung einer Multicompartment-Elektrodialysezelle mit 6 Zellpaaren, die mit diesen Membranen bestückt sind, soll der Kochsalzgehalt von Brackwasser von 3000 ppm auf 1000 ppm reduziert werden können [21]. Eine ähnliche Abnahme des KCl-Gehaltes einer Lösung mit 5000 ppm KCl um 61.8% wird für eine Zelle mit drei Membranpaaren angegeben [11].

Als Binder für die anorganischen Ionenaustauschmembranen wird auch Teflon oder Kynar vorgeschlagen, wobei ThO_2-Membranen bevorzugt eingesetzt werden sollen, wenn es um die Entfernung von Anionen gehen soll; für Kationen besitzen die entsprechenden ZrO_2-Membranen die größere Austauschkapazität. Die bisherigen Ergebnisse mit diesen anorganischen Ionenaustauschmembranen waren allerdings nicht so gut, daß man sie in größerem Einsatz zur Entsalzung von Brackwasser eingesetzt hätte, zu welchem Zweck sie eigentlich entwickelt wurden. Ihr großer Vorteil gegenüber den organischen Austauschmembranen liegt in der sehr hohen mechanischen Beständigkeit [9].

Adsorption von NpO_5^{3-} an $ThO_2 \cdot aq$ s. [35]. Diese Fixierung von Np^{VII} scheint reversibel zu sein, da aus 0.2 bis 1 M NaOH an $La(OH)_3$ bzw. $ThO_2 \cdot aq$ nahezu quantitativ sorbiertes NpO_5^{3-} durch ein kleines Volumen 5 N NaOH vollständig eluiert werden kann. Die Adsorption von SiO_2 an ThO_2 wird in [31] diskutiert, die von Fuchsin an $ThO_2 \cdot aq$ verschiedener Herstellung in [12]. Essigsäure und Ölsäure werden an $ThO_2 \cdot aq$ durch eine Esterbildung mit den Hydroxylgruppen der ThO_2-Oberfläche gebunden, wie aus spektroskopischen Untersuchungen in [18] abgeleitet wird.

Zum Nachweis von adsorbierten Sulfat-Ionen an ThO_2 (im Bereich von ca. 0.5 µmol SO_4^{2-}) anhand der Absorptionsbanden bei 8.4 (8.9 und 9.6) µm s. [38].

Literatur zu 3.3.3.4:

[1] P.J. Anderson (Trans. Faraday Soc. **54** [1958] 130/8). – [2] S.W.M. Subuktagin, R. Prasad (J. Inorg. Nucl. Chem. **34** [1972] 1053/8). – [3] C. Polcaro, M. Lederer (J. Chromatog. **94** [1974] 313/5). – [4] C.B. Amphlett, L.A. McDonald, M.J. Redman (J.

Inorg. Nucl. Chem. **6** [1958] 236/45). – [5] J. Belloni, D. Pavlov (J. Chim. Phys. **62** [1965] 458/69).

[6] J. Belloni (J. Chim. Phys. **63** [1966] 645/58). – [7] C. Heitner-Wirguin, A. Albu-Yaron (J. Appl. Chem. [London] **15** [1965] 445/8). – [8] G.M. Nancollas, R. Paterson (J. Inorg. Nucl. Chem. **22** [1961] 259/68). – [9] J.I. Bregman, R.S. Braman (J. Colloid Sci. **20** [1965] 913/22). – [10] D.R. Vissers (J. Phys. Chem. **73** [1969] 1953/5).

[11] K.R. Pai, M. Krishnaswamy (Indian J. Technol. **10** [1972] 229/32). – [12] R. Prasad, A.K. Dey (J. Inorg. Nucl. Chem. **24** [1962] 1018/9). – [13] M. Abe, T. Ito (Nippon Kagaku Zasshi **86** [1965] 1259/66; C.A. **65** [1966] 11377). – [14] P.M. Kovalenko (Zavodsk. Lab. **36** [1970] 534/9; C.A. **73** [1970] Nr. 81288). – [15] K.A. Kraus (U.S.P. 3522187 [1967/70]; C.A. **73** [1970] Nr. 81028).

[16] K.S. Rajan, A.J. Casolo (U.S.P. 3479266 [1967/69]; C.A. **72** [1970] Nr. 82874). – [17] R. Prasad, A.K. Dey (J. Sci. Ind. Res. [India] B **20** [1961] 230/1). – [18] M.R. Bradford, M.E. Wadsworth (AECU-4611 [1959] 10 S.; C.A. **57** [1962] 10554). – [19] C.M. Hausenfleck (AD-239768 [1960] 37 S.; C.A. **59** [1963] 8148). – [20] K.A. Kraus, H.O. Philipps (J. Am. Chem. Soc. **78** [1956] 249).

[21] J.I. Bregman, D.E. Anthes, R.S. Braman (U.S.P. 3463713 [1966/69]; C.A. **71** [1969] Nr. 116454). – [22] K.S. Rajan, D.B. Boies, A.J. Casolo, J.I. Bregman (Desalination **5** [1968] 371/90). – [23] K.A. Kraus (U.S.P. 3382034 [1965/68]; C.A. **69** [1968] Nr. 12226). – [24] K.S. Rajan, J.A. Hunter, W.S. Gillam, M.E. Podall (U.S. Office Saline Water Res. Develop. Progr. Rept. Nr. 328 [1968] 100 S.; C.A. **69** [1968] Nr. 99263). – [25] D.R. Vissers, R.G. Wymer, K.A. Kraus (U.S. Office Saline Water Res. Develop. Progr. Rept. Nr. 302 [1968] 110/3; C.A. **69** [1968] Nr. 90035).

[26] C. Berger (U.S.P. 3392103 [1963/68]; C.A. **69** [1968] Nr. 70163). – [27] J.S. Johnson, K.A. Kraus, A.E. Marcinkowsky, H.O. Philips, A.J. Shor (F.P. 1497295 [1965/67]; C.A. **69** [1968] Nr. 60253). – [28] K.S. Rajan, J.A. Hunter, S.W. Gillam, H.E. Podall (U.S. Office Saline Water Res. Develop. Progr. Rept. Nr. 222 [1968] 118 S.; C.A. **69** [1968] Nr. 61470). – [29] K.S. Rajan, D.B. Boies, A.J. Casolo, J.I. Bregman (Desalination **1** [1966] 231/46). – [30] K.S. Rajan, D.B. Boies, A.J. Casolo, J.I. Bregman (2nd Eur. Symp. Fresh Water Sea Prepr., Athens 1967, Bd. 5, Nr. 58 6 S.; C.A. **68** [1968] Nr. 72137).

[31] Chong Su Cho (Hwahak Kwa Kongop Ui Chinbo **5** Nr. 1 [1965] 1/5; C.A. **65** [1966] 6342). – [32] K.R. Pai, N. Krishnaswamy, D.S. Datar (Ion Exch. Process Ind. Papers Conf., London 1969 [1970], S. 322/8; C.A. **74** [1971] Nr. 68154). – [33] C. Matsuzaki, H. Zeitlin (Separ. Sci. **8** [1973] 185/92). – [34] N. Yui, Y. Kurokawa, H. Yatabe, M. Wakakura (Denki Kagaku Oyobi Kogyo Butsuri Kagaku **42** [1974] 171/4; C.A. **81** [1974] Nr. 127048). – [35] F.A. Zakharova, O.M. Orlova, D.P. Alekseeva, N.N. Krot (Radiokhimiya **16** [1974] 546/8).

[36] R.G. Sowden, B.R. Harder, K.E. Francis (Nucl. Sci. Eng. **16** [1963] 12). – [37] D. Vissers (J. Phys. Chem. **72** [1968] 3236/44). – [38] L.G. Tensmeyer, M.E. Wadsworth (AECU-4076 [1959] 17 S.; C.A. **54** [1960] 21927).

Adsorption of Gases

3.3.3.5 Adsorption von Gasen

Im Zusammenhang mit seinen Eigenschaften als Katalysator (s. S. 200) für die Fischer-Tropsch-Synthese wurde das Adsorptionsverhalten von ThO_2 verschiedener Herstellung gegenüber mehreren Gasen [1 bis 43, 47 bis 53] untersucht. Im Vordergrund standen dabei Untersuchungen über die Adsorption von Sauerstoff, Kohlenmonoxid und Wasser-

Literatur zu 3.3.3.5 s. S. 198/9

dampf, die anderen Gase wie Wasserstoff oder Stickstoff wurden weitaus unvollständiger untersucht, obwohl die Adsorption von Stickstoff (BET-Verfahren) sehr häufig zur Bestimmung der Oberfläche von ThO_2 angewandt wird. Zur Festlegung des Adsorptionsverhaltens der Gase wurden in einzelnen Fällen vollständige Adsorptionsisothermen aufgenommen, z.Tl. unter Verwendung einer Thermowaage [8]. Bei geeigneter Modifizierung läßt sich hierbei auch direkt die während der Chemisorption auftretende Lichtemission (Adsorbolumineszenz) beobachten [5].

Änderung der Adsorptionseigenschaften von ThO_2 nach Beschuß mit hochenergetischen positiven Ionen, der zu z.Tl. sehr starken Gitterschädigungen führt, s. [55].

Argon

Argon

Zur Bestimmung der Oberfläche von ThO_2 wird neben der Adsorption von Stickstoff gelegentlich auch die Adsorption von Argon benutzt. Messungen der Argon-Adsorption zur Bestimmung von Oberflächen sind häufig mit größeren Schwierigkeiten verbunden [54]. Entsprechende Probleme treten auch im Falle der Messungen an ThO_2 auf und zwar bevorzugt wegen der Oberflächenhydratation [52]. Oberflächenhydratation kann den Zutritt der Adsorptionsgase zu feinen Poren und Kanälen erschweren oder verhindern, und zwar für Argon in stärkerem Maße als für Stickstoff, obwohl beide vergleichbar groß sind [52]. Diese Schwierigkeiten treten besonders bei ThO_2 auf, das bei relativ niedrigen Temperaturen ($\lesssim$500 °C) behandelt wurde. Bei hocherhitztem ThO_2 sind diese Effekte wegen des geringen Porenanteils weniger augenfällig. Ferner erfolgt die Gleichgewichtseinstellung der N_2-Adsorption viel schneller als diejenige der Ar-Adsorption.

Die Ar-Adsorption an ThO_2 wird auch zur Untersuchung von ThO_2-Oberflächen, die sich nicht im thermodynamischen Gleichgewicht befinden, benutzt [56].

Wasserstoff

Hydrogen

Wasserstoff wird durch ThO_2 an den Stellen adsorbiert, an denen auf der Oberfläche des ThO_2 die Sauerstoffatome sitzen [3]. Die Adsorption wird sehr stark davon beeinflußt, ob vor der H_2-Adsorption schon eine CO-Adsorption stattgefunden hatte, wie an einem Fischer-Tropsch-Katalysator der Zusammensetzung 100 Gew.-Teile Co+18 Gew.-Teile ThO_2+200 Gew.-Teile Silicagel gezeigt wurde [6, 7, 50]. Es erscheint möglich, daß dafür der durch Zersetzung des CO an der Oberfläche des ThO_2 abgeschiedene Kohlenstoff verantwortlich sein kann. Umgekehrt wird aber auch die Adsorption von CO durch eine vorhergehende H_2-Adsorption beeinflußt [6].

Detaillierte Adsorptionsisothermen an einem Katalysator der Zusammensetzung 50% Cu+36% ZnO+12% Cr_2O_3+1.6% ThO_2+0.25% Ce_2O_3, der sich für die Überführung von CO+H_2 in CH_3OH als besonders aktiv erwies, werden in [2] wiedergegeben.

Sauerstoff

Oxygen

Obwohl ThO_2 bei −183 °C nur wenig Sauerstoff chemisorbieren soll [3], liegen mehrere neuere Arbeiten vor, die den mit der Adsorption des Sauerstoffs erfolgenden physikalisch-chemischen Vorgängen gewidmet sind. Durch eine Chemisorption von Sauerstoff an ThO_2 wird dessen elektrische Leitfähigkeit nicht beeinflußt, der adsorbierte Sauerstoff wird durch Anlegen eines Vakuums wieder rasch und vollständig desorbiert [12].

Die Adsorption von Sauerstoff an ThO_2 ist von einer Lichtemission begleitet [7, 13, 16, 48]. Dabei lassen sich zwei Intensitätspeaks feststellen, wobei das 2. Maximum stark davon abhängig ist, wie das ThO_2 zuvor behandelt wurde. Ein Zusatz von CO

Literatur zu 3.3.3.5 s.S. 198/9

zu Sauerstoff läßt das 2. Maximum verschwinden [16]. Das Spektrum des emittierten Lichts besteht im sichtbaren Bereich aus einer breiten, nahezu strukturlosen Bande im Bereich von 500 nm bis 800 nm (**Fig.** 3-**92**) [16]. Es wird für wahrscheinlich gehalten, daß die Lichtemission durch Übergänge der adsorbierten Sauerstoffmoleküle der Art

$$O_2(ads) + e^- \rightarrow O_2^-(ads)$$
$$O(ads) + e^- \rightarrow O^-(ads)$$

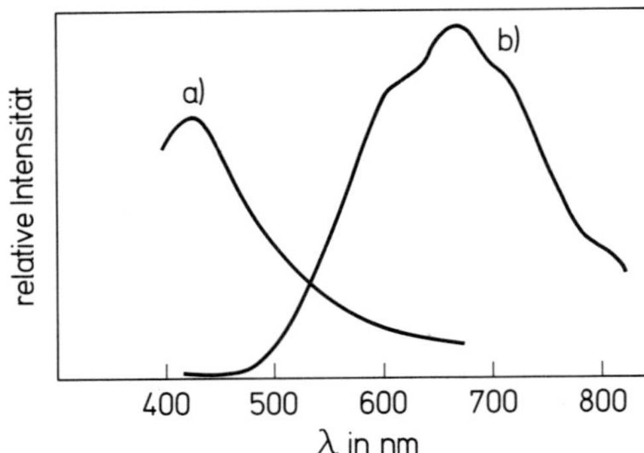

Fig. 3-92

Spektrum von Licht, das bei der Adsorption von Sauerstoff an ThO_2 emittiert wird [16]. a) Photolumineszenz bei Raumtemperatur; b) Adsorbolumineszenzspektrum bei 200 °C.

bewirkt wird [16], s. auch [7]. Die O_2^-(ads)-Spezies wurden auch durch ESR-Messungen nachgewiesen [48]. Die Oberflächenbehandlung des ThO_2 hat dabei einen Einfluß auf die Anteile der beiden adsorbierten Sauerstoffspezies und damit auf die jeweilige Lichtintensität. Es ist jedoch zu bemerken, daß die Vorgänge, die mit der Lichtemission bei der Adsorption von Sauerstoff auf ThO_2 verbunden sind, noch nicht zweifelsfrei geklärt sind.

Das Adsorptionsverhalten von z.B. Sauerstoff, Wasserstoff und Methan an ThO_2 und verschiedenen anderen Metalloxiden wird durch eine gleichzeitige Belichtung beeinflußt [10]. ESR-Untersuchungen an bei 843 K über die Citratmethode hergestelltem ThO_2 zeigen, daß nach einer Adsorption von Sauerstoff bei Raumtemperatur und Sauerstoffdrükken zwischen 15×10^{-3} Torr und 100 Torr kein für eine anionische Sauerstoffspezies typisches ESR-Signal beobachtet wird [15]. Nach 16 h Einwirkungszeit des Sauerstoffs bei $p(O_2)=60\times10^{-3}$ Torr wird bei 298 K ein breites ESR-Signal beobachtet, das nach Abkühlen auf 77 K an Intensität zunahm. Das Signal besaß einen g-Wert von 2.009 mit einer zusätzlichen Absorption mit g=2.056. Die Intensität des Signals wird nicht verändert, wenn die Probe unter einem dynamischen Vakuum von 10^{-6} Torr 16 h auf 398 K erhitzt wurde. Erst nach Erhitzen auf 473 K/10^{-6} Torr verschwand das ESR-Signal.

Bringt man ThO_2 bei 77 K in Kontakt mit Sauerstoff, so erhält man kein ESR-Signal. Ein solches erscheint jedoch augenblicklich, wenn gleichzeitig mit UV belichtet wird. Das Signal ist identisch mit demjenigen, das erhalten wird, wenn die Probe nach der O_2-Adsorption bei Raumtemperatur auf 77 K abgekühlt wird. Eine UV-Bestrahlung der ThO_2-Probe im Vakuum führt weder zur Sauerstoffabgabe, noch wird das ThO_2-Spektrum verändert. Zur Erklärung des Phänomens wird angenommen, daß sich durch die UV-Bestrahlung das Fermi-Niveau des n-Typ-ThO_2 ändert – allerdings ist nicht auszuschließen, daß dieses ungewöhnliche Verhalten auf Verunreinigungen an der Oberfläche des ThO_2 zurückzuführen ist [15]. Weitere detailliertere Untersuchungen zur Klärung dieser Vorgänge sind daher nötig.

Literatur zu 3.3.3.5 s.S. 198/9

Stickstoff

Nitrogen

An ThO_2, das z.B. über einen Sol-Gel-Prozeß erzeugt wurde, wird Stickstoff reversibel adsorbiert. Dabei wird eine monoatomare Schicht-Belegung erreicht [1]. Diese N_2-Adsorption wird allerdings merklich verändert, wenn an dem ThO_2 zuvor CO_2 oder Wasserdampf adsorbiert wurde. Zur Charakterisierung von ThO_2-Oberflächen wird daher ein Prozeß vorgeschlagen, in welchem neben der Adsorption von N_2 als Inertpartner auch die Absorption reaktiver Partner (CO_2 und/oder H_2O) mit herangezogen wird.

Bei der Desorption von Stickstoff von ThO_2-Oberflächen beobachtet man speziell bei größeren Dicken eine ausgeprägte Tendenz zur Hysteresis, wobei der Hysteresis-Effekt auch durch eine thermische Nachbehandlung nicht beeinflußt wird [1].

Die Adsorption von Stickstoff an ThO_2 kann auch dazu benutzt werden, eine Porenstruktur des ThO_2 detailliert zu ermitteln [11]. Es zeigte sich z.B. bei diesen Untersuchungen, daß der Durchmesser der Poren im ThO_2 stark vom Ausgangsmaterial abhängt, selbst wenn die Pyrolysetemperatur konstant gehalten wird.

Kohlenstoffmonoxid

Carbon Monoxide

CO wird durch ThO_2 und UO_2 bei 500 °C$\leq$t$\leq$900 °C in C+CO_2 zersetzt [4]. Hierbei ist die Zersetzungsgeschwindigkeit am UO_2 bedeutend größer als am ThO_2. Wird anstelle von reinem ThO_2 ein Fischer-Tropsch-Katalysator Co/ThO_2/Silicagel verwendet, so reagiert dieser Kohlenstoff zumindest partiell mit dem Kobalt unter Carbidbildung [14].

Bei tieferen Temperaturen ist die Adsorption von CO an ThO_2 zu einem hohem Prozentsatz irreversibel und kann nur durch Erhitzen auf relativ hohe Temperaturen rückgängig gemacht werden. Wegen der Zersetzung des CO erscheint nach der Desorption ein Teil als CO_2 [10]. Durch CO-Adsorption wird die elektrische Leitfähigkeit von ThO_2 nicht beeinflußt [12]. Bei der Adsorption von CO an Co/ThO_2/MgO/Silicagel-Fischer-Tropsch-Katalysator sind zwei Arten von Chemisorption zu beobachten: eine schwache Adsorption, die schon bei −78 °C rückgängig gemacht werden kann und eine stärkere, die erst bei höheren Temperaturen wieder rückgängig zu machen ist. ThO_2 zeigt für CO kein größeres Polarisierungsvermögen als z.B. Knochenmaterial. Über die Adsorptionswärme von CO an ThO_2-Oberflächen s. [17].

ESR-Untersuchungen an ^{12}CO bzw. ^{13}CO, das an ThO_2 adsorbiert ist, zeigen, daß zwei unterschiedlich adsorbierte CO-Spezies existieren, bei welchen das ungepaarte Elek-

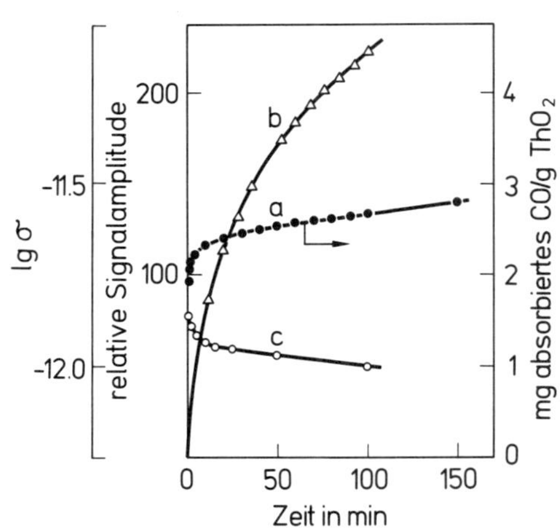

Fig. 3-93

Adsorption von CO an ThO_2 [18].
a) Menge von CO, die durch ThO_2 bei 250 °C/120 Torr adsorbiert wird.
b) Menge an paramagnetischen CO-Spezies (Amplitude des ESR-Signals in relativen Einheiten). c) Änderung der elektrischen Leitfähigkeit σ des ThO_2.

Literatur zu 3.3.3.5 s.S. 198/9

tron zu 33% bzw. zu 15% am C-Atom sitzt [18, 49]. Durch einen Elektronenaustausch zwischen dem CO und der ThO_2-Oberfläche wird das adsorbierte CO geringfügig positiv geladen und die Oberfläche des ThO_2 als Ganzes bis zu einer Tiefe von einigen Atomschichten negativ. Im Gegensatz zu O_2 ist CO_2 ein Inhibitor für die CO-Adsorption an ThO_2 [18]. Durch die CO-Adsorption wird die elektrische Leitfähigkeit des ThO_2 verändert [18], was im Gegensatz zu den Angaben in [12] steht (vgl. **Fig.** 3-**93**, S. 193). Einfluß einer Cer-Dotierung auf die CO-Adsorption an ThO_2 s. [51].

Carbon Dioxide

Kohlenstoffdioxid

Die Desorption von an ThO_2 adsorbiertem CO_2 verläuft nach einer logarithmischen kinetischen Beziehung [22]. Aus Berechnungen der Aktivierungsentropie für die Desorption des CO_2 läßt sich ableiten, daß das adsorbierte CO_2 sich in einem „mobilen" Zustand befindet [22]. An ThO_2-Solen oberflächlich gebundenes Nitrat läßt sich durch Einwirkung von CO_2 entfernen [21].

Steam

Wasserdampf

An der Oberfläche von kristallinem ThO_2 wird Wasserdampf relativ leicht adsorbiert, ein Verhalten, das die katalytischen Eigenschaften von ThO_2 sehr beeinflußt. Diese Wasseradsorption ist nicht nur sehr komplex, sondern hängt sehr stark von der Vorbehandlung des Oxids ab. Als erste Stufe der Wasseradsorption von vollständig entgastem ThO_2 wird die Bildung von Oberflächenhydroxylgruppen angesehen, die anschließend langsam hydratisieren [31]. Vor diesem chemischen Schritt der Hydratbildung liegt eine physikalische Adsorption des Wassers [31]. Hysteresiseffekte bei der Desorption von Wasser von der ThO_2-Oberfläche sind meist dadurch bedingt, daß das untersuchte ThO_2 Kapillaren aufweist und eine Kapillarkondensation die reine Adsorption begleitet [32]. Verschiedene ThO_2-Proben sind daher nur begrenzt miteinander zu vergleichen.

Ein Thoriumdioxid mit feinen Poren, das Wasser bis zu 500 °C irreversibel gebunden enthält, kann bis zu 40 Hydroxylgruppen pro 100 Å^2 enthalten – erheblich mehr als die 12.8 Hydroxylgruppen, die die vollständig hydroxylierte (100)-Fläche enthält [34]. Etwas überraschend ist hierbei, daß auch nichtporöses ThO_2 eine Oberflächenschicht von 36 Hydroxylgruppen/100 Å^2 aufweist, d.h. es existiert kein merklicher Unterschied zu porösem ThO_2 [34].

Die unterschiedliche Natur des adsorbierten Wassers läßt sich aus Messungen der isosterischen Adsorptionswärme von ThO_2 erkennen [30], da die Adsorptionswärme sehr stark von der Belegung der ThO_2-Oberfläche mit Wasser abhängt (**Fig.** 3-**94**) [30]. Die in [30] angegebenen Adsorptionswärmen sind allerdings merklich kleiner als die in [33] aufgeführten Zahlenwerte mit −15 kcal/mol bis −40 kcal/mol bei geringer Bedeckung der Oberfläche. Für die einzelnen Stufen der Reaktion von Wasser mit der ThO_2-Oberfläche

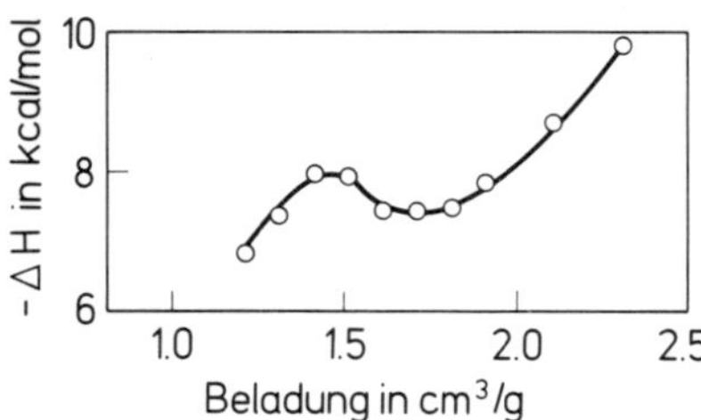

Fig. 3-94

Adsorptionswärme von H_2O(gas) an ThO_2 als Funktion der Beladung [30].

Literatur zu 3.3.3.5 s. S. 198/9

wird dort folgendes Bild angegeben, wobei die einzelnen Stufen sich durch unterschiedliche Adsorptionswärmen ΔH_a auszeichnen [33]:

O O + 2 H_2O (fl.) ⟶ OH OH OH OH

($\Delta H_a = -19$ kcal/mol) (1)

OH OH OH OH + 2 H_2O (fl.) ⟶ H_2O H_2O / OH OH OH OH

($\Delta H_a = -8.5$ kcal/mol) (2)

H_2O H_2O / OH OH OH OH + 2 H_2O (fl.) ⟶ H_2O H_2O H_2O H_2O / OH OH OH OH

($\Delta H_a = -1$ kcal/mol) (3)

ESR-Untersuchungen zeigen, daß an dieser Oberfläche von ThO_2/H_2O(ads) eine spezielle Struktur vorliegt [27]. Die spezielle Bindung des Wassers läßt sich auch infrarotspektroskopisch festlegen [35].

Weitere Angaben über die Wasseradsorption an ThO_2 s. [20, 24 bis 26, 28, 36 bis 43, 53, 57], über Photolyse von adsorbiertem Wasser [36].

Organische Verbindungen

Organic Compounds

Untersuchungen über die Adsorption von vier isomeren Hexen-Kohlenwasserstoffen zeigen, daß sich die Oberfläche des eingesetzten mikroporösen ThO_2 energetisch heterogen verhält [45]. Die Adsorptionsisothermen (vgl. **Fig. 3-95** für 1-Hexen) lassen sich durch die Freundlich-Beziehung $\lg x = \lg x_m - K \cdot \lg (p_0/p)$ mit x = adsorbierte Menge in g/g, x_m =

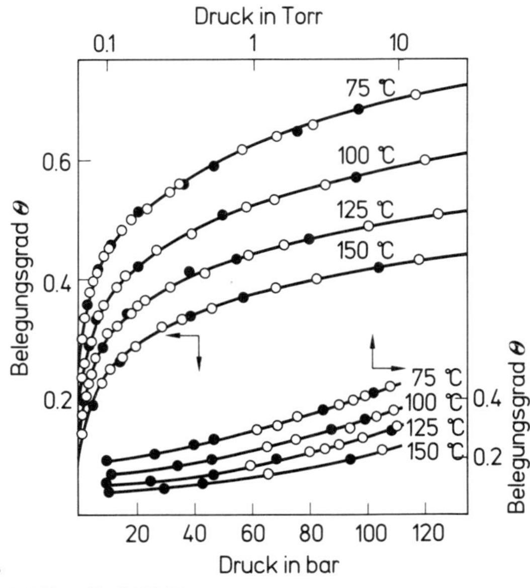

Fig. 3-95

Adsorptionsisothermen von 1-Hexen an ThO_2 [45] (○ Adsorption, ● Desorption).

Literatur zu 3.3.3.5 s. S. 198/9

Monoschichtmenge in g/g, p_0 = Sättigungsdruck, K = Konstante wiedergeben. Aus Entropiebetrachtungen folgt ein Adsorptionsmodell mit einer mobil adsorbierten Schicht (**Fig. 3-96**), wobei die Frequenz der Schwingung der adsorbierten Moleküle senkrecht zur Oberfläche des Adsorbens $(4.8 \pm 0.7) \times 10^{12}\ s^{-1}$ beträgt [45]. Die isostere Adsorptionswärme der isomeren Hexene an dem benutzten mikroporösen ThO_2 nimmt in der gleichen Reihenfolge 1-Hexen ≈ cis-2-Hexen < 2-Methyl-2-penten < trans-2-Hexen ab, in der auch die Dipolmomente abnehmen (**Fig. 3-97**) [45].

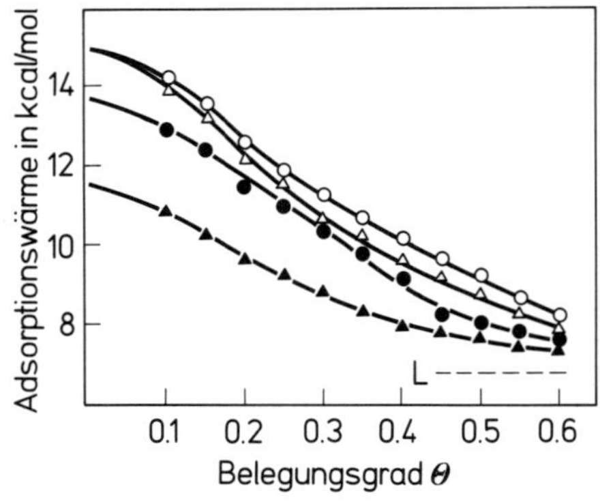

Fig. 3-96
Isostere Adsorptionswärme von
○ 1-Hexen, △ cis-2-Hexen,
● trans-2-Hexen,
▲ 2-Methyl-2-penten,
L Kondensationswärme [45].

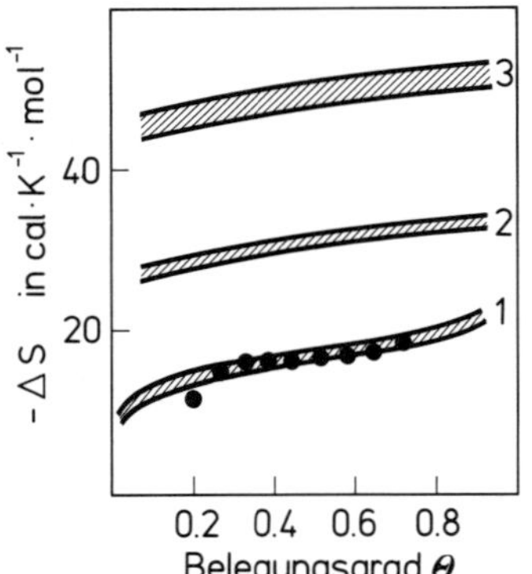

Fig. 3-97.
Integrale Adsorptionsentropie von 1-Hexen an ThO_2 bei 75 °C in Abhängigkeit von der Belegung. Band 1: mobile Adsorption, Verlust eines Freiheitsgrades der Translation. Band 2: lokalisierte Adsorption, Verlust von 3 Freiheitsgraden der Translation. Band 3: wie Band 2 und zusätzlich Verlust zweier Freiheitsgrade der Rotation: ● Experiment. Die Bandbreiten sind bedingt durch die Unsicherheit bei der Abschätzung von Rotations- und Schwingungsbeiträgen [45].

Die Gleichgewichtsadsorption der isomeren Hexene (**Fig. 3-98**) und die Aktivierungsenergie der Diffusion an mikroporösem ThO_2 werden sehr stark von der Vorbelegung der Oberfläche mit Wasser und Hexan-2-ol beeinflußt [46]. Werte für die Aktivierungsenergie der Diffusion der isomeren Hexene:

Kohlenwasserstoff	Aktivierungsenergie in kcal/mol		
	ohne Vorbelegung	Vorbelegung mit Wasser	Vorbelegung mit Hexan-2-ol
1-Hexen	1.9	3.8	4.2
cis-2-Hexen	3.0	–	7.9
trans-2-Hexen	2.2	–	6.6

Literatur zu 3.3.3.5 s. S. 198/9

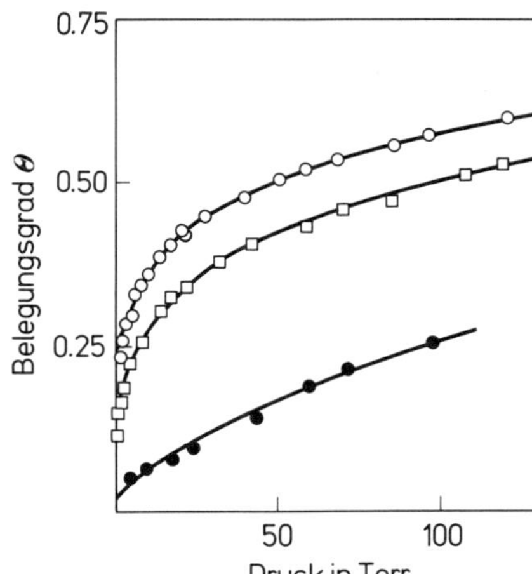

Fig. 3-98

Adsorptionsisothermen von 1-Hexen bei 100 °C an ThO_2 ohne Vorbelegung (○) und vorbelegt mit Wasser ($\theta=0.34$) (□) bzw. Hexan-2-ol ($\theta=0.66$) (●) [44]

Aus kinetischen Untersuchungen der Adsorption ergaben sich folgende Diffusionskoeffizienten:

Kohlenwasserstoff	Diffusionskoeffizient $\times 10^{-14}$ in cm^2/s (Temperatur in °C)					
	75	100	125	150	175	200
1-Hexen	3.5	4.1	4.6	5.1	5.6	6.1
cis-2-Hexen	2.3	3.1	3.9	4.7	5.5	6.4
trans-2-Hexen	1.0	1.2	1.4	1.6	1.7	1.9

Die erhaltenen Diffusionskoeffizienten entsprechen etwa den Werten, die für den Transport von Kohlenwasserstoffen in Zeolithen beobachtet werden. Für die Beschreibung des Transportmechanismus von Hexen in mikroporösem ThO_2 wird ein Porensystem angenommen, das nur durch Porenengstellen von molekularen Dimensionen zugänglich ist. Der Durchtritt der diffundierenden Moleküle durch diese Porenengstellen stellt den geschwindigkeitsbestimmenden Schritt dar [46].

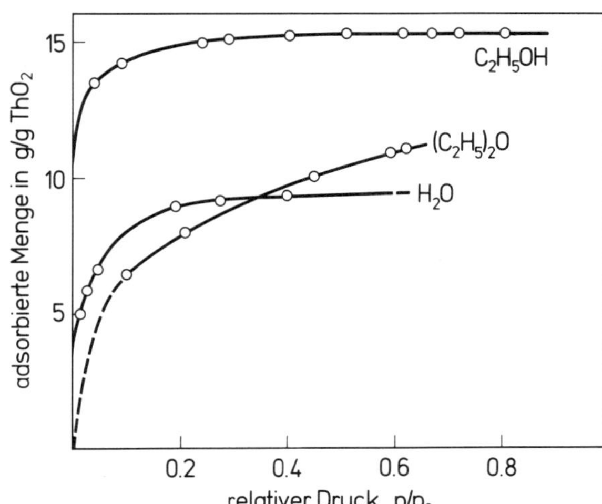

Fig. 3-99

Adsorptionsisothermen von Wasser, Äthanol und Diäthyläther an ThO_2 bei 200 °C [44].

Literatur zu 3.3.3.5 s. S. 198/9

Auch für Äthanol, Diäthyläther und Wasser wurden an mikroporösem ThO_2 Diffusionskoeffizienten in der Größenordnung von 10^{-13} bis 10^{-14} cm^2/s für Temperaturen zwischen 100 und 200 °C beobachtet [44]. Die Adsorptionsisothermen dieser Substanzen bei 200 °C sind in **Fig.** 3-**99**, S. 197, wiedergegeben. Bei einem Gasdruck von 80 Torr nimmt die Aktivierungsenergie der Diffusion in der Reihenfolge $E_A(H_2O) > E_A(C_2H_5OH) > E_A(C_2H_5OC_2H_5)$ ab.

Zur Adsorption von Farbstoffen (Kongorot, Fuchsin usw.) an ThO_2 s. [58 bis 60].

Literatur zu 3.3.3.5:

[1] E.L. Fuller, P.A. Agron (J. Colloid Interface Sci. **57** [1976] 193/200). – [2] J.C. Ghosh, M.V.C. Sastri, G.S. Kamath (J. Chim. Phys. **49** [1952] 500/3). – [3] J.D.M. McConnell, L.E.J. Roberts (Chemisorption Proc. Symp. Keele, Engl., 1956 [1957], S. 26). – [4] L.E.J. Roberts, A.J. Walter, V.J. Wheeler (J. Chem. Soc. **1958** 2472/81). – [5] M. Breysse, L. Faure, B. Claudel, J. Veron (Progr. Vac. Microbalance Tech. **2** [1973] 229/38; C.A. **80** [1974] 113060).

[6] M.V.C. Sastri, T.S. Viswanathan (Current Sci. [India] **23** [1954] 86/8). – [7] M.V.C. Sastri, T.S. Viswanathan (J. Am. Chem. Soc. **77** [1955] 3967/71). – [8] E.L. Fuller, H.F. Holmes, R.B. Gammage, C.H. Secoy (Progr. Vac. Microbalance Tech. **1** [1972] 265/74; C.A. **80** [1974] Nr. 23771). – [9] S. Wagner (Proc. Phys. Soc. [London] B **66** [1953] 400/13). – [10] L.L. Basov, Y.P. Solonitsyn, A.N. Terenin (Dokl. Akad. Nauk SSSR **164** [1965] 122/4).

[11] H. Jeziorowski, H. Knoezinger, W. Meyl (J. Colloid Interface Sci. **50** [1975] 283/95). – [12] M. Breysse, B. Claudel, Y. Trambouze (Compt. Rend. Journees Etud. Solides Finement Div., Saclay, Fr., 1967 [1969], S. 259/65; C.A. **71** [1969] Nr. 84858). – [13] M. Breysse, L. Faure, B. Claudel, J. Veron (Vide **28** Nr. 164 [1973] 72/3). – [14] L.J.E. Hofer, W.C. Peebles, E.H. Bean (J. Am. Chem. Soc. **72** [1950] 2698/701). – [15] Z. Gavra, N. Kaufherr, M. Steinberg (Israel J. Chem. **12** [1974] 1075/6).

[16] M. Breysse, B. Claudel, L. Faure, H. Latreille (Faraday Discussions Chem. Soc. Nr. 57 [1974] 205/14). – [17] R.J. Nash, R. Beebe (J. Colloid Interface Sci. **31** [1969] 343/52). – [18] P. Meriaudeau, M. Breysse, B. Claudel (J. Catalysis **35** [1974] 184/8). – [19] M.V.C. Sastri, V. Srinivasan (Current Sci. [India] **23** [1954] 154/6). – [20] R.B. Gammage, E.L. Fuller, H.F. Holmes (J. Colloid Interface Sci. **34** [1970] 428/35).

[21] I.L. Thomas (J. Colloid Interface Sci. **32** [1970] 177). – [22] C.H. Pitt, M.E. Wadsworth (AECU-3759 [1958] 19 S.; C.A. **55** [1961] 21751). – [23] Y.S. Vedula (Ukr. Fiz. Zh. **7** [1962] 196/200). – [24] R.B. Gammage, H.F. Holmes (CONF-760653-2; ERDA Energy Res. Abstr. **2** [1977] Nr. 1211). – [25] H.F. Holmes, E.L. Fuller, R.B. Gammage, C.H. Secoy (Hydrophobic Surfaces Kendall Award Symp., San Francisco 1968 [1969], S. 79/87; C.A. **76** [1972] Nr. 76890).

[26] R.B. Gammage, W.S. Brey (J. Appl. Chem. Biotechnol. **22** [1972] 31/7). – [27] R.B. Gammage, W.S. Brey, B.H. Davis (J. Colloid Interface Sci. **32** [1970] 256/69). – [28] R.B. Fahim, R.M. Gabr, R.Sh. Mikhail (J. Appl. Chem. [London] **20** [1970] 216/7). – [29] B.E. Deal, M.J. Svec (J. Electrochem. Soc. **103** [1956] 421/5). – [30] T. Ron, P. Schindler (Chimia [Aarau] **26** [1972] 247/8).

[31] E.L. Fuller, H.F. Holmes, C.H. Secoy (J. Phys. Chem. **70** [1966] 1633/6). – [32] H.F. Holmes, E.L. Fuller, C.H. Secoy (J. Phys. Chem. **72** [1968] 2293/300). – [33] H.F. Holmes, E.L. Fuller, C.H. Secoy (J. Phys. Chem. **72** [1968] 2095/100). – [34] R.B. Gammage, E.L. Fuller, H.F. Holmes (J. Phys. Chem. **74** [1970] 4276/80). – [35] P. Agron (ORNL-5111 [1976] 122/4).

[36] L.L. Basov, Y.P. Efimov, Y.P. Solonitsyn (Usp. Fotoniki **4** [1974] 12/18; C.A. **81** [1974] Nr. 129764). – [37] R.B. Gammage, E.L. Fuller, H.F. Holmes (J. Colloid Interface Sci. **38** [1972] 91/6). – [38] A.L. Draper, W.O. Milligan (AECU-4395 [1959] 90 S.; C.A. **55** [1961] 18248). – [39] M.E. Winfield (Australian J. Chem. **6** [1953] 221/33). – [40] K.L. Sutherland, M.E. Winfield (Australian J. Chem. **6** [1953] 244/56).

[41] E.L. Fuller, H.F. Holmes, C.H. Secoy (Vacuum Microbalance Tech. **4** [1964/65] 109/25; C.A. **63** [1965] 14095). – [42] A.A. Tsyganenko, V.N. Filimonov (Usp. Fotoniki **4** [1974] 55/74; C.A. **81** [1974] Nr. 113032). – [43] V.N. Pak (Zh. Fiz. Khim **48** [1974] 2338/9). – [44] H. Knözinger, H. Jeziorowski (Surface Sci. **22** [1970] 111/24). – [45] H. Jeziorowski, H. Knözinger (Z. Physik Chem. [Frankfurt] **90** [1974] 155/63).

[46] H. Jeziorowski, H. Knözinger (Ber. Bunsenges. Physik. Chem. **79** [1975] 790/5). – [47] F.F. Volk'enstein, B. Claudel (Russ. J. Phys. Chem. **50** [1976] 1225/7). – [48] A. Breysse, B. Claudel, J. Veron (Kinetika i Kataliz **14** [1973] 102). – [49] W.S. Brey, R.B. Gammage, Y.P. Virmani (J. Phys. Chem. **75** [1971] 895). – [50] J.C. Ghosh, M.V.C. Sastri, G.S. Kamath (J. Chim. Phys. **49** [1952] 500/3).

[51] B. Claudel, F. Juillet, Y. Trambouze, J. Veron (Proc. 3rd Intern. Congr. Catalysis, Amsterdam 1964 [1965], Bd. 1, S. 214/24; C.A. **63** [1965] 12369). – [52] R.B. Gammage, E.L. Fuller, H.F. Holmes: (in: Surface Area Determination, Butterworth, London 1970, S. 161/4). – [53] R.D. Fahim, R.M. Gabr, R.S.M. Mikhail (J. Appl. Chem. [London] **20** [1970] 216). – [54] M.R. Harris, K.S.W. Sing (Chem. Ind. [London] **1967** 757). – [55] R.L. Nelson, M.J. Duck (Uses Cyclotrons Chem. Met. Biol. Proc. Conf., Oxford 1969 [1970], S. 88/100; C.A. **74** [1971] Nr. 70715).

[56] G.K. Boreskov, T.G. Valkova, V.A. Gagarina, E.A. Levitskii (Dokl. Akad. Nauk SSSR **189** [1969] 1031/4). – [57] H. von Wartenberg (Z. Elektrochem. **55** [1951] 445/6; Z. Anorg. Allgem. Chem. **264** [1951] 226/9). – [58] J. Duclaux, C. Cohn (Bull. Soc. Chim. France **1964** 1600/3). – [59] R. Prasad, A.K. Dey (J. Phys. Chem. **65** [1961] 1272/3). – [60] R. Prasad, A.K. Dey (J. Inorg. Nucl. Chem. **24** [1962] 1018/9).

3.3.4 Verwendung von ThO_2

Use of ThO_2

Für ThO_2 werden in der Literatur zahlreiche Verwendungsmöglichkeiten und Anwendungsbereiche angegeben. Dabei steht gegenwärtig – 2. Hälfte der siebziger Jahre – die Verwendung von $^{232}ThO_2$ als potentieller Kernbrennstoff oder genauer Brutstoff für den gasgekühlten Hochtemperaturreaktor im Vordergrund. In diesem werden hohe Temperaturen erzeugt und gleichzeitig auch ein hoher Grad der Konversion des mit thermischen Neutronen nicht spaltbaren ^{232}Th in das spaltbare ^{233}U erzielt.

Daneben existiert eine ganze Reihe anderer Anwendungsbereiche, die vom Einsatz als Katalysator für die unterschiedlichsten Reaktionen über die Verwendung in Dispersionslegierungen zur Verbesserung spezieller Metalleigenschaften und die Anwendung als Kathodenmaterial bis hin zu den Gebieten reichen, in denen ThO_2 wegen seiner hohen thermischen Beständigkeit und seiner besonders großen chemischen Stabilität bevorzugtes Material ist. Hier sind zu erwähnen z.B. Tiegel oder Gußformen aus ThO_2-Keramik sowie Isolationsmaterial und Wärmeschutzmaterial aus ThO_2 bzw. durch ThO_2 verbesserte Keramiken. Auf die Verwendung von ThO_2 als Glaszusatz und die Anwendungsmöglichkeiten der sauerstoffionenleitenden ThO_2-$CaO(Y_2O_3)$-Festelektrolyte wurde im „Thorium" Ergänzungsband C 2 eingegangen.

Nachteilig für die nichtnukleare Anwendung von Thorium in seinen Verbindungen ist die inhärente Radioaktivität, die in Zusammenhang mit den sehr strengen Strahlenschutzvorschriften eine Anwendung nur dort als wirtschaftlich erscheinen läßt, wo kein Ersatzmaterial mit ähnlich guten Eigenschaften zur Verfügung steht.

Uses of Thorium Dioxide

Numerous uses of ThO_2 are described in the literature. Its use as a breeder fuel in nuclear reactors stands out with growing significance here at the end of the 1970's. The High-Temperature Gas-Cooled Reactor, which uses $^{232}ThO_2$, gives particularly high temperature and conversion of nonfissionable ^{232}Th to fissionable ^{233}U by thermal neutrons.

The other uses of ThO_2 are also important. Thorium dioxide is a good catalyst in many types of reactions. It improves the characteristics of metals in which it is dispersed. ThO_2 is a good cathode material. Either alone or as an additive ThO_2 is suitable for high temperature thermal and electrical insulators, crucibles, and molds because of excellent thermal and chemical stability. The use of thorium dioxide in glass or as the ionic solid state conductor ThO_2-$CaO(Y_2O_3)$ at high temperature is described in "Thorium" C2.

A definite drawback in nonnuclear use of any thorium compound is thorium's radioactivity. Strong regulation for handling radioactive materials makes the use of thorium compounds expensive and discourages use unless there is no acceptable substitute.

Use as Catalyst

3.3.4.1 Verwendung als Katalysator

Thoriumdioxid wird bei sehr unterschiedlichen chemischen Reaktionen als Katalysator eingesetzt. Hierbei kann man zwei Arten der Verwendung unterscheiden:

Einmal wird ThO_2 als Trägermaterial für den eigentlichen, nicht aus Th-Verbindungen bestehenden Katalysator verwendet. In vielen Fällen ist dabei jedoch nicht ersichtlich, ob ThO_2 allein als Trägermaterial dient oder zusätzlich katalytische Aktivität entwickelt.

Zum anderen wird ThO_2 als eigentlicher Katalysator auf Th-freien Trägermaterialien benutzt. Überwiegend wird jedoch nicht reines ThO_2 verwendet, sondern ein katalytisch aktives Gemisch, in dem ThO_2 eine Komponente ist und dabei häufig nur in relativ niedriger Konzentration beigemischt ist.

Bedingt durch die Radioaktivität des ^{232}Th und seiner Folgeprodukte ist die Verwendung von Thoriumverbindungen gewissen Einschränkungen unterworfen – und dies gilt besonders für neuere und neueste Entwicklungen. Hier muß durch geeignete Verarbeitungs- und Bearbeitungsverfahren bei der Katalysatorherstellung sichergestellt werden, daß z.B. der Abrieb auf ein extrem geringes Maß zurückgedrängt wird, damit die Produkte der Reaktion nicht mit Thorium oder seinen Folgeprodukten kontaminiert werden. Dies gilt besonders für Reaktionsprodukte, die auf irgendeine Weise (z.B. Ernährung, Kontakt bei Synthesefasern) mit dem menschlichen Körper in Berührung kommen.

Beim Umgang mit größeren Mengen an Thorium, z.B. bei der technischen Katalysatorherstellung, sind die Richtlinien hinsichtlich des Umgangs mit offenen radioaktiven Substanzen zu beachten. Nach der „Verordnung über den Schutz vor ionisierenden Strahlen – Strahlenschutzverordnung" – der Bundesrepublik Deutschland vom 13. Oktober 1976 liegt die Mengengrenze für den genehmigungs- und anzeigefreien Umgang mit ^{232}Th in offener Form bei <10 g, für Mengen <100 g ist der Umgang anzeigebedürftig.

In der nachfolgenden Zusammenstellung über die katalytische Aktivität des ThO_2 werden nur solche Katalysatoren erwähnt, bei denen das Thorium nicht als definiertes

Literatur zu 3.3.4.1 s.S. 210/4

ternäres oder polynäres Oxid vorliegt – diese Verbindungen sind in „Thorium" Ergänzungsband C 2 abgehandelt. Allerdings ist nicht auszuschließen, daß in den nachfolgend beschriebenen Katalysatoren während der Reaktion – und speziell bei höheren Temperaturen – das eingesetzte ThO_2 mit dem Träger- und/oder Aktivierungsmaterial reagiert, so daß nicht mehr ThO_2 direkt vorliegt. Aus den Literaturangaben ist aber ein solches Reaktionsverhalten meist nicht zu entnehmen, wenngleich es gelegentlich als wahrscheinlich anzunehmen ist.

Gelegentlich, und zwar speziell bei der Patentliteratur, ist nicht zu erkennen, ob die aufgeführten Katalysatoren wirklich ThO_2 enthalten oder ob ThO_2 nur als Alternative z.B. zu ZrO_2 vorsorglich mit aufgeführt wurde. Es ist daher in einzelnen Fällen möglich, daß die postulierte Reaktion dann in der Praxis ohne ThO_2-haltigen Katalysator durchgeführt wird.

Das Kapitel enthält nur eine spezielle Auswahl der für ThO_2-Katalysatoren vorhandenen Anwendungsmöglichkeiten bzw. Literaturzitate.

Use as Catalyst

Thorium dioxide is used in catalysts for a wide variety of chemical reactions. For some reactions ThO_2 is the carrier for another catalyst although in these cases catalytic activity by the ThO_2 can not be excluded. For other reactions the ThO_2 itself is the catalyst. In the latter case ThO_2 is usually present in a mixture and frequently only a small fraction of the catalyst is thorium dioxide.

The radioactivity of ^{232}Th and its decay products limits catalytic use of the oxide. This is particularly true with new developments. Preparation of ThO_2 catalysts and processing with them must be carried out in such a way that almost no thorium or thorium decay products are carried along in the processing stream. The problem becomes particularly acute for processed food and synthetic fabrics—products which come into direct contact with the consumer.

Katalysatoren für die Fischer-Tropsch-Synthese und verwandte Reaktionen

Catalysts for the Fischer-Tropsch Process and Related Reactions

Untersucht wurde insbesondere die katalytische Aktivität des ThO_2 bei der Fischer-Tropsch-Synthese, bei „steam-reforming"-Prozessen sowie beim Oxo-Prozeß und verwandten Verfahren. Bei einer detaillierten Untersuchung, z.B. der $CO+H_2$-Reaktion zeigt sich, daß schon geringe Änderungen der Zusammensetzung des Katalysators die relative Ausbeute an z.B. gasförmigen, flüssigen und festen Kohlenwasserstoffen und ihre jeweilige chemische Zusammensetzung ändern können – meist nur wenig vorhersehbar [3, 6].

Im allgemeinen wird heute angenommen, daß die erste Stufe der $CO+H_2$-Umsetzung die Reaktion $2CO+2H_2O \rightarrow :CH_2+CO_2$ ist, die sich aus den beiden Teilschritten $CO+2H_2 \rightarrow :CH_2+H_2O$ und $CO+H_2O \rightarrow CO_2+H_2$ zusammensetzt. Ein Fe-Katalysator begünstigt den ersten, Ni- und Co-haltige Katalysatoren fördern den zweiten Teilschritt [1]. Bei verschiedenen Fe-Cu-ThO_2-K_2CO_3-Kieselgur-Katalysatoren ist aus dem Fehlen von H_2O im Reaktionsprodukt zu schließen, daß die CO/H_2O-Teilstufe schneller als oder zumindest gleich schnell abläuft wie die CO/H_2-Teilstufe, wie sich aus näheren Angaben in [1] ergibt.

Den verschiedenen Theorien über den Mechanismus der Fischer-Tropsch-Synthese liegt zugrunde, daß CO und H_2 an der Oberfläche des Katalysators, vorzugsweise des Metalls, adsorbiert (chemisorbiert) werden [4, 5, 8, 9, 20]. Dabei scheinen größere Mengen an präsorbiertem Wasserstoff die CO-Adsorption nicht zu beeinflussen, während kleinere

Literatur zu 3.3.4.1 s. S. 210/4

Mengen sogar einen günstigen Effekt aufweisen sollen [12]. Details der CO-Adsorption an ThO_2-Katalysatoren, speziell in Gegenwart von Sauerstoff, die zur Oxidation zu CO_2 führt, s. [7, 15 bis 17, 21]. Ob die Bildung von Co-Carbiden, wie sie bei der Reaktion von CO mit feinverteiltem Co bei 235±10 °C zu beobachten ist [14], bei der katalytischen Aktivität eine Rolle spielt bzw. ob sie im Katalysator überhaupt abläuft, ist heute sehr umstritten.

Interessant ist allerdings, daß ein Einbau von ^{228}Th in ThO_2-Katalysatoren für die $CO+O_2$-Reaktion (und vermutlich auch für andere Reaktionen) die katalytische Aktivität merklich verändern kann [18, 19]. Dies ist z.B. aus **Fig. 3-100** abzuleiten, in der die relative Reaktionsgeschwindigkeit als Funktion der Radioaktivität des Thoriums (in µCi/g) angegeben ist [18]. Für das durch Zersetzung von $Th(NO_3)_4$ hergestellte $^{228,232}ThO_2$ ergibt sich ein Maximum der relativen Reaktionsgeschwindigkeit der Oxidation von CO durch Sauerstoff bei einer Aktivität von 1000 µCi/g. Für das durch thermische Zersetzung von $Th(C_2O_4)_2 \cdot aq$ erhaltene $^{228,232}ThO_2$ ergibt sich allerdings ein anderer kinetischer Verlauf ohne Maximum [19].

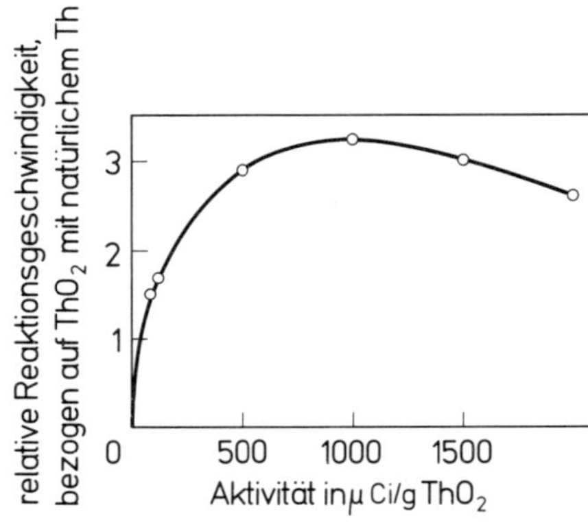

Fig. 3-100

Abhängigkeit der katalytischen Aktivität von ThO_2 auf die Oxidation von CO durch Sauerstoff von der spezifischen Aktivität des ThO_2, die durch Einbau von $^{228}ThO_2$ in ThO_2 mit natürlichem Thorium verändert wurde [18].

Für die $CO+H_2$-Reaktion wurde ein merklicher Isotopeneffekt festgestellt. Bei 183 °C z.B. läuft die Reaktion mit D_2 1.3mal so schnell ab wie die Reaktion mit H_2, wenn ein Katalysator aus 100 Teilen Co, 18 Teilen ThO_2 und 100 Teilen Kieselgur eingesetzt wird [153]. Ein bemerkenswerter Deuteriumaustausch findet über dem Co-ThO_2-Fischer-Tropsch-Katalysator auch zwischen C_2H_6, C_3H_8, n-C_4H_{10} sowie i-C_4H_{10} und D_2 statt, wobei für i-C_4H_{10} die höchsten und für C_2H_6 die niedrigsten Austauschverhältnisse zu beobachten waren [13].

Gasförmige Verdünnungsmittel (N_2, CH_4, CO_2) reduzieren üblicherweise die Fischer-Tropsch-Ausbeute, es zeigte sich aber, daß $^{14}CO_2$ unter den in [11] aufgeführten Reaktionsbedingungen (1 atm, 185 °C, 100 Co:6 ThO_2:3 MgO:100 Kieselgur als Katalysator) nicht in die gebildeten Produkte eingebaut wird.

Die Herstellung der für diese Untersuchungen benötigten Katalysatoren wird im allgemeinen in der jeweiligen Arbeit mehr oder minder ausführlich beschrieben. Als charakteristisch für die übliche Gewinnung von Fischer-Tropsch-Katalysatoren können die beiden folgenden patentierten Verfahren sein:

Für die Hydrierung von CO wird folgender Fließbettkatalysator benutzt: Gelförmiges SiO_2 niedriger Dichte (≈0.53 g/cm³, Korngröße 1.7 bis 4.4 mm) wird mit wäßrigen Lösungen von Co- und Th-Nitrat behandelt. Das mit 25% Co^{2+} und 5% Th^{4+} imprägnierte Gel wird 24 h auf 215 °C erhitzt. Aus diesem Material geformte Kügelchen von 3 mm

Literatur zu 3.3.4.1 s.S. 210/4

Durchmesser werden bei 343 bis 370 °C im N_2-Strom und anschließend im H_2-Strom (4 h) behandelt, wobei Kügelchen von der Dichte 0.90 g/cm^3 entstehen. Diese werden dann zu einem Endprodukt vermahlen, das zu <0.25% Teilchen mit <20 µm Durchmesser enthält und ausgezeichnete Abriebfestigkeit aufweist [2].

In [10] wird folgendes Verfahren angewandt: 20 m^3 einer salpetersauren Lösung mit 1143 kg Co, 24.3 kg Fe, 2.2 kg Al, 16.8 kg SO_3 und 1.45 kg SiO_2 werden auf 60 bis 70 °C erhitzt und mit 4.3 m^3 Na_2CO_3-Lösung (100 g/l) versetzt, bis sich pH 4.9 einstellt. Es bildet sich ein Niederschlag, der alles Fe, Al und SiO_2 enthält. Zu je 640 l des Filtrats werden 30 l $Mg(NO_3)_2$-Lösung (100 g MgO/l) und 10 l $Th(NO_3)_4$-Lösung (150 g ThO_2/l) gegeben. Zu der bis zum Sieden erhitzten Lösung gibt man dann 76.5 kg Na_2CO_3 in 750 l H_2O und nach vollständiger Fällung unter intensivem Durchmischen 61 kg Kieselgur. Nach Filtration und Waschen wird der Katalysator reduktiv erhitzt. Röntgenographische Untersuchungen an einem Ni-ThO_2-Kieselgur-Katalysator für die Fischer-Tropsch-Synthese s. [154].

Katalysatoren für Hydrierung, Dehydrierung und Dehydratation

Catalysts for Hydrogenation, Dehydrogenation, and Dehydration

Bei den Katalysatoren, die für die Dehydratation speziell von Alkoholen benutzt werden, handelt es sich meist um solche, die überwiegend ThO_2 als Komponente enthalten, wenn sie nicht sogar aus reinem ThO_2 bestehen. Interessant ist hierbei die Selektivität bei der Dehydratation von Alkoholen mit der OH-Gruppe in 2-Stellung. Die ThO_2-katalysierte Dehydratation führt mit hoher Ausbeute, z.B. 95% [22] bis zu 98% [37] zu 1-Olefinen, während im Falle von tertiären Alkoholen keine selektive Dehydratation zu beobachten ist [22]. Überwiegend beobachtet man eine stereospezifische cis-Eliminierung [22], wobei allerdings die Herstellungsbedingungen des Katalysators die Selektivität merklich beeinflussen [24]. Dennoch erscheint es überraschend (und der Überprüfung bedürftig), wenn in [31] für threo-3-Methyl-2-pentanol ein trans-Mechanismus der Dehydratation postuliert wird.

Ein spezieller Dehydratationskatalysator besteht aus aktivem ThO_2, das auf inaktivem ThO_2 als Träger fixiert ist. Es wird hergestellt, indem z.B. 60 g auf 1000 °C/2 h erhitztes ThO_2 mit einer Lösung aus 6.25 g $Th(NO_3)_4$ in 16 ml H_2O + 6 g Oxalsäure in 50 ml H_2O behandelt wird und das entstandene Produkt nach Waschen mit 150 ml H_2O auf 350 °C erhitzt wird [26]. Man erhält so 48 ml eines Katalysators mit 3 g aktivem ThO_2. Die katalytische Dehydrierung von $(CH_3)_2CHCH_2CH(OH)CH_3$ bei 358 °C und einem Druck von 100 Torr führt in 99.5%iger Konversion und 98.5%iger Ausbeute zu $(CH_3)_2CHCH_2CH{=}CH_2$ [26].

Etwas komplizierter sind die Verhältnisse bei der Dehydratation von Polyalkoholen, wie sich z.B. aus der Bildung von 2,5-Dihydrofuran und Crotonaldehyd bei der Dehydratation von cis- und trans-2-Buten-1,4-diol ergibt, wenn $Ca_3(PO_4)_2/Al_2O_3/ThO_2$-Katalysatoren eingesetzt werden [40]. Im Falle von Phenol bildet sich Diphenyläther [36]. Die Emanierfähigkeit von ^{227}Th-dotierten ZrO_2-Katalysatoren wird bei der Dehydratation von i-C_3H_7OH nur unbeträchtlich beeinflußt [42]. Wird der Katalysator – z.B. Al_2O_3 (1.4 Vol.-%), ThO_2 (1.5), TiO_2 (2.0), ZnO (3.3), $Ca_3(PO_4)_2$ (2.2) auf Silicagel – vor der Verwendung zusammengepreßt – z.B. 20000 atm –, so werden mechanische Festigkeit und Lebensdauer beträchtlich erhöht, ohne daß die katalytische Aktivität für die Wasserabspaltung von Äthanol merklich beeinflußt wird [43].

Als Konkurrenzreaktion zur Dehydratation von Alkoholen erfolgt in vielen Fällen auch eine Dehydrierung, da ThO_2-Katalysatoren ebenfalls gute Dehydrierungskatalysatoren sind. Das Verhältnis beider Reaktionen ist dabei häufig durch die Herstellungsbedingungen des Katalysators zu beeinflussen. Eine eingehende Untersuchung zeigt dies am Beispiel von 2-Octanol [25]. Neben den genauen Herstellungsbedingungen spielt auch die Vorbehandlung des Katalysators eine nicht unerhebliche Rolle, da z.B. ThO_2, welches mit Wasserstoff bei 600 °C vorbehandelt wurde, ein guter Dehydratationskatalysator für 2-Octanol ist, während ein entsprechend mit Sauerstoff behandelter Katalysator effektiver für die Dehydrierung ist. Da ThO_2 weder oxidiert noch reduziert werden kann, ist dieser Effekt möglicherweise auf Verunreinigungen zurückzuführen (die Reinheit der Th-Ausgangsprodukte wird in [25] nicht angegeben). Die Anteile der bei der Dehydratation von 2-Octanol gebildeten Octene schwanken zwischen ca. 80 mol-% 1-Octen und je ca. 10% trans- und cis-2-Octen für einen mit NH_3 aus $Th(NO_3)_4$-Lösung gefällten und bei 600 °C geglühten Katalysator und z.B. ca. 24 mol-% 1-Octen und etwa 29 mol-% cis- +47 mol-% trans-2-Octen für einen aus $ThCl_4$ hergestellten Katalysator. Die Ausbeuten bei gleichem Katalysator schwanken von Probe zu Probe unverständlich stark [25].

Für die Dehydrierung von Kohlenwasserstoffen unter Bildung von Alkenen unter Zusatz oxidierender Gase verwendet man einen Katalysator, der aus 5 g Phosphormolybdänsäure, 2.48 g $Bi(NO_3)_8$ und 1.70 g $Th(NO_3)_4$ hergestellt und in einer 90 g-Celit-Matrix 1 h/ 500 °C erhitzt wurde [29].

Ein Cu/ThO_2-Katalysator auf Al_2O_3 wird benutzt, um Äthanol im Fließbett unter Bildung von $CH_3COOC_2H_5$ und CH_3COOH oxidativ zu dehydrieren [28]. Die oxidative Dehydrierung von Butan zu Butadien ist mit einem ThO_2-aktivierten Katalysator in einer Einstufenreaktion mit hoher Ausbeute und Selektivität möglich [27]. Verwendung eines $V_2O_5/Cr_2O_3/$ ThO_2-Katalysators zur Dehydrierung von Butan s. [38]. Auch Alkenylbenzole lassen sich so durch oxidative Dehydrierung aus Alkylbenzolen gewinnen [33]. Ein spezielles Beispiel der Dehydrierung, verbunden mit einer Cyclisierung, ist z.B. die Umwandlung von 2-Äthyl-1-hexen in p-Xylol, Toluol und/oder Styrol durch Behandlung des Olefins bei 490 °C mit SO_2 in Gegenwart verschieden aktivierter Katalysatoren [30]. Auch Br_2 wird zur oxidativen Dehydrierung unter Verwendung ThO_2-haltiger Katalysatoren benutzt, z.B. zur Dehydrierung von n-Butan, Isopenten und Isopentan bei ca. 550 °C [39].

Eine andere Gruppe ThO_2-haltiger Katalysatoren dient zur reinen Dehydrierung, z.B. zur Überführung von Cyclohexan in Benzol [34, 35], zur Herstellung von Monoolefinen aus n-Alkan mit bis zu 20 C-Atomen [23] bzw. zur Dehydrierung von Piperazin [32]. Für die letztgenannte Reaktion folgt die katalytische Aktivität der Metalloxide der Reihenfolge $CeO_2 > UO_3 \geq ThO_2$ für Pd/Al_2O_3-Basissubstanzen [32]. ThO_2 hat als katalytischer Promotor einen ähnlichen Effekt wie K_2O, aber keine so hohe Selektivität [115]. Ein Al_2O_3/ThO_2 (10:1)-Katalysator wird verwendet, um 1,4-Butandiol mit 95%iger Ausbeute in Tetrahydrofuran überzuführen [45].

Daneben werden ThO_2-haltige Katalysatoren (sehr häufig in Kombination mit z.B. Pd, Co, Ni) als Hydrierungskatalysatoren für die unterschiedlichsten organischen Verbindungen verwendet, allerdings sind häufig nicht nur die Ausbeuten, sondern auch die Spezifität der Katalysatoren nicht sehr hoch.

ThO_2-haltige Katalysatoren begünstigen sehr häufig auch den H-D-Austausch, z.B. für die Methylgruppe in absorbiertem Isopropanol [46]. Eine Wasserstoffübertragung zwischen Äthylbenzol und Äthylen wird dagegen durch ThO_2-haltige Katalysatoren nicht gefördert [44]. Eine Bestrahlung verschiedener Katalysatoren – auch ThO_2 – mit ^{60}Co-γ-Strahlen bei −78 °C und 10^{18} bis 10^{20} eV/g begünstigt die Aktivität des Katalysators für den H_2-D_2-Austausch merklich [41].

Von den verschiedenen möglichen Mechanismen für die H_2O-Abspaltung aus Alkoholen wird nach Untersuchung des H/D-Austausches der E1cB-Mechanismus für wahrscheinlich gehalten [152].

Literatur zu 3.3.4.1 s. S. 210/4

Katalysatoren für Alkylierung, Acylierung, Isomerisierung, Veresterung etc.

Catalysts for Alkylation, Acylation, Isomerization, Esterification, etc.

Bemerkenswert in dieser Gruppe ist die Alkylierung von Phenolen mit Alkoholen. So erhält man über einem ThO_2/Al_2O_3-Katalysator bei 350 °C und einer Raumgeschwindigkeit von 600 bis 900 ml C_6H_5OH pro cm^3 Katalysator und Stunde aus einem C_6H_5OH: C_2H_5OH (95%) = 1 : 1-Gemisch eine 53%ige Überführung in $C_2H_5 \cdot C_6H_4OH$ mit 18% ortho-Verbindung. Absoluter Äthanol anstelle des Azeotrops ändert die Ausbeute praktisch nicht. Bemerkenswert ist der Befund, daß reines Al_2O_3 als Katalysator praktisch zum gleichen Ergebnis führt, d.h., daß der Zusatz von ThO_2 anscheinend gar nicht notwendig ist, um die katalytische Äthylierung in der gewünschten Weise durchzuführen [51]. Im Gegensatz zu Phenol führt die analoge Reaktion bei Thiophenol nur zur S-Alkylierung und nicht zur C-Alkylierung mit Ausbeuten von ca. 67% $C_6H_5SC_2H_5$ bei 350 °C und einer Raumgeschwindigkeit von 639 ml C_6H_5SH-Dampf je ml Katalysator und Stunde [51]. Im Falle der Methylierung von Terephthalsäure mit Methanol bei 300 °C ist der Katalysator Silicagel/U_3O_8 (50%) mit einer Ausbeute von 79.4% wesentlich besser als Silicagel/ThO_2(42%) mit nur 43% Ausbeute [47], die Reaktion läuft nach einem Zeitgesetz 3. Ordnung ab [56]. Unter Variation der Bedingungen führt die Reaktion von Äthanol mit Phenol und substituierten Phenolen auch zu verschiedenen Äthern [155].

Wie eine Alkylierung kann ein ThO_2-haltiger Katalysator auch einen Alkyltransfer bewirken. So führt die Disproportionierung von Toluol bei 950 °F/800 lb/in^2 mit einem B_2O_3(10%)/ThO_2 (2%)/Al_2O_3-Katalysator zu einer 49.9%igen Konversion des Toluols, wobei das Endprodukt (neben 50.1% nicht verändertem Toluol) 15.9% Benzol und 13% Xylol enthielt [48]. Für die Überführung von Xylol-Mischungen in p-Xylol zeigen die Oxide von Be, Cd, Ce, Nd, Y, Th und W bei 400 °C als Zusatz zu Silicagel/Al_2O_3 gute katalytische Aktivität [57]. Eine Behandlung der Katalysatoren mit Phosphorfluoriden [63], Halogenfluoriden wie ClF_3 [66], HF-Gas [195] bzw. F_2-Gas [62], d.h. eine partielle Überführung in das Fluorid, scheint deren Eigenschaften zu verbessern.

Chemisch interessant ist die katalytische Wirkung von ThO_2/300 °C bei der Umwandlung von d- und l-cis-Pinonsäure (pinonic acid) in l- und d-5-Acetyl-3-(1-hydroxyisopropyl)cyclopentanon, da bei dieser Reaktion ein Cyclobutanring geöffnet wird und ein Cyclopentanring entsteht [49]. Auch die entsprechende Cyclisierung der Ester ist möglich, wenngleich schwieriger [50].

Die Bildung von Methylisobutylketon aus Aceton ist von speziellem Interesse: in einem Autoklaven bei 200 °C und $p(H_2) \approx 28$ atm sind mit einem Katalysator aus Pd/Al_2O_3/ThO_2 nach 4.5 h 52.4% des Acetons in 96.3%iger Ausbeute in $CH_3CO(i\text{-}C_4H_9)$ umgewandelt [52, 53]. ThO_2-haltige Katalysatoren wirken auch bei der Überführung von Aldehyden in Ketone (z.B. Bildung von $((CH_3)_2CH)_2CO$ aus $(CH_3)_2CHCHO$ bei 450 °C mit [54], bei der Umwandlung von Alkoholen in Ketone (z.B. $(C_2H_5)(CH_3)CHCH_2COC_2H_5$ aus $(C_2H_5)(CH_3)CHOH$ [58]), von Säuren in Ketone (z.B. $((CH_3)_3C)_2CO$ aus $(CH_3)_3CCOOH$ bei 450 °C (über Aerogel-ThO_2) [60]) sowie von Gemischen aus Aldehyden und Säuren in Ketone [55]. Auch Alkoxyketone lassen sich auf diese Weise gewinnen [59].

Bei sämtlichen zitierten Reaktionen ist es praktisch nicht möglich, die katalytische Wirkung des ThO_2 näher zu erkennen, wenngleich in [64] folgende Reihenfolge abnehmender katalytischer Aktivität für die Überführung von Carbonsäuren in Ketone angegeben wird: $ThO_2 > CaO > SE_2O_3 > Mn_2O_3 > Fe_2O_3$. Der optimale Gehalt von ThO_2 im Trägermaterial Silicagel soll hier bei 24 Gew.-% liegen. Über die Lebensdauer der Katalysatoren finden sich kaum Angaben. In [65] wird nur erwähnt, daß für die Überführung von CH_3COOH in CH_3COCH_3 bei 330 °C bis 450 °C durch Zusatz von 15 kg Dampf zu 200 kg eingesetzter Essigsäure die Lebensdauer des Katalysators merklich verbessert wird.

Literatur zu 3.3.4.1 s.S. 210/4

Catalysts for Polymerization, Polycondensation, and Hydrocondensation

Katalysatoren für Polymerisation, Polykondensation und Hydrokondensation

Eine Vielzahl von Arbeiten zu diesem Themenkreis befaßt sich mit Untersuchungen über die Verwendung ThO_2-haltiger Katalysatoren für die Polymerisation von Äthylen und anderen, meist α-Olefinen (1-Olefine). Th-Verbindungen wie ThO_2 oder besser Th-Hydrid sind gute Promotoren für die Katalyse, wenngleich sie anscheinend aber bisher keine technische Anwendung finden konnten – es gibt bessere und nicht radioaktive Substanzen als Promotoren der Olefinpolymerisation. Zusatz von Th-Verbindungen zu Mo_2O_3-Al_2O_3 führt in hoher Ausbeute zu einem hochmolekularen Polyäthylen der Dichte 0.9606 g/cm^3 [70]. Bei der Polymerisation von Propylen (25%)/Propan (75%) wird für einen mit NiO-ThO_2 aktivierten CrO_3-SiO_2-Al_2O_3-Katalysator nach 2 h (5 h) in 80 (79)%iger Ausbeute ein halbfestes Polymerisat erhalten [67]; Zusätze von Fe_2O_3, V_2O_5, MnO_2, MoO_3, UO_3, ZrO_2 geben wesentlich niedrigere Ausbeuten. Dies trifft aber auch für reines ThO_2 (8(7)% Ausbeute) zu.

Bemerkenswert ist die Bildung eines festen Polymethylens (Schmelzpunkt 77 °C, Dichte 0.883 g/cm^3) aus Methanol bei 25 °C und 103 atm unter Verwendung eines Co-Cu-ThO_2-(9:1:2)-Katalysators [71]. Beachtenswert ist auch die katalytische Bildung von Butadien aus Äthanol durch einen Einstufenprozeß, wobei ThO_2 und ZrO_2 etwa gleiche katalytische Aktivität zeigen (ca. 35% Konversion), aber wesentlich geringere Aktivitäten als Mischoxidkatalysatoren wie Al_2O_3-ZnO (60:40), die bei 425 °C eine ca. 56%ige Überführung bewirken [68, 69]. Dabei überrascht, daß die in [69] untersuchten Systeme mit drei verschiedenen Oxiden wieder weniger effektiv sind als Systeme, die nur zwei Oxide enthalten.

Relativ gute katalytische Eigenschaften von ThO_2-Katalysatoren werden bei der katalytischen Hydrokondensation angetroffen, bei denen H_2+CO mit einem ungesättigten (auch ringförmigen) Kohlenwasserstoff umgesetzt werden. Unter Verwendung eines Fischer-Tropsch-Katalysators (z.B. Co-ThO_2-Kieselgur) führt diese Hydrokondensation letztlich zur Einführung von $>CH_2$-Gruppen, bei ringförmigen ungesättigten Kohlenwasserstoffen aber nicht zur Ringerweiterung [72]. Aus CO, H_2 und Methylencyclopentan entstehen somit bei 190 °C 66.1% 1-Methylcyclopenten, 21.5% Methylcyclopentan und 2.7% Dimethylcyclopentan [72]. Bei der entsprechenden Reaktion mit Cyclopropan beobachtet man eine Ringöffnung an der Stelle, an der das H-ärmste C-Ringatom sitzt [73]. Co-ThO_2 und Co-ThO_2-Kieselgur-Katalysatoren verhalten sich dabei etwas unterschiedlich.

ThO_2 Catalysts for Oxidation Reactions

ThO_2-Katalysatoren für Oxidationsreaktionen

Unter diesen Abschnitt gehören im besonderen diejenigen Reaktionen, bei denen unter Wirkung eines Katalysators nur eine partielle Oxidation möglich ist. Neben anorganischen Reaktionen (z.B. $H_2S \rightarrow S$ [75]) gehört hierzu überwiegend die partielle Oxidation organischer Substanzen, speziell von Kohlenwasserstoffen zu reaktionsfähigen sauerstoffhaltigen Produkten.

Es ist häufig problematisch, diese partielle Oxidation so zu führen, daß das gesuchte Endprodukt in hoher Ausbeute gebildet wird. So ist es z.B. sehr schwierig, die Oxidation von Toluol so zu lenken, daß Benzaldehyd oder Benzoesäure (eventuell auch Maleinsäureanhydrid) als Hauptprodukt entsteht. Für eine Reihe von Metalloxiden wurde für 400 °C und eine Mischung Luft:Toluol=75:1 folgende Reihe abnehmender Selektivität festgestellt [79]: V>Mo>W>U>Sb>Cr>Ni, Ti>Sn, Nb>Zn>Mn>Cu>Ta>Co, Th, Zr>Fe, Bi; für die in der Reihe am Ende stehenden Metalloxide, d.h. auch für ThO_2, ist die Ausbeute an den gewünschten reaktiven Produkten nahe Null, in merklicher Ausbeute

Literatur zu 3.3.4.1 s. S. 210/4

entsteht – neben CO und CO_2 – nur Benzol mit 0.2%; im Vergleich zu je ca. 10% der anderen genannten Produkte bei z.B. V_2O_5 als Katalysator. Eine ähnliche Klassifizierung gilt annähernd auch für die Oxidation von Benzol zu Maleinsäureanhydrid, auch hier zeigt ThO_2 schlechte katalytische Aktivität [77]. Nach anderen Versuchen [74] scheint ein ThO_2-haltiger Mischoxidkatalysator MoO_2(90%)/Cr_2O_3 (3%)/V_2O_5 (2%)/ThO_2 (5%) bedeutend bessere Eigenschaften in der partiellen Oxidation von Toluol zu besitzen. Ob dieses Verhalten allerdings auf das ThO_2 zurückzuführen ist, ist zumindest zu bezweifeln. Entsprechendes dürfte auch für den V_2O_5 (1)/MoO_3 (0.6)/Na_2O (0.05)/ThO_2 (0.05)-Katalysator für die partielle Oxidation von Benzol zu Maleinsäureanhydrid gelten [80].

Inwieweit ThO_2 als Bestandteil eines V_2O_5/ThO_2-Katalysators ein echter Promoter für die Überführung von Naphthalin in Naphthochinon ist, kann aus den Angaben in [82] nicht ersehen werden, eine vorsichtige Betrachtuung erscheint allerdings angebracht. Dagegen scheint ThO_2 als Trägermaterial für den eigentlichen Katalysator Pd bei der partiellen Oxidation von Erdgas (Methan) zu Formaldehyd Vorteile zu bieten [78]. Es beeinflußt nach den Angaben in [78] nicht die katalytische Aktivität, sondern erhöht die Langzeitstabilität des Katalysators, wenngleich in [76] erwähnt wird, daß ThO_2 auch eine gewisse katalytische Aktivität besitzen soll. Ähnlich gute Eigenschaften soll auch ein $FeHAsO_4$/ThO_2-Katalysator besitzen [81].

Katalysatoren für die Abgasbehandlung

Catalysts for Treatment of Exhausts

In diesem Abschnitt werden ThO_2-haltige Katalysatoren behandelt, die zur Reinigung von Abgasen aus z.B. Verbrennungsmaschinen geeignet sind. Dazu gehören sowohl die Oxidation von CO zu CO_2, die Nachverbrennung organischer Kohlenwasserstoffe, die Beseitigung von S-haltigen Verbindungen (H_2S, SO_2, CS_2, COS, organische S-Verbindungen) durch oxidative und reduktive Prozesse als auch die Reduktion von Stickoxiden.

Für die Nachverbrennung restlicher Methangehalte (ca. 5%) durch Luft wird ein Katalysator aus 15% ThO_2 mit 20% Co_3O_4 auf kalziniertem Al_2O_3 als Träger (65%) benutzt [83]. Bei 560 °C und einer Raumgeschwindigkeit von 12000 (Vol. pro Volumen Katalysator und Stunde) wird mit dem 2 h bei 600 °C behandelten Katalysator in Pelletform (1.6 bis 3.15 mm) eine 75%ige Ausbeute erzielt. Wird der Katalysator bei 800 °C/120 h vorbehandelt, so steigt die für den entsprechenden Umsatz erforderliche Temperatur auf 670 °C bzw. sogar auf 800 °C, falls ein ThO_2-freier Katalysator benutzt wird. Für die 100%ige Oxidation von CO zu CO_2 liegen die erforderlichen Temperaturen des etwa gleichen Katalysators (Co_3O_4 oder NiO + ThO_2 auf Al_2O_3) bei 210 °C (nach Vorbehandlung des Katalysators bei 600 °C/2 h) bzw. 250 °C (nach Vorbehandlung bei 800 °C/65 h) [84]. Für die Abgasbehandlung von Automobilen wird ein Katalysator vorgeschlagen, bei dem ein Trägermaterial aus SiO_2 (93%), Al_2O_3 (4%) und Fe_2O_3 (1%) von 2 bis 2.5 mm Korngröße mit einer Lösung von Nitraten des Mn (52%), Cu (36%), K (6%) und Th (6%) behandelt wird, worauf das entstandene Produkt bei 500 °C getempert wird. Dieser Katalysator entfernt aus einem Abgas mit 5 Vol.-% CO und 1400 ppm Hexan das CO zu 100% bei 150 °C und das Hexan zu 14% bei 150 °C bzw. 100% bei 300 °C [88]. Auch ThO_2-haltiges Manganoxid auf einem Al_2O_3-Träger, der Ni(Co)-Chromit enthält, ist zur Abgasreinigung bei Benzinmotoren empfohlen worden [95].

Mittels eines Al_2O_3-Katalysators (Teilchengröße 0.01 bis 10 µm), der mit ThO_2 beschichtet und mit Pd überschichtet wurde, lassen sich aus einem Abgas mit 1.54% O_2, 0.23% NO, 1.95% H_2O, 0.55% CO_2 und 0.91% CH_4 bei 482 °C und 6.3 atm Druck die Stickoxide bis auf einen Restanteil von 2 ppm entfernen [89]. Zersetzung von N_2O

Literatur zu 3.3.4.1 s.S. 210/4

an verschiedenen Metalloxiden s. [90, 93]. Für die Kinetik gilt die Beziehung

$$-\frac{d(p(N_2O))}{dt}=K\frac{(p(N_2O))}{(p(O_2))^{1/2}}$$

mit lg K = −6.77 bei 450 °C [90].

Die Bedeutung ThO_2-haltiger Katalysatoren in der Entschwefelung verschiedener Abgase ist aus den Literaturangaben nicht ganz einwandfrei zu erkennen, wenngleich verschiedene ThO_2-haltige Katalysatoren erwähnt sind, die Prozesse wie die Redoxreaktion zwischen SO_2 und H_2S ($\rightarrow H_2O+S$, s. z.B. [85, 86, 96]), die Oxidation S-haltiger organischer Verbindungen (Dioctylsulfid als Beispiel in [91]) und die Oxidation von SO_2 zu SO_3 (z.B. [87, 92, 94, 97]) katalysieren sollen.

Catalysts for the Preparation of N and S Compounds

Katalysatoren für die Herstellung N- und S-haltiger Verbindungen

In diesem Abschnitt stehen diejenigen Prozesse im Vordergrund, die der Synthese von HCN und organischen Nitrilen gelten. Im Bereich der S-haltigen Verbindungen liegen einige Untersuchungen vor, die sich bevorzugt mit der Herstellung von Thiophenolen und/oder Thioäthern befassen. Hierbei wird von Alkoholen ausgegangen.

Zur Herstellung von HCN unter Verwendung ThO_2-haltiger Katalysatoren wird sowohl die Umsetzung von CO und NH_3 (unter Bildung von HCN, CO_2, H_2) als auch die Umsetzung von Methan (Erdgas) mit Ammoniak, gegebenenfalls unter Zusatz von Luft (Sauerstoff) herangezogen. Für die $CO+NH_3$-Synthese hat sich unter den Th-haltigen Katalysatoren der aus sulfathaltigem ThO_2-Al_2O_3 bewährt [98, 105]. Mit ihm erreicht man bei ca. 700 °C eine Ausbeute von etwas über 80% [98]. Der Katalysator läßt sich durch Kochen in 1 N H_2SO_4/5 min, Waschen mit Wasser und Trocknen bei 100 °C/1 h wieder aktivieren [108]. Aktivierung ist auch durch KOH-Behandlung möglich [107]. Erhöhung der geringen Raum-Zeit-Ausbeuten durch Druck s. [106].

Für die katalysierte Umsetzung von Erdgas oder Methan mit Ammoniak wird ein Festbettkatalysator aus Al_2O_3-ThO_2 (1 bis 5 mol-%) vorgeschlagen, der bei 1050 °C eine HCN-Ausbeute von 60 bis 80% liefert und durch einfaches Erhitzen an Luft leicht zu regenerieren ist, was beim Al_2O_3-SiO_2-Katalysator – der im Mittel eine höhere Ausbeute liefert – nicht möglich ist. Überraschend gibt ein Zusatz von CS_2 (oder H_2S) zur CH_4+NH_3-Gasmischung eine höhere HCN-Ausbeute von ca. 80% [99].

Bei tieferen Temperaturen sind die HCN-Ausbeuten geringer, z.B. 58% bei 900 °C [100], was nach thermodynamischen Berechnungen für die Reaktion $CH_4+NH_3\rightarrow HCN+3H_2$ auch zu erwarten ist [101]. Gute HCN-Ausbeute erhält man, wenn man dem reagierenden Gasgemisch Luft zusetzt (Ausbeute 78% bei 1000 °C unter Verwendung eines Al_2O_3 (90%)/ThO_2 (5%)/Pt (5%)-Katalysators [156]). Eine der HCN-Synthese vergleichbare Bedeutung besitzt auch die katalytische Darstellung von Nitrilen, s. z.B. [102, 103, 109].

Durch zum Teil nur geringfügige Variation des Katalysators läßt sich die Reaktion der Gasmischung häufig in eine ganz andere Richtung lenken, wie die Bildung von Pyridin-Basen, Pyrrol und CH_3CN aus $C_2H_2+NH_3$ bei 300 °C mit einem ThO_2-aktivierten Fe_2O_3/Al_2O_3-Katalysator zeigt [104]. Auch lassen sich O-haltige Ringsysteme in N-haltige Ringsysteme umwandeln [108].

Für die oxidative Überführung von NH_3 in Stickstoffoxide ist ThO_2 kein besonders guter Katalysator, wie aus **Fig. 3-101** zu entnehmen ist [110].

Literatur zu 3.3.4.1 s. S. 210/4

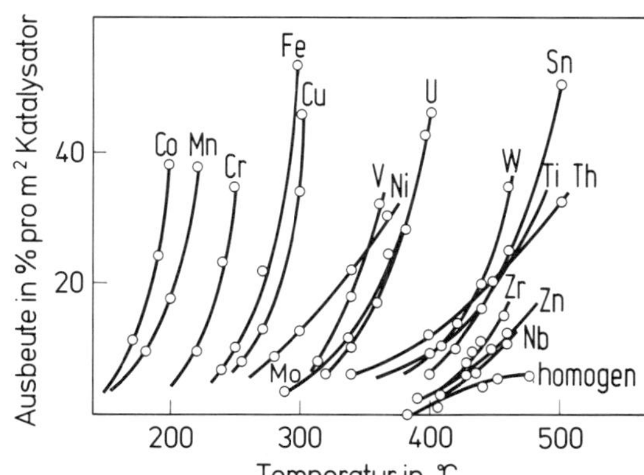

Fig. 3-101

Ausbeute bei der Oxidation von Ammoniak (Gasgemisch: 10% NH_3, 20% O_2, 70% He) für verschiedene Oxide als Katalysatoren, als Funktion der Temperatur [110].

Katalysatoren für andere Verfahren

Catalysts for Other Processes

Neben den zuvor aufgeführten Anwendungen von ThO_2- oder ThO_2-haltigen Katalysatoren für bestimmte Reaktionsarten gibt es noch eine Reihe von Einzelverfahren, für welche der Einsatz derartiger Katalysatoren untersucht oder empfohlen wurde. Dazu gehören z.B. radiolytische Verfahren. So wird z.B. die Radiolysegeschwindigkeit von KNO_3 bei einer Dosis von 2.6×10^{16} $eV \cdot s^{-1} \cdot g(KNO_3)^{-1}$, aufgrund folgender Reihe abnehmender Zersetzungsgeschwindigkeiten: $(KNO_3+ThO_2) > (KNO_3+ZnO) > (KNO_3+NiO) > KNO_3$, $(KNO_3+CoO$; $KNO_3+ZnO/Al)$ durch einen Zusatz von ThO_2 beträchtlich erhöht [111]. Entsprechende Untersuchungen über den Einfluß von ThO_2 auf die radiolytische Zersetzung von NH_4ClO_4 und NH_4NO_3 s. [120], auf die γ-(^{60}Co)-Oxidation von KI und $U(SO_4)_2$ s. [119] und auf die γ-Radiolyse von Benzol s. [124]. Die Oxidation von wäßrigen Na_2SO_3-Lösungen unter dem Einfluß von Metalloxiden wird in [121] untersucht; hierbei scheint ThO_2 nur einen geringen Einfluß zu besitzen. Al_2O_3/ThO_2- und SiO_2/ThO_2-Katalysatoren beschleunigen dagegen die Zersetzung von H_2O_2 merklich [118, 123]. Während ThO_2 die thermische Zersetzung von $AgNO_2$ bei 75 °C und 90 °C nicht beeinflussen soll [125], wird die Zersetzung von $AgMnO_4$ bei 115 °C durch einen Zusatz von 5 Gew.-% ThO_2 stark beschleunigt [126]. Einfluß eines Metalloxidzusatzes (u.a. ThO_2) auf die Dissoziation von Calciumhypochlorit s. [141].

Ein stabiles UO_2-Sol läßt sich durch Wasserstoffreduktion einer Uranylformiat-Aufschlämmung in Gegenwart eines ThO_2/Pd-Katalysators gewinnen [128]. Einfluß eines ThO_2-Katalysators auf die Oxidation von $U(SO_4)_2$ in H_2SO_4 s. [129].

Zusatz von z.B. 1 bis 2% ThO_2 zu einer SiCu-Legierung verkleinert die Induktionsperiode bei der Herstellung von Alkylchlorsilanen durch Reaktion mit RCl bei 300 bis 330 °C; gleichzeitig wird der R_2SiCl_2-Anteil im Reaktionsprodukt gesteigert [127]. Ein Zusatz von $Th(OH)_4$ (s. S. 249) oder anderen Th-Verbindungen erhöht die Ausbeute an 5'-Ribonucleotiden aus Ribonucleosiden merklich, gleichzeitig wird die Reaktionszeit herabgesetzt [112]. Einfluß von ThO_2 und anderen Metalloxiden auf die Autoxidation von Methylcyclohexan s. [116], auf die Zersetzungstemperatur von Nitroparaffinen s. [117]. Untersuchungen über den Einfluß von ThO_2 (0.24%) + Ni (5.3%) auf Al_2O_3 auf die katalytische ortho→para-Umwandlung von Wasserstoff s. [115]. Der Einbau von ^{228}Th in ThO_2-Katalysatoren [113] beeinflußt die elektronische Struktur des Katalysators und damit auch seine Eigenschaften, z.B. bei der CO-Oxidation [114].

Literatur zu 3.3.4.1 s. S. 210/4

Other ThO_2 Catalysts

Weitere ThO_2-Katalysatoren

Herstellung und Charakterisierung von ThO_2-haltigen Katalysatoren, die nicht in direktem Zusammenhang mit einem spezifischen katalytischen Prozeß (s. vorhergehende Kapitel) genannt wurden.

In [133] wird ein Metalloxidmikropulver – z.B. ThO_2 – beschrieben, das dadurch hergestellt wird, daß eine organische Polymerfaser mit einer Metallnitratlösung vollgesaugt und die beladene Faser anschließend unter spezifischen Bedingungen verascht wird. Die Herstellung von ThO_2-Teilchen mit unter 120 µm Durchmesser wird in [134] erwähnt. In γ-Al_2O_3 imprägniertes ThO_2 stabilisiert das γ-Al_2O_3 gegen den Übergang in α-Al_2O_3. Derartige Katalysatoren werden durch direktes Imprägnieren von Al_2O_3 mit verdünnter $Th(NO_3)_4$-Lösung erhalten [139]. Imprägnieren von SiO_2 mit Th-Salzen s. [138, 146]. Abtrennung von Fraktionen aus einem anscheinend homogenen ThO_2-Gel s. [144], Darstellung eines SiO_2-freien Metalloxid-Gel-Katalysators aus z.B. ThO_2 s. [145]. Über die Herstellung von beschichteten ThO_2-Hydrogel-Katalysatoren durch Behandlung mit einer MgO-Aufschlämmung s. [147].

Ein Fischer-Tropsch-Katalysator ($Co/MgO/ThO_2$) wird wie folgt erhalten [157]: 1 l einer Lösung mit 40 g Co, 2 g ThO_2 und 4 g MgO als Nitrat wird mit 900 ml einer Lösung aus 83 g Na_2CO_3 + 78 g Na-Silikat-Lösung (151 mg SiO_2 + 156.5 mg Na_2O/g-Lösung) gemischt. Das ausgefällte Material (70 g) wird nach Trocknen mit 150 g pulverförmigen MgO gemischt, zu Pellets gepreßt und 1 h auf 375 °C erhitzt, wodurch 60% des Co in eine aktive Form überführt werden. Der Katalysator besteht dann aus 100 Gew.-Teilen Co, 8 Gew.-Teilen MgO, 5 Gew.-Teilen ThO_2, 28 Gew.-Teilen SiO_2 und 550 Gew.-Teilen MgO-Träger. Reduktion eines Co : ThO_2 : MgO : Kieselgur-Katalysators (100:6:12:200) mit trockenem Wasserstoff s. [150].

Ein Fünfstufenprozeß für die Herstellung eines Sb-Oxid-enthaltenden Katalysators wird in [149] beschrieben, die Regeneration eines nicht näher spezifizierten ThO_2-Katalysators durch Erhitzen unter Stickstoff (mit 1.5 bis 2 Vol.-% O_2) bei 500 bis 550 °C in [136].

Zur Bestimmung der katalytischen Aktivität eines ThO_2-Katalysators wird in [135] die Dehydrierung von Isopropanol herangezogen, in [130] für Al_2O_3-ThO_2 die katalytische Depolymerisation von Paraldehyd. Beziehungen zwischen elektrischer Leitfähigkeit und den katalytischen Eigenschaften von ThO_2 werden in [131, 151] am Beispiel der katalytischen CO-Oxidation untersucht, die Rolle eines Ce-Oxid-Promotors für ThO_2 bei dieser Reaktion in [137]. Die Aktivität eines Ni/ThO_2-Katalysators nach [148] wird z.B. anhand der Hydrierung von Pyridin ermittelt. Für einen ähnlichen Katalysator wird der H_2-D_2-Isotopenaustausch untersucht [143].

Elektronenmikroskopische Untersuchung eines Fischer-Tropsch-Katalysators s. [142], eine einfache Oberflächenbestimmung von ThO_2-Katalysatoren mittels Gaschromatographie s. [140]. Der Zusammenhang zwischen basischen Eigenschaften und katalytischer Aktivität von SiO_2-ThO_2- und Al_2O_3-ThO_2-Katalysatoren wird in [132] näher untersucht.

Literatur zu 3.3.4.1:

[1] A.N. Bashkirov, Yu.B. Kryukov, Yu. B. Kagan, I.V. Kalechits (Tr. Inst. Nefti Akad. Nauk SSSR **1** [1950] 306/27; C.A. **48** [1954] 12663). – [2] Esso Research and Engineering Co. (D.P. 973965 [1960]; C.A. **55** [1961] 21550). – [3] G.C. Basak, N.C. Niyogi (J. Technol. Bengal Eng. Coll. **4** [1959] 131/7; C.A. **55** [1961] 8818). – [4] M.V.C. Sastri, S.R. Srinivasan (J. Am. Chem. Soc. **75** [1953] 2898/900). – [5] J.C. Gosh, M.V.C. Sastri, K.A. Kini (Ind. Eng. Chem. **44** [1952] 2463/70).

[6] I.A. Zaidenman, K.G. Khomyakov (Dokl. Akad. Nauk SSSR [2] **84** [1952] 705/7; C.A. **46** [1952] 9398). – [7] M. Breysse, B. Claudel, F. Juillet, B. Mentzen, Y. Trambouze (Compt. Rend. **261** [1965] 3805/7). – [8] Ya.T. Eidus (Geterogennyi Kataliz v Khim. Prom. Sb. **1955** 446/54; C.A. **52** [1958] 17925). – [9] Ya.T. Eidus (Izv. Akad. Nauk SSSR Otd. Khim. Nauk **1953** 1024/34; C.A. **49** [1955] 2296). – [10] Ruhrchemie A.-G. (D.P. 763967 [1952]; C.A. **49** [1955] 2711).

[11] E.J. Gibson, C.C. Hall (J. Appl. Chem. [London] **4** [1954] 464/8). – [12] N.C. Ganguli, K.A. Kini, N.G. Basak (J. Sci. Ind. Res. [India] D **20** [1961] 216/8). – [13] O. Thompson, J. Turkevich, A.P. Irsa (J. Am. Chem. Soc. **73** [1951] 5213/5). – [14] L.J.E. Hofer, W.C. Peebles, E.H. Bean (J. Am. Chem. Soc. **72** [1950] 2698/701). – [15] M. Breysse, B. Claudel, L. Faure, M. Guenin, R.J.J. Williams (J. Catalysis **45** [1976] 137/44).

[16] J. Veron (Ann. Chim. [Paris] [14] **4** [1969] 267/76). – [17] M. Breysse, B. Claudel, M. Prettre, J. Veron (J. Catalysis **24** [1972] 106/14). – [18] M. Beaumont (Ann. Chim. [Paris] [14] **5** [1970] 385/96). – [19] M. Beaumont, B. Claudel, M. Prettre (Compt. Rend. **267** [1968] 1648/50). – [20] M.V. Mathieu (Chim. Mod. **11** [1966] 43/8, 50/4, 56).

[21] J. Veron (Chim. Mod. **8** [1963] 275). – [22] A.J. Lundeen, R. Van-Hoozer (J. Org. Chem. **32** [1967] 3386/9). – [23] P. Skalak, M. Matas (Tschech. P. 144768 [1972] 2 S.; C.A. **78** [1973] Nr. 15467). – [24] J.M. Bomier, J.P. Damon, P. Traynard (Bull. Soc. Chim. France **1972** 2306/8). – [25] B.H. Davis, W.S. Brey (J. Catalysis **25** [1972] 81/92).

[26] J.M. Bonnier, J.P. Damon, B. Delmon (F. P. 1603748 [1971] 10 S.). – [27] I.I. Ioffe, V.V. Kikot (Neftekhimiya **11** [1971] 505/9; C.A. **76** [1972] Nr. 4455). – [28] K.K. Sonune, A.V. Badhe, P.S. Mene (Trans. Indian Inst. Chem. Eng. **1969** 132/7; C.A. **73** [1970] Nr. 100471). – [29] Y. Kobayashi, Y. Uzawa, H. Honda, K. Hattori (Japan. P. 7023523 [1970] 5 S.; C.A. **73** [1970] Nr. 131523). – [30] T. Kato, S. Tsuchiya, T. Ikawa (Kogyo Kagaku Zasshi **73** [1970] 311/5; C.A. **73** [1970] Nr. 14322).

[31] K.V. Narayanan, C.N. Pillai (Indian J. Chem. **7** [1969] 409/10). – [32] M. Inoue, S. Enomoto, J. Imamura (Yakugaku Zasshi **95** [1975] 849/52; C.A. **83** [1975] Nr. 146830). – [33] M. Suehiro, Y. Kitahama, H. Hattori, K. Sotoyama, T. Yokoji (Japan. P. 7438257 [1974] 3 S.; C.A. **82** [1975] Nr. 125039). – [34] W. Langenbeck, D. Nehring, H. Dreyer (Z. Anorg. Allgem. Chem. **304** [1960] 37/47). – [35] D. Nehring, H. Dreyer (Z. Anorg. Allgem. Chem. **313** [1962] 27/34).

[36] F. Claes, J.C. Jungers (Bull. Soc. Chim. France **1962** 1042/6). – [37] A.J. Lundeen, R. Van Hoozer (J. Am. Chem. Soc. **85** [1963] 2180/1). – [38] J.R. Owen (U.S. P. 2902522 [1959]; C.A. **53** [1959] 22877). – [39] B. Laimonis (U.S. P. 3308186 [1967] 6 S.; C.A. **68** [1968] Nr. 4642). – [40] L.Kh. Freidlin, V.Z. Sharf, A.A. Nazaryan (Neftekhimiya **6** [1966] 608/13; C.A. **65** [1966] 18460).

[41] H.W. Kohn, E.H. Taylor (J. Catalysis **2** [1963] 32/9). – [42] G.M. Zhbrova, S.Z. Roginskii, M.D. Shibanova (Kinetika i Kataliz **6** [1965] 1018/24; C.A. **64** [1966] 11916). – [43] L.Kh. Freidlin, L.F. Vereshchagin, I.V. Numanov (Dokl. Akad. Nauk SSSR [2] **88** [1953] 1011/4). – [44] R. Maurel, A. Triki (Bull. Soc. Chim. France **1974** 1302/6). – [45] H. Brintzinger, A. Möllers (Z. Anorg. Allgem. Chem. **254** [1974] 343/6).

[46] T. Yamaguchi, Y. Nakono, T. Jizuka, K. Tanabe (Chem. Letters **1976** 677/8; C.A. **85** [1976] Nr. 191763). – [47] J. Bhatia, S.Z. Hussain (Indian Chem. J. **6** [1971] 34/41; C.A. **76** [1972] Nr. 99291). – [48] R.A. Kmecak, S.M. Kovach (U.S. P. 3598879 [1971] 4 S.; C.A. **76** [1972] Nr. 24883). – [49] M.A. Boime, P. Ham, R. Charonnat

(Bull. Soc. Chim. France **1958** 478/80). – [50] M. Harispe, P. Ham, R. Charonnat (Bull. Soc. Chim. France **1958** 732/4).

[51] C. Hansch, D.N. Robertson (J. Am. Chem. Soc. **72** [1950] 4810/1). – [52] K. Takagi, M. Murakami, K. Iketani (Deut. Offenlegungsschrift 1951276 [1970] 16 S.; C.A. **73** [1970] Nr. 14201). – [53] K. Takagi, M. Murakami (Deut. Offenlegungsschrift 1936203 [1970] 12 S.; C.A. **72** [1970] Nr. 110803). – [54] J.C. Fleischer, C.W. Hargis (F. P. 1524596 [1968] 8 S.; C.A. **71** [1969] Nr. 112421). – [55] H.S. Young, J.W. Reynolds (F. P. 1529019 [1968] 8 S.; C.A. **71** [1969] Nr. 60724).

[56] J. Bhatia, S.Z. Hussain (Indian J. Technol. **13** [1975] 348/54). – [57] M. Shigeyasu, T. Kitamura (Maruzen Sekiyu Giho Nr. 18 [1973] 41/6; C.A. **81** [1974] Nr. 3500). – [58] H. Miyake, F. Suganuma, T. Matsumoto, H. Kamiyama (Bull. Japan. Petrol. Inst. **16** [1974] 50/4; C.A. **81** [1974] Nr. 77414). – [59] I. Koga, T. Inoi (Japan. Kokai 7391007 [1973] 3 S.; C.A. **81** [1974] Nr. 49267). – [60] A.L. Miller, N.C. Cook, F.C. Whitmore (J. Am. Chem. Soc. **72** [1950] 2732/5).

[61] L.V. Johnson, P.W. Reynolds (B. P. 680138 [1952]; C.A. **47** [1953] 5583). – [62] L.V. Johnson (B.P. 680122 [1952]; C.A. **47** [1953] 5583). – [63] L.V. Johnson, L.R. Pittwell (B. P. 666812 [1952]; C.A. **46** [1952] 7317). – [64] H.J. Arpe, J. Falbe (Brennstoff-Chem. **48** [1967] 69/73). – [65] L. Schuster, L. Arnold (Deut. Offenlegungsschrift 2111722 [1972] 6 S.; C.A. **77** [1972] Nr. 151476).

[66] L.V. Johnson (B. P. 666927 [1952]; C.A. **46** [1952] 7317). – [67] Phillips Petroleum Co. (B. P. 790195 [1958]; C.A. **52** [1958] 17802). – [68] S.K. Bhattacharyya, N.D. Ganguly (J. Sci. Ind. Res. [India] B **19** [1960] 33/4). – [69] S.K. Bhattacharyya, N.D. Ganguly (J. Appl. Chem. [London] **12** [1962] 97/104, 105/10). – [70] M. Feller, E. Field (U.S. P. 2921058 [1960]; C.A. **54** [1960] 11563).

[71] S. Tsutsumi, K. Shima (Technol. Rept. Osaka Univ. **9** [1959] 215/9; C.A. **54** [1960] 9349). – [72] Ya.T. Eidus, B.K. Nefedov (Dokl. Akad. Nauk SSSR **154** [1964] 1139/41). – [73] Ya.T. Eidus, M.Yu. Lukina, B.K. Nefedov (Izv. Akad. Nauk SSSR Ser. Khim. **1966** 720/7). – [74] N.I. Volynkin (Zh. Prikl. Khim. **39** [1966] 2783/7). – [75] M. Jean, J. Housset (D.P. 1210005 [1966] 2 S.; C.A. **64** [1966] 13800).

[76] V.I. Atroshchenko, Z.M. Shchedrinskaya (Tr. Khar'kovsk. Politekhn. Inst. **39** [1962] 19/24; C.A. **61** [1964] 2878). – [77] J.E. Germain, R. Laugier (Bull. Soc. Chim. France **1972** 2910/5). – [78] C.F. Cullis, T.G. Nevell, D.L. Trimm (J. Chem. Soc. Faraday Trans. I **68** [1972] 1406/12). – [79] J.E. Germain, R. Laugier (Bull. Soc. Chim. France **1972** 541/8). – [80] M. Toda, R. Yamamoto, K. Tamura, Y. Saki (Japan. P. 7337017 [1973] 3 S.; C.A. **81** [1974] Nr. 92183).

[81] M. Maki (J. Fuel Soc. Japan **32** [1953] 249/52; C.A. **49** [1955] 6822). – [82] American Cyanamid Co. (B. P. 731369 [1955]; C.A. **50** [1956] 7870). – [83] M. Graulier, R. Cellerin (F. P. 1407058 [1965] 7 S.; C.A. **65** [1966] 12040). – [84] M. Graulier (F. P. 1407059 [1965] 5 S.; C.A. **65** [1966] 12040). – [85] T. Nicklin, P.S. Clough (B. P. 1307875 [1973] 4 S.; C.A. **78** [1973] Nr. 139865).

[86] Gas Council (F. P. 2048613 [1971] 10 S.; C.A. **76** [1972] Nr. 26837). – [87] K.J. Sladek, P.S. Lowell, K. Schwitzgebel, T.B. Parsons (Ind. Eng. Chem. Process Design Develop. **10** [1971] 384/90). – [88] G.M. Schwab, G. Donga (Deut. Offenlegungsschrift 2010449 [1971] 13 S.; C.A. **75** [1971] Nr. 143723). – [89] S.G. Hindin, J.C. Dettling (Deut. Offenlegungsschrift 2029500 [1970] 25 S.; C.A. **74** [1971] Nr. 80306). – [90] E.R.S. Winter (J. Catalysis **19** [1970] 32/40).

[91] T. Nicklin, F. Farrington (Deut. Offenlegungsschrift 1937654 [1970] 12 S.; C.A. **73** [1970] Nr. 5719). – [92] W. Groenendaal, F.C. Taubert (Deut. Offenlegungsschrift 2421768 [1974] 32 S.; C.A. **82** [1975] Nr. 89721). – [93] E.R.S. Winter (J. Catalysis **34** [1974] 431/9). – [94] T. Nicklin (B. P. 1333205 [1973] 7 S.; C.A. **80** [1974] Nr. 40710). – [95] A.B. Stiles (U.S. P. 3230182 [1966] 3 S.; C.A. **64** [1966] 12241).

[96] T. Nicklin, F. Farrington (Deut. Offenlegungsschrift 2024767 [1970] 13 S.; C.A. **74** [1971] Nr. 77885). – [97] A.B. Stiles (U.S. P. 3864459 [1975] 10 S.; C.A. **82** [1975] Nr. 127127). – [98] T. Yano, K. Ishizuka (Shokubai [Sapporo] Nr. 10 [1954] 43/50; C.A. **49** [1955] 7201). – [99] M. Kotake, M. Nakagawa, T. Ohara, K. Harada, M. Ninomiya (J. Chem. Soc. Japan Ind. Chem. Sect. **59** [1956] 121/4; C.A. **50** [1956] 16049). – [100] M. Kotake, M. Nakagawa, T. Ohara, K. Harada, M. Ninomiya (Kogyo Kagaku Zasshi **59** [1956] 151/4; C.A. **51** [1957] 10013).

[101] U. Maffezzoni (Chim. Ind. [Milan] **34** [1952] 460/5). – [102] G. Pop, E. Colev, I. Boc (Acad. Rep. Populare Romine Baza Cercetari Stiint. Timisoara Studii Cercetari Stiinte Chim. **8** [1961] 151/9; C.A. **57** [1962] 14997). – [103] W.H. Lind, J.B. Wilkes (U.S. P. 3041368 [1962] 2 S.; C.A. **57** [1962] 13695). – [104] D. Yusupov, K.M. Akhmerov, A. Abdurakhmanov, A.B. Kuchkarov (Tr. Tashkent. Politekhn. Inst. **107** [1973] 15/6; C.A. **83** [1975] Nr. 9723). – [105] K. Tanaka (J. Res. Inst. Catalysis Hokkaido Univ. **7** [1959] 87/98; C.A. **54** [1960] 11334).

[106] J. Horiuchi, T. Sato, K. Ishizuka (J. Res. Inst. Catalysis Hokkaido Univ. **6** [1958] 207/20; C.A. **54** [1960] 5025). – [107] K. Tanaka (J. Res. Inst. Catalysis Hokkaido Univ. **11** [1963] 75/83; C.A. **61** [1964] 2699). – [108] I. Scriabine (F. P. 876068 [1942]; C.A. **48** [1954] 2783). – [109] T. Yamauchi, S. Matsuda (Bull. Japan Petrol. Inst. **2** [1960] 76/84). – [110] J.E. Germain, R. Perez (Bull. Soc. Chim. France **1972** 2042/7).

[111] Yu.A. Zakharov, V.A. Nevostruev (Radiats. Fiz. Nemetal. Krist., Tr. Soveshch., Kiev 1965 [1967], S. 397/401; C.A. **70** [1969] Nr. 42822). – [112] H. Mori, S. Kusin, A. Murakoshi (Japan. Kokai 7553378 [1975] 8 S.; C.A. **83** [1975] Nr. 114834). – [113] M. Beaumont, B. Claudel, M. Prettre (Compt. Rend. C **267** [1968] 1648/50). – [114] P. Couderc (Chim. Ind. Genie Chim. **103** [1970] 913; C.A. **73** [1970] Nr. 91872). – [115] D.H. Weitzel, J.W. Draper, O.E. Park, K.D. Timmerhaus, C.C. Van Valin (Proc. 2nd Cryogenic Eng. Conf., Boulder 1956, S. 12/8; C.A. **52** [1958] 17923).

[116] K. Wagner, G. Hentschel, W. Lautsch (Wiss. Z. Tech. Hochsch. Chem. Leuna-Merseburg **5** [1963] 15/8; C.A. **59** [1963] 12656). – [117] A. Hermoni, A. Salmon (Chem. Ind. [London] **1960** 1265). – [118] E.B. Maxted, S.M. Ismail (J. Chem. Soc. **1962** 2330/3). – [119] M. Haissinsky, M. Duflo (Proc. 2nd. U.N. Intern. Conf. Peaceful Uses At. Energy, Geneva, 1958, Bd. 29, S. 47/51). – [120] Y.A. Zakharov, L.T. Burgaenko, V.A. Nevostruev (Khim. Vysokikh Energ. **5** [1971] 69/73; C.A. **74** [1971] Nr. 105647).

[121] G.L. Shukin, V.V. Sviridov (Fotokhim. Radiats. Khim. Protsessy Vod. Rastvorakh Tverd. Telakh **1970** 88/94; C.A. **75** [1971] Nr. 146155). – [122] M. Breysse, B. Claudel, M. Prettre, J. Veron (J. Catal. **24** [1972] 106/14). – [123] S.P. Walvekar, A.B. Halgeri (Z. Anorg. Allgem. Chem. **400** [1973] 83/8). – [124] H.C. Christensen (AE-192 [1965] 15 S.; N.S.A. **19** [1965] Nr. 44051). – [125] V.V. Boldyrev, V.I. Eroshkin (Kinetika i Kataliz **7** [1966] 322/5; C.A. **65** [1966] 3059).

[126] V.F. Komarov, A.A. Kabanov, V.T. Shipatov (Kinetika i Kataliz **8** [1967] 550/6; C.A. **67** [1967] Nr. 76591). – [127] J. Joklik, V. Bazant (Tschech. P. 157231 [1975] 3 S.; C.A. **83** [1975] Nr. 97561). – [128] J.P. McBride, W.L. Pattison (U.S. P. 3361676 [1968] 4 S.; C.A. **68** [1968] Nr. 83592). – [129] M. Haissinsky, M. Duflo (Compt.

Rend. **246** [1958] 1206/9). – [130] S.P. Walvekar, A.B. Halgeri (J. Indian Chem. Soc. **50** [1973] 387/8).

[131] B. Claudel (Ind. Chim. Belge [2] **39** [1974] 149/59). – [132] S.P. Walvekar, A.B. Halgeri (Technology [Sindri, India] **11** Nr. 1 [1974] 73/6; C.A. **82** [1975] Nr. 116621). – [133] T. Masaki, K. Kobayashi, H. Kuwajima, S. Kawakita (Japan. Kokai 7493300 [1974] 5 S.; C.A. **82** [1975] Nr. 128714). – [134] J.B. Lambert (U.S. P. 3415640 [1968] 7 S.; C.A. **70** [1969] Nr. 31285). – [135] L. Mourgues (Catal. Lab. Ind. Rec. Trav. Sess. **2** [1966] 61/9; C.A. **70** [1969] Nr. 81307).

[136] D.V. Myshenko, E.G. Lebedeva, V.S. Chagina (UdSSR P. 246486 [1969]; C.A. **71** [1969] Nr. 95426). – [137] J. Veron (Ann. Chim. [Paris] [14] **4** [1969] 267/76). – [138] D.M. Sowards, A.B. Stiles (U.S. P. 3118206 [1970] 11 S.; C.A. **73** [1970] Nr. 92012). – [139] S.E. Voltz, S.W. Weller (U.S.P. 2810698 [1957]; C.A. **52** [1958] 3204). – [140] G.A. Gaziev, M.I. Yanovskii, V.V. Brazhnikov (Kinetika i Kataliz **1** [1960] 548/52; C.A. **56** [1962] 36).

[141] A. Procopcikas, B. Bereckis (Lietuvos TSR Mokslu Akad. Darbai B **1958** Nr. 4, S. 31/8; C.A. **56** [1962] 4137). – [142] J.T. McCartney, B. Seligman, W. Keith Hall, R.B. Anderson (J. Phys. Chem. **54** [1950] 505/19). – [143] H. Sadek, H.S. Taylor (J. Am. Chem. Soc. **72** [1950] 1168/75). – [144] L.D. Rampino (U.S. P. 2508867 [1950]; C.A. **44** [1950] 8021). – [145] E.A. Hunter, C.N. Kimberlin (U.S. P. 2627506 [1953]; C.A. **47** [1953] 4525).

[146] G.C. Connolly (U.S. P. 2595056 [1952]; C.A. **46** [1952] 6777). – [147] C.N. Kimberlin (U.S. P. 2524810 [1950]; C.A. **45** [1951] 789). – [148] M. Inoue, S. Enomote (Yakugaku Zasshi **9** [1970] 1412/7; C.A. **74** [1971] Nr. 45997). – [149] J.L. Callahan, W.R. Knipple (Belg. P. 647683 [1964] 27 S.; C.A. **64** [1966] 3105). – [150] S.R. Craxford, A. Poll (J. Chim. Phys. **47** [1950] 253/6).

[151] B. Claudel, J. Véron (Compt. Rend. C **267** [1968] 1195/7). – [152] K. Thomke (Z. Physik. Chem. [Frankfurt] **105** [1977] 87/100). – [153] M.M. Sakharov, E.S. Dokukina (Kinetika i Kataliz **2** [1961] 710/3; C.A. **56** [1962] 8058). – [154] K.M. Chakravarty, Ranjit Sen. (Nature **160** [1947] 907/8). – [155] H. Knoezinger, L. Kudla (Naturwissenschaften **53** [1966] 431/2).

[156] K. Sasaki (Japan. P. 7877 [1955]; C.A. **52** [1958] 10517). – [157] N.V. de Bataafsche (B.P. 641332 [1950]; C.A. **44** [1950] 10966).

Use in Dispersion Alloys

3.3.4.2 Verwendung in Dispersionslegierungen

Mit der raschen Entwicklung in Luft- und Raumfahrt sowie im Gasturbinenbau stieg die Nachfrage nach Materialien, die neben einer Langzeitbeständigkeit gegen Korrosion bei hohen Temperaturen auch entsprechende mechanische Eigenschaften bei diesen Temperaturen aufweisen. Neben den sogenannten Superlegierungen auf z.B. Ni-Cr-Basis haben sich hier die dispersionsgehärteten Nickellegierungen als sehr geeignet erwiesen. Dieses sogenannte TD-Nickel ist ein mit wenigen Prozent einer ThO_2-Dispersion gehärtetes, sonst reines Nickel. Zu diesem 1963 erstmals eingesetzten TD-Nickel kam später eine ganze Reihe anderer TD-Metalle mit im Vergleich zu den reinen Metallen z.T. stark verbesserten Eigenschaften [4].

Obwohl diese ThO_2-dispersionsgehärteten Metalle bzw. Legierungen im allgemeinen nur wenige Prozent ThO_2 enthalten und ohnedies als Mischungen bei den jeweiligen Metallen zu besprechen wären, werden sie wegen ihrer technischen Bedeutung im groben

Literatur zu 3.3.4.2 s. S. 235/8

Abriß und im Zusammenhang hier besprochen. Es wird dabei nur auf die wichtigeren Eigenschaften eingegangen.

Eine andere, allerdings wesentlich eingeschränktere Verwendung haben metallverstärkte (z.B. mit 10% Mo [28]) ThO_2-Körper. Hier ist ThO_2 der Hauptbestandteil, sie werden im Zusammenhang mit den entsprechenden ThO_2-Metall-Systemen diskutiert. Das feindisperse der Legierung zugesetzte Oxid muß nicht unbedingt ThO_2 sein, auch Y_2O_3 erscheint neben einer Reihe weiterer Oxide besonders vorteilhaft zu sein. Wichtig ist, daß die beigegebenen Oxide chemisch und strukturell so stabil und dem Metall gegenüber so reaktionsträge sind, daß die feine Dispersion auch bei den hohen Gebrauchstemperaturen hinreichend lange erhalten bleibt. Von diesen Oxiden sind nicht einmal einige Prozent als stabile Suspension in einer metallischen Schmelze unterzubringen, denn nach kurzer Zeit würden sie auf der Schmelze schwimmen. Daher werden diese dispersionsgehärteten Legierungen pulvermetallurgisch hergestellt [7].

Dispersions in Metals

The rapid development of air and space craft and of gas turbines created demand for special materials. These should be corrosion resistant and have good mechanical properties for long periods at high temperatures. Proven effective have been Ni-Cr alloys, called superalloys, and nickel hardened by a few percent of dispersed ThO_2, called TD Nickel. TD Nickel was introduced in 1963 and was the first TD metal. Since then a whole series of TD metals has been developed. Many show vastly improved characteristics compared with the pure metals.

Since the dispersions are an important use for ThO_2, they are described here briefly. Only general properties of the thorium dioxide hardened metals are given.

3.3.4.2.1 ThO_2-Dispersionen in Nickel

ThO_2 Dispersions in Ni

Die TD-Ni-Legierungen bzw. die TD-Legierungen mit Ni als metallischer Hauptkomponente stehen schon nach der Zahl der Publikationen im Vordergrund. Wichtig ist, daß für die Größe, die Verteilung und die Stabilität des ThO_2 im Nickel bestimmte Kriterien eingehalten werden.

Die Dispersionslegierungen lassen sich auf verschiedenen Wegen herstellen. Dabei ist einleuchtend, daß die Herstellung über eine mechanische Mischung der Komponenten mit nachfolgendem Sintern nicht zu einer homogenen Probe führen kann, was Größe, Form und Verteilung der Oxidteilchen sowie ihre Haftung am Metall betrifft [4]. Dagegen bietet das chemische Sol-Verfahren die besten Aussichten für eine feine und gleichmäßige Verteilung des Oxids in der Metallmatrix.

Zur Herstellung von TD-Nickel fällt man aus der wäßrigen Lösung eines Nickelsalzes in Gegenwart eines Thoriumoxid-Sols basisches Nickelcarbonat aus. Das Thoriumoxid-Sol erhält man durch Peptisieren von frisch gefälltem Thoriumoxidhydrat mittels Salpetersäure. Dieses Sol enthält das Thoriumoxid als rundliche Kolloidteilchen von 30 bis 50 Å. Bei der zur Fällung angewendeten Verdünnung liegen etwa 10^{15} ThO_2-Teilchen im Milliliter vor. Diese wirken als Keime für das Nickelcarbonat und besorgen so dessen gleichmäßige, feine Ausfällung. Dabei werden sie vom Nickelcarbonat eingehüllt, so daß beide Komponenten sich nachher beim Trocknen und Sintern nicht miteinander vereinigen können [7].

Bei Mehrkomponentensystemen, die neben Nickel noch ein oder mehrere andere Metalle enthalten, stellt sich das Problem der gemeinsamen Ausfällung aller beteiligten

Literatur zu 3.3.4.2 s.S. 235/8

Metalle. Dieses Beispiel sei an der Herstellung einer Dispersionslegierung auf Kobaltbasis mit Nickel, Chrom, Wolfram und Molybdän und 3% ThO_2 erläutert. Es ist dabei von untergeordneter Bedeutung, daß Kobalt anstelle von Nickel der Hauptbestandteil ist. Wichtig für eine homogene Dispersionslegierung ist auch hier die gemeinsame Ausfällung aller Bestandteile mit dem ThO_2 in einem Schritt, was wegen der unterschiedlichen Fällungsbedingungen für Ni/Co/Cr im Vergleich zu Mo/W die strenge Einhaltung exakter Fällungsbedingungen erfordert. Nach [7] erfolgt die gemeinsame Ausfällung am besten im pH-Bereich von 6.5 bis 6.8, da dann die relativen Verluste der einzelnen Bestandteile am geringsten sind (**Fig.** 3-**102**). Für einen Ansatz von 450 g Oxidpulver zur Herstellung von ca. 300 g Dispersionslegierung läßt man unter starkem Rühren folgende Lösungen gleichzeitig in Wasser einlaufen: 1. die Nitrate von Co, Ni und Cr, 2. die Ammoniumsalze von W und Mo, 3. das ThO_2-Sol und 4. eine NH_3-$(NH_4)_2CO_3$-Lösung, die so eingestellt ist, daß der pH-Wert während des Fällungsvorganges ständig in dem genannten Bereich bleibt. Nach Absaugen und Waschen mit Wasser erhält man 4 bis 5 kg eines stark wasserhaltigen Kuchens, der zunächst bei 200 °C getrocknet wird. Zurück bleibt ein körniges Gut, das außer den Oxiden noch rund 5% Carbonate und 10% chemisch gebundenes Wasser enthält.

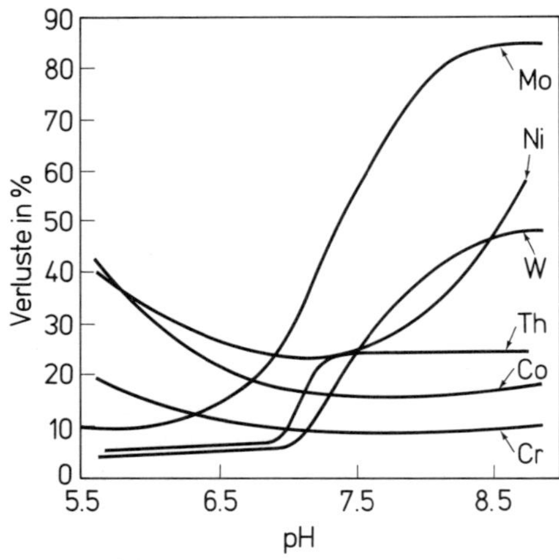

Fig. 3-102

Verluste bei der Oxidfällung von Co, Ni, Cr, Mo, W und Th in Gew.-% der eingesetzten Menge in Abhängigkeit vom pH-Wert [7].

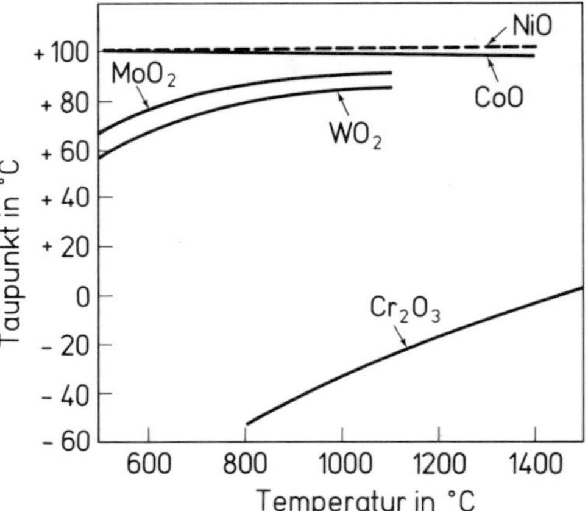

Fig. 3-103

Zusammenhang zwischen dem Taupunkt von H_2/H_2O-Gasgemischen und der Reduktionstemperatur verschiedener Metalloxide bei der Herstellung von ThO_2-Dispersionslegierungen, Gesamtdruck p=1 atm [7].

Dieses Produkt wird gemahlen und an der Luft auf 450 °C erhitzt, wobei die restlichen Hydrate und Carbonate zersetzt werden. Das nun vorliegende reine Oxidgemisch wird in strömendem trockenem Wasserstoff zu den Metallen reduziert. Dabei müssen die zur Reduktion erforderlichen thermodynamischen Bedingungen eingehalten werden. Hier kommt es auf die Temperatur und den Wasserdampfgehalt des Reaktionsgases an. **Fig.** 3-**103** zeigt diese Bedingungen, der Wasserdampfgehalt ist durch den der Messung direkt zugänglichen Taupunkt dargestellt. Die Reduktion der Oxide von Co, Ni, Mo und W

Literatur zu 3.3.4.2 s. S. 235/8

stellt demnach keine ernsthaften Probleme. Zur Reduktion des Chromoxids dagegen ist selbst bei einem Taupunkt von −20 °C noch eine Temperatur von mindestens 1200 °C erforderlich, und in diesem Bereich neigt das Oxidpulver bereits zum Sintern. Eine Reduktion des Thoriumoxids ist mit Sicherheit nicht zu befürchten, die entsprechende Kurve liegt noch weit unter der des Chromoxids. Die Reduktion von einigen Gramm Oxidpulver dauert mehrere Stunden. Eine wesentliche Beschleunigung wird erreicht, wenn nach der ersten Reduktionsstufe bei 700 °C, durch die alle Oxide außer dem des Chroms und des Thoriums rasch reduziert werden, für die zweite Reduktionsstufe (bei 1230 °C) Kohlenstoff zugemischt wird.

Das Chromoxid wird dann gemäß $Cr_2O_3 + 3\,C \rightarrow 3\,CO + 2\,Cr$ mit Kohlenstoff in strömendem Wasserstoff reduziert. Um die ausschließliche Bildung von Kohlenstoffmonoxid zu sichern und die Entstehung von Chromcarbid zu verhindern, muß die Kohlenstoffzugabe dosiert werden. Die dann erreichten Endgehalte lagen unter 0.1% Sauerstoff in der Legierung, abgesehen natürlich von dem unveränderten Sauerstoffgehalt des Thoriumoxids. Zu beachten sind dabei stets die das Sinterverhalten bestimmenden Eigenschaften des Reaktionsproduktes, besonders seine Oberflächenaktivität und seine Kornverteilung. Das reduzierte Pulver wird isostatisch kaltgepreßt. Die so erhaltenen zylindrischen Körper werden 16 h bei 1290 °C unter 10^{-4} Torr gesintert und erreichen dann 85 bis 95% der theoretischen Dichte. Die gesinterten Proben werden in Chromnickelstahl-Blech unter 10^{-2} Torr gekapselt und anschließend bei 1150 °C zu dichten Stäben stranggepreßt.

Ein anderer Prozeß wurde ursprünglich von DuPont entwickelt [4]. Dazu werden Lösungen von Ni-Nitrat und NH_4-Carbonat mit einer kolloidalen Lösung von ThO_2 entsprechender Teilchengröße im entsprechenden Verhältnis gemischt. Bei $pH \approx 7.5$ erhält man einen Ni-Hydroxid-Carbonat-Niederschlag auf den ThO_2-Teilchen, die als Keime wirken. Der Niederschlag wird filtriert, gewaschen, bei 300 °C getrocknet und nach Pulverisieren mit trockenem Wasserstoff reduziert. Kritische Stufen in dem Prozeß sind der pH-Bereich der Fällung und die Reduktionsbedingungen. Dies gilt besonders dann, wenn TD-Nickel mit anderen Legierungsbestandteilen hergestellt wird.

Nach dem in [50] bzw. [112] beschriebenen Verfahren wird eine Lösung von Ni-Oxalat und Th-Nitrat im gewünschten Verhältnis in einem heißen Gasstrom zerstäubt, wobei das NiO/ThO_2-Pulver rasch ausfällt und mittels eines Zyklons entfernt wird. Die weitere Verarbeitung zu der Dispersionslegierung erfolgt dann nach üblichen Verfahren.

Ein anderes Verfahren [113] geht wie folgt vor: Eine durch Aufschlämmung homogenisierte und dann getrocknete Mischung aus 412 g $NiCO_3$ (in 2 l H_2O), 200 ml ThO_2-Hydrosol (0.2 g/ml), 0.2 g/l Anthrachinon und 2 g/l Ni-Pulver wird bei 180 bis 200 °C unter einem H_2-Druck von 45 bis 50 atm durch Wasserstoff reduziert. Man erhält dabei ein Pulver mit Ni-Teilchen mit 1 bis 5 μm Durchmesser und einer Oberfläche von 2.3 m^2/g. Ein anderes Verfahren geht von einem Gemisch von Ni(Co)-Oxalat und Th-Acetat in Essigsäure aus [114]. Besondere Probleme bei Mehrkomponenten-Dispersionslegierungen ergeben sich dann, wenn eine Komponente ein schwer reduzierbares Oxid (Cr und Fe, z.B.) oder ein nicht reduzierbares Oxid (Al und Ti, z.B.) enthält. In diesen Fällen wird dann so vorgegangen, daß das feinverteilte Element z.B. während der Ni-Th-Copräzipitation zugesetzt wird. Die Homogenisierung erfolgt dann über die Diffusion bei hohen Temperaturen unter reduzierender Atmosphäre. Gelegentlich wird die Cr-(Ni-ThO_2)-Mischung in Kontakt mit einem organischen Lösungsmittel gebracht, das zur Erhöhung des C-Gehaltes beiträgt, welcher eventuell gebildetes Cr_2O_3 reduziert [51, 52]. Derartige diffusionsabhängige Homogenisierungsschritte sind sehr zeitaufwendig und erfordern lange Temperzeiten, was u.a. wieder die Kornverteilung beeinflussen kann.

Literatur zu 3.3.4.2 s. S. 235/8

Für die Anwendung von TD-Nickel ist ein Zusatz von anderen Metallen von Bedeutung. Ein Zusatz von Mo und W erhöht die Festigkeit bei tiefen und mittleren Temperaturen, während ein Zusatz von Chrom die Oxidationsbeständigkeit beträchtlich erhöht [4]. TD-Nickel mit Zusätzen von Chrom und Aluminium scheint noch höhere Festigkeit und Oxidationsbeständigkeit aufzuweisen.

Die TD-Ni-Dispersionslegierungen besitzen eine hervorragende strukturelle Stabilität. Bei Untersuchungen an Ni-2 Gew.-% ThO_2-Proben mit ThO_2-Teilchen von 0.01 bis 0.5 µm Durchmesser und einem Abstand von etwa 0.1 µm zwischen den einzelnen ThO_2-Teilchen ergab sich, daß die ThO_2-Teilchen bis 2000 °F (2000 h) weder reagieren, agglomerieren oder diffundieren und daß die Ni-Körner kein Kornwachstum aufweisen [9]. Zur Stabilität von ThO_2 in Ni s. auch [47, 101, 111]. Für flüssiges Ni in Kontakt mit ThO_2 werden für 1500 °C folgende Daten angegeben [78]: Kontaktwinkel 131.5° und Oberflächenspannung 1540 dyn/cm in Wasserstoffatmosphäre bzw. 134.3° und 1520 dyn/cm in He-Atmosphäre.

Die besonderen Vorteile der TD-Ni-Dispersionslegierungen liegen in ihrem hervorragenden mechanischen und korrosionsbeständigen Verhalten bei hohen Temperaturen. Dies zeigt z.B. **Fig. 3-104** für die Zeitstandfestigkeit. Man erkennt, daß oberhalb 1000 °C die Dispersionslegierungen den rein metallischen Superlegierungen überlegen sind und zwar besonders dann, wenn noch eine zusätzliche metallische Komponente eingefügt wird [7].

Die Kurven a und b zeigen die 100-h- bzw. 1000-h-Festigkeiten zweier typischer ausscheidungsgehärteter, rein metallischer Nickellegierungen. Oberhalb 700 °C beginnt die 1000-h-Zeitstandfestigkeit zu sinken, und bei etwa 900 °C werden die Kurven von der viel flacher verlaufenden Kurve des TD-Nickels geschnitten. Unterhalb 800 °C ist die Zeitstandfestigkeit des TD-Nickels vergleichsweise gering, für umlaufende Teile von Gasturbinen, z.B. Laufschaufeln, ist es daher nicht geeignet. Das Bestreben geht infolgedessen

Fig. 3-104

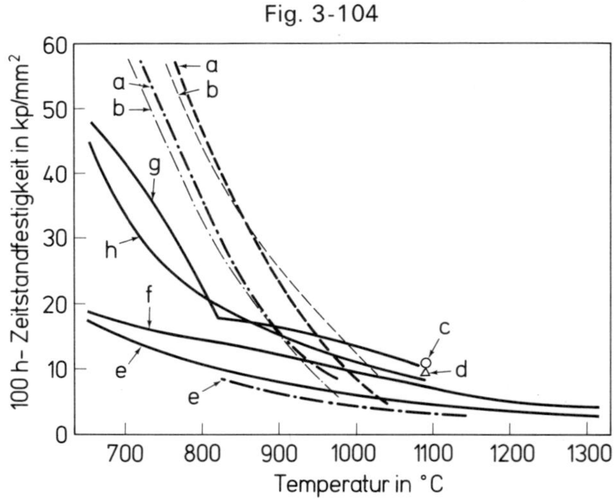

Zeitstandfestigkeit von Legierungen [7] (- - - Guß- und Schmiedelegierungen; —— Dispersionslegierungen; —·—· Werte für 1000 h)

a) ATS 290 G c) Co-Zr-ThO_2 e) Ni-ThO_2 g) Ni-Mo-ThO_2
b) ATS 380 d) Co-Cr-Ni-ThO_2 f) Ni-Cr-ThO_2 h) Ni-Cr-Al-Ti-Y_2O_3

Literatur zu 3.3.4.2 s. S. 235/8

dahin, durch Legierungszusätze, die auch eine Mischkristallverfestigung oder eine Ausscheidungshärtung bewirken können, die Eigenschaften zu verbessern. Damit kommt man zu Legierungen, für die einige Beispiele ebenfalls in Fig. 3-104 dargestellt sind. Sie haben eine beachtliche Festigkeit bei mittleren Temperaturen und übertreffen auch oberhalb 1000 °C noch das Nickel.

Einen sehr starken Einfluß auf die mechanischen Eigenschaften von TD-Nickel üben die Herstellungsbedingungen aus. Dies zeigt z.B. **Fig.** 3-**105** für die Bruchdehnung von Ni-3% ThO_2 bei 871 °C in Abhängigkeit von der Zahl der Kaltbearbeitungen, wobei zwischen den einzelnen Kaltbearbeitungen jeweils ein Temperschritt bei 1205 °C/30 min lag [49]. Auch ist die Kriechgeschwindigkeit von TD-Nickel geringer als die von reinem Nickel [7].

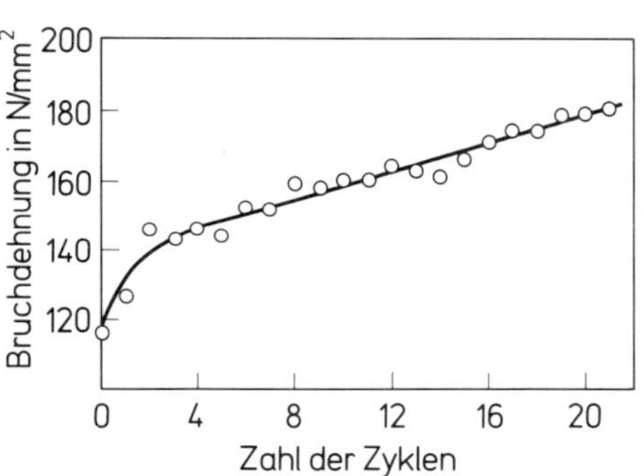

Fig. 3-105

Einfluß der Zahl von Kaltbearbeitungszyklen auf die Bruchdehnung von Ni-3% ThO_2 bei 871 °C [49].

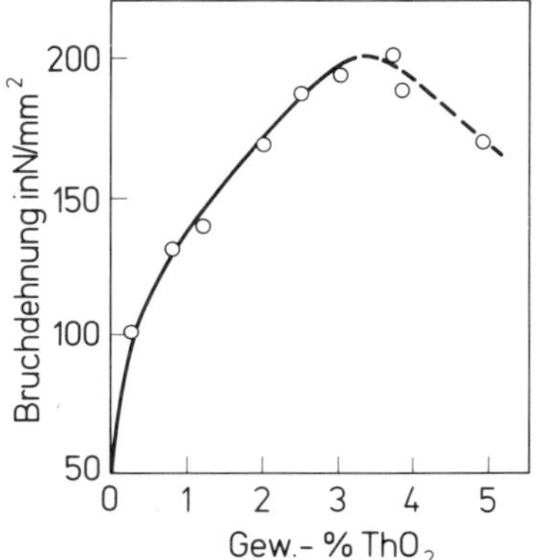

Fig. 3-106

Einfluß des ThO_2-Gehalts (Teilchen mit 50 bis 150 Å Durchmesser) auf die Bruchdehnung von Ni-3% ThO_2 bei 871 °C [49].

Natürlich spielen auch Th-Gehalt im TD-Nickel und Korngröße des ThO_2 eine wichtige Rolle. **Fig.** 3-**106** zeigt, daß die Bruchdehnung von TD-Nickel bei 871 °C für 3% ThO_2 ein Maximum aufweist; das eingesetzte ThO_2 hatte eine Teilchengröße von 50 bis 150 Å [49]. Eine erheblich niedrigere Bruchdehnung wurde an ThO_2 mit einer Korngröße zwischen 400 und 800 Å beobachtet.

TD-Nickel zeigt ausgezeichnete Oxidationsbeständigkeit, speziell bei hohen Temperaturen. Dies geht aus **Fig.** 3-**107**, S. 220, hervor, in der die Gewichtszunahme von Ni-2% ThO_2 und von hochreinem Nickel bei 1000 °C unter 25 Torr O_2-Druck miteinander verglichen sind [8]. **Fig.** 3-**108**, S. 220, zeigt, daß die Gewichtszunahme von Ni-20% Cr-2 bis 3% ThO_2 nach einem raschen Anstieg bei 1100 °C und 100 Torr O_2-Druck einen konstanten Wert erreichte – im Gegensatz zu Ni-Legierungen [2]. Es ist dabei bemerkenswert, daß Y_2O_3, CeO_2 oder Al_2O_3 als keramische Zusätze von Ni-20% Cr keine erkennbaren Unterschiede hinsichtlich der Beständigkeit gegen Oxidation bewirken.

TD-Nickel, das durch direkte Copräzipitation von $Ni(OH)_2$ und ThO_2 erzeugt wurde, besitzt eine größere Oxidationsbeständigkeit als TD-Nickel, bei dem $Ni(OH)_2$ auf ThO_2 niedergeschlagen wurde [1]. Für zahlreiche Verwendungszwecke ist selbst diese ausgezeichnete Oxidationsbeständigkeit nicht ausreichend, d.h. das TD-Ni muß durch eine

Literatur zu 3.3.4.2 s. S. 235/8

Schutzschicht geschützt werden [48]. So wird ein Ni-Cr-Al-Überzug beschrieben [49], der die Oxidationsbeständigkeit von TD-Ni/Cr bei 1150 °C in einem Mach1-Brennertest

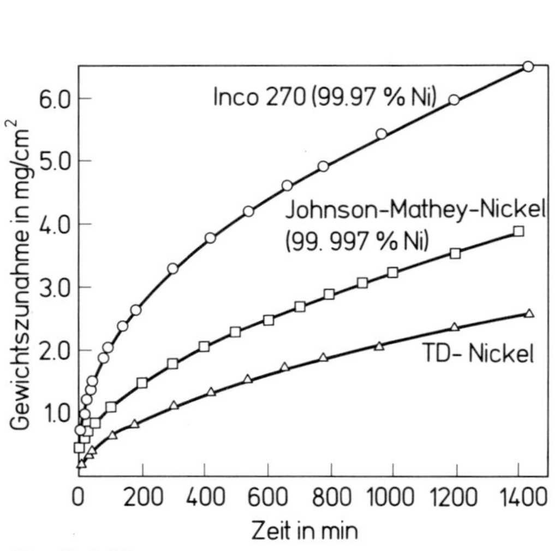

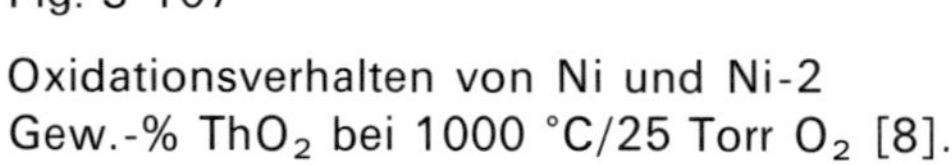

Fig. 3-107

Oxidationsverhalten von Ni und Ni-2 Gew.-% ThO_2 bei 1000 °C/25 Torr O_2 [8].

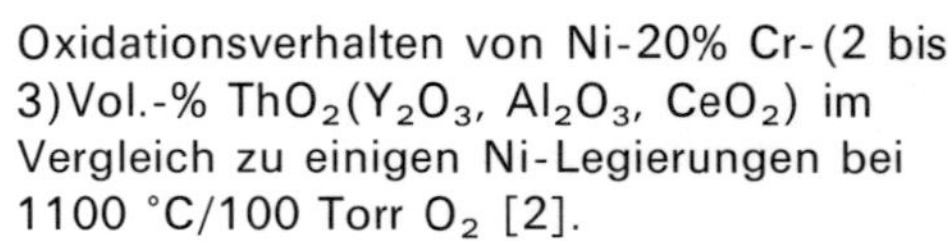

Fig. 3-108

Oxidationsverhalten von Ni-20% Cr-(2 bis 3)Vol.-% ThO_2(Y_2O_3, Al_2O_3, CeO_2) im Vergleich zu einigen Ni-Legierungen bei 1100 °C/100 Torr O_2 [2].

erheblich steigert. Auch gegenüber Salzschmelzen und Säuren zeigt TD-Nickel eine höhere Beständigkeit als Ni-Legierungen, wie aus den folgenden Werten für Ni-2% ThO_2 hervorgeht [10]:

Agens	Gewichtsabnahme in mg/cm²		
	Ni-2% ThO_2	Inconel „X"	Ni-200
$PbSO_4$ (1650 °F/4 h)	1.1	22.8	8.5
(1700 °F/4 h)	1	94	–
$PbBr_2$ (1400 °F/1 h)	−7.7	−14.0	starke Korrosion
90% Na_2SO_4+10% NaCl (1550 °C/6 h)	101	860 [a)]	129
HNO_3 (konz.) (Zimmertemperatur/50 h)	120	–	200
HNO_3 (halbkonz.) (Zimmertemperatur/50 h)	200	–	450
HCl (konz.) (Zimmertemperatur/50 h)	115	–	115

a) für Hastelloy X

Literatur zu 3.3.4.2 s. S. 235/8

TD-Nickel besitzt normalerweise einen geringeren thermischen Ausdehnungskoeffizienten (z.B. 8.3×10^{-6}/°C für 70 °F<t<1500 °F) als Ni, und eine höhere thermische, aber niedrigere elektrische Leitfähigkeit [10].

Im Gegensatz zu Ni-20 Cr verliert Ni-20Cr-2 ThO_2 seine Duktilität bei der Einwirkung von Wasserstoff nicht, auch im Gegensatz zu Ni-2 ThO_2, dessen Duktilität nach einer Wasserstoffbehandlung zurückgegangen ist [5]. Unter H_2-Druck wird jedoch auch für das Cr-stabilisierte TD-Nickel eine Duktilitätsabnahme beobachtet.

In [3] wird eine Ag-Ni-(4.5% ThO_2+2.5% MnO)-Dispersionslegierung beschrieben, die für elektrische Kontakte benutzt werden soll.

3.3.4.2.2 ThO_2 in Cr(Mo,W)-Dispersionslegierungen

ThO_2 in Cr(Mo, W) Dispersion Alloys

Zusatz von Chrom zu TD-Nickel verbessert dessen Korrosionsbeständigkeit bei hohen Temperaturen, s. Abschnitt 3.3.4.1. Reine Chrom-ThO_2-Dispersionslegierungen werden selten eingesetzt.

Ein Zusatz von ThO_2 setzt die Hochtemperaturoxidation von Chrom erkennbar herab [11, 60]. Das ThO_2 wird – zumindest in den ersten Stufen der Oxidation – nicht in die wachsende Cr-Oxidschicht eingebaut. Die Herstellung von Chrom-ThO_2-Dispersionslegierungen sowie der Dispersionslegierungen, die neben dem Hauptbestandteil Chrom noch ein oder mehrere weitere metallische Komponenten enthalten, erfolgt nach im Prinzip gleichen Verfahren, wie sie für TD-Ni (s. S. 215) angegeben wurden. Auch hier wird die homogene Fällung bzw. die Fällung von Chromhydroxid auf einem ThO_2-Sol bevorzugt [12 bis 19]. Die besonderen Schwierigkeiten liegen hier in der vollständigen Reduktion des Cr_2O_3 zum Metall, die allein durch Wasserstoffreduktion nicht zu bewältigen ist. Neben einem Zusatz von Kohlenstoff in genau dosierter Menge (um die Bildung von Chromcarbid zu vermeiden) wird auch die Reduktion durch H_2/CH_4(2 Vol.-%)-Mischungen bei 950 °C angewandt [12, 19]. Man soll hierbei eine Dispersionslegierung erhalten, deren Sauerstoffgehalt (abgesehen vom ThO_2) mit <0.078% angegeben wird [12].

Für Cr-ThO_2-Dispersionslegierungen, die noch eine weitere unedle Komponente (z.B. Ti oder Nb) enthalten, wird eine Reduktion mit Ca in $CaCl_2$ bei 850 bis 900 °C beschrieben [14].

Ein Zusatz von 4% Mo zu Cr-ThO_2(MgO, Y_2O_3)-Dispersionslegierungen führt zu einer Erhöhung der Zugfestigkeit, verringert aber gleichzeitig die Temperatur des Übergangs vom duktilen zum spröden Zustand [17].

Wie in Abschnitt 3.3.4.2.1 erwähnt, beeinflußt ein Zusatz von Mo zu TD-Ni das ausgezeichnete mechanische Hochtemperaturverhalten in positivem Sinne auch bei tieferen Temperaturen. Reine Mo-ThO_2-Dispersionslegierungen bzw. Mehrkomponentensysteme mit Mo als Hauptbestandteil haben keine so große Bedeutung wie TD-Nickel [20 bis 31, 116 bis 118], obwohl auch ein Einbau von ThO_2 in Mo-Metall zahlreiche Eigenschaften des Metalls im positiven Sinne verbessert. Die Herstellung von Mo-ThO_2-Dispersionslegierungen bereitet keine besonderen Probleme, da Mo-Oxide durch Wasserstoff zum Metall reduziert werden können [21]. Es ist nur Sorge zu tragen, daß die Ausfällung des Oxids mit oder auf ThO_2 im schwach sauren und nicht im alkalischen Bereich erfolgt. Zur Herstellung von Mo-ThO_2-Cermets für thermionische Kathoden können die verwendeten Mo- und ThO_2-Pulver (Teilchengröße ≈2 μm) auch mechanisch gemischt werden [29].

Im Gegensatz zu den Ni(Cr)-ThO_2-Dispersionslegierungen besitzen im Falle des Systems Mo-ThO_2 die Zusammensetzungen mit hohem ThO_2-Anteil das stärkere Interesse.

Literatur zu 3.3.4.2 s. S. 235/8

Dazu zählen z.B. ThO_2-Sinterkörper, die durch Mo-Fäden bei ca. 10%igem Mo-Anteil verstärkt sind [28].

Derartige Körper lassen sich durch Heißpressen in Graphitformen bei 1500 °C/10 min herstellen, wobei zur Verbesserung des ThO_2-Sinterns CaF_2 zugegeben wird [28, 94]. Zwischen Mo und ThO_2 erfolgt bis 1800 °C keine chemische Reaktion [27, 28, 101, 109, 111], doch bilden sich in ThO_2-Körpern, die durch Mo-Fäden verstärkt sind, bei Temperaturwechsel zahlreiche kleine Risse aus, die durch die unterschiedlichen Ausdehnungskoeffizienten der beiden Komponenten bedingt sind [28]. Durch Mo-Fäden verstärktes ThO_2 besitzt, verglichen mit ThO_2-Körpern, die durch Fäden anderer Metalle verstärkt sind, die besseren Eigenschaften (z.B. mechanische Festigkeit und Beständigkeit bei Temperaturschocks) [26], doch wird in oxidierender Atmosphäre oberhalb 1000 °C nach wenigen Stunden das Mo vollständig oxidiert. Dies wird durch den Sauerstoffzutritt durch die Mikrorisse verursacht [27]. Aus **Fig.** 3-**109** erkennt man, daß die Stabilität gegen Oxidation mit steigender Dichte des Sinterkörpers zunimmt [28].

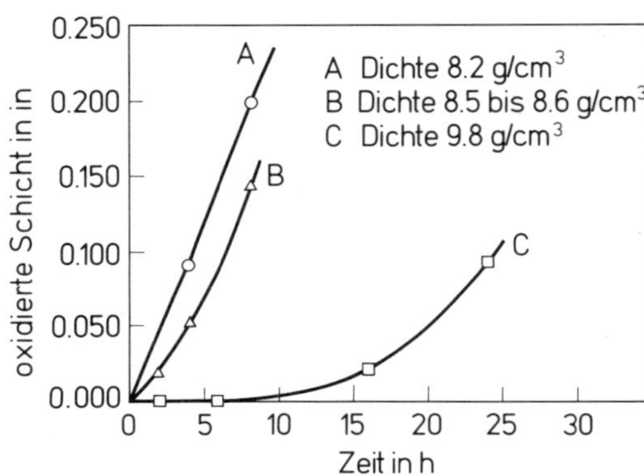

Fig. 3-109

Oxidationsbeständigkeit von ThO_2, das mit 10% Mo-Fäden von 0.002 in Durchmesser und 0.2 in Länge verstärkt wurde [28].

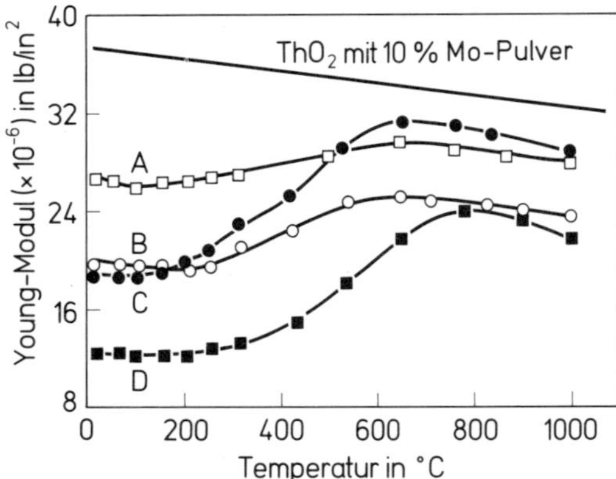

Fig. 3-110

Temperaturabhängigkeit des Young-Moduls für Mo-verstärktes ThO_2 [28].
A: ThO_2 mit 2.5% Mo-Fasern (0.002 in Durchmesser, 0.2 in lang),
B: ThO_2 mit 20% Mo-Fasern (0.002 in Durchmesser, 0.2 in lang),
C: ThO_2 mit 10% Mo-Fasern (0.005 in Durchmesser, 0.2 in lang),
D: ThO_2 mit 10% Mo-Fasern (0.002 in Durchmesser, 0.5 in lang).

In Tabelle 3/30 sind die physikalischen Eigenschaften einiger ThO_2-Mo-Fasern zusammengestellt [28]. Diese Werte wurden an zylindrischen Proben ($^3/_2$ in lang, $^3/_4$ in Durchmesser) für die Druckfestigkeitsmessungen und an rechteckigen Sinterkörpern ($2^3/_4$ in lang, $^1/_4$ in dick) für die anderen Eigenschaften bestimmt. Die **Fig.** 3-**110** und 3-**111**

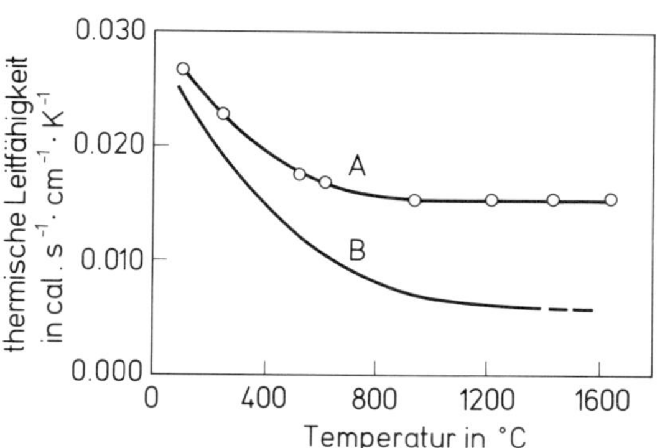

Fig. 3-111

Thermische Leitfähigkeit für Mo-Faser-verstärktes ThO_2 [28].
A: ThO_2 mit 10% Mo-Fasern (0.002 in Durchmesser, 0.2 in lang),
B: ThO_2 (nach [125], korrigiert für eine Dichte von 9.60 g/cm^3).

enthalten Angaben über mechanische Eigenschaften von Mo-Faser-verstärktem ThO_2. Tabelle 3/31 gibt eine Zusammenstellung über den thermischen Ausdehnungskoeffizienten derartiger Keramiken.

Zusammenfassend lassen sich die Eigenschaften dieser Mo-Faser-verstärkten ThO_2-Cermets wie folgt beschreiben:

Der Einbau von geringen Mengen Mo-Fäden in ThO_2 setzt die Druckfestigkeit, den Bruchmodul und den Young-Modul beträchtlich herab. Je nach Fadendurchmesser beob-

Tabelle 3/30
Eigenschaften von ThO_2-Mo-Cermets [28] bei Raumtemperatur

Zusammen-setzung	Fiber-Durch-messer in in	mittlere Fiber-länge in in	Druck-festigkeit (jeweils in lb/in²)	Bruch-festigkeit [d)] (jeweils in lb/in²)	Young-Modul $\times 10^{-6}$ in lb/in²
ThO_2 [a)]			50000 bis 190000	15400	36.9
ThO_2-2$^1/_2$ [e)]	0.002	0.2		4560 (5640)	26.7
ThO_2-5	0.002	0.2	51400	3320 (5520)	20.8
ThO_2-10	0.002	0.2	49800	5040	20.9
ThO_2-20	0.002	0.2	62100	11000 (10600)	19.4
ThO_2-5	0.002	0.5			16.3
ThO_2-10	0.002	0.5		6510	12.7
ThO_2-20	0.002	0.5			18.7
ThO_2-5	0.005	0.2	23700		
ThO_2-10	0.005	0.2	39100	3910	19.0
ThO_2-20	0.005	0.2	36800		
ThO_2-10	0.005	0.5		3000 (6780)	10.4
ThO_2-10% Pulver				18700	37.4
ThO_2 [b)]			220000	15100	34.6
Mo [c)]			85000 bis 130000		42.7

[a)] Heißgepreßtes ThO_2. [b)] Kaltgepreßtes und gesintertes ThO_2. [c)] Werte aus „Materials in Design Engineering" (1959/60). [d)] Werte in Klammer für 650 °C. [e)] In % Mo.

Literatur zu 3.3.4.2 s. S. 235/8

Tabelle 3/31
Thermischer Ausdehnungskoeffizient von Mo-verstärktem ThO_2 [28].

Zusammensetzung	Fiberdurchmesser in in	mittlere Fiberlänge in in	linearer thermischer Ausdehnungskoeffizient $\times 10^6$ für 20 °C $\leq t \leq$ 1200 °C
ThO_2 (heißgepreßt)			9.76
ThO_2 (nach [299])			9.62
ThO_2-10% Mo, Pulver			9.15
ThO_2-10% Mo, Fiber	0.002	0.2	8.03
ThO_2-10% Mo	0.002	0.5	7.85
ThO_2-10% Mo, Fiber	0.005	0.2	8.22
ThO_2-10% Mo, Fiber	0.005	0.5	8.01
Molybdän			6.31 [a)]

[a)] für 20 °C $\leq t \leq$ 1500 °C

achtet man bei $2^1/_2$ bis 10% Mo ein Minimum der Eigenschaften. Sinterkörper mit dickeren oder längeren Fasern besitzen üblicherweise geringere Festigkeit und Elastizität als solche mit dünnen Fäden. Mit steigender Temperatur bis 650 °C nehmen der Young-Modul und die Bruchfestigkeit zu, bei noch höheren Temperaturen ist wieder eine Abnahme zu beobachten. Die thermische Leitfähigkeit von Mo-verstärktem ThO_2 ist höher als die von ThO_2. Der Unterschied nimmt mit steigender Temperatur zu. Der thermische Ausdehnungskoeffizient von Mo-verstärktem ThO_2 ist geringer als der von reinem ThO_2.

Über PuO_2-ThO_2-Mo-Cermets, die für die Herstellung von ^{238}Pu eingesetzt wurden, s. [32].

Von den in diesem Abschnitt behandelten Dispersionslegierungen besitzen diejenigen mit Wolfram die größte Bedeutung. Ein Zusatz von wenigen Prozenten ThO_2 verbessert die Eigenschaften des Metalls in bemerkenswertem Maße. Eine weitere Verbesserung wird erreicht, wenn anstelle von W-ThO_2-Dispersionslegierungen Rhenium-haltige benutzt werden, wobei schon aus Kostengründen der Re-Anteil kleiner ist als der W-Anteil.

Da sich die W-Oxide bei höheren Temperaturen ohne Schwierigkeiten durch Wasserstoff zum Metall reduzieren lassen, kann die Herstellung der W-ThO_2- und W-Re-ThO_2-Dispersionslegierungen nach dem für TD-Nickel beschriebenen Mitfällungs- bzw. Solverfahren erfolgen. Dennoch werden in der Literatur auch mehrere pulvertechnologische Herstellungsverfahren erwähnt. Folgende Verfahren mögen als charakteristisch angesehen werden:

W-(1.7−2)%ThO_2-Legierungen zur Herstellung von Drähten erhält man durch 30 h Einwirkung einer $Th(NO_3)_4$-Lösung auf W-Pulver (Korngröße >4 μm). Nachfolgend wird das adsorbierte Th-Nitrat unter Wasserstoff 2 h bei 1200 °C zersetzt [33]. Ein ähnliches Verfahren wird auch zur Herstellung von W-Re-ThO_2-Legierungen benutzt [39, 42].

Zur Herstellung von W-25%Re-ThO_2-Legierungen wird ein Gefrierverfahren herangezogen [34]. Hierbei wird die entsprechende Lösung in einen Behälter eingesprüht, der ein cryogenes Medium, z.B. flüssigen Stickstoff enthält. Das gefrorene Material wird nach langsamem Aufheizen nach üblichen Verfahren weiterverarbeitet.

W+1% ThO_2-Pulver (0.5 bis 2 μm Durchmesser) wird mit 0.3 bis 1% Methylmethacrylat/$(CH_3)_2CO$ als Binder zu 5 bis 10 mm dicken Platten gepreßt; diese werden gemahlen,

Literatur zu 3.3.4.2 s. S. 235/8

gesiebt und dann unter einem Druck von 1.4 t/cm^2 zu entsprechenden Formkörpern verarbeitet [40].

In [41] wird ein Verfahren erwähnt, bei dem NH_4ReO_4 zu einer NH_4-Wolframat/$Th(OH)_4$-Mischung gegeben wird, die anschließend reduziert wird. Ein ähnlicher Prozeß zur Herstellung von W-ThO_2 geht von einem Gemisch H_2WO_4 (oder NH_4-Parawolframat) und $Th(NO_3)_4$ (oder $Th(OH)_4$ bzw. $Th(C_2O_4)_2$) aus [45].

Aus **Fig.** 3-**112** ist zu erkennen, daß ein Zusatz von 1%ThO_2 zu W dessen Festigkeit erkennbar erhöht [44]. Dies wird auf den Einfluß des ThO_2 auf die Mikrostruktur des Wolframs zurückgeführt. Die Vickers-Härte von W-1%ThO_2 ist geringfügig höher als die von reinem W (427 im Vergleich zu 374 bei 1500 °C bzw. 378 im Vergleich zu 371 bei 2400 °C) [44].

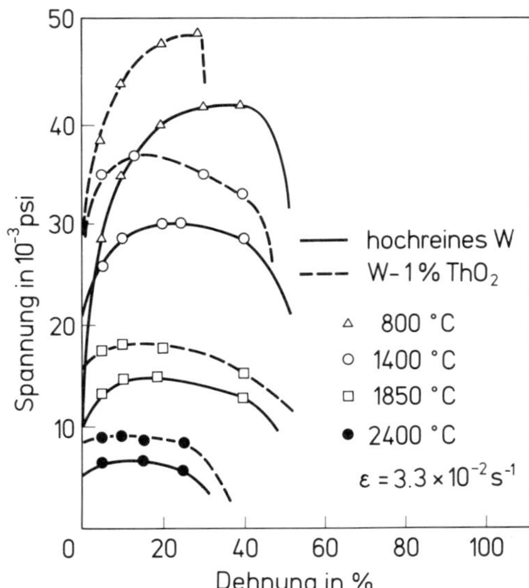

Fig. 3-112

Festigkeitskurven für hochreines, rekristallisiertes Wolfram und W-1% ThO_2 [44].

Bei der Verarbeitung von W-1%ThO_2-Proben (Pulver zu Drähten) ergibt sich, daß kleinere ThO_2-Teilchen (<0.1 μm) ihre sphärische Form beibehalten und nicht deformiert werden im Gegensatz zu größeren ThO_2-Teilchen mit Durchmesser >0.1 μm, die verformt und z.T. in kleinere Segmente aufgespalten werden [38]. Dies bedeutet, daß die Korngröße und die Korngrößenverteilung der ThO_2-Teilchen starken Einfluß auf die Eigenschaften der verarbeiteten W-ThO_2-Dispersionslegierungen hat.

Die Rekristallisationsschwelle einer W-3%Re-2%ThO_2-Dispersionslegierung ist gegenüber der von reinem Wolfram um 100 bis 400 °C (je nach Verformungsgrad) zu höheren Temperaturen verschoben, wie aus dem Vergleich der Rekristallisationsdiagramme (**Fig.** 3-**113**, S. 226) zu erkennen ist. Eine sekundäre Rekristallisation tritt bei W-3Re-2ThO_2 im Gegensatz zu reinem W nicht auf. Obgleich die Formstabilität der ThO_2-Teilchen in der W-3Re-2ThO_2-Legierung nach einstündigem Glühen bei 2400 °C bzw. nach längerem Glühen schon bei 2200 °C verloren geht, ist der Einfluß der ThO_2-Teilchen auf das Rekristallisationsverhalten stets zu beobachten [37]. Die Rekristallisationstemperatur von W-2%ThO_2 wird nicht nur durch Re [37], sondern auch durch Ni, Pd, Mn, Al, Pt und Fe stark herabgesetzt [6].

Literatur zu 3.3.4.2 s. S. 235/8

Fig. 3-113

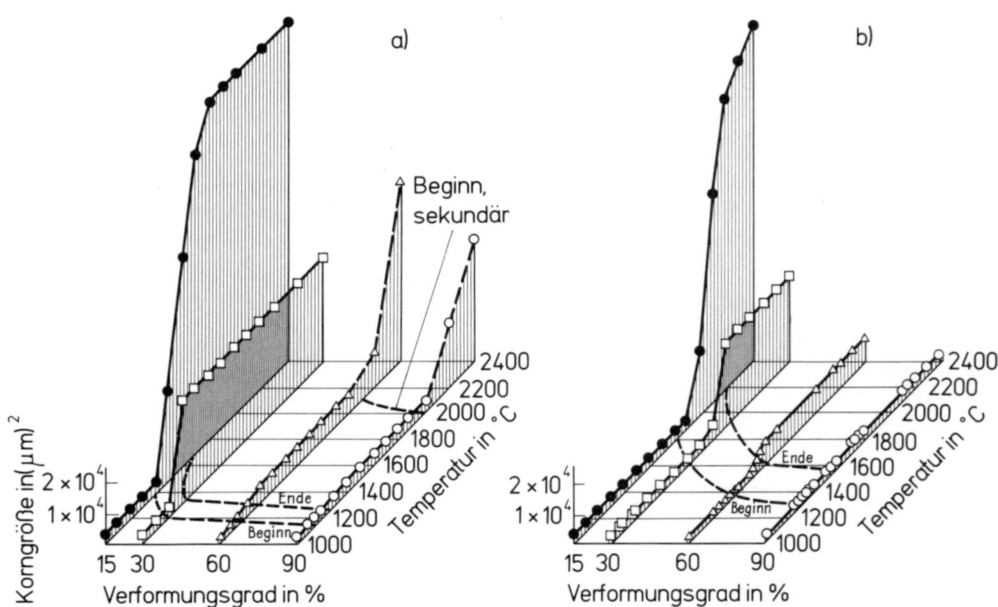

Rekristallisationsdiagramm (nach 1 h Glühen) für a) W-Blech, b) W-3 Re-2ThO_2-Blech [37].

Das W-1%ThO_2 zeigt eine höhere Kriechbeständigkeit als reines Wolfram, die Aktivierungsenergie für das Kriechen liegt bei 120 kcal/mol [35]. Dieser Effekt wurde für W-2%-ThO_2 bestätigt [33]. **Fig. 3-114** zeigt, daß die sekundäre Kriechgeschwindigkeit, die ebenfalls ein Maß für den Kriechwiderstand des Werkstoffes ist, bei 1800 °C für W-3Re-2ThO_2 als Blech bzw. Rundmaterial gleich ist (auch für W-2%ThO_2 nach [121]). Dagegen zeigen W und W-5Re einen wesentlich geringeren Kriechwiderstand [36]. Hier wurde eine sehr starke Temperaturabhängigkeit für die Aktivierungsenergie des Kriechens ermittelt:

Fig. 3-114

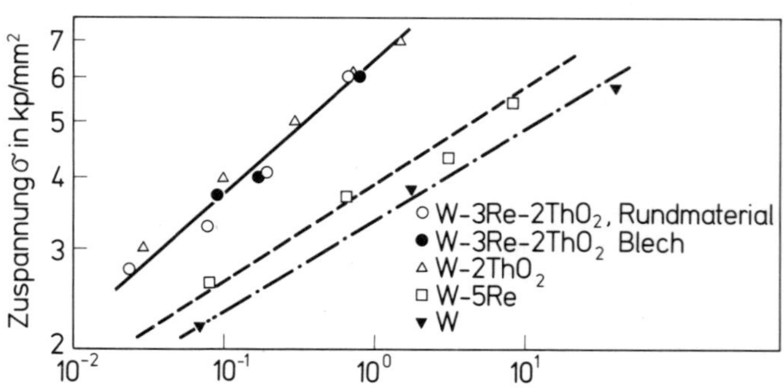

Einfluß von Rhenium und Thoriumoxid auf die sekundäre Kriechgeschwindigkeit pulvermetallurgisch hergestellten Wolframs bei 1800 °C [36].

Literatur zu 3.3.4.2 s. S. 235/8

56.5 kcal/mol für 1800 °C, 67 kcal/mol für 1900 °C und 127 kcal/mol für 2100 °C. Die aus den Kriechversuchen ermittelte Zeitstandfestigkeit für W-3Re-2ThO_2 bei 1800 °C ist in **Fig. 3-115** gezeigt.

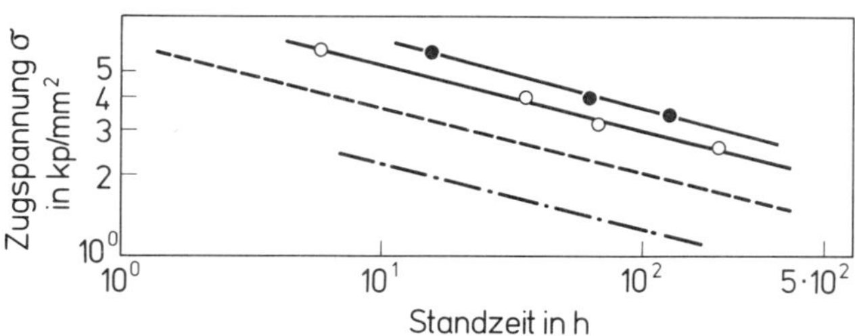

Fig. 3-115

Zeitstandfestigkeit verschiedener Halbzeuge aus W-3Re-2ThO_2 bei 1800 °C (● 1 mm Blech, ○ Rundmaterial, 10 mm ⌀), im Vergleich zu W (—·—·) und W-2ThO_2 (— — —).

Man erkennt deutlich folgende Reihe zunehmender Zeitstandfestigkeit: W-3Re-2-ThO_2>W-2ThO_2>W [36]. Dies gilt ebenfalls für 2200 °C, wenngleich hier die Unterschiede geringer sind und die Werte für Blech und Rundmaterial identisch sind.

Beständigkeit von W-ThO_2-Thermoelementen bei hohen Temperaturen in einer CH_x/H_2-Atmosphäre s. [43].

W-3(25)Re-Thermoelemente sind unter Helium in ThO_2-Schutzrohren noch bei 2300 °C/1000 h beständig – im Gegensatz zu HfO_2-Schutzrohren [115]. Derartige Thermoelementanordnungen werden für die in-line-Instrumentierung von Kernreaktoren vorgeschlagen [115].

3.3.4.2.3 ThO_2 in Dispersionslegierungen mit anderen Metallen

ThO_2 in Dispersion Alloys with Other Metals

Schon aus der wesentlich geringeren Zahl von Arbeiten, die sich mit diesen Dispersionslegierungen bzw. Cermets befassen (verglichen insbesondere mit TD-Ni), ist abzuleiten, daß ihre Bedeutung geringer und höchstens auf spezielle Anwendungen beschränkt ist.

Eisen-ThO_2-Cermets lassen sich durch das übliche Hydroxidfällungsverfahren herstellen, besonders wenn bei der Reduktion zum Cermet strenge Bedingungen eingehalten werden [74]. Die Reduktion von FeO_x-(0.9 bis 22)Gew.-% ThO_2-Mischoxiden zu Fe-ThO_2-Cermets bei 1000 °C mit extrem gereinigtem Wasserstoff wird in einem Ar-gefüllten Handschuhkasten durchgeführt [54]. Dies legt die Vermutung nahe, daß frisch hergestellte Fe-ThO_2-Cermets möglicherweise pyrophor sind. Fe-ThO_2-Dispersionslegierungen besitzen bei >1300 °C bessere Eigenschaften als Fe-SiO_2-Legierungen [73], doch dürften bei 1200°F Fe-Al_2O_3-Dispersionslegierungen (10 Vol.-% γ-Al_2O_3) bessere Eigenschaften aufweisen als solche mit ThO_2 [122]. ThO_2-Teilchen in einer Fe-Matrix sind bis 1130 °C/<15 h stabil, oberhalb 1400 °C zeigt sich ein rasches Kornwachstum. Feine ThO_2-Dispersionen erhöhen die Festigkeit des Fe und bewirken auch bei normalen Temperaturen hinreichende Duktilität [54]. Durch ThO_2-Zusätze scheint auch die Übergangstemperatur des Fe vom duktilen zum spröden Zustand herabgesetzt zu werden, wie Messungen im Bereich 77 K<T<373 K zeigen [53]. Benetzbarkeit von ThO_2 durch flüssiges Eisen s. [78], Herstellung eines ThO_2-Überzugs auf Stahl s. [76]. Weitere Angaben über Fe-ThO_2 s. [72, 75, 77]. Für flüssiges Eisen (Armco-Fe) im Kontakt mit ThO_2 werden für 1550 °C folgende Daten angegeben [78]: Oberflächenspannung 1430 dyn/cm und Kontaktwinkel 111.9° unter Wasserstoffatmosphäre bzw. 1320 dyn/cm und 100.4° unter He-Atmosphäre.

Literatur zu 3.3.4.2 s. S. 235/8

ThO_2-haltige Dispersionslegierungen des Kobalts oder – häufiger – solche, die Kobalt als Hauptkomponente neben einem oder mehreren anderen Metallen (vorzugsweise Ni und/oder Cr) enthalten, wurden häufiger untersucht [59, 61, 63 bis 69, 108]. Falls sie keine unedle Komponente (Al_2O_3, ZrO_2, TiO_2 etc.) enthalten, lassen sie sich nach den bei TD-Nickel (s. S. 215) beschriebenen Verfahren herstellen. Bei Cr-haltigen Phasen ist allerdings zur quantitativen Reduktion auch hier ein C-Zusatz oder die Reduktion in CH_4/H_2-Mischungen nötig [68]. Der Vorteil von Kobalt im Vergleich zu Nickel liegt in seinem höheren Schmelzpunkt und seiner niedrigeren Stapelfehlerenergie [61, 64].

Reines Kobalt erleidet bei 419 °C eine allotrope Umwandlung, wobei die hexagonale Modifikation in die bcc-Phase übergeht. Aus der in **Fig. 3-116** wiedergegebenen Hysteresekurve ist zu erkennen, daß für reines Kobalt die Umwandlung in die kubisch-flächenzentrierte Phase bei 482 °C vollständig abgeschlossen ist, während zur völligen Umwandlung der Legierung Co-2ThO_2 eine Temperatur von mehr als 540 °C benötigt wird. Nach Abkühlung auf Raumtemperatur enthält die Co-2ThO_2-Legierung ungefähr 60% an kubisch-flächenzentrierter Restphase, während der entsprechende Gehalt der Reinkobalt-Probe 30% beträgt. Da die allotrope Umwandlung des Kobalt von der Korngröße abhängig ist, dürfte die Umwandlungsträgheit der Co-2ThO_2-Legierung auf die durch die Thoriumoxid-Dispersion bewirkte Kornverfeinerung des Gefüges zurückzuführen sein [64].

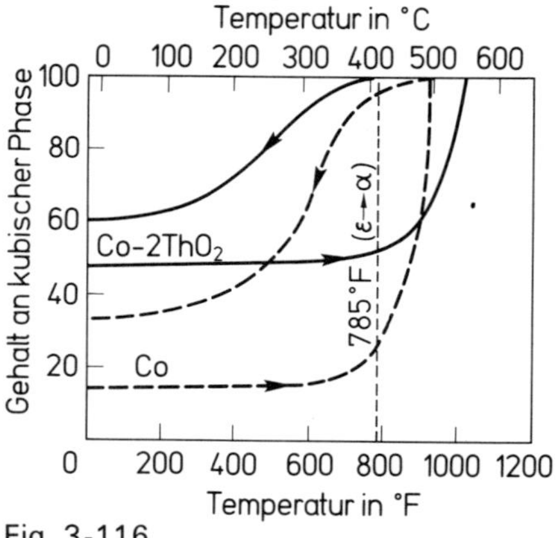

Fig. 3-116

Einfluß von Thorium auf die allotrope Umwandlung von Kobalt [64].

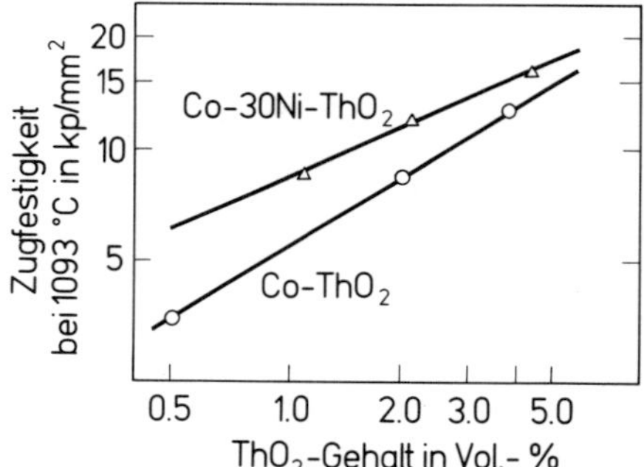

Fig. 3-117

Logarithmische Abhängigkeit der Zugfestigkeit von Co- und Co-30Ni-Legierungen vom ThO_2-Gehalt [64].

Nach dem zu erwartenden Zusammenhang zwischen Zugfestigkeit und Gehalt an disperser Phase ist anzunehmen, daß die Zugfestigkeit mit dem ThO_2-Gehalt ansteigt. Dies bestätigt **Fig. 3-117** für 1093 °C [64]. Bei Erhöhung des Thoriumgehaltes von 0.5 auf 4.0 Vol.-% wird die Zugfestigkeit der Co-ThO_2-Legierungen bei 1093 °C von 3.5 auf 12.8 kp/mm^2 gesteigert, während bei den Co-30Ni-ThO_2-Legierungen die Zugfestigkeit bei Erhöhung des Thoriumoxidzusatzes von 1.0 auf 4.0 Vol.-% auf fast den doppelten Betrag, von 8.6 auf 15.8 kp/mm^2, ansteigt. Tabelle 3/32 gibt die Zugfestigkeitseigenschaften von auf 75% Querschnittsabnahme ausgeschmiedeten Proben der Legierungen Co-2ThO_2 und Co-30Ni-2ThO_2. Die Festigkeitswerte bei Raumtemperatur sowie bei 760 °C werden durch den Zusatz von 30% Nickel und wenig Zirkonium verbessert. Bei 1093 °C führt ein Zusatz von 0.2% Zr bei der Legierung Co-2ThO_2 zu einem ganz erheblichen

Tabelle 3/32
Zugfestigkeitseigenschaften gesenkgeschmiedeter Proben der Legierungen Co-2ThO_2 und Co-30Ni-2ThO_2 [64].

Legierung	Raumtemperatur		760 °C		1093 °C	
	Zugfestigkeit in kp/mm^2	Dehnung in %	Zugfestigkeit in kp/mm^2	Dehnung in %	Zugfestigkeit in kp/mm^2	Dehnung in %
Co-2ThO_2	95.7	8	16.9	16	8.5	9
Co-2ThO_2-0.2Zr	102.1	13	24.9	24	14.3	13
Co-30Ni-2ThO_2	103.7	20	26.6	6	11.9	13
Co-30Ni-2ThO_2-0.2Zr	116.3	15	34.5	16	14.3	9

Tabelle 3/33
Zeitstandverhalten der Legierungen
Co-ThO_2 und Co-30Ni-ThO_2 bei 1093 °C [64].

Legierung	Standzeit bis zum Bruch in h	
	5.6 kp/mm^2 Belastung	10.6 kp/mm^2 Belastung
Co-2ThO_2	0.6	–
Co-30Ni-2ThO_2	4.3	–
Co-4ThO_2	> 21.0	> 22.0
Co-30Ni-4ThO_2	>100.0	4.9
Co-2ThO_2-0.2Zr	>100.0	>100.0
Co-30Ni-2ThO_2-0.2Zr	>100.0	4.7

Anstieg der Festigkeit. Die gemessenen Dehnungswerte lassen auf eine bei allen Versuchstemperaturen vorliegende ausreichende Duktilität schließen.

Ergebnisse von Untersuchungen zum Zeitstandverhalten von Co-ThO_2- und Co-30Ni-ThO_2-Dispersionslegierungen bei 1093 °C sind in Tabelle 3/33 aufgeführt [64]. Zusatz von Zr zu Co-2ThO_2 bewirkt eine Standzeit von über 100 h bei einer Belastung von 10.6 kp/mm^2.

Während Cr-haltige Co-Ni-Dispersionslegierungen mit einem feinkörnigen Gefüge (Korngröße 1 bis 2 μm) eine relativ niedrige Warmfestigkeit aufweisen (Zugfestigkeit <7 kp/mm^2 bei 1093 °C), haben solche mit einem grobkörnigen, stengeligen Gefüge hohe Zugfestigkeitswerte (Tabelle 3/34). Bemerkenswert ist, daß die Zugfestigkeit und die Zeitstandfestigkeit der Co-26Ni-20Cr-ThO_2-Dispersionslegierung bei 1093 °C mit steigendem ThO_2-Gehalt von 2 auf 4% zunimmt [64], allerdings läßt sich die Legierung mit dem höheren ThO_2-Anteil wesentlich schwieriger bearbeiten [61]. Die Chromzusätze zu Co-ThO_2- und Co-Ni-ThO_2-Dispersionslegierungen erhöhen die Oxidationsbeständigkeit erheblich, wie aus Tabelle 3/35 zu entnehmen ist. Die erhöhte Beständigkeit gilt auch gegenüber S- und NaCl-haltigen Verbrennungsgasen [63].

Auch im Falle von Cu verbessert ein Zusatz von ThO_2 die thermomechanischen Eigenschaften des Metalls. Die Herstellung der Dispersionslegierung Cu-ThO_2 ist relativ einfach, da sich durch Fällungsreaktion aus wäßriger Lösung direkt ein Cu/$ThO_2 \cdot$aq-

Literatur zu 3.3.4.2 s. S. 235/8

Tabelle 3/34
Mechanische Eigenschaften dispersionsgehärteter chromhaltiger Kobaltlegierungen bei 1093 °C [64].

Legierung	Zustand [a)]	Zugfestigkeit in kp/mm^2	Dehnung in %	Zeit bis zum Bruch in h für eine Belastung von 10 kp/mm^2
$Co\text{-}15Ni\text{-}20Cr\text{-}4ThO_2$	geschmiedet	13.4	12	–
	geglüht	15.1	7	80.0
$Co\text{-}20Ni\text{-}18Cr\text{-}4ThO_2$	geschmiedet	18.7	10	62.1
	geglüht	19.3	11	41.9
$Co\text{-}26Ni\text{-}20Cr\text{-}4ThO_2$	geschmiedet	17.2	3	8.2
	geglüht	11.3	3	–
$Co\text{-}26Ni\text{-}20Cr\text{-}2ThO_2$	geschmiedet	15.0	3	0.1
	geglüht	13.6	4	0.6

[a)] 1 h, 1316 °C

Tabelle 3/35
Oxidationsverhalten dispersionsgehärteter Legierungen [64].

Legierung	Gewichtszunahme in mg/cm^2 nach 100stündiger zyklischer Auslagerung an der Luft 1093 °C	1204 °C
$Co\text{-}2ThO_2$	120.0	>150
$Co\text{-}30Ni\text{-}2ThO_2$	75.0	–
$Co\text{-}20Cr\text{-}2ThO_2$	<1.0	<1.0
$Co\text{-}20Ni\text{-}22Cr\text{-}2ThO_2$	<1.0	<1.0

Niederschlag herstellen läßt, der nur noch entsprechend thermisch nachbehandelt werden muß. Dabei kann wie folgt verfahren werden [79, 83]: Zu einer Lösung von 1400 g $Cu(CH_3COO)_2 \cdot H_2O$ in 10 l heißem Wasser (75 °C) gibt man 100 ml 6N Ammoniaklösung und unter starkem Rühren die zur Erzielung des gewünschten $Cu:ThO_2$-Verhältnisses notwendige Menge ThO_2-Pulver (Korngröße 0.05 μm). Anschließend fügt man unter weiterem Rühren bei 60 °C tropfenweise 250 ml 50%ige Hydrazinlösung hinzu, um das Cu^{2+} zu reduzieren und mit dem ThO_2 auszufällen. Der getrocknete Niederschlag (50 °C/ 10^{-3} Torr) wird bei 200000 lb/in^2 Druck zu Formkörpern gepreßt, bei 900 °C/1 h in trockenem Wasserstoff gesintert und bei 600 °C extrudiert.

Einige mechanische Eigenschaften derart hergestellter Dispersionslegierungen sind in Tabelle 3/36 zusammengestellt [82]. Aus **Fig. 3-118** erkennt man, daß die gute elektrische Leitfähigkeit des Kupfers durch ThO_2 praktisch nicht verändert wird [83]. Bezüglich der

Tabelle 3/36
Zugfestigkeit von Cu-ThO_2-Dispersionslegierungen [82].

Herstellung	Bruchdehnung in lb/in^2	Streckgrenze bei 0.2% bleibender Verformung in lb/in^2
Cu-2.2 Vol.-% ThO_2		
kalt bearbeitet, Zimmertemperatur	55000	52600
Anlaßtemperatur in °C		
200/1 h	46000	44200
300/1 h	45200	41000
600/1 h	37400	22600
800/1 h	36300	18400
In Argon, °C		
200	42790	
300	41420	
600	33990	
800	26220	
1000	16060	
Cu-5 Vol.-% ThO_2		
heiß bearbeitet, Zimmertemperatur	43100	32100

Fig. 3-118

Elektrischer Widerstand von Cu-2 Vol.-% ThO_2 im Vergleich zu reinem Cu [83].

Härte s. **Fig. 3-119** [83]. Ein Zusatz von ThO_2 zu Cu hat nach [90, 91, 93] einen weitaus besseren Einfluß auf die mechanischen Eigenschaften des Cu als ein Zusatz von Al_2O_3 oder W, allerdings soll eine Cu-Al_2O_3-Dispersionslegierung in ihren Zugfestigkeitseigenschaften einer Legierung mit ThO_2 überlegen sein [95].

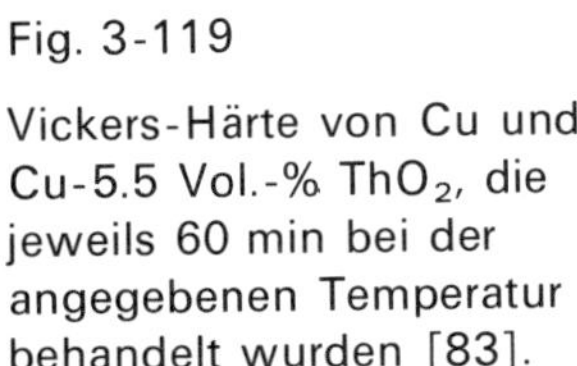

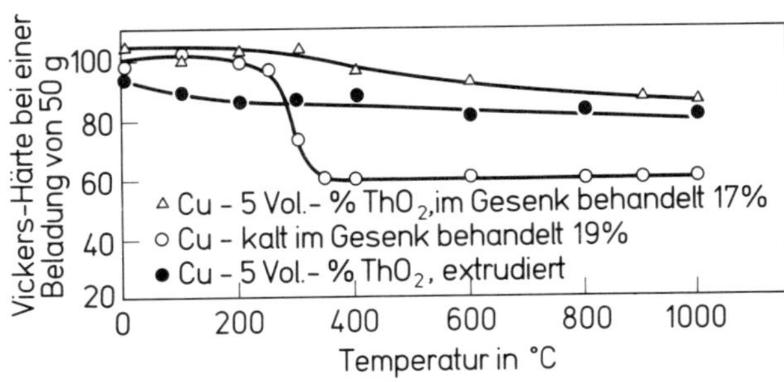

Fig. 3-119

Vickers-Härte von Cu und Cu-5.5 Vol.-% ThO_2, die jeweils 60 min bei der angegebenen Temperatur behandelt wurden [83].

Literatur zu 3.3.4.2 s. S. 235/8

Eine Au-3.4 Vol.-% ThO_2-Dispersionslegierung läßt sich auf ähnliche Weise wie bei Cu-ThO_2 beschrieben (s. S. 230) herstellen. Hierbei geht man von einer Au-Chloridlösung aus (durch Auflösung von Au in Königswasser erhalten), die man nach Zusatz des ThO_2-Pulvers mit Hydrazin reduziert. Nach Trocknen und Sintern bei 900 °C/4 h unter H_2 wird das erhaltene Produkt bei 650 °C in Cu-Formen extrudiert [83]. Au-3.4% ThO_2 rekristallisiert bei ca. 200 °C höheren Temperaturen als reines Gold. Bei 1000 °C/4 h konnte kein Kornwachstum beobachtet werden. Um inkludierten Wasserstoff aus diesen Dispersionslegierungen zu entfernen, ist Erhitzen auf mindestens 900 °C nötig [88]. Die Härte der Probe bei verschiedenen Temperaturen ist in **Fig. 3-120** wiedergegeben [83]. Folgende Werte der Bruchdehnung für kaltgerolltes (55%) Material wurden erhalten [83]:

Temperatur in °C	25	260	537
Grenzzugfestigkeit in lb/in^2	31 500	28 500	17 900

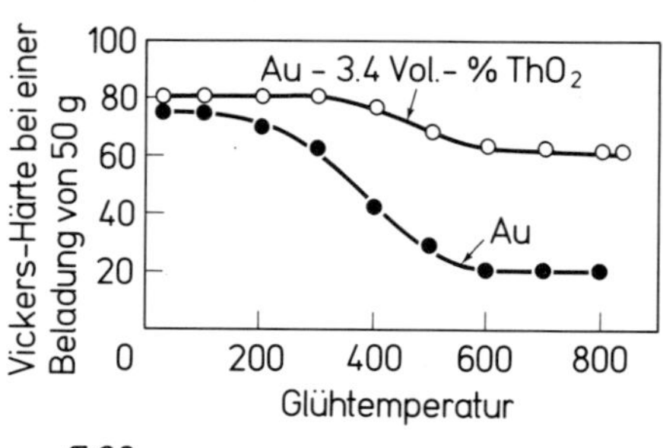

Fig. 3-120

Vickers-Härte von Au-3.4 Vol.-% ThO_2 im Vergleich zu reinem Au [83].

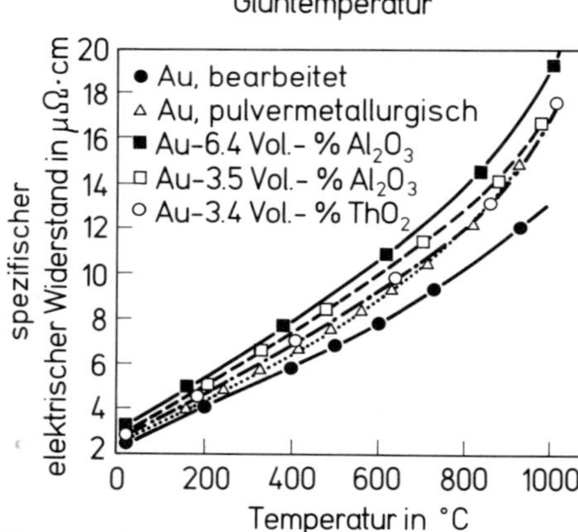

Fig. 3-121

Elektrischer Widerstand von Au-ThO_2(Al_2O_3)-Dispersionslegierungen im Vergleich zu reinem Gold [83].

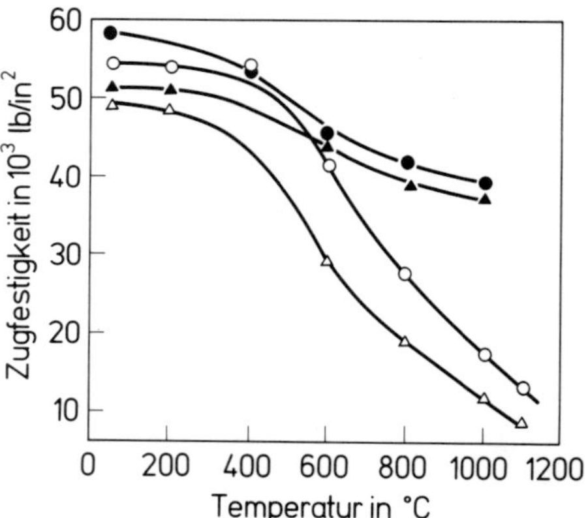

Fig. 3-122

Zugfestigkeit von Pt-ThO_2-Dispersionslegierungen [83].
○ Pt – 1.8 Vol.-% ThO_2,
● Pt – 1.8 Vol.-% ThO_2, (25 °C)
△ Pt – 1.0 Vol.-% ThO_2,
▲ Pt – 1.0 Vol.-% ThO_2, (25 °C)

Ein Zusatz von 0.1 bis 0.15 Gew.-% ThO_2(Al_2O_3, ZrO_2) mit 0.5 bis 5 μm Teilchengröße zu Schmuckgold bewirkt eine merkliche Zunahme der Härte [81].

Werte für den elektrischen Widerstand von Au-3.4 ThO_2 im Vergleich zu Au und Au-Al_2O_3 sind in **Fig. 3-121** enthalten [83]. Weitere Angaben über Au-ThO_2-Dispersionslegierungen s. auch [120].

Literatur zu 3.3.4.2 s. S. 235/8

Eine Pt(Rh, Ir, Ru, Pd)-ThO_2-Dispersionslegierung läßt sich auf analoge Weise, wie für die Au-ThO_2-Legierung beschrieben, herstellen, wenn man von verdünnter Chloroplatinsäure ausgeht. Das Sintern erfolgt allerdings bei 1300 °C, das Extrudieren bei 1100 bis 1300 °C [83, 106]. Um inkludierten Wasserstoff aus diesen Legierungen quantitativ zu entfernen, muß im Vakuum auf mindestens 1300 °C erhitzt werden [88]. Bei dieser Reaktion müssen die Reaktionsbedingungen sorgfältig eingehalten werden, da Pt mit ThO_2 in einer Atmosphäre niedrigen Sauerstoffpotentials reagiert [102, 103]. Diese Reaktion ist aus der präparativen Chemie als „gekoppelte Reduktion" gut bekannt [80, 84]. Reaktionen während des Schweißens von dünnen Pt-ThO_2-Folien s. [102]. Weitere Angaben s. [123, 124]. Für die Pt-ThO_2-Legierung wurde schon bei 1000 °C ein geringes Kornwachstum festgestellt. Ein Zusatz von 0.1% ThO_2 erhöht die homogene Erosion von Pt(Au, Ir, Re) in Funkenkontakten aus Edelmetall [107]. Die Zugfestigkeit zweier Pt-ThO_2-Dispersionslegierungen ist in **Fig.** 3-**122** wiedergegeben, Werte für den elektrischen Widerstand s. in **Fig.** 3-**123** [83]. Einfluß der durch ThO_2 hervorgerufenen hohen Versetzungsdichte in Pt auf die mechanischen Eigenschaften s. [105], Aktivierung von Pt und Ta durch ThO_2 s. [104].

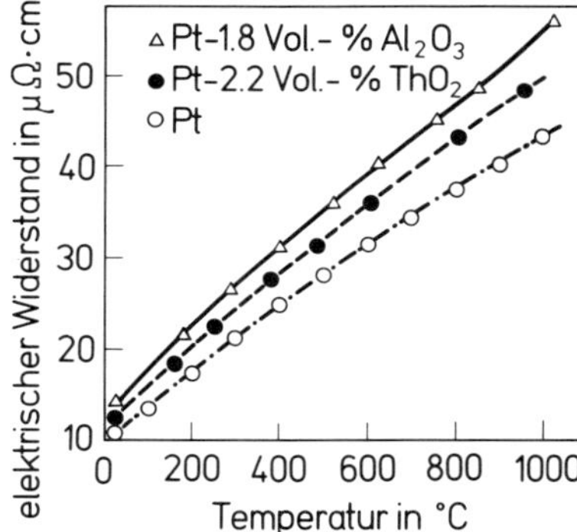

Fig. 3-123
Elektrischer Widerstand von $Pt-ThO_2(Al_2O_3)$-Dispersionslegierungen im Vergleich zu reinem Platin [83].

ThO_2-haltiges Rhenium behält seine mikrostrukturellen und mechanischen Eigenschaften auch nach sehr langem Glühen im Vakuum bei 1750 °C in Kontakt mit Al_2O_3 [71]. Einfluß von Rhenium auf Mo-W-ThO_2-Dispersionslegierungen s. [70, 119].

Ti-ThO_2-Dispersionslegierungen lassen sich nicht durch Fällungsreaktionen und anschließender Reduktion herstellen, sondern nur pulvermetallurgisch [55, 86] bzw. durch Schmelzen von Ti-Schwamm mit ThO_2 [58]. Dieses Verfahren scheint jedoch weniger geeignet zur Erzielung guter mechanischer Eigenschaften, da hierbei die ThO_2-Teilchengröße und der Abstand der ThO_2-Teilchen größer wird als gewünscht; dies scheint besonders die Duktilität zu beeinflussen [62]. Zwischen Ti und ThO_2 findet bei 1400, 1600 und 1800 °C keine Oberflächenreaktion statt [101, 111]. Diese Tatsache wird ausgenutzt, um Ti-Basis-Legierungen in ThO_2-Tiegeln zu schmelzen [99].

Die Eigenschaften von Al-ThO_2-Dispersionslegierungen, die sich ebenfalls nur pulvermetallurgisch herstellen lassen, werden verbessert, wenn das ThO_2 aus Th-Oxalat hergestellt wird und wenn man der Dispersionslegierung noch U_3O_8 zusetzt [85]. Für die Herstellung von $Al-ThO_2(Al_2O_3, SiO_2)$-Dispersionslegierungen wird ein Ultraschall-Mischprozeß vorgeschlagen [87]. Be-ThO_2-Cermets zeigen bei 1600 °C eine Verfärbung des Oxids und ein gegenseitiges Auflösen entlang den Korngrenzen, eine Reaktion, die bei 1600 °C auch an Si-ThO_2-Cermets zu beobachten ist [101]. Weitere Angaben über Be-ThO_2-Reaktionen bei hohen Temperaturen s. [98, 100, 111].

Literatur zu 3.3.4.2 s. S. 235/8

Bei Zr-ThO_2-Dispersionslegierungen findet in inerter Atmosphäre bis 1800 °C keine sichtbare Reaktion statt [111]. Derartige Dispersionslegierungen lassen sich nur pulvermetallurgisch herstellen [89, 96]. Durch eine gezielte Oxidation bei 1500 bis 2000 °C läßt sich ein Teil des Zr zu ZrO_2 oxidieren, was zur Herstellung von Zr-ZrO_2-ThO_2-Dispersionslegierungen mit einem Oxidanteil unter 40% ausgenutzt werden kann [97]. Auch Lichtbogenschmelzen kann zur Herstellung einer Zr-2.5% ThO_2-Dispersionslegierung benutzt werden [110]. Die Zr-0.7%ThO_2-Legierung besitzt eine höhere Hochtemperaturfestigkeit als Zr-0.64 Th, Zr-0.34% ZrO_2 und Zr-0.64 Th-0.34% ZrO_2-Legierungen (Tabelle 3/37) [110]. Entsprechende Werte für 1200 °F s. Tabelle 3/38 [96]. Zusatz von ThO_2 zu geschmolzenem Zr s. [57]. V-, Nb-, Ta- und Th-Dispersionslegierungen mit ThO_2 als disperser Komponente können ebenfalls nur pulvermetallurgisch hergestellt werden [56, 92]. Ein Zusatz von <2.5 Gew.-% ThO_2 erhöht auch im Falle des V die Hochtemperaturfestigkeit und die Rekristallisationstemperatur merklich [56]. Niob wird durch ThO_2 bei 1600 °C nicht, bei 1800 °C nur langsam angegriffen. Aktivierung von Tantal durch ThO_2 s. [104].

Tabelle 3/37
Zugfestigkeit von Zirkonium und Zr-Dispersionslegierungen [110].

Zusammensetzung	Herstellung	Bruchdehnung in kp/in^2	Streckgrenze bei 0.2% bleibender Verformung in kp/in^2
Zr	lichtbogengeschmolzen	11.2	7.5
Zircaloy-2 [a)]	lichtbogengeschmolzen	17.6	11.9
Zr-0.64%Th	im Gesenk bearbeitet	9.5	4.7
Zr-0.34%ZrO_2	im Gesenk bearbeitet	10.0	5.6
Zr-0.64%Th-0.34%ZrO_2	im Gesenk bearbeitet	9.7	4.0
Zr-0.7%ThO_2	im Gesenk bearbeitet	23.6	14.7
Zr-0.7%ThO_2	lichtbogengeschmolzen	16.2	10.9
Zr-2.5%ThO_2	lichtbogengeschmolzen	23.7	16.8
Zr-3.5%ThO_2	lichtbogengeschmolzen	27.0	17.3
Zr-5.0%ThO_2	lichtbogengeschmolzen	26.6	17.7
Zr-7.0%ThO_2	lichtbogengeschmolzen	25.5	16.3
Zr-2.5%ThO_2	H.T., 650 °C 6 h, W.Q.	26.1	17.5
Zr-2.5%ThO_2	H.T., 950 °C 6 h, W.Q.	23.7	16.5
Zr-1%$Ce_2O_3 \cdot 2ZrO_2$	im Gesenk bearbeitet, 500 °C	19.9	11.9
Zr-1%$Ce_2O_3 \cdot 2ZrO_2$	lichtbogengeschmolzen	15.2	9.3
Zr-3%$Ce_2O_3 \cdot 2ZrO_2$	lichtbogengeschmolzen	20.6	13.6
Zr-5%$Ce_2O_3 \cdot 2ZrO_2$	lichtbogengeschmolzen	27.4	18.3
Zr-7%$Ce_2O_3 \cdot 2ZrO_2$	lichtbogengeschmolzen	36.0	25.7
Zr-1%Y_2O_3	lichtbogengeschmolzen	19.5	13.2
Zr-2%Y_2O_3	lichtbogengeschmolzen	21.6	14.6
Zr-3%Y_2O_3	lichtbogengeschmolzen	24.0	15.3
Zr-5%Y_2O_3	lichtbogengeschmolzen	19.2	12.3
Zr-0.5%La_2O_3	lichtbogengeschmolzen	19.3	12.0
Zr-1%La_2O_3	lichtbogengeschmolzen	19.8	12.5
Zr-2%La_2O_3	lichtbogengeschmolzen	17.1	10.9

H.T.: Wärmebehandelt. W.Q.: Mit Wasser abgeschreckt.
[a)] Mit 1.45% Sn, 0.14% Fe, 0.10% Cr, 0.06% Ni, 0.12% O_2.

Tabelle 3/38
Zugfestigkeit von Zirkonium und Zr-Dispersionslegierungen bei 1200 °F [111].

Zusammensetzung	Bruchdehnung in lb/in^2	Streckgrenze in lb/in^2
Zr	8600	8400
$Zr+7\,La_2O_3$	14000	13000
$Zr+7\,Y_2O_3$	14600	14600
$Zr+7\,ThO_2$	16200	16200

Literatur zu 3.3.4.2:

[1] E.I. Balakin, N.P. Zhuk, G.A. Meerson, B.K. Opara, O.A. Pashkova (Izv. Vysshikh Uchebn. Zavedenii Tsvetn. Met. **16** Nr. 3 [1973] 130/3; C.A. **80** [1974] Nr. 6416). – [2] I.G. Wright, B.A. Wilcox, R.I. Jaffee (Oxid. Met. **9** [1975] 275/305; C.A. **83** [1975] Nr. 102150). – [3] F. Kupcik (Tschech. P. 157239 [1975] 2 S.; C.A. **83** [1975] Nr. 102225). – [4] G.H. Gessinger, M.J. Bomford (Intern. Met. Rev. **19** [1974] Juni, S. 51/76; C.A. **81** [1974] Nr. 174323). – [5] A.W. Thompson (Met. Trans. **5** [1974] 1855/61).

[6] H. Gruenling, G. Hofer (Z. Werkstofftech. **5** [1974] 69/72). – [7] U. Bohnstedt, P. Schueler, W. Spyra (Z. Werkstofftech. **2** [1971] 259/61). – [8] D.A. Jones, R.E. Westerman (Corrosion **21** [1965] 295/305). – [9] C.T. Sims (Trans. AIME **227** [1963] 1455/7). – [10] F.J. Anders, G.B. Alexander, W.S. Wartel (Metal Progr. **82** Nr. 6 [1962] 88/91; C.A. **58** [1963] 2229).

[11] J. Stringer, A.Z. Hed, G.R. Wallwork, B.A. Wilcox (Corrosion Sci. **12** [1972] 625/36). – [12] J.B. Lambert, J.T. Looby (U.S. P. 3425822 [1969] 6 S.; C.A. **70** [1969] Nr. 70726). – [13] G.B. Alexander, J.B. Lambert (U.S. P. 3393067 [1968] 5 S.; C.A. **69** [1968] Nr. 53990). – [14] G.B. Alexander, P.C. Yates (U.S. P. 3082084 [1963] 6 S.; C.A. **58** [1963] 12278). – [15] E.H.M. Hägglund, N.G. Rehnquist (U.S. P. 2580171 [1951]; C.A. **46** [1952] 2474).

[16] P.R. Vormelker (IS-T-314 [1969] 51 S.; C.A. **72** [1970] Nr. 92865). – [17] R.E. Allen (NASA-CR-54491 [1969] 50 S.; C.A. **71** [1969] Nr. 73446). – [18] D.N. Williams, R.H. Ernst, C.A. MacMillan, J.J. English, E.S. Barlett (NASA-CR-54619 [1968] 154 S.; C.A. **71** [1969] Nr. 83932). – [19] C.E. Rick (U.S. P. 3473914 [1969] 3 S.; C.A. **71** [1969] Nr. 128021). – [20] K.C. Thompson-Russel (Planseeber. Pulvermet. **22** [1974] 155/64).

[21] K.K. Sinha, J.P. Hammond (High Temp. Mater. Proc. 3rd Symp. Mater. Sci. Res., Hyderabad, India, 1972, S. 445/59; C.A. **78** [1973] Nr. 162759). – [22] M.D. Kelly, J.E. Selle (MLM-OP-71006 [1971] 14 S.; C.A. **76** [1972] Nr. 157291). – [23] R.P. May (SC-DR-70-908 [1971] 19 S.; C.A. **75** [1971] Nr. 79600). – [24] R.W. Anderson, H.E. Rexford (SNC-2708-2 [1970] 54 S.; C.A. **75** [1971] Nr. 70395). – [25] W.L. Bruckart, R.I. Jaffee (Am. Soc. Testing Mater. Spec. Tech. Publ. Nr. 174 [1956]; C.A. **51** [1957] 172).

[26] C.A. Arenberg, Y. Baskin, J. Handwerk (TID-7530 [1957] 115/4; C.A. **51** [1957] 11683). – [27] Y. Baskin, C.A. Arenberg, J.H. Handwerk (Am. Ceram. Soc. Bull. **38** [1959] 345/8). – [28] Y. Baskin, Y. Harada, J.H. Handwerk (J. Am. Ceram. Soc. **43**

[1960] 489/92). – [29] L.J. Cronin (Am. Ceram. Soc. Bull. **30** [1951] 234/8). – [30] R. Cheney, J. Smith (F. P. 1535827 [1968] 4 S.; C.A. **71** [1969] Nr. 41717).

[31] H.B. Probst (Ind. Res. **7** [1965] 60/6). – [32] E.R. Russel, M.C. Thompson (DP-1330 [1974] 20 S.; C.A. **81** [1974] Nr. 144515). – [33] T.E. Dunham (Deut. Offenlegungsschrift 2343278 [1974] 17 S.; C.A. **81** [1974] Nr. 28673). – [34] F.K. Roehrig, T.R. Wright (J. Vacuum Sci. Technol. **9** [1972] 1368/72). – [35] D.M. Moon (Met. Trans. **3** [1972] 3097/102).

[36] G. Wirth (J. Less-Common Metals **29** [1972] 41/63). – [37] M. Majdic, G. Wirth (J. Less-Common Metals **24** [1971] 341/67). – [38] T.E. Dunham (Met. Trans. **2** [1971] 2797/804). – [39] D.J. Maykuth, H.R. Ogden (U.S. P. 3551992 [1971] 6 S.; C.A. **74** [1971] Nr. 56763). – [40] K. Watanabe, Y. Miyamoto, K. Ohde (Japan. P. 7028692 [1970] 3 S.; C.A. **74** [1971] Nr. 102497).

[41] J. Staudt, C. Knecht (Eigenschaften Anwend. Hochschmelzender Reaktiver Metalle Vortr. Diskuss. Kolloq., 1967 [1968], S. 318/24; C.A. **73** [1970] Nr. 6587). – [42] Y. Kanemitsu, S. Shimizu, I. Abe (Japan. P. 6929582 [1969] 3 S.; C.A. **72** [1970] Nr. 58512). – [43] R. Fries, J.E. Cummings, C.G. Hoffmann, S.A. Daily (J. Nucl. Mater. **32** [1969] 171/3). – [44] G.W. King, H.G. Sell (Trans. AIME **233** [1965] 1104/13). – [45] W. Rutkowski, S. Stolarz (Prace Inst. Hutniczych **10** [1958] 53/62; C.A. **52** [1958] 13592).

[46] S.M. Lang, F.P. Knudsen (J. Am. Ceram. Soc. **39** [1956] 415/24). – [47] G.V. Samsonov, R.A. Alfintseva (Poroskovaya Met. **12** Nr. 2 [1972] 19/23; C.A. **76** [1972] Nr. 144079). – [48] S.J. Griszaffe (in: C.T. Sims, W.C. Hagel, The Superalloys, John Wiley, New York 1972, S. 341). – [49] R.W. Fraser, B. Meddings, D.J.I. Evans, V.N. Mackiw (in: H.H. Hausner Modern Developments in Powder Metallurgy, Bd. 2, Plenum Press, New York 1966, S. 87). – [50] R.F. Cheney, J.S. Smith (Oxid Dispersion Strengthening, Gordon and Breach, New York 1968, S. 637).

[51] R.F. Cheney, W. Scheithauser (NAS-3-7611 und NASA-CR-54599 [1968], laut [4]). – [52] M. Marty, A. Walter, G. Galmiche, A. Hivert (Plansee Proc. 7th Seminar, Reutte/Tyrol 1970 [1971], laut [4]). – [53] T.A. Place, J.A. Lund (J. Test. Eval. **1** [1973] 349/52). – [54] J.A. Rogers, D.E. Miles, B.E. Hopkins (Powder Met. **16** [1973] 166/85). – [55] H. Ito, Y. Mihashi (Japan. P. 7394605 [1973] 3 S.; C.A. **80** [1974] Nr. 86648).

[56] M. Kono, Y. Fukube (Japan. P. 7433003 [1974] 4 S.; C.A. **82** [1975] Nr. 144018). – [57] C.F. Dixon, H.M. Skelly (J. Less-Common Metals **18** [1969] 440/1). – [58] C.L. Dohogne (U.S. P. 3807995 [1974] 3 S.; C.A. **81** [1974] Nr. 40799). – [59] A.L. Mincher, D.B. Arnold (Tech. Rept. AFML-68-95 [1968], laut [61]). – [60] I.G. Wright, J. Stringer (Metallography **6** Nr. 1 [1973] 65/83; C.A. **78** [1973] Nr. 163045).

[61] J.M. Drapier, D. Coutsouradis, L. Habraken (High Temp.-High Pressures **3** [1971] 659/75). – [62] C.F. Dixon, H.M. Skelly (Can. Met. Quart. **11** [1972] 491/5). – [63] J.M. Drapier, D. Coutsouradis, L. Habraken (Cobalt Nr. 53 [1971] 197/205). – [64] A.L. Mincher (Cobalt Nr. 32 [1966] 119/23). – [65] N.J. Grant, C.G. Goetzel, E.I. Kalil (U.S. P. 3000734 [1956]; C.A. **56** [1962] 256).

[66] N.P. Zhyk, B.K. Opara, T.G. Kravchenko (Tr. 3rd Mezhdunar. Kongr. Korroz. Metal., Moscow 1966 [1968], Bd. 4, S. 101/7; C.A. **72** [1970] Nr. 5688). – [67] D.M. Pavlovic, R.J. Towner (Am. Soc. Testing Mater. Spec. Tech. Publ. Nr. 460 [1969] 417/29; C.A. **72** [1970] Nr. 103166). – [68] R.E. Stuart, R.E. Wilson (U.S. P. 3494807 [1970]

4 S.; C.A. **72** [1970] Nr. 82339). – [69] B.H. Triffleman (NASA-CR-54516 [1967] 134 S.; C.A. **71** [1969] Nr. 73318). – [70] W.H. Lenz, R.E. Riley (LA-4173 [1969] 13 S.; C.A. **72** [1970] Nr. 70004).

[71] G.B. Gaines, C.T. Sims, R.I. Jaffee (J. Electrochem. Soc. **106** [1959] 881/5). – [72] H. Preisendanz, W. Schmuelling, P. Schueler (DEW [Deut. Edelstahlwerke] Tech. Ber. **12** [1972] 45/53; C.A. **76** [1972] Nr. 102734). – [73] G.B. Alexander, W.H. Pasfield (U.S. P. 3087234 [1963] 11 S.; C.A. **59** [1963] 268). – [74] F.J. Smith, N.A. Krohn (ORNL-TM-2518 [1969] 15 S.; C.A. **71** [1969] Nr. 93806). – [75] G.T. Hahn, A.R. Rosenfield (Trans. AIME **239** [1967] 668/74).

[76] International Nickel Ltd. (Belg. P. 667961 [1966] 4 S.; C.A. **65** [1966] 1879). – [77] F. Sperner (Chemiker-Ztg. **90** [1966] 43/53). – [78] M. Humenik, W.D. Kingery (J. Am. Ceram. Soc. **37** [1954] 18/23). – [79] N. Fuschillo, M.L. Gimpl (J. Appl. Phys. **42** [1971] 5513/16). – [80] B. Erdmann, C. Keller (J. Solid State Chem. **7** [1973] 40/8).

[81] J.S. Hill (U.S. P. 3606766 [1971] 3 S.; C.A. **75** [1971] Nr. 132416). – [82] N. Fuschillo, M.L. Gimpl (J. Metals **23** Nr. 5 [1971] 43/5). – [83] N. Fuschillo, M.L. Gimpl (J. Mater. Sci. **5** [1970] 1078/86). – [84] C. Keller, B. Erdmann (J. Inorg. Nucl. Chem. Suppl. **1976** 65/8). – [85] H.M. Haydt, S.H.L. Cintra, J.D.T. Capocchi, M.A. de S. Abrao, R.P. de A. Bueno (Met. ABM [Assoc. Brasil, Metais] **26** [1970] 121/6; C.A. **73** [1970] Nr. 9830).

[86] G.B. Alexander, P.C. Yates (D.P. 1264073 [1968] 10 S.; C.A. **68** [1968] Nr. 98208). – [87] H.V. Fairbanks (IEEE [Inst. Elec. Electron. Engrs.] Trans. Sonics Ultrason. **14** [1967] 53/9; C.A. **67** [1967] Nr. 24218). – [88] M.A. Gimpl, N. Fuschillo (U.S. Air Force Systems Command Res. Technol. Div. Tech. Rept. AFML-66-171 [1966] 58 S.; C.A. **65** [1966] 16617). – [89] J.E. White (A65-23343 [1965] 8 S.; C.A. **64** [1966] 3163). – [90] Y. Fujii (Funtai Oyobi Funmatsuyakin **11** [1964] 182/91; C.A. **63** [1965] 14501).

[91] Y. Fujii (Funtai Oyobi Funmatsuyakin **11** [1964] 14/22; C.A. **63** [1965] 317). – [92] Nd. Appl. 300356 [1964] 4 S.; C.A. **62** [1965]. – [93] R.K. Iler, W.H. Pasfield, P.C. Yates (U.S. P. 3143789 [1964] 5 S.; C.A. **61** [1964] 10405). – [94] G.B. Alexander, P.C. Yates (U.S. P. 3152389 [1964] 7 S.; C.A. **61** [1964] 15813). – [95] K.M. Zwilsky, N.J. Grant (Ultrafine Particles **1963** 479/87; C.A. **60** [1964] 12959).

[96] D. Weinstein, F.C. Holtz (Trans. AIME **227** [1963] 1463/5). – [97] S. Tacvorian (U.S. P. 2767463 [1956]; C.A. **52** [1958] 3653). – [98] G.L. Hanna (J. Australian Inst. Metals **7** [1962] 1/9). – [99] P.H. Brace, W.J. Hurford, T.H. Gray (Ind. Eng. Chem. **42** [1950] 227/36). – [100] F.H. Norton, W.D. Kingery, G. Economos, M. Humenik (NYO-3144 [1953] 83 S.; C.A. **47** [1953] 11865).

[101] G. Economos, W.D. Kingery (J. Am. Ceram. Soc. **36** [1953] 403/9). – [102] H.J. de Bruin, A.F. Moodie, C.E. Warble (J. Australian Ceram. Soc. **7** [1971] 57/8). – [103] A.S. Darling, G.L. Selman, R. Rushforth (Platinum Metals Rev. **14** [1970] 54/60). – [104] M. Deak (Brown Boveri Rev. **53** [1966] 466/8; C.A. **66** [1967] Nr. 119792). – [105] J.B. Hanley, W.I. Mitchell (J. Mater. Sci. **1** [1966] 412/13).

[106] Baker Platinum Ltd. (F.P. 941701 [1949]; C.A. **44** [1950] 8850). – [107] A.D. Adakhovskii, E.A. Lyukevich (Elek. Kontakty Tr. 2nd Soveshch. Moscow 1959 [1960], S. 373/8; C.A. **58** [1963] 3173). – [108] C.W. Hayes, J.J. Jackson (AD-AO18637 [1975] 266 S.). – [109] J.H. Handwerk (Am. Ceram. Soc. Bull. **38** [1959] 345/8). – [110] H.M. Skelly, C.F. Dixon (J. Less-Common Metals **23** [1971] 415/25).

[111] G. Economos (Ind. Eng. Chem. **45** [1953] 458/9). – [112] J.B. Lambart (U.S. P. 3415640 [1968] 7 S.; C.A. **70** [1969] Nr. 31285). – [113] F. Kupcik (Tschech. P. 140215 [1971]; C.A. **76** [1972] Nr. 130841). – [114] P. Galmiche, A.R. Hivert, M.E. Marty (U.S. P. 3620720 [1971]; C.A. **76** [1972] Nr. 49134). – [115] W.C. Kuhlman, W.G. Baxter (GEMD-738 [1969] 42 S.; N.S.A. **24** [1970] Nr. 25323).

[116] M.D. Kelly, J.E. Selle (Proc. 4th Ann. Tech. Meeting Intern. Microstruct. Anal. Soc., Denver 1971 [1972], S. 213/7; C.A. **77** [1972] Nr. 167642). – [117] R.P. May (SC-DR-70-908 [1971] 19 S.; N.S.A. **25** [1971] Nr. 22152). – [118] A.L. Burykina, L.V. Strashinskaya (Fiz. Khim. Mekh. Mater. Akad. Nauk Ukr. SSR **1** [1965] 557/62; C.A. **64** [1966] 6269). – [119] M. Tsujikawa, Y. Yoshii, A. Iwasaki (Natl. Tech. Rept. [Matsushita Elec. Ind. Co. Osaka] **15** [1969] 656/62; C.A. **74** [1971] Nr. 145564). – [120] J.S. Hill (Gold Bull. **9** [1976] 76/80).

[121] H.E. McCoy (ORNL-3992 [1966]; N.S.A. **20** [1966] Nr. 41456). – [122] K.M. Zwilsky, R.C. Nelson, N.J. Grant (Met. Soc. Conf. **28** [1963] 327/47; C.A. **64** [1966] 17133). – [123] M.L. Gimpl, M. Fuschillo (J. Metals **23** Nr. 6 [1971] 39/44). – [124] M.P. Mateeva, J.M. Latypova (Issled. Mater. Novoi Tekhn. Nr. 139 [1971] 7/13; C.A. **76** [1972] Nr. 102991). – [125] W.D. Kingery, J. Francl, R.L. Coble, T. Vasilos (J. Am. Ceram. Soc. **37** [1954] 107/10).

Use as Nuclear Fuel

3.3.4.3 Verwendung als Kernbrennstoff

ThO_2 besitzt große potentielle Bedeutung als Kernbrennstoff. Wenn auch das natürlich vorkommende Isotop ^{232}Th durch thermische Neutronen nicht gespalten wird (Spaltschwelle bei $E_n \approx 1$ MeV) und daher keinen Spaltstoff darstellt, so geht es doch nach Neutroneneinfang in das spaltbare ^{233}U über:

$$^{232}Th(n, \gamma)\ ^{233}Th \xrightarrow{\beta^-} {}^{233}Pa \xrightarrow{\beta^-} {}^{233}U.$$

^{232}Th ist daher ein Brutstoff. Nach derzeitiger Kenntnis wird die Umwandlung des ^{232}Th in ^{233}U vorteilhaft in den gasgekühlten Hochtemperaturreaktoren durchgeführt, die $(U, Th)O_2$ als Kernbrennstoff, Helium als Kühlmittel und Graphit als Neutronenmoderator enthalten. Angaben über den Kernbrennstoffkreislauf des gasgekühlten Hochtemperaturreaktors finden sich in [1].

Man verwendet heute zwei grundsätzlich verschiedene Brennelementtypen für Hochtemperaturreaktoren. Sie sind bestimmend für die konstruktive Ausgestaltung der jeweiligen Reaktoranlage. Es handelt sich dabei einmal um die prismatischen Brennelementblöcke der amerikanischen Bauweise und zum anderen um die kugelförmigen Thorium-Hochtemperatur-Reaktor (THTR)-Brennelemente deutscher Erfindung.

Entsprechend unterschiedlich aufgebaut sind die zugehörigen Reaktorkerne. Im ersten Fall besteht er aus fest aufgeschichteten und aneinandergereihten Brennelementsäulen, während man es bei den sphärischen Brennelementen mit einer losen Kugelschüttung zu tun hat, die kontinuierlich durch den Reaktorkern bewegt werden kann. Beiden Konzepten gemeinsam ist die Verwendung von Helium als Kühlgas. Die **Fig. 3-124** veranschaulicht die beiden Brennelementtypen.

Der Brenn- und Brutstoff wird in Form kleiner Kügelchen eingesetzt, die zur Spaltproduktrückhaltung mit einer oder mehreren Schichten von pyrolytischem Kohlenstoff und evtl. Siliciumcarbid umhüllt sind. Man hat dabei die Wahl, die beiden Elemente Uran und Thorium entweder in Form reiner Oxide bzw. Carbide getrennt oder aber als entsprechende Mischverbindungen einzusetzen. Die beschichteten Brennstoffteilchen sind in dem kugelförmigen Brennelement homogen und im prismatischen Blockelement heterogen in

Literatur zu 3.3.4.3 s. S. 240

Fig. 3-124

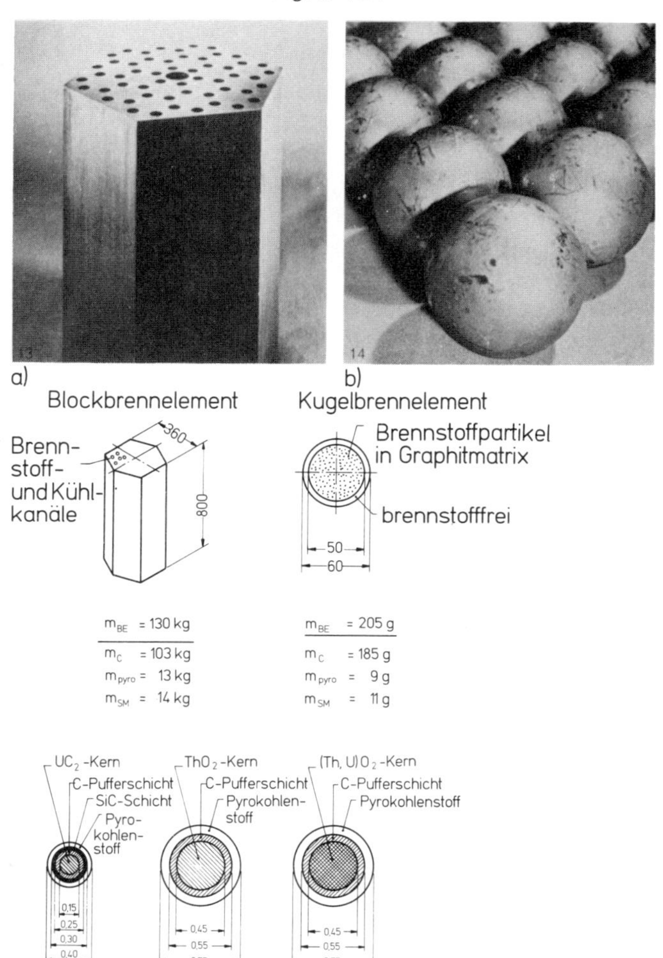

Typen von Brennelementen für gasgekühlte Hochtemperaturreaktoren: a) amerikanisches Blockelement, b) deutsches Kugelelement, Maße in mm [1].

eine Graphitmatrix eingebettet. Der Massenanteil an Graphit bzw. Kohlenstoff ist bei beiden Typen nahezu gleich, er beträgt knapp 90 bis 95%. Für eine optimale Ausgestaltung des Thorium/Uran-Brennstoffkreislaufes in Hochtemperaturreaktoren empfiehlt sich aus reaktorphysikalischen Gründen eine möglichst homogene Verteilung des Brenn- und Brutstoffes in den Brennelementen. Das sog. Einzonenkonzept des THTR verwendet daher vorzugsweise Mischpartikeln aus $(Th, U)O_2$ mit einem Th:U-Verhältnis von ca. 10:1. Hochangereichertes ^{235}U oder gebrütetes ^{233}U dient als Spaltstoff; Brutstoff ist das natürliche ^{232}Th. Das derzeitige (1976/77) amerikanische Konzept sieht reine UC_2-Kerne mit einer zusätzlichen SiC-Beschichtung als sog. Abbrandpartikel sowie im Durchmesser größere ThO_2-Kerne als Brutpartikel vor. Eine Zusammenfassung der nuklearen Eigenschaften von ^{232}Th sowie Angaben über die Herstellung von Brennstoffkernen für Hochtemperaturreaktoren werden in einem späteren Thorium-Band gebracht. Dort werden sich auch

Literatur zu 3.3.4.3 s. S. 240

Angaben über das Verhalten von Hochtemperaturkernbrennstoffen in Kernreaktoren sowie ihre chemische Wiederaufarbeitung finden (s. dazu auch die Angaben über die Gewinnung von ^{233}U aus Hochtemperaturkernbrennstoffen in einem späteren Band der Reihe „Uran").

Ein neuerer Übersichtsbeitrag über die Herstellung von Brennstoffkernen für Hochtemperatur-Brennelemente, wofür nahezu ausschließlich das Sol-Gel-Verfahren herangezogen wird, findet sich in [2].

Aber auch für andere Kernreaktortypen wurde ThO_2 als Brutstoff vorgeschlagen. So wird die Möglichkeit der Verwendung von ThO_2 in Schnellen Reaktoren diskutiert, die ^{233}U, ^{238}U und/oder ^{239}Pu in der aktiven Zone enthalten [3]. Die Eigenschaften wäßriger ThO_2-Aufschlämmungen, wie sie z.B. für den „Kema Suspension Test Reactor" vorgeschlagen wurden, werden in [4, 5] diskutiert. Dieser Reaktortyp fand aber nie Eingang in die Praxis.

Use as Nuclear Fuel

Thorium dioxide may be an important future source of nuclear energy. Although naturally occurring ^{232}Th is not fissioned by thermal neutrons, it is transformed to fissile ^{233}U after thermal neutron capture:

$$^{232}Th(n, \gamma)\ ^{233}Th \xrightarrow{\beta^-} {}^{233}Pa \xrightarrow{\beta^-} {}^{233}U.$$

The transformation of ^{232}Th to fissile uranium can be carried out in a Thorium High-Temperature Gas-Cooled Reactor (THTR). These reactors use a thorium and uranium dioxide ceramic fuel, helium coolant, and graphite moderator. The fuel can be made by the sol-gel process into microspheres, which are sintered to fuel kernels.

Today two different types of fuel elements are used: The American prismatic fuel element and the spherical fuel element for the German "Thorium-Hochtemperatur-Reaktor" (THTR).

In the THTR uranium and thorium are present as the mixed oxide $(Th, U)O_2$ with a Th to U ratio of about 10:1. The sintered fuel kernels are coated with a layer of pyrocarbon to retard diffusion of fission products and embedded in a graphite matrix. The completed fuel element is spherical and consists of 90 to 95% of carbon. The fuel elements are loosely packed in the THTR, can be circulated through the reactor, and can be conveniently removed for reprocessing and replaced.

Literatur zu 3.3.4.3:

[1] E. Merz (Chemiker-Ztg. **101** [1977] 81/91). – [2] M. Kadner, J. Baier (Kerntechnik **18** [1976] 413/20). – [3] O.J. Leipunskii, O.D. Kazachkovskii, S.B. Shikov, V.M. Murogov (At. Energ. [USSR] **18** [1965] 342/50). – [4] W.R. Grimes, E.G. Bohlmann, L.D. Kirkbride (Proc. 3rd Intern. Conf. Peaceful Uses At. Energy, Geneva 1964 [1965], Bd. 11, S. 256/65). – [5] H.J. Boekschoten (NP-16348 (Pt. I) [1966] 34 S.; C.A. **66** [1967] Nr. 71542).

3.3.4.4 Verwendung als Kathodenmaterial

Use as Cathode Material

Gesintertes ThO_2 besitzt eine große Zahl von Eigenschaften, die es als Kathodenmaterial geeignet machen. Besonders wichtig ist hierbei [1], daß diese Kathoden im Vergleich zu anderen oxidbeschichteten Materialien bei sehr hohen Temperaturen betrieben werden

Literatur zu 3.3.4.4 s. S. 242/4

können, dabei eine hohe Elektronenemissionsdichte aufweisen und daß sie gleichzeitig sehr hohen, speziell thermischen Wechselbeanspruchungen standhalten. Um die geringe elektrische Leitfähigkeit des ThO_2 bei tiefen Temperaturen (d.h. das Aufheizproblem) zu verbessern, setzt man dem ThO_2 Wolframmetall zu. Dieser W-Anteil kann nach den Angaben in der Literatur in weitem Bereich schwanken: in [1] wird eine Kathode untersucht, die 33 Gew.-% W+67 Gew-% ThO_2 enthält, in [2, 36] dagegen eine ThO_2-beschichtete W-Kathode mit 1 Gew.-% ThO_2.

Um die mechanische Stabilität von W/ThO_2-Kathoden zu verbessern, wird nach [6] eine ZrN-Schicht (1 bis 3% der Kathodendicke) und eine WC-Schicht (5 bis 10% der Kathodendicke) aufgetragen. Für diese Kathoden kann anstelle von Wolfram auch Molybdän [8, 23, 26], eine W-Re-Legierung [35], W oder Mo mit Zusatz von geringen Mengen Kobalt [27], $ThO_2+Al_2O_3$ mit Wolfram [42], Mo und MoC, evtl. unter Zusatz von 0.5% CeO_2 [7, 33] oder Molybdän mit Zusatz von etwas Ruthenium [19] verwendet werden, wenngleich diese Kombinationen in der Literatur wesentlich seltener diskutiert werden. ThO_2-überzogene Chromelektroden für magnetodynamische Generatoren werden in [37] beschrieben. Ein Emittermaterial, das anstelle von ThO_2 ein Gemisch aus ThO_2, $BaCO_3$, $CaCO_3$ und SiO_2 neben bis zu 60% W (vorzugsweise 30 bis 40% W) enthält, wird in [24] angeführt. In [39] wird ein Thermionen-Emissionsmaterial aus LaB_6 (80 bis 85%), Re (5 bis 10%) und ThO_2 (5 bis 10%) erwähnt, das gute mechanische Eigenschaften besitzen soll.

Die Herstellung dieser ThO_2-haltigen Kathoden erfolgt durch pulvermetallurgische Verfahren [8]. Für die Herstellung einer langlebigen Elektronenentladungsröhre auf ThO_2/W-Basis, die ein hohes Emissionsvermögen zeigt, wird das feingemischte (ThO_2+W)-Pulver bei >2400 °C gesintert, eventuell unter Zusatz geringer Mengen von Ta-Hydrid [26]. Für die Erzeugung eines Cermets (2 Gew.-% ThO_2+2 Gew.-% Re+96 Gew.-% W) für Kathoden wird folgendes Verfahren herangezogen [35]: 96 g W-Pulver werden mit 20 cm^3 einer $Th(NO_3)_4$-Lösung (100 g ThO_2/l) gemischt, das Produkt wird nach Trocknen im Wasserstoffstrom auf 800 °C erhitzt. Das Sinterprodukt wird mit 28.8 ml einer NH_4ReO_4-Lösung (100 g/l) gemischt und nach Trocknen bei 350 bis 450 °C und danach bei 700 bis 800 °C mit Wasserstoff reduziert, zu Formen gepreßt und gesintert. Ein ähnliches Verfahren wird auch für die Herstellung von ThO_2- (50 Gew.-%) und ZrO_2-haltigen (3 Gew.-%) Re-Kathoden benutzt [42]. Diese Cermets lassen sich auch durch besondere Verfahren zu einem dünnen Draht ziehen [15, 25].

Wie in Abschnitt 3.3.3.2, S. 182, erwähnt, ist ThO_2 gegenüber Wolfram stabil. Dies geht auch aus den Angaben über die in ThO_2-haltigen Kathoden ablaufenden chemischen Reaktionen hervor [4]. Die Bildung von Th-Metall auf diesen Kathoden ist danach durch die Zersetzung von intermediär gebildetem ThO bedingt, das seinerseits aus ThO_2 bei >2500 K durch Zersetzung im Vakuum entstehen soll. Wahrscheinlicher ist jedoch die Angabe in [31], daß das Th-Metall durch Elektrolyse aus ThO_2 entsteht und nicht durch Zersetzung. Daß ThO_2 und W bis 2676 K nicht miteinander reagieren, wurde u.a. auch dadurch erhärtet, daß der mit einer Knudsenzelle gemessene Dampfdruck über ThO_2/W von dem über reinem ThO_2 nicht verschieden ist [4]. Allerdings kann das gebildete Thorium eine ThO_2/W-Elektrode nach einiger Zeit durch Diffusion zerstören, wie für die Elektroden einer Xenon-Hochstromentladungslampe gezeigt wurde [21]. Erosion einer ThO_2-beschichteten W-Blitzlichtlampe s. [14].

Die Gesamtemission von ThO_2 ist in **Fig. 3-125**, S. 242, wiedergegeben [48]. Das Emissionsverhalten [3] von ThO_2-beschichteten W-Filamenten ist durch reversible und irreversible Änderungen charakterisiert, wobei ein gewisser Teil dieser Änderungen durch Variation der Thermionenemission bedingt ist. Die Thermionenemission einer Thermionenkathode

Literatur zu 3.3.4.4 s. S. 242/4

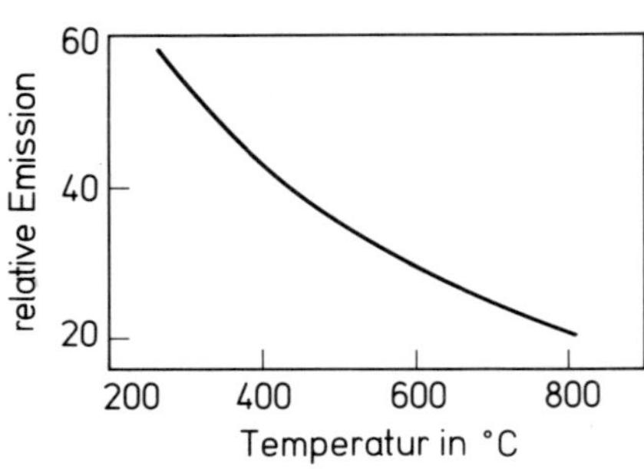

Fig. 3-125

Relative Gesamtemission von ThO_2, das bei 1600 °C gesintert wurde, senkrecht zur Oberfläche und bezogen auf einen schwarzen Strahler=100 [48].

mit 67% ThO_2 und 33% W zeigt nicht nur eine starke Temperaturabhängigkeit, sondern auch eine Zeitabhängigkeit [1]. Von großem Einfluß ist dabei, ob die Kathode zuvor durch Erhitzen auf hohe Temperaturen aktiviert wurde. Ein Teil dieser Effekte wird auf Bildung, Diffusion und Verdampfung von Th-Metall (aus ThO_2) in diesen W/ThO_2-Körpern zurückgeführt [1], s. auch [16]. Dafür sprechen auch neue Untersuchungen [2]. Hier konnte mittels der Auger-Elektronenspektroskopie an einem 99% W+1% ThO_2-Band bei ca. 10^{-9} Torr gezeigt werden, daß in diesen Kathoden an der Oberfläche nahezu alle Thoriumatome in einem „freien" Zustand vorliegen. Die Thermionenemission dieser 99% W+1% ThO_2-Kathoden ist in **Fig.** 3-**126** als Funktion der Temperatur gezeigt [2]. Beim Betrieb einer ThO_2-Kathode in Na-Dampf (10^{-6} Torr$<p<10^{-4}$ Torr) wurde kein Einfluß auf das Emissionsverhalten festgestellt [11]. Einfluß eines Ba-Films auf der ThO_2-Oberfläche einer W-ThO_2-Kathode s. [22]. Es wird vorgeschlagen, verbrauchte Th-haltige Radioröhren (mit Th als O_2-Getter) bzw. ThO_2-Kathoden als α-Strahlenquelle für Experimente mit radioaktiver Strahlung zu benutzen [41].

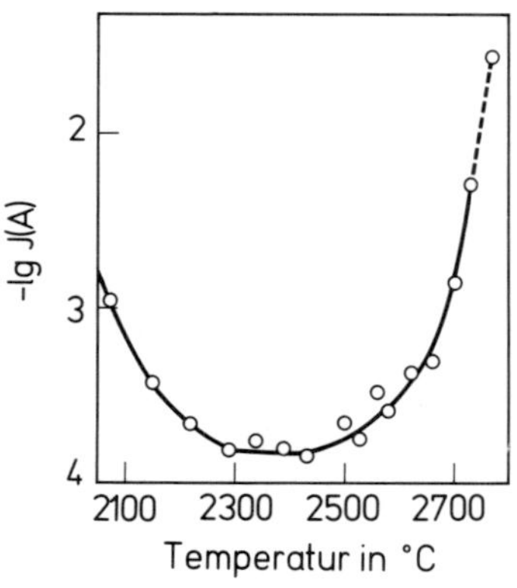

Fig. 3-126

Thermionenemission einer 99% W+1% ThO_2-Kathode [2].

Use in Cathodes

Sintered ThO_2 is an excellent cathode material for electron tubes. In contrast to other oxides it can be operated at higher temperatures with high electron emission even by frequently changing loads. Due to its poor conductivity at lower temperature normally the cathode is fabricated of a mixture of tungsten and thorium dioxide powder in which the percentage of ThO_2 can vary widely.

Literatur zu 3.3.4.4:

[1] H.Y. Fan (J. Appl. Phys. **20** [1949] 682/90). – [2] K. Ishikawa, H. Tobuse (Japan. J. Appl. Phys. **15** [1976] 1571/2). – [3] O.A. Weinreich (J. Appl. Phys. **21**

[1950] 1272/5). – [4] M. Hoch, H.L. Johnston (J. Am. Chem. Soc. **76** [1954] 4833/5). – [5] G. Mesnard, R. Uzan (Vide **5** [1950] 769/76).

[6] V.M. Khotin, A.I. Krasovskii, L.P. Bessmertnov, B.G. Ermakov, V.S. Davydov, J.M. Fetisov (UdSSR P. 510760 [1976]; C.A. **85** [1976] Nr. 38698). – [7] Egyesult Izzolampa es Villamossagi R.T. (B.P. 1073341 [1967] 6 S.; C.A. **67** [1967] Nr. 121043). – [8] K. Lewenstein (Proc. Symp. Electron. Vac. Phys., Balatonföldvar, Hung., 1962 [1963], S. 185/90; C.A. **65** [1966] 1530). – [9] S.V. Navrozov (Krat. Soderzh. Dokl. 15th Vses. Konf. Emiss. Elektron., Kiev 1973, Bd. 1, S. 106/7; C.A. **83** [1975] Nr. 187043). – [10] M.L. Minges (Intern. J. Heat Mass Transfer **17** [1974] 1365/82).

[11] V.V. Danilina, Y.A. Korochkov, L.S. Lavrov, V.N. Rudnev (Svetotekhnika **1973** Nr. 10, S. 12/3; C.A. **83** [1975] Nr. 69933). – [12] V.V. Danilina, Y.A. Korochkov (Svetotekhnika **1973** Nr. 6, S. 3/5; C.A. **83** [1975] Nr. 156496). – [13] R. Forman (J. Appl. Phys. **26** [1955] 1187/). – [14] G.A. Volkova (Svetotekhnika **1973** Nr. 9, S. 8/9; C.A. **83** [1975] Nr. 35086). – [15] J.E. White (U.S.P. 3840768 [1974] 4 S.; C.A. **81** [1974] Nr. 178887).

[16] P. Schneider (J. Chem. Phys. **28** [1958] 675/82). – [17] A.R. Shulman (Zh. Tekhn. Fiz. **25** [1955] 2150/6). – [18] H.E. Clark, D.G. Moore (J. Res. Natl. Bur. Std. A **70** [1966] 393/415). – [19] J.E. Cline, J.P. Jasionis (U.S.P. 2847328 [1958]; C.A. **53** [1959] 17734). – [20] D.M. Speros (J. Electrochem. Soc. **106** [1959] 791/9).

[21] P.E. Ravinskii, M.V. Samoilenko (Radiotekhn. i Elektron. **4** [1959] 1018/25). – [22] Y.S. Vedula (Ukr. Fiz. Zh. **7** [1962] 196/200; C.A. **57** [1962] 1606). – [23] F. Thomson-Houston (F.P. 1274550 [1962]; C.A. **56** [1962] 15273). – [24] Patent-Treuhand-Gesellschaft für Elektrische Glühlampen m.b.H. (Belg.P. 612125 [1962] 12 S.; C.A. **57** [1962] 7022). – [25] R.L. Heckmann, A.F. Manz (Belg.P. 615633 [1962] 11 S.; C.A. **58** [1963] 8740).

[26] J.P. Sackinger, G.R. Feaster (U.S.P. 3105290 [1963]; C.A. **59** [1963] 19994). – [27] P.L. Spencer (U.S.P. 2473550 [1949]; C.A. **43** [1949] 7358). – [28] W.E. Danforth (J. Franklin Inst. **251** [1951] 515/20). – [29] F.H. Morgan (J. Appl. Phys. **22** [1951] 108/9). – [30] D.L. Goldwater, R.E. Haddad (J. Appl. Phys. **22** [1951] 70/3).

[31] G. Mesnard (Vide **8** [1953] 1273/9). – [32] L. Hiesinger, H. König (100 Jahre Heraeus Festschrift, Hanau 1951, S. 376/92; C.A. **48** [1954] 11960). – [33] L.J. Cronin (U.S.P. 2682511 [1954]; C.A. **48** [1954] 10464). – [34] A.H. Sully, E.A. Bandes, R.B. Waterhouse (Brit. J. Appl. Phys. **3** [1952] 97/101). – [35] K. Hirai, M. Tsugikawa, A. Iwasaki (Japan. Pat. 7209887 [1972] 2 S.; C.A. **79** [1973] Nr. 107489).

[36] G. Eckert, G. Ciriack (U.S.P. 3697321 [1972] 3 S.; C.A. **78** [1973] Nr. 35457). – [37] P.F. Goolsby (U.S.P. 3710152 [1970] 4 S.; C.A. **78** [1973] 77286). – [38] U.G. Basov, V.M. Podgaetski, V.V. Sysun, Y.P. Andreev (UdSSR P. 334607 [1972]; C.A. **77** [1972] Nr. 26346). – [39] R.M. Menelis, T.M. Telyukova, A.N. Kozlova, L.P. Grishina (UdSSR P. 280601 [1970]; C.A. **74** [1971] Nr. 69424). – [40] N.S. Choudhury, J.W. Patterson (AD-702520 [1970] 25 S.; C.A. **73** [1970] Nr. 92240).

[41] A.P. Minko (Khim. Shk. **25** [1970] 88; C.A. **73** [1970] Nr. 52173). – [42] J. Berchtold (U.S.P. 3500106 [1970] 10 S.; C.A. **72** [1970] Nr. 126556). – [43] H. Greber (U.S.P. 3500452 [1970] 3 S.; C.A. **72** [1970] Nr. 116732). – [44] S.R. Steel, W. Feist, W. Getty (AD-489897 [1966] 200 S.; C.A. **71** [1969] Nr. 54679). – [45] V.M. Golyanov (Issled. Ob'ektov Izmenyayushchikhsya Protsesse Prep. Nablyudeniya Elektron. Mikrosk. Mater. Simp., Moscow 1964 [1966], S. 81/6; C.A. **69** [1968] Nr. 47120).

[46] D.A. Wright (Proc. Inst. Elec. Engrs. [London] **100** III [1953] 2). – [47] S. Mesnard (Compt. Rend. **230** [1950] 1582). – [48] M. Pirana (nach ORNL-4503 (Vol. 1) [1970] 12). – [49] A.R. Shulman, V.V. Korablev, Y.A. Morozov (Izv. Akad. Nauk SSSR Ser. Fiz. **35** [1971] 1060/3). – [50] S. Wagener (Nature **164** [1949] 357/8).

[51] G.S. Mikhailov (Ukr. Fiz. Zh. **2** [1957] 95/6; C.A. **51** [1957] 17404). – [52] T. Arizumi, L. Esaki (J. Phys. Soc. Japan **5** [1950] 174/7). – [53] B.V. Bondarenko, B.M. Tzarev (Radiotekhn. i Elektron. **4** [1959] 1059/60; C.A. **54** [1960] 2945). – [54] W.D. Lafferty, W.E. Buescher, L.P. Clare (Mod. Develop. Powder Met. **4** [1971] 583/9). – [55] K. Ishikawa, H. Tobuso (Japan. Appl. Phys. **15** [1976] 1571/2).

Further Applications

3.3.4.5 Weitere Anwendungsmöglichkeiten

Aufgrund seiner hervorragenden chemischen und thermischen Eigenschaften, die in dieser Kombination kein anderes Metalloxid aufweist, wird ThO_2 gern dort eingesetzt, wo bei hohen Temperaturen hohe chemische Beständigkeit verlangt wird [1 bis 5, 78, 82, 83].

Hier ist zu nennen die Verwendung von ThO_2-Tiegeln oder -Gußformen in der Metallurgie [6 bis 12, 61 bis 65], etwa zum Schmelzen von Eisen [13], von Titan [14], von Ni-Basis-Legierungen [9], von Zirkonium, Thorium, Uran etc. [5], allerdings nicht von $SmCo_5$, das – ebenso wie auch die Yttralox-Keramik $Y_2O_3+10\%$ ThO_2 – das ThO_2 sehr stark und rasch angreift. Bemerkenswert ist, daß der Sauerstoffgehalt in der Metallschmelze bei Verwendung von ThO_2-Tiegeln geringer ist als bei Tiegeln aus anderen oxidischen Materialien [9, 13]. Dies zeigt sich deutlich beim Schmelzen einer Ni-Legierung (mit 10.5 Gew.-% Cr, 5.8 Gew.-% Al, 3.9 Gew.-% W, 2.9 Gew.-% Mo und <0.5 Gew.-% Si, Ti, Co, Zr, C) in ZrO_2- und in ThO_2-Tiegeln (**Fig. 3-127**) [9].

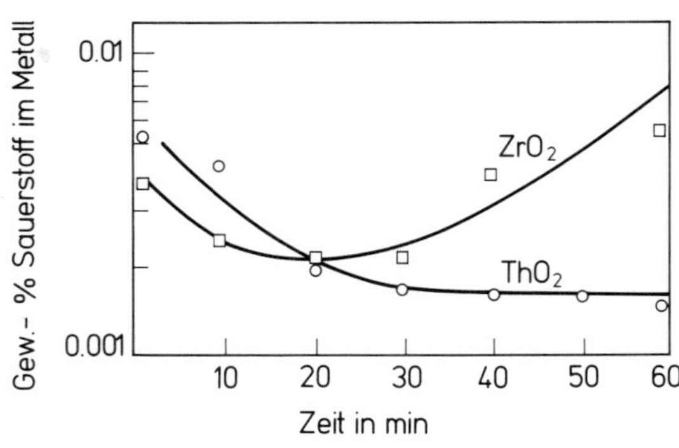

Fig. 3-127

Änderung des Sauerstoffgehalts einer Ni-Basis-Legierung beim Schmelzen unter Vakuum ($\approx 10^{-5}$ Torr) in ZrO_2- und in ThO_2-Tiegeln [9].

Zur Herstellung von ThO_2-Tiegeln kann wie folgt verfahren werden [5]: Ein Gemisch aus 400 Teilen kalziniertem ThO_2, 200 Teilen wiederaufgearbeitetem Material aus gebrochenen Tiegeln, 50 Teilen Cryolith, 50 Teilen ZrO_2, 20 Teilen P_2O_5 und 300 Teilen Wasser wird in einer Kugelmühle 16 bis 18 h gemahlen und danach im Vakuum in entsprechende Formen gegossen. Nach Trocknen bei 30, 50, 70, 90 und 130 °C (je ein Tag) werden die Produkte innerhalb 8 h auf 800 °C erhitzt, 16 h bei dieser Temperatur und danach 6 h bei 1050 °C gehalten. Anschließend werden die Tiegel unter Sauerstoff bei 1885 °C/8 h erhitzt, wobei ein Schrumpfen von 30 bis 35% zu beobachten ist. Die Tiegel haben eine geringe Porosität. Beim Behandeln mit Säuren (konz. HCl, HNO_3, H_2SO_4, HF, H_3PO_4, Königswasser, HF+KF), mit Natronlauge und mit geschmolzenem NaOH (Na_2CO_3, KNO_3, $NaHSO_4$) betragen die Gewichtsverluste <0.92% in der ersten Stunde, nur geschmolzenes

Literatur zu 3.3.4.5 s. S. 246/8

KOH bewirkt totale Zersetzung. Gegen geschmolzene Alkalien sind ThO_2-Tiegel allerdings wesentlich stabiler als solche aus anderen Materialien [81].

Für die Herstellung von ThO_2-Tiegeln wird bei 1700 °C gesintertes ThO_2 gemahlen. Durch die Mahlkugeln eingebrachtes Eisen wird anschließend mit 6 M HCl entfernt. Das getrocknete ThO_2 wird mit Wasser (Volumenverhältnis $ThO_2:H_2O=1:3.55$) vermischt, die Aufschlämmung in Gießformen gegeben, und nach Trocknen werden die Tiegel bei 1350 °C/30 min und 1825 °C/5 min erhitzt. Man erhält so ein Material mit 5% geschlossenen Poren und der Materialdichte 9.64 g/cm^3 [11]. Man kann auch einen Al_2O_3-Tiegel mit $Th(NO_3)_4$ imprägnieren, das durch Erhitzen auf 1000 °C in ThO_2 umgewandelt wird [12].

In [16] wird ein ThO_2-Tiegel benutzt, um konz. Salpetersäure (aus Oxidation von N_2 durch O_2 im Sonnenlicht) zu konzentrieren. Zur Untersuchung des Verhaltens einer UO_2/Zircaloy-4/Stahl-Schmelze („Corium", zur Simulation eines geschmolzenen Kernreaktor-Cores) unter Wasserdampf benutzt man Tiegel aus ThO_2 [25]. Diese werden in oxidierender Atmosphäre erst oberhalb 2200 °C merklich angegriffen, oberhalb 2400 °C jedoch sehr stark.

ThO_2 wird auch für die Konstruktion von Widerstandsöfen benutzt [17 bis 24].

Ein derartiger Ofen mit einem hauptsächlich aus ThO_2 bestehenden Nernststift, der bis zu Temperaturen von 2500 °C in oxidierender Atmosphäre betrieben werden kann, wird detailliert in [18] beschrieben. Über keramische Materialien (z.B. AlN, SiC), die 0.1 bis 4 Gew.-% einer oxidischen Komponente wie ThO_2 enthalten, s. [20, 21]. Verwendung von ThO_2 in magnetohydrodynamischen Generatoren s. [24, 56, 57], bei der Messung von Neutronenspektren in ThO_2 s. [58].

Die Verwendung eines Hitzeschilds aus ThO_2 für Temperaturen bis zu 4000 °C wird in [26] bzw. [30] diskutiert, ein elektrisches Isoliermaterial für Stopfbuchsen mit ThO_2-Isolator wird in [27] beschrieben. Herstellung gasdichter keramischer Körper mit dünnen Wänden s. [28]. Der Einbau nichtmagnetischer Einschlüsse (bis zu 8% ThO_2) in $Mg_{0.294}Zn_{0.261}Mn_{0.552}Fe_{1.893}O_4$-Magnetschalter erhöht die Koerzitivkraft [29]. Eignung von ThO_2 als Lasermedium s. [31].

Eine andere, möglicherweise noch beträchtlich auszuweitende Anwendung betrifft die Verwendung von ThO_2 oder ThO_2/CaO als Strahlendetektor. Ausgenutzt wird hierbei die thermisch stimulierte Leitfähigkeit [32, 33, 66]. Mit ThO_2 wurden z.B. Dosen bis zu 1.6×10^6 Röntgen gemessen [32]. Änderung der elektrischen Leitfähigkeit von ThO_2 als Bezugsgröße zur Messung eines Vakuums s. [34]. Nachweis von Methan mit Hilfe eines mit ThO_2 als Katalysator (zur Methanverbrennung) bedeckten Drahtes s. [35]. ThO_2-haltiger Feuchtigkeitsdetektor auf ZnO-Basis (90 mol-% ZnO, 5 mol-% Li_2O + 5 mol-% ThO_2) mit <10 s Ansprechzeit s. [36], mit entsprechendem NiO/ThO_2-Detektor s. [79], Gasspurendetektor s. [80].

Ein ThO_2-Überzug mit >2 µm Dicke auf Glas oder Keramik zur Vermeidung einer Wasseradsorption wird in [37] beschrieben. Die Herstellung sehr dünner Filme für elektronenmikroskopische Untersuchungen unter Verwendung einer Gasentladung wird in [38] gezeigt. Um das instabile Brennen eines Raketenmotors zu unterdrücken, können dem festen Brennstoff geringe Mengen eines Oxids wie ThO_2 – auch Al_2O_3, ZrO_2, SiO_2, TiO_2, La_2O_3 oder deren Mischungen mit und ohne ThO_2 wurden untersucht – zugemischt werden [39].

Der elektrische Widerstand von halbleitenden Oxiden kann durch Zusatz eines amorphen Oxids – z.B. ThO_2 für PrO_x – variiert werden [40]. Für eine Sauerstoffdiffusionszelle

Literatur zu 3.3.4.5 s. S. 246/8

wird eine Membran aus einer Ag-Al(0.05%)-Legierung verwendet, der geringe Mengen eines Oxides, u.a. ThO_2, zur Erhöhung der Temperaturstabilität zugesetzt werden [41]. Für eine Hochtemperaturzelle zur H_2-Gewinnung kann eine aus ZrO_2+2% ThO_2 bestehende Kathode benutzt werden [42]. Rein anorganische Fasern mit ThO_2 werden in [43, 44] beschrieben, z.B. eine ThO_2-Ce_2O_3-Faser in [43].

Auf ThO_2-haltige Gläser wurde im Thorium Ergänzungsband C2 (1976) näher eingegangen, ergänzende Literaturangaben dazu s. [45 bis 55, 59, 60]. Ein aus 40 Teilen $LiPO_3$, 10 Teilen $Mg(PO_3)_2$, 50 Teilen $Al(HPO_3)_3$ und 65 Teilen ThO_2 bestehendes, bei 1150 °C homogen geschmolzenes Glas wird zur Bestimmung der Neutronenflußdichte verwendet [45]. Zur Anwendung kommen ca. 1 mm dicke Bällchen aus diesem Glas, die nach Ätzen mit 28%igem NaOH eine Linearität von Neutronenflußdichte (10^6 bis 10^{12}n/cm^2) und Strahlendefekten aufweisen. Ein Zusatz von 5 bis 8.5% ThO_2 anstelle SiO_2 erhöht die Wasserbeständigkeit eines Glases aus 87 mol-% SiO_2+13 mol-% Na_2O merklich [47]. Ein ThO_2-haltiges optisches Glas niedriger Dispersion, aber mit hohem Brechungsindex wird in [48] beschrieben: für ein Glas der Zusammensetzung 40 Gew.-% B_2O_3+35 Gew.-% La_2O_3+10 Gew.-% ThO_2+4 Gew.-% MgO+4 Gew.-% SrO+7 Gew.-% BaO, das bei 1300 °C in einem Pt-Tiegel geschmolzen wurde, ergab sich n=1.6989 und eine Abbe-Zahl von ν=55.95. Einen noch wesentlich höheren Brechungsindex (n=1.97319, Abbe-Zahl 21.64) besitzt ein Glas der Zusammensetzung (in Gew.-%): 5.0 SiO_2+13.7 B_2O_3+59.8 PbO+5.4 TiO_2+2.0 La_2O_3+6.3 ThO_2+7.8 WO_3, das in einem Pt-Tiegel bei 1150 bis 1200 °C geschmolzen wurde [52]. Über Stabilitätsbereich und Eigenschaften TeO_2-haltiger Gläser mit u.a. Zusätzen von ThO_2 s. [49, 50]. Ein widerstandsfähiges, glasartiges Material für z.B. Zündkerzen, das aus einem SiO_2-B_2O_3-PbO-Glas mit Zusätzen von ThO_2 (oder Nb_2O_5, TiO_2, La_2O_3) und einem Metallpulver besteht, wird in [51] diskutiert.

ThO_2-haltiges keramisches Material wird als vakuumdichte Verbindung zwischen keramischen Oxiden beschrieben, s. [67], ThO_2 als Isoliermaterial für coaxiale Kabel zur Reaktorinstrumentierung neben anderen Oxiden s. [68]. ThO_2-haltige Porzellane und Glaskeramiken besitzen hohe mechanische Festigkeit und Beständigkeit gegen Temperaturschocks [69]. ThO_2-haltige Ziegeltone s. auch [71]. Der Zusatz von ThO_2(MgO, TiO_2 etc.) zu Aluminiumsilikat oder Kalk wird unter dem Aspekt eines Super-Zements diskutiert [70]. Ein besonders piezoelektrisches Material aus $Pb(Sb, Nb)_{0.5}O_3$, $PbTiO_3$ und $PbZrO_3$ enthält 0.1 bis 3 Gew.-% ThO_2 [72].

Die Beschichtung eines Interferenzspiegels mit einem Material, das aus ThO_2+TiO_2(HfO_2) besteht, wird in [73] beschrieben. Bezüglich der Eigenschaften eines ThO_2-Schaums s. [74]. Die Imprägnierung von keramischen Materialien mit $Th(NO_3)_4$ und anschließendes Verglühen zu ThO_2 verbessert die Temperaturbeständigkeit [75]. Streuung von Elektronenstrahlen an einem ThO_2-Aerosol s. [76].

Anwendungen von ThO_2 als anorganischer Ionenaustauscher s. [77]. Danach hat ein mit NaOH gefälltes Produkt eine „schnellere Kinetik" als ein mit NH_3 gefälltes Oxid, ersteres besitzt Anionen- und Kationenaustauschfähigkeit.

Anwendung von Th-Verbindungen (Oxid, Nitrat, Oxalat) als Strahlenquelle für die Bestimmung der Zusammensetzung von Mischungen anorganischer Salze s. [84].

Literatur zu 3.3.4.5:

[1] G.R. Finlay (Chem. Can. **4** Nr. 3 [1952] 41/3). – [2] O.J. Whittemore (Ind. Eng. Chem. **47** [1955] 2510/2). – [3] D. Kirby (Refractory J. **1951** Nr. 1, S. 11/4; C.A. **47** [1953] 7750). – [4] S. Sano, M. Sugiura, E. Ishii, M. Hirai (Nagoya Kogyo Gijutsu Shikensho Hokoku **7** [1958] 370/6; C.A. **57** [1962] 12117). – [5] W. Richter, K. Pump (Silikat Tech. **9** [1958] 74/7).

[6] R. Pointud, J. Rogers (Rev. Met. [Paris] **54** [1957] 283/7). – [7] V.D. Smolyarenko (Ogneupory **33** [1968] 54/6). – [8] M.A. Schwartz, G.D. White, C.E. Curtis (ORNL-1354 [1953] 28 S.; C.A. **48** [1954] 1219). – [9] E. Snape, P.R. Beeley (Mod. Casting **53** [1968] 159/64; C.A. **69** [1968] Nr. 38240). – [10] H.K. Richardson (J. Am. Ceram. Soc. **18** [1935] 65/9).

[11] P. Murray, J. Denton, E. Barnes (Trans. Brit. Ceram. Soc. **55** [1956] 191/201). – [12] G. Meister (U.S.P. 2766032 [1956]; C.A. **51** [1957] 5381). – [13] T. Sato, T. Hirooko (Kinzoku **27** [1957] 141/4; C.A. **55** [1961] 6319). – [14] P.H. Brace (Metal Progr. **55** [1949] 196). – [15] J.F. Miller, A.E. Austin (J. Less-Common Metals **25** [1971] 317/21).

[16] F. Tombe, M. Foex, Ch.H. La Blanchetais (Compt. Rend. **225** [1947] 1073/5). – [17] C.B. Alcock (Trans. Brit. Ceram. Soc. **60** [1961] 147/64). – [18] S.M. Lang, R.F. Geller (J. Am. Ceram. Soc. **34** [1951] 193/200). – [19] Compagnie de Saint Gobain (Belg.P. 608750 [1962] 7 S.; C.A. **57** [1962] 5602). – [20] A. Tsuge, K. Koyama, H. Inoue, H. Ota (Japan.P. 7332107 [1973] 3 S.; C.A. **79** [1973] Nr. 69757).

[21] A. Tsuge, H. Inoue, K. Nishida, M. Komatsu (Japan.P. 7332110 [1973] 4 S.; C.A. **79** [1973] Nr. 69756). – [22] A.F. Maurin, D.S. Ruhman, G.A. Taksis, T.M. Shmelkova (Ogneupory **1973** Nr. 5, S. 48/50; C.A. **79** [1973] Nr. 69726). – [23] J.A. Barber (SC-DC-1237 [1965] 7 S.; C.A. **63** [1965] 15868). – [24] A.M. Antony (Journees Intern. Combust. Conversion Energie, Paris 1964, S. 719/32; C.A. **65** [1966] 14763). – [25] H. Albrecht, C. Keller, W. Krause, H. Wild, D. Perinic, B. Kammerer, H. Knauß, A. Mack, B. Stuka, P. Hofmann (KFK-2195 [1975] 318/37).

[26] P.E. Glaser, A.E. Wechsler, I. Simon, J. Berkowitz (N-62-12977 [1962] 87 S.; C.A. **60** [1964] 11727). – [27] T.B. Selover, J.L. Benak (B.P. 1268002 [1972] 7 S.; C.A. **77** [1972] Nr. 13257). – [28] W. Burk, D. Naumann, H. Ullmann (D.P. [DDR] 48940 [1966] 3 S.; C.A. **66** [1967] Nr. 79250). – [29] P.D. Baba (J. Am. Ceram. Soc. **48** [1965] 305/9). – [30] A. Wechsler (N-2-16604 [1961] 20 S.; C.A. **60** [1964] 10149).

[31] S.V. Yantsen (Tr. Vses. Nauchn. Issled. Inst. Sin. Mineral'n. Syr'ya **13** [1970] 88/92; C.A. **75** [1971] Nr. 135608). – [32] E. Tochilin, P.D. LaRivière (AD-718370 [1970] 85 S.; C.A. **75** [1971] Nr. 57756). – [33] D.C. Gates, T.J. Magee, R.A. Armistead (AD-006678 [1975] 47 S.; C.A. **83** [1975] Nr. 122828). – [34] S. Fukugawa (Japan.P. 5996 [1953]; C.A. **48** [1954] 11123). – [35] M. Yoshida (Japan. Kokai 7612192 [1976] 3 S.; C.A. **85** [1976] Nr. 56302).

[36] N. Ichinose, Y. Yokomizo, M. Katsura, M. Izumi (Japan. Kokai 7514611 [1975]; C.A. **85** [1976] Nr. 35045). – [37] P.L. White (U.S.P. 3833406 [1974] 4 S.; C.A. **82** [1975] Nr. 7169). – [38] V.M. Golyanov (Issled. Ob'ektov Izmenyayushchikhsya Protsesse Prep. Nablyudeniya Elektron. Mikrosk. Mater. Simp., Moscow 1964 [1966], S. 81/6; C.A. **69** [1968] Nr. 47120). – [39] R.W. Lawrence, A.J. Secchi (U.S.P. 3822514 [1962] 11 S.; C.A. **81** [1974] Nr. 123874). – [40] Société Prosilis (F.P. 991891 [1951]; C.A. **50** [1956] 9164).

[41] Y. Imai, T. Yamamoto, Y. Isoya (D.P. 1244738 [1967]; C.A. **67** [1967] Nr. 101401). – [42] S. Sekido, M. Nakai, Y. Ninomiya (Japan. Kokai 7601940 [1976] 4 S.; C.A. **85** [1976] Nr. 49212). – [43] A.W. Naumann, F.P. Gortsema (Deut. Offenlegungsschrift 2007209 [1970] 20 S.; C.A. **73** [1970] Nr. 99918). – [44] G. Winter, M. Mansmann, H. Zirngibl (Deut. Offenlegungsschrift 1918754 [1970] 19 S.; C.A. **73** [1970] Nr. 131914). – [45] R. Yokota, Y. Muto, S. Nakjima, K. Fukuda (F.P. 1551556 [1968] 6 S.; C.A. **71** [1969] Nr. 108196).

[46] G. Müller (Glastech. Ber. **45** [1972] 189/94). – [47] T.M. Makarova, V.S. Molchanov (Tr. Gos. Opt. Inst. **39** [1972] 154/8; C.A. **79** [1973] Nr. 9071). – [48] T. Izumitani, H. Ishiawa (Japan.P. 7343651 [1973] 3 S.; C.A. **81** [1974] Nr. 81698). – [49] M. Imaoka, Z. Yamazaki (Rept. Inst. Ind. Sci. Univ. Tokyo **24** [1975] 80 S.; C.A. **83** [1975] Nr. 197182). – [50] W. Vogel, H. Bürger, F. Folger, R. Öhrling, G. Winterstein, H.G. Ratzenberger, C. Ludwig (Silikat Tech. **25** [1974] 206/7).

[51] M. Sakai, M. Fukuoka, K. Hayashi (Deut. Offenlegungsschrift 2455023 [1975] 18 S.; C.A. **83** [1975] Nr. 197240). – [52] T. Izumiya, H. Ishikuri (Japan.P. 7444563 [1974] 6 S.; C.A. **83** [1975] Nr. 14925). – [53] S. Kuwayama (Japan.P. 15320 [1962] 2 S.; C.A. **59** [1963] 6113). – [54] Fu-Hsu Kan (Sci. Sin. **17** [1974] 351/66; C.A. **82** [1975] Nr. 20928). – [55] R. Crepet, H. Michaud (F.P. 1549502 [1968] 5 S.; C.A. **71** [1969] Nr. 104792).

[56] A. Nagahiro, M. Shiota, T. Fukur, Y. Ameniya, T. Hara, Y. Endo (Asahi Garasu Kenkyu Hokuku **16** [1966] 61/76; C.A. **67** [1967] Nr. 35985). – [57] G. Arthur, M.A. Hepworth (Magnetoplasmadyn. Elec. Power Generation Rept. Symp., Newcastle upon Tyne 1962 [1963], S. 52/6; C.A. **61** [1964] 5333). – [58] H. Nishihara, I. Kimura, K. Kobayashi (Proc. Intern. Symp. Phys. Fast React., Tokyo 1973, Bd. 2, S. 861/82; C.A. **83** [1975] Nr. 17403). – [59] N.V. Suikovskaya, V.G. Zagoskina (Opt. Mekh. Prom. **42** [1975] 39/41). – [60] T. Izumitani, H. Hatsuro (Japan.P. 7103463 [1971]; C.A. **75** [1971] Nr. 112462).

[61] J. Zotos (Mod. Casting New Technol. Sect **45** [1964] 689/92). – [62] R.A. Brown, C.A. Clifford (U.S.P. 3422880 [1969] 6 S.; C.A. **70** [1969] Nr. 80454). – [63] P.K. Church, O.J. Knutson (F.P. 1580247 [1969] 105 S.; C.A. **73** [1970] Nr. 6809). – [64] F. Heitzinger (D.P. 2101185 [1970]). – [65] T. Operhall (B.P. 920934 [1963] 11 S.; C.A. **58** [1963] 13586).

[66] R. Yokoda, Y. Takefuji, K. Fukuda (Japan.P. 7103466 [1971]; C.A. **75** [1971] Nr. 112463). – [67] H.J. De Bruin, A.F. Moodie, C.E. Warble (Gold Bull. **5** Nr. 3 [1973] 62/4; C.A. **78** [1973] Nr. 114730). – [68] D.W. Potter, L.D. Philipp, L.D. Muhlestein (HEDL-TME-73-84 [1973] 62 S.; C.A. **81** [1974] Nr. 30827). – [69] P. Bock (D.P. 1227821 [1966] 3 S.; C.A. **66** [1967] Nr. 5484). – [70] R. van Rolleghem (Belg.P. 555428 [1957]; C.A. **54** [1960] 16785).

[71] S. Imori, Sh. Imori (Rept. Sci. Res. Inst. [Japan] **25** [1949] 218/23; C.A. **45** [1951] 4013). – [72] N. Ichinose, K. Yokoyama, H. Ezami, Y. Tanno (B.P. 1231707 [1971]; C.A. **75** [1971] Nr. 42185). – [73] T.N. Krylova, R.S. Sokolova, I.F. Bokhonskaya, A.Y. Kuznetsov (UdSSR P. 306520 [1971]; C.A. **75** [1971] Nr. 100868). – [74] M. Wismer, L. Rood, F. Bosso (U.S.P. 3574646 [1971]; C.A. **74** [1971] Nr. 129957). – [75] J.S. Hill (D.R. 1458374 [1971]).

[76] S. Yamaguchi (Optik **20** [1963] 526/32). – [77] K.R. Pai, N. Krishnaswamy, D.S. Datar (Ion Exch. Process Ind. Papers Conf., London 1969 [1970], S. 322/8; C.A. **74** [1971] Nr. 68154). – [78] G. Poirson (Ind. Ceram. Nr. 693 [1976] 187/95). – [79] M. Matsuura, M. Yamaguchi, N. Nishi, M. Matsuoka (Japan. Kokai 7695299 [1976] 8 S.; C.A. **85** [1976] Nr. 185652). – [80] Auergesellschaft G.m.b.H. (Deut. Offenlegungsschrift 2462331 [1977]; C.A. **87** [1977] Nr. 10959).

[81] H. Lux, E. Renauer, E. Betz (Z. Anorg. Allgem. Chem. **310** [1961] 305/19). – [82] A.K. Bose (Sci. Cult. [Calcutta] **21** [1955/56] 606/9). – [83] G. Jaeger (Metall **9** [1955] 358/66). – [84] O. Gübeli-Litscher, W. Kolb (Helv. Chim. Acta **33** [1950] 1534/40).

3.4 Thoriumhydroxid

Thorium Hydroxide

Mit Thoriumhydroxid, $Th(OH)_4$, wird in der Literatur der flockige, weiße, amorphe Niederschlag bezeichnet, der bei Zugabe von Alkalihydroxid, Ammoniak oder anderen alkalisch reagierenden Verbindungen zu einer Th^{4+}-Salzlösung entsteht. Auch der Niederschlag, der bei der Hydrolyse einer mäßig sauren Th^{4+}-Salzlösung ($pH > 3$ bis 4) ausfällt (z.B. beim Erhitzen einer Th^{4+}-Lösung), soll die Zusammensetzung $Th(OH)_4$ aufweisen – falls nicht ein definiertes basisches Salz gebildet wird.

Untersuchungen über die Fällung von „$Th(OH)_4$" aus verschiedenen Lösungen s. in [25 bis 35, 44, 50]. Der „kristalline" Charakter von „Thoriumhydroxid" bei Fällung aus Lösungen nimmt in der Reihe Sulfat < Nitrat < Chlorid < Salz organischer Säuren ab [33]. Das Temperatur-pH-Diagramm für die Fällung von $ThO_2 \cdot aq$ aus Th^{4+}-Lösung ist in Fig. 3-7, S. 64, [32] wiedergegeben. Bei diesen Fällungen ist jedoch zu berücksichtigen, daß nicht in jedem Fall „$Th(OH)_4$" oder $ThO_2 \cdot aq$ ausfällt, sondern auch z.T. nicht näher charakterisierte basische Salze wie $Th(OH)_{3.31}(SO_4)_{0.35}$, $Th(OH_{3.58}Cl_{0.42}$ oder $Th(OH)_{3.43}(NO_3)_{0.57}$ [25] oder $Th(OH)_i(CH_3COO)_{4-i} \cdot nH_2O$ mit $i = 2\,(n = 3)$ und $i = 3\,(n = 1)$ [35]. Es erscheint jedoch unwahrscheinlich, daß es sich bei diesen Zusammensetzungen um definierte Verbindungen handelt – die angegebenen stöchiometrischen Zusammensetzungen dürften mehr zufälliger Art sein.

Adsorption bzw. Mitfällung von Tl^{III}, In^{III}, Zn^{II}, Cu^{II}, Ag^{I}, $C_2O_4^{2-}$, $Fe(CN)_6^{4-}$, PO_4^{3-} und SeO_3^{2-} durch das „Hydroxid" s. [36 bis 41].

In der Reihe $Ba > Sr > Ca > Mg$ nimmt der beschleunigende Einfluß von $M(OH)_2$ auf die Kristallisation von $ThO_2 \cdot aq$ beim Tempern ab [42]. Bei der Fällung von Th^{4+} und Fe^{3+} mit Alkalien fällt ein Gemisch der einzelnen Oxidaquate und keine ternäre Verbindung aus [50]. Aus verschiedenen, z.T. sehr detaillierten Untersuchungen über Natur und Zusammensetzung dieses Fällungsprodukts geht wohl eindeutig hervor, daß eine Verbindung $Th(OH)_4$ – oder auch $ThO(OH)_2$ bzw. als definiertes Hydrat $ThO_2 \cdot 2H_2O$ – nicht existiert. Dafür sprechen die Ergebnisse folgender Untersuchungen:

a) Die ESR-Spektren von „Thoriumhydroxid" und seinen Dehydratationsprodukten sind identisch (**Fig.** 3-**128**, S. 250) [1]. Die schwachen Linien, die zusätzlich zum Spektrum des bei 150 °C getrockneten Produkts auftreten, sind durch adsorbierte NO_3^--Ionen bedingt, die beim Erhitzen abgespalten werden (das eingesetzte „Thoriumhydroxid" wurde durch Fällung aus einer Th^{4+}-Nitratlösung hergestellt). Auch eine Kombination von NMR-Spektroskopie [2] mit thermischer Analyse und IR-Spektroskopie [3] kommt zu dem Schluß, daß kein „$Th(OH)_4$" oder „$ThO(OH)_2 \cdot yH_2O$" existiert. Es wird vielmehr angenommen, daß der amorphe Niederschlag an der Oberfläche oder in Poren mehr oder weniger fest gebundene OH-Gruppen enthält (deren Zahl in der Reihe der „Hydroxide" von Ti, Zr, Hf, Th zunehmen soll) sowie entsprechend gebundene Wassermoleküle. Hierfür wird die variable Formulierung $MO_{2-x}(OH)_{2x} \cdot yH_2O$ gegeben [2, 3], s. auch [15] nach NMR-Untersuchungen.

Dieser Befund ist in Übereinstimmung mit Untersuchungen an stark hydrolysierten Th^{4+}-Salzlösungen, in denen ein Hydrolysekomplex $Th_6O_7^{10+}$ nachgewiesen wurde, bei dem die restliche Valenzabsättigung vermutlich über OH-Gruppen erfolgt [4, 5].

b) Nach röntgenographischer Untersuchung ist der aus Th^{4+}-Nitratlösung durch NH_3-Fällung erhaltene Niederschlag eher mikrokristallin als amorph [6]. Aus den durch Fourier-Transformation erhaltenen radialen Verteilungsfunktionen ist zu erkennen, daß schon bei 20 °C das Röntgendiagramm des getrockneten Fällungsprodukts eine bemerkenswerte Ähnlichkeit mit dem des durch Wasserabspaltung bei 400 °C erhaltenen ThO_2 hat. **Fig.** 3-**129**, S. 250, zeigt deutlich, daß sich der kristalline Charakter des 20 °C-Fällungsprodukts beim

Literatur zu 3.4 s. S. 252/3

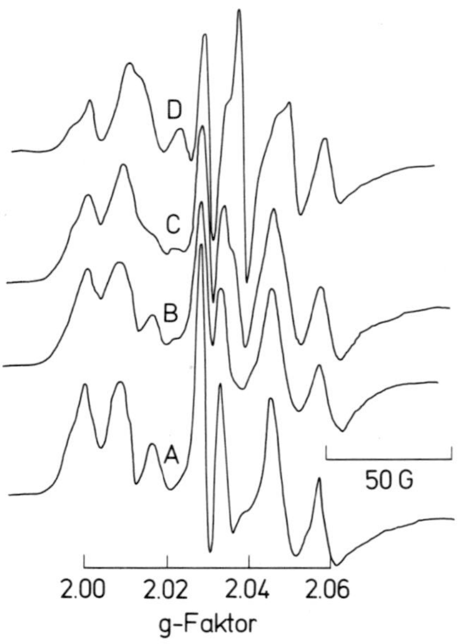

Fig. 3-128

ESR-Spektren von „Thoriumhydroxid" und seinen Dehydratationsprodukten [1].
A: 24 h bei 150 °C getrocknet, B: 2 h auf 250 °C erhitzt, C: 2 h auf 350 °C erhitzt, D: 4 h auf 450 °C erhitzt.

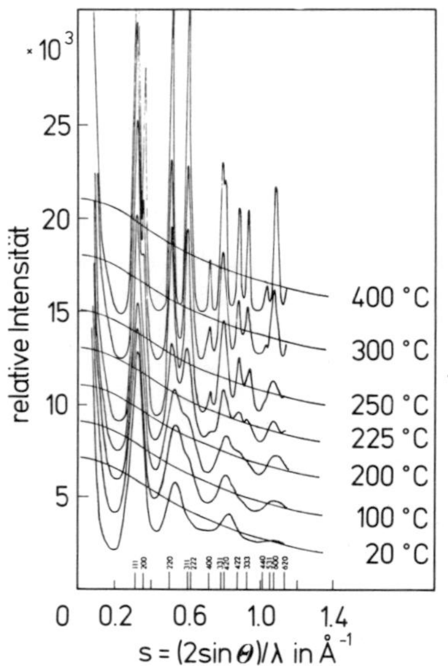

Fig. 3-129

Diffraktogramme von ausgefälltem „Thoriumhydroxid" bei 20 °C und nach Erhitzen auf die jeweilige Temperatur für 2 h [6].

Übergang zum 400 °C-Produkt kontinuierlich ändert. Zu bemerken ist, daß eine Verbindung „$Th(OH)_4$" oder „$ThO(OH)_2$" aus geometrischen Gründen eine andere Kristallstruktur aufweisen müßte als ThO_2 mit seiner Fluoritstruktur.

c) Thermogravimetrische und differentialthermoanalytische Untersuchungen verschiedener Arbeitsgruppen zeigen, daß das Fällungsprodukt kontinuierlich Wasser abspaltet [1, 2, 6 bis 10]. Dies zeigt z.B. **Fig. 3-130** für ein Produkt der formalen Zusammensetzung $ThO_2 \cdot 3H_2O$ [43].

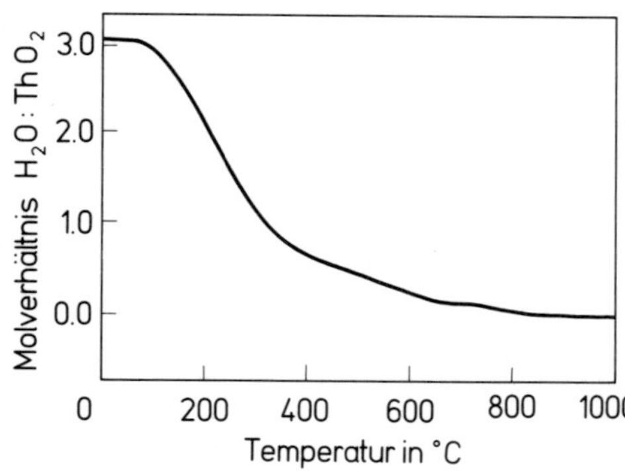

Fig. 3-130

Thermogramm von „Thoriumhydroxid" der Zusammensetzung $ThO_2 : H_2O = 1 : \approx 3$ [43].

Literatur zu 3.4 s. S. 252/3

d) Das Elektronenbeugungsdiagramm der aus Th^{4+}-Chlorid- bzw. Nitratlösung durch Ammoniak gefällten Produkte ist nach Altern bei 100 °C dem von kubischem ThO_2 sehr ähnlich [12].

e) Auch die Versuche zum Emanierverhalten von „Thoriumhydroxid" [8, 13, 14] lassen bei kritischer Interpretation keinen Hinweis auf einen definierten Wassergehalt zu. Im Emanogramm [14] sind zwei Maxima zu beobachten: bei 100 bis 120 °C, das dem Beginn der Dehydratation des „Thoriumhydroxids" zugeschrieben wird, und bei 410 °C, dem Beginn der Kristallisation von ThO_2. Es scheint allerdings viel wahrscheinlicher, daß das erste Maximum mit der starken Wasserabspaltung von $ThO_2 \cdot aq$ (oberhalb des Siedepunkts von H_2O) in Zusammenhang steht.

Verschiedene Arbeiten befassen sich mit dem Löslichkeitsprodukt von „$Th(OH)_4$", dabei werden folgende Werte angegeben:

$L = 4 \times 10^{-45}$ [16]
$\lg L = -44.7$ [21]
$\lg L = -45.7$ bei 20 °C [17]
$L = 7.2 \times 10^{-42}$ ($I = 0.1$) [18].

Weitere, ältere Werte, die bis 1.0×10^{-39} reichen, s. auch [19].

Diese Unterschiede lassen sich ohne weiteres verstehen, wenn man die leichte Peptisierbarkeit von feinverteiltem $ThO_2 \cdot aq$ und die entsprechende Tendenz zur Kolloidbildung berücksichtigt (vgl. Kapitel 3.3.1.2.3).

Folgende Löslichkeiten für „$Th(OH)_4$" werden angegeben [20], die über ein calorimetrisches Verfahren ermittelt wurden:

pH	3.75	4.30	4.70	5.40	6.05	7.10
mg Th/l . . .	4.32	0.59	0.347	0.0685	0.0435	0.0327

Über Löslichkeit von „$Th(OH)_4$" in Natriumhydroxidlösung bzw. in Perchlorsäure bei 25 °C s. [22], Untersuchungen über die Bildung von $(Th((OH)_4Th)_n)^{4+}$-Ionen s. [23]. Bildungskonstanten von Hydroxokomplexen $Th(OH)_i^{(4-i)+}$ mit $1 \leq i \leq 4$ werden in [24] aufgeführt. **Fig. 3-131** zeigt die Existenz dieser Komplexe in Abhängigkeit vom pH. Ihre Zusammensetzung wäre allerdings erst noch zu beweisen, da bei den Berechnungen die Bildung mehrkerniger Komplexe [4, 5] nicht berücksichtigt wurde.

Untersuchungen über IR-Spektren von „Thoriumhydroxid" s. [2, 11, 45, 46]. An Absorptionsbanden werden aufgeführt: 845 cm^{-1} (stark), 1061 cm^{-1} (sehr stark), 1299 cm^{-1}

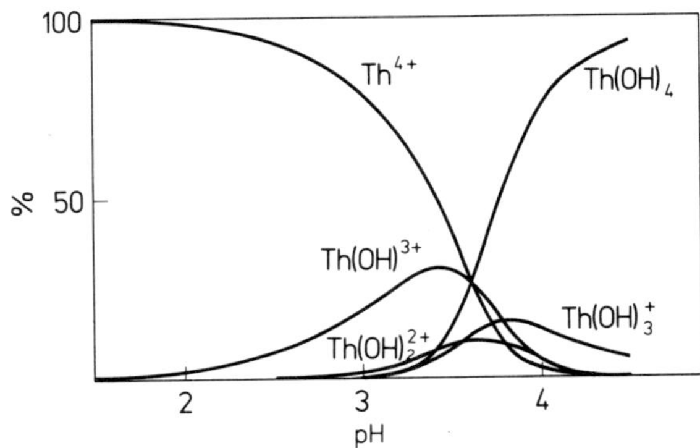

Fig. 3-131

Verteilung der $Th(OH)_i^{(4-i)+}$-Spezies in Abhängigkeit vom pH-Wert der Lösung [24].

Literatur zu 3.4 s. S. 252/3

(sehr schwach), 1406 cm^{-1} (mittelschwach), 1534 cm^{-1} (mittelstark) und 3295 cm^{-1} (sehr stark) [45]. Infrarotspektren von $ThO_2 \cdot aq$ zeigen, daß an der Oberfläche OH-Gruppen vorhanden sind [46].

Für „$Th(OH)_4$" wird eine molare freie Bildungsenthalpie von $\Delta G = -401.55$ kcal/mol und die Bildungsentropie $\Delta S = 107.1$ $cal \cdot mol^{-1} \cdot K^{-1}$ berechnet [48], für die spezifische Wärme $C_p = 25.7$ $cal \cdot mol^{-1} \cdot K^{-1}$ [49]. Leitfähigkeit einer $Th(OH)_4$-Aufschlämmung in Wasser s. [47].

Literatur zu 3.4:

[1] W.S. Brey, R.B. Gammage, Y.P. Virmani (Phys. Electron. Ceram. Proc. Electron. Phenomena Ceram. Conf., Gainesville, Fla., 1969 [1971], Bd. 2, Tl. A, S. 413/47; C.A. **78** [1973] Nr. 64918). – [2] D. Vivien, J. Livage, C. Mazières (J. Chim. Phys. **67** [1970] 199/204). – [3] D. Vivien, J. Livage, C. Mazières, S. Gradsztajn, J. Conard (J. Chim. Phys. **67** [1970] 205/10). – [4] M. Magini, A. Cabrini, A. Di Bartolomeo (CNEN-RT/CHi-75-2 [1975] 43 S.; INIS **7** [1976] Nr. 265081). – [5] M. Magini, A. Cabrini, G. Scibona, G. Johansson, M. Sandström (Acta Chem. Scand. A **30** [1976] 437/47).

[6] M. Guymart, J. Livage, C. Mazières (Bull. Soc. Franc. Minéral. Crist. **96** [1973] 161/5). – [7] Y. Saito (Funtai Oyobi Funmatsuyakin **17** [1971] 295/9; C.A. **76** [1972] Nr. 132295). – [8] K.B. Zaborenko, R. Tetner (Russ. J. Inorg. Chem. **11** [1966] 1177/80). – [9] C. Ott (Compt. Rend. **240** [1955] 68/70). – [10] G.M. Zhabrova, M.D. Shibona (Kinetika i Kataliz **2** [1961] 668/73).

[11] C. Cabannes-Ott (Ann. Chim. [Paris] [13] **5** [1960] 905/60). – [12] Y. Arai, W.O. Milligan (J. Electronmicroscopy [Tokyo] **12** [1963] 92/8). – [13] C. Zech, G.M. Zhabrova, S.G. Roginskii, M.D. Shibanova (Radiokhimiya **4** [1962] 355/64; Soviet Radiochem. **4** [1962] 314/21). – [14] G.M. Shabrova, M.D. Shibanova (5th Intern. Symp. Reactivity Solids, München 1964 [1965] 52/61, 61/2; C.A. **65** [1966] 13180). – [15] O. Glemser, H. Marsmann, E. Austin (Z. Naturforsch. **21 b** [1966] 1232/3).

[16] J.M. Korenman (Zh. Obshch. Khim. **25** [1955] 1859/61; C.A. **50** [1956] 3847). – [17] H. Bilinski, H. Furedi, M. Branica, B. Tezak (Croat. Chem. Acta **35** [1963] 19/30; C.A. **59** [1963] 1142). – [18] B.J. Nabinets, L.N. Kudritskaya (Ukr. Khim. Zh. **30** [1964] 891/5). – [19] J. Flahaut (in: P. Pascal, Nouveau Traité de Chimie Minérale, Bd. IX, Masson et Cie., Paris 1963, S. 1093/4). – [20] S. Higashi (Bull. Inst. Chem. Res. Kyoto Univ. **37** [1959] 200/6).

[21] P.N. Kovalenko, K.N. Bagdasarov (Zh. Prikl. Khim. **34** [1961] 789/94). – [22] H. Gayer, H. Leider (J. Am. Chem. Soc. **76** [1954] 5938/40). – [23] A.J. Zhukov, V.N. Onosov, V.Ya. Kudyakov, B.M. Sergeev (Zh. Neorgan. Khim. **8** [1963] 871/5; Russ. J. Inorg. Chem. **8** [1963] 446/9). – [24] S. Kiciak, T. Stefanowicz (Roczniki Chem. **45** [1971] 1801/6). – [25] R.P. Singh, N.R. Banerjee (J. Indian Chem. Soc. **39** [1962] 255/9).

[26] N.V. Mzarenlishrili (Soobsch. Akad. Nauk Gruz. SSR **26** [1961] 653/8; C.A. **56** [1962] 3101). – [27] R. Prasad, A.K. Dey (Kolloid-Z. **175** [1961] 136/9). – [28] R. Prasad, A.K. Dey (Proc. Natl. Acad. Sci. India A **28** [1959] 350/5). – [29] R. Prasad, A.K. Dey (J. Indian Chem. Soc. **37** [1960] 747/52). – [30] R. Prasad, A.K. Dey (Kolloid-Z. Z. Polymere **184** [1962] 54/6).

[31] H. Bilinski, H. Furedi, B. Tezak (Croat. Chem. Acta. **35** [1963] 31/42). – [32] R.G. Robins (J. Inorg. Nucl. Chem. **29** [1967] 431/5). – [33] V.V. Sakharov, T.J. Danilevich, V.M. Klyuchnikov, G.M. Voronskaya, S.S. Korovin (Soviet Radiochem. **16**

[1974] 70/5). – [34] H. Bilinski (Croat. Chem. Acta **38** [1966] 71/81). – [35] V.G. Andryushin, P.B. Kozhevnikov, M.E. Pozharskaya, K.A. Rybakov, V.S. Shmidt (Soviet Radiochem. **16** [1974] 411/3).

[36] V.J. Plotnikov, E.G. Gibova (Vestn. Akad. Nauk Kaz. SSR **28** Nr. 1 [1972] 64/7). – [37] V.J. Plotnikov, E.G. Gibova (Izv. Akad. Nauk Kaz. SSR Ser. Fiz. Mat. **5** Nr. 4 [1967] 58/63). – [38] V.J. Plotnikov, V.P. Novikov, M.M. Novikova (Izv. Akad. Nauk Kaz. SSR Ser. Fiz. Mat. **5** Nr. 4 [1967] 90/4). – [39] R. Prasad, A.K. Dey (Kolloid-Z. Z. Polymere **183** [1962] 71/4). – [40] V.J. Plotnikov, V.L. Kochetkov (Izv. Akad. Nauk Kaz. SSR Ser. Fiz. Mat. **5** Nr. 2 [1967] 57/60).

[41] V.J. Plotnikov, V.L. Kochetkov (Izv. Akad. Nauk Kaz. SSR Ser. Fiz. Mat. **5** Nr. 2 [1967] 66/70). – [42] V.V. Sakharov, V.G. Sarenko, S.S. Korovin (Radiokhimiya **19** [1977] 34/7). – [43] P.E.D. Morgan, E. Scala (Sintering Relat. Phenomena Proc. 2nd Intern. Conf., South Bend, Ind., 1965 [1967], S. 861/92). – [44] E.B. Mirza, M.D. Karkhanavala (J. Indian Chem. Soc. **40** [1963] 903/4). – [45] C.W.F.T. Pistorius (J. Inorg. Nucl. Chem. **15** [1960] 187/8).

[46] E.L. Fuller, H.F. Holmes, R.B. Gammage (J. Colloid Interface Sci. **33** [1970] 623/7). – [47] R. Prasad, A.K. Dey (Kolloid-Z. **175** [1961] 53/5). – [48] N.P. Zhuk (Zh. Fiz. Khim. **28** [1954] 1523/7). – [49] A.J. Moskvin (Soviet Radiochem. **15** [1973] 364/7). – [50] A.S. Krivokhatskii, A.F. Prokudina, T.V. Sapozhnikova (Soviet Radiochem. **18** [1976] 172/7).

3.5 Thoriumperoxid

Thorium Peroxide

Thorium bildet wie andere Actinidenelemente ein schwerlösliches Peroxid, ein charakteristischer Unterschied zur Mehrzahl der Nebengruppenelemente des Periodensystems. Auch darin, daß die Darstellung eines Peroxids auf thermischem Wege nicht möglich ist, ist das Verhalten des Thoriums dem der anderen Actinidenelemente sehr ähnlich.

Die in der älteren Literatur (vgl. z.B. die Zusammenfassung in [1]) aufgeführten Formulierungen wie $Th_2O_7 \cdot 4\,H_2O$ oder $Th(OH)_n(OOH)_{4-n}$, z.B. $Th(OH)_3(OOH)$ in [10], sind nach neueren Untersuchungen nicht zutreffend, insbesondere da die Fällungsprodukte wechselnde Mengen an Anionen adsorbiert enthalten [2 bis 8, 12, 13].

So wird für ein aus ammoniakalischer oder saurer Lösung ausgefälltes Produkt die Zusammensetzung $Th(O_2^{2-})_{1.6}(O^{2-})_{0.15}(A)_{0.5} \cdot 2.5\,H_2O$ angegeben, wobei A das Anion (Nitrat, Chlorid, Perchlorat und Sulfat) angibt. Fällt man Thoriumperoxid dagegen aus >1 N H_2SO_4-Lösung aus, so soll nach Angaben der gleichen Autoren [9] der Niederschlag die stöchiometrische Zusammensetzung $Th(OO)SO_4 \cdot 3\,H_2O$ aufweisen. Eine stöchiometrische Zusammensetzung $Th_6(OO)_{10}(NO_3)_4 \cdot 10\,H_2O$ wird auch für ein wie folgt erhaltenes Produkt angegeben [8]:

Zu einer siedenden Lösung von 57.1 g $Th(NO_3)_4 \cdot 5\,H_2O$ und 35 ml konz. HNO_3 in 1000 ml H_2O gibt man unter Rühren eine ebenfalls siedende Lösung von 26.3 ml 4 M HNO_3, 115 ml H_2O_2 (30%ig) und 400 ml H_2O. Der sofort gebildete Niederschlag wird nach Filtration durch eine Glasfritte mit heißem Wasser und Aceton gewaschen. Der flockige Niederschlag wurde anschließend über $Mg(ClO_4)_2$ getrocknet.

Den tatsächlichen Gegebenheiten dürfte die Formulierung

$$(Th^{4+})_{1.00}(O_2^{2-})_{1.1-x}(OOH^-)_x(OH^-)_{1.4+x}(Cl^-)_{0.4}(H_2O)_{1.8-x}.$$

am ehesten entsprechen, wobei hier die Fällung aus salzsaurer Lösung vorgenommen wurde [7].

Literatur zu 3.5 s. S. 255/6

Wahrscheinlich gilt eine solche Formulierung auch für die Fällung aus anderen Lösungen, wenn anstelle von Cl^- andere Anionen in den Niederschlag eingebaut oder von ihm adsorbiert werden. Letztere Annahme ergibt sich z.B. auch aus spektroskopischen Untersuchungen, in denen gezeigt wurde, daß Nitrat-Ionen an ausgefälltem Thoriumperoxid als freie Ionen vorliegen und nicht an Thorium koordiniert sind [3].

Hierfür spricht auch der Befund [2], daß sich Chlorid-Ionen aus dem Niederschlag zwar langsam, aber kontinuierlich auswaschen lassen. Mit verdünnter Natronlauge geht dies relativ schnell. Hierbei sollen Cl^--Ionen durch OH^--Ionen ersetzt werden. Dieser Effekt würde aber wieder für eine Bindung von Anionen an den Peroxidniederschlag sprechen und nicht für eine Adsorption.

Weiterhin ist noch nicht eindeutig geklärt, ob im gefällten Thoriumperoxid echte Peroxid-Ionen O_2^{2-} vorliegen oder Hydroperoxid-Ionen OOH^-, die an das Thorium gebunden sind. Die Annahme von kristallwasserartig gebundenem Wasserstoffperoxid ist jedoch auszuschließen. Nach [2] ist anzunehmen, daß das frisch gefällte Thoriumperoxid vermutlich ein Hydroperoxid ist, das – wenn aus 10^{-4} bis 0.17 M salzsaurer Lösung gefällt – wegen seines konstanten Verhältnisses Peroxid(Hydroperoxid):Thorium von 5:3 als trimere Spezies vorliegen soll. Wird aus diesem Niederschlag Wasser abgespalten, z.B. beim Trocknen, so erscheint ein Übergang der Hydroperoxidgruppe in eine echte Peroxidgruppe möglich oder wahrscheinlich [2].

Trocknet man das aus salzsaurer Lösung gefällte Produkt mit $Cl^-:Th \approx (1$ bis $2):3$ und $O_2^{2-}(OOH):Th = 5:3$ bei Raumtemperatur, so hat es danach ein Verhältnis Peroxid: Thorium von etwa 1:1, d.h. beim Trocknen erfolgt partielle Zersetzung [7]. Dies ergibt sich z.B. auch daraus, daß in einem getrockneten Produkt beim Lagern in einem Exsikkator das Peroxid:Thorium-Verhältnis langsam, aber stetig abnimmt:

Lagerzeit in Tagen	0	10	28	38	64	94
Verhältnis $O_{aktiv}:Th$ . . .	1.32	1.08	1.02	0.98	0.85	0.81

Beim Lagern unter Wasser bleibt für 21 d das Verhältnis Peroxid:Thorium unverändert, auch beim Waschen mit Wasser. Dies legt die Annahme nahe, daß beim Trocknen Eingriffe in die Primärstruktur des Thoriumperoxids erfolgen. Solche Eingriffe scheinen beim Lagern unter 1 N NaOH zu erfolgen, da auch hierbei der Peroxidanteil mit der Zeit abnimmt.

Drastisch und sehr schnell nimmt allerdings der Peroxidanteil ab, wenn die Probe des Thoriumperoxidchlorids auf 90 °C bzw. 160 °C erhitzt wird: von $O_{aktiv}:Th \approx 1.6$ zu Beginn auf 0.7 (bei 90 °C) bzw. 0.3 (bei 160 °C) nach ca. 10 h [2]. Führt man mit einem solchen Produkt ($Th:O_{aktiv}:Cl^-:H_2O = 1:1.1:0.4:2.5$) einen Sauerstoffisotopenaustausch (^{18}O in D_2O) durch, so stellt man 3.0 bis 3.2 austauschbare Sauerstoffatome fest, was zur Formulierung

$$(Th^{4+})_{1.0}\ (O_2^{2-})_{1.1-x}\ (OOH^-)_x\ (OH^-)_{1.4+x}\ (Cl^-)_{0.4}\ (H_2O)_{1.8-x}$$

führt [7]. Wenn das getrocknete Thoriumperoxid eine polymere Spezies ist, dann liegen in ihr (n – 1) Brückengruppen pro n Thoriumatome vor [7]. Während in Thoriumperoxidnitrat [8] nur Peroxidgruppen enthalten sein sollten, scheinen im Thoriumperoxidchlorid auch Hydroperoxidgruppen vorzuliegen.

Allerdings erfolgte die Formulierung des Thoriumperoxidnitrats als $Th_6(OO)_{10}$-$(NO_3)_4 \cdot 10\,H_2O$ nur aufgrund der analytischen Zusammensetzung, röntgenographische Untersuchungen scheiterten daran, daß das erhaltene weiße Produkt nicht kristallin war [8]. Beim Lagern an Luft im Exsikkator zersetzt es sich innerhalb von 2 Monaten nicht.

Peroxidbrücken in diesem Peroxidnitratkomplex, auf die ursprünglich nur aus Analogie zur Existenz von Brücken in Hydroxokomplexen des Thoriums wie $Th(OH)_2CrO_4 \cdot H_2O$ geschlossen wurde [8], scheinen durch Raman-spektroskopische Untersuchungen bestätigt zu werden [3]. Hierbei wurde bei $\approx$845 cm^{-1} eine starke Bande beobachtet, die einer Brückenperoxidgruppe zugeordnet wird.

Die besondere Stabilität von Thoriumperoxidnitrat ergibt sich auch daraus, daß seine (katalytische) Zersetzung in Gegenwart von Fe^{3+}- bzw. Cu^{2+}-Ionen schwächer ist als die von Uranperoxid bzw. Wasserstoffperoxid [8]. Die Aktivierungsenergie für die Zersetzung von Thoriumperoxid in (2 M $Th(NO_3)_4$ + 2.2 M HNO_3)-Lösung beträgt $E_A = (18 \pm 2)$ kcal/mol und ist damit geringer als im Uran-System mit $E_A \approx 24$ kcal/mol, was allerdings für eine geringere Stabilität des Th-Peroxids im Vergleich zu U-Peroxid spricht [8].

Die älteren Angaben [4, 6, 9, 11] zum Thoriumperoxid sind problematisch. So soll z.B. ein Produkt mit 0.5 µm langen Kristallen erhalten worden sein durch folgendes Verfahren [11]: Zu einer Lösung von 56 g $Th(NO_3)_4 \cdot 4H_2O$ in 1050 ml H_2O + 35 ml 70%iger HNO_3 wird eine Lösung von 115 ml H_2O_2 (30%) + 35 ml 3 M HNO_3 in 410 ml H_2O gegeben. Nach einer Induktionszeit von ca. 30 s soll das Th^{4+} zu >98% als Th-Peroxid ausfallen. Die radioaktiven Folgeprodukte des Thoriums werden dabei entfernt, da sie kein schwerlösliches Peroxid bilden: Po, Ra, Pb, Tl. Nach Stehen unter der Mutterlauge über Nacht sollen sich 0.5 µm große Kristalle gebildet haben, die nach Erhitzen auf 240 °C eine BET-Oberfläche (mit N_2 bestimmt) von 3.7 m^2/g aufweisen.

Nach [4] soll ein aus verdünnter Schwefelsäure (0.06 M) gefälltes Produkt etwa 3 Peroxidgruppen pro Atom Thorium enthalten, bei der Fällung aus 0.3 M H_2SO_4 dagegen zwei Peroxidgruppen pro Thorium. Das aus 0.03 M H_2SO_4 gefällte Produkt soll ein zweidimensionales hexagonales Schichtengitter aufweisen (angegeben ist nur die Gitterkonstante $a = 4.15 \pm 0.02$ Å). Das aus 0.3 M H_2SO_4 gefällte Produkt soll dagegen orthorhombisch kristallisieren mit den Gitterkonstanten $a = 16.4 \pm 0.1$ Å, $b = 10.3 \pm 0.1$ Å und $c = 4.23 \pm 0.05$ Å mit vier Formeleinheiten pro Elementarzelle. Eine Überprüfung dieser aus Röntgenpulverdaten allein abgeleiteten Ergebnisse dürfte sicher das Bild wesentlich verändern. Für dieses Peroxidsulfat wird die Formel $Th(OO)SO_4 \cdot 3H_2O$ angegeben [6, 9].

Äquivalentleitfähigkeit von Th^{4+}/H_2O_2-Lösungen s. [2]. Adsorption verschiedener Farbstoffe an gefälltem Thoriumperoxidnitrat s. [10]. Np- und Pu-Tracer werden mit Thoriumperoxid aus schwefelsaurer Lösung quantitativ ausgefällt werden. Da diese Elemente ebenfalls schwer lösliche Peroxide bilden, überrascht dies nicht. Dagegen soll ^{228}Th bzw. ^{234}Th von Uranperoxid nur zu 90% bzw. 78% ausgefällt werden [14]. Ein mit Thoriumperoxid imprägniertes Filterpapier wird zur semiquantitativen Bestimmung von Br^--Ionen benutzt [15].

Herstellung stabiler Thoriumperoxidsole s. [16].

Literatur zu 3.5:

[1] Gmelin Handbuch der Anorganischen Chemie „Thorium" S. 1/406. – [2] R.A. Hasty, J.E. Boggs (J. Less-Common Metals **7** [1964] 447/52). – [3] V. Raman, G.V. Jere (Indian J. Chem. **11** [1973] 1318/9). – [4] D.E. Koshland, J.C. Kroner, L. Spector (in: G.T. Seaborg, J.J. Katz, W.M. Manning, The Transuranium Elements, Tl. 1, New York-Toronto-London 1949, S. 731/9). – [5] R.A. Hasty (Diss. Univ. of Texas, Austin 1962, S. 1/80; Diss. Abstr. **24** [1964] 3970).

[6] J.W. Hamaker, C.W. Koch (TID-5223 [1952] 318/8; C.A. **51** [1957] 16172). – [7] R.A. Hasty, H.E. Boggs (J. Inorg. Nucl. Chem. **33** [1971] 374/6). – [8] G.L. Johnson, M.J. Kelly, D.R. Cuneo (J. Inorg. Nucl. Chem. **27** [1965] 1787/91). – [9] J.W. Hamaker,

C.W. Koch (TID-5223 [1952] 338). – [10] D.E. Gantz, J.L. Lambert (J. Phys. Chem. **61** [1957] 112/4).

[11] H.B. Whetsel, O.C. Dean (CF-60-9-5 [1960] 17; C.A. **59** [1963] 9536). – [12] J.A. Connor, E.A.V. Ebsworth (Advan. Inorg. Chem. Radiochemistry **6** [1964] 344/5). – [13] J.J. Katz, G.T. Seaborg (The Chemistry of the Actinide Elements, Methuen and Co, London 1957, S. 65). – [14] G.A. Dupetit, A.H.W. Aten (Radiochim. Acta **1** [1962] 48). – [15] J. de Oliveira Meditsch (Eng. Quim. [Rio de Janeiro] **18** Nr. 4 [1966] 10/2; C.A. **65** [1966] 11785).

[16] G.S. Petit, C.A. Kienberger (U.S.P. 3697441 [1970/72]; C.A. **77** [1972] Nr. 159336).

Withdrawn from
University Leicester Library